清华大学电气工程系列教材

电机学学习指导

A Study Guide to Electric Machinery

孙旭东　王善铭　编著

Sun Xudong　Wang Shanming

清华大学出版社

北京

内容简介

本书是作者编著的普通高等教育“十一五”国家级规划教材《电机学》的配套教学用书。内容包括绪论、变压器、交流电机的共同问题、同步电机、异步电机和直流电机六个部分。书中对教材每章的主要知识点及其内在联系进行了总结，对重点和难点内容做了深入解析，并对所有练习题、思考题和习题做了详细解答。本书以培养和提高学生自主学习能力和分析解决问题能力为基本指导思想，强调对电机学基本概念、基本理论和基本分析方法的深入理解和熟练掌握。全书讲述清晰，重点突出，深入浅出，富于启发，便于读者自学。

本书适合用作普通高等学校电气工程及其自动化专业以及其他相关专业的补充教材、教学参考书或自学辅导教材，也可供有关科技人员和报考研究生人员参考。

图书在版编目(CIP)数据

电机学学习指导/孙旭东，王善铭编著. —北京：清华大学出版社，2007.9 (2025.1重印)
(清华大学电气工程系列教材)
ISBN 978-7-302-15866-0

Ⅰ. 电…　Ⅱ. ①孙…　②王…　Ⅲ. 电机学－高等学校－教学参考资料　Ⅳ. TM3

中国版本图书馆 CIP 数据核字(2007)第 118550 号

责任编辑：张占奎
责任校对：刘玉霞
责任印制：沈　露

出版发行：清华大学出版社
网　　址：https://www.tup.com.cn，https://www.wqxuetang.com
地　　址：北京清华大学学研大厦 A 座　　**邮　　编**：100084
社 总 机：010-83470000　　**邮　　购**：010-62786544
投稿与读者服务：010-62776969，c-service@tup.tsinghua.edu.cn
质量反馈：010-62772015，zhiliang@tup.tsinghua.edu.cn
印 装 者：天津鑫丰华印务有限公司
经　　销：全国新华书店
开　　本：185mm×260mm　　**印张**：19.25　　**字　　数**：439 千字
版　　次：2007 年 9 月第 1 版　　**印　　次**：2025 年 1 月第 13 次印刷
定　　价：65.00 元

产品编号：016822-06

前言

本书是作者编著的普通高等教育“十一五”国家级规划教材《电机学》(清华大学出版社,2006,北京市高等教育精品教材立项项目和清华大学电气工程系列教材之一)的配套教学用书。为了便于教学和读者阅读,本书各章次序和所用的名词、符号均与《电机学》教材保持一致。

1. 本书的主要目的和内容体系

“电机学”是电气工程及其自动化专业的一门重要专业基础课,同时又是一门比较难教难学的课程,初学者往往需要花费相当长的时间才能找到行之有效的学习方法。因此,给学生学习“电机学”提供一些方便和必要的指导,帮助他们更好地理解和掌握电机学的主要内容,进而提高学生的自主学习能力和分析解决问题的能力,是很有必要的。这也是编写本书的主要目的,和我们编写《电机学》教材的指导思想是一脉相承的。

本书每章的内容分为两部分(共五节):第一部分是《电机学》教材中讲述的主要知识的总结,包括“知识结构”、“重点与难点”两节;第二部分是教材中所有题目的解答,包括“练习题解答”、“思考题解答”和“习题解答”三节。

在“知识结构”中,通过“主要知识点”和“知识关联图”两个环节,对一章的主要知识及其内在联系进行了简要的归纳,以帮助读者对所学知识及时进行总结,并形成比较清晰的思路。在“重点与难点”中,对一章中重要的并且难度较大的内容及相关分析方法进行了比较深入的解析,其中大都采用了和教材中不同的讲述方式,以帮助读者更为全面、准确、透彻地理解和掌握这些重要知识点,攻克学习中的主要难点。

在题目解答的三节中,对教材中的全部练习题、思考题和习题都进行了详细解答。教材中这些题目的设置是以便于学生自主学习为基本出发点的,这些题目(特别是练习题和思考题)体现了电机学学习中要求勤思多问、注重理解物理概念的特点。因此,在解答中特别强调了对基本概念、基本理论和基本分析方法的理解、掌握和应用。在一些有代表性的题目的解答之后,还以“提示”的方式,对一些物理概念、解题方法、注意事项或者学生解题时容易出现的错误做了进一步的说明,以提醒读者注意掌握有关的概念、分析思路、计算方法或解题技巧，帮助读者提高分析解决问题的能力。

2. 对使用本书的建议

在《电机学》教材的“绪论”中，我们对电机学的学习方法提出了一些建议。除此之外，及时进行复习总结和做一定数量的题目，也是学好电机学所必需的。

本书对每章的主要知识点进行了归纳。需要指出的是，这一归纳仅起参考作用。我们不想以此来替代或束缚读者的独立分析思考过程，恰恰相反，我们希望读者在其提示和帮助下，在学习中充分发挥主动性，结合自己的学习方式和特点，对所学知识做出更好的、更独到的总结，从而加深对电机学基本理论的理解，并在此过程中培养和提高自主学习能力。

本书对《电机学》教材中的练习题、思考题和习题都进行了解答。其中，练习题体现了对每一节内容学习的基本要求，是应知应会的内容，读者可以将其作为每一节内容的基本测试题；思考题主要供读者在对一章内容进行复习和总结时选用；习题主要是需要通过计算求解的题目，其难度不等，读者可酌情选做。需要特别强调的是：这些习题虽然主要通过计算来完成，但这并不意味着在解题过程中可以轻视基本概念。事实上，本书中的计算类题目也注重考查物理概念，只有掌握好物理概念，才能准确理解题意，做出正确的解答。

和在归纳主要知识点中的想法一样，我们希望书中的题目解答主要对读者理解物理概念和掌握分析解决问题的方法起到参考和指导作用。读者在解题时不应急于翻看书中的解答，而应该先进行独立思考与分析，在做出自己的解答或者有了解题的基本思路后，再与书中的解答进行比较，找出可能存在的问题，这样会取得较好的学习效果。

《电机学》教材中题目数量较多，是为了让读者有一定的选择余地，而不是要读者一味追求做题数量。我们建议读者在做题时要更注重质量，即在做一个题目时，应仔细揣摩，尽可能挖掘出和联想到所有与之相关的概念、原理、关系和方法，以取得举一反三、触类旁通、事半功倍的效果。这样深入扎实地做一个题目，胜于不求甚解地做多个题目。当然，能够把精做题目和泛求解答有机地结合起来，也不失为提高学习效率的好方法。

总之，我们希望读者在本书的帮助下，能够深入理解和掌握电机学的基本概念、基本理论和分析方法，并学会运用它们去解决实际问题，或者受到启发而探索出更加简明快捷的分析思路和解题方法。这样，我们编写本书的主要目的和愿望也就实现了。

本书可用作普通高等学校和成人高等学校电气工程学科相关专业电机学课程或相关课程的补充教材、教学参考书或自学辅导教材，也可供有关科技人员和报考研究生人员参考。

本书由孙旭东和王善铭编著。孙旭东撰写了绪论、第1篇、第4篇和第5篇，王善铭撰写了第2篇和第3篇。由于学识水平有限，本书难免有缺点和错误，热诚地欢迎广大读者批评指正和提出宝贵意见。

编著者

2007年4月于清华园

第4篇 异步电机

第5篇 直流电机

绪　论

0.1 知识结构

0.1.1 主要知识点

1. 电机及其分类

电机学中讨论的电机通常是狭义上的(定义见教材),即指利用电磁感应作用进行电能产生、传输、变换或使用的电气装置。

电机学中常用的电机分类方法有两种(参见教材)。

2. 电机学中常用的基本电磁定律

(1) 安培环路定律:$\oint_C \boldsymbol{H} \cdot \mathrm{d}\boldsymbol{l} = \sum i$ (i 的符号根据右手螺旋定则确定)。

(2) 法拉第电磁感应定律:当与线圈(或导体)相交链的磁链发生变化时,线圈中产生感应电动势,其大小与磁链的变化率成正比,其方向是企图在线圈中产生电流以阻止磁链的变化。

① 通用表达式:$e=-\dfrac{\mathrm{d}\psi}{\mathrm{d}t}$ (e 与 ψ 的参考方向满足右手螺旋定则时)。

② 运动电动势表达式:$e=Blv$(B、l、v 方向互相垂直;用右手定则判断 e 的方向)。

(3) 电磁力定律:$F=Bli$(B、l、i 方向互相垂直;用左手定则判断 F 的方向)。

3. 磁路定律

(1) 磁路及其构成:磁路是磁通经过的闭合路径,产生磁通的原因是绕组通以电流而产生的磁动势。磁路通常由用铁磁材料制成的铁心和空气隙构成(有的磁路中没有空气隙),绕组通常用铜导线绕制而成。

(2) 磁路的基本物理量:磁通密度 B(也称磁感应强度)(T),磁场强度 H(A/m),磁通 Φ(Wb),磁动势 F(也称磁通势)(A),磁导率 μ(H/m),磁阻 R_m(H^{-1})或磁导 Λ(H)。

(3) 磁路的基本关系式

① 磁路的基尔霍夫第一定律:$\sum \Phi = 0$(磁通连续性定律的简化表达式)。

② 磁路的基尔霍夫第二定律:$\sum Hl = \sum Ni$ (安培环路定律的简化表达式)。

③ 磁路欧姆定律:$\Phi=\dfrac{F}{R_\mathrm{m}}$,其中,$F=Hl$,$\Phi=BA$,$R_\mathrm{m}=\dfrac{1}{\Lambda}=\dfrac{l}{\mu A}$,$B=\mu H$。

4. 铁磁材料(主要是铁、镍、钴及其合金)的特性

(1) 导磁特性

① 磁化曲线(4 个特点：高磁导率，磁饱和，磁滞现象，磁状态与磁化过程有关)；

② 正常磁化曲线(也称基本磁化曲线)；

③ 交变磁化时的磁滞回线。

(2) 交变磁化时的损耗。铁耗 p_{Fe} = 磁滞损耗 + 涡流损耗。经验公式：$p_{Fe} \approx C_{Fe} f^{1.3} B_m^2 G$(在正常工作磁通密度范围内，即 $1T < B_m < 1.8T$)。

0.1.2 知识关联图

电机学中常用的电工定律

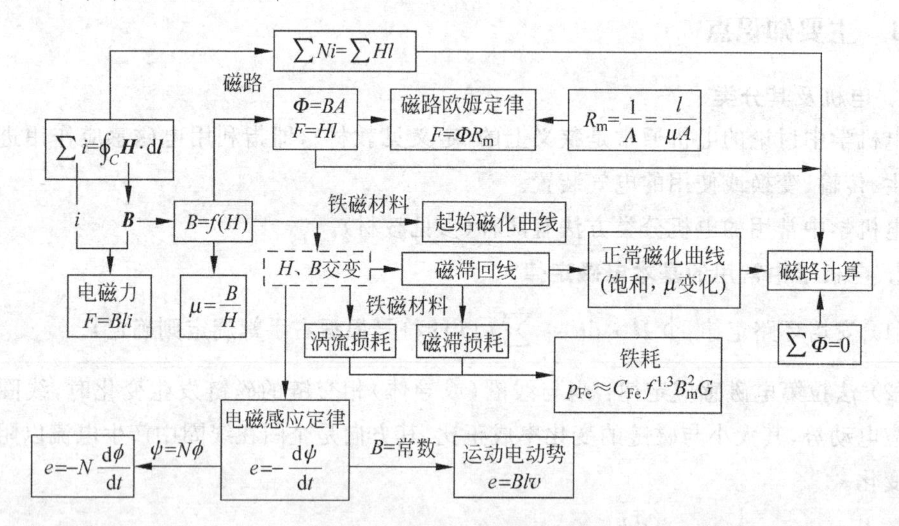

0.2 重点与难点

1. 电磁感应定律

电磁感应定律描述的是电磁感应现象，即线圈在变化的磁场中产生感应电动势。其数学表达式是：$e = -\frac{d\psi}{dt}$。其中，ψ 为线圈磁链，e 为感应电动势，二者都随时间 t 变化；e 的方向由楞次定律确定，即 e 倾向于在线圈中产生阻止 ψ 变化的电流。

应注意以下几点：

(1) 当 e 与 ψ 的参考方向满足右手螺旋定则时，表达式中才有反映楞次定律的负号。否则，当参考方向不满足右手螺旋定则时，应为 $e = \frac{d\psi}{dt}$ (参见练习题 0-4-4)。

(2) 当通过线圈的磁通 ϕ 与线圈全部匝数(N 匝)交链时，才可写为 $e = -N\frac{d\phi}{dt}$。

(3) 线圈中的感应电动势可以分为两类，即变压器电动势和运动电动势。运动电动势是电磁感应定律表达式在磁通不变而导体相对磁场运动时的特例，在 B、l、v 方向互相

垂直时可写为 $e=Blv$,其瞬时实际方向可用右手定则确定。

2. 磁路欧姆定律

磁路欧姆定律公式为 $\Phi=\frac{F}{R_m}$ 或 $\Phi=F\Lambda$。式中,Φ 是经过一段磁路的磁通；F 是作用在该磁路上的磁动势；R_m、Λ 分别是该磁路的磁阻和磁导,二者互为倒数,即 $R_m=\frac{1}{\Lambda}=\frac{l}{\mu A}$。其中,$l$ 为磁路的平均长度,A 为磁路的截面积,μ 为磁导率。

应注意以下几点：

(1) 当磁通 Φ 在磁路各截面上均匀分布且垂直于截面时,由 Φ 和 A 可以求得磁路的平均磁通密度 B,即 $B=\Phi/A$。当磁路平均长度上各处的磁场强度 H 都相等,磁导率为 μ 时,可由 B 求得磁场强度 H,即 $H=B/\mu$。

(2) 对于铁心磁路,当 B 在磁化曲线的线性区域时,可认为其磁导率 $\mu=$常数,则磁路的磁阻 R_m 和磁导 Λ 均为常数；当 B 在磁化曲线的非线性区域,即磁路饱和时,μ 不是常数,R_m 和 Λ 也不是常数,它们都与磁路饱和程度即磁通密度 B 的大小有关。此时,只有在根据 B 值确定了 μ 值之后,才能求出 R_m 或 Λ,从而利用磁路欧姆定律进行计算。

(3) 在电机学中,磁路欧姆定律主要用于对磁路的主要物理量的关系进行定性分析。定量计算时,由于铁心磁路有饱和现象,因此通常直接采用磁化曲线。

0.3 练习题解答

0-4-1 说明磁通、磁通密度(磁感应强度)、磁场强度、磁导率等物理量的定义、单位和相互关系。

答：定义、单位和相互关系参见教材 0.4 节。

0-4-2 写出图 0-1 中沿闭曲线 C 的安培环路定律表达式。

答：表达式为 $\oint_C \boldsymbol{H}\cdot \mathrm{d}\boldsymbol{l}=\sum i=-i_1+i_2+i_5$。

0-4-3 变压器电动势和运动电动势产生的原因有什么不同？其大小与哪些因素有关？

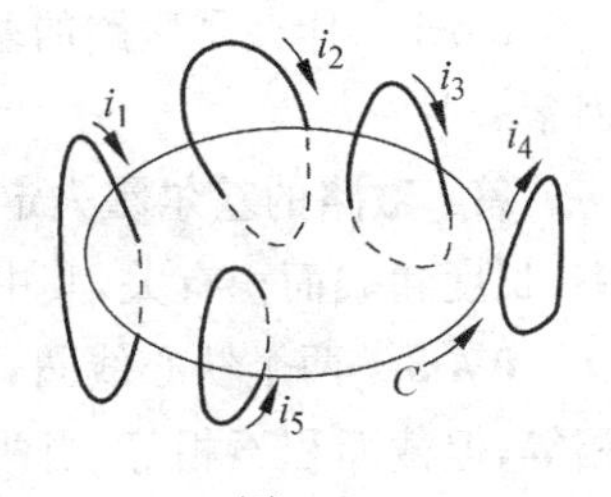

图 0-1

答：线圈中的感应电动势 e 是由于与线圈相链的磁链 ψ 随时间 t 变化而产生的。线圈中磁链的变化有两个原因：一是磁通大小随时间 t 变化(线圈相对磁场静止),由此产生的电动势称为变压器电动势；二是磁通本身不随时间 t 变化,但线圈与磁场间有相对运动,从而引起磁链 ψ 随时间 t 变化,由此在线圈中产生的电动势称为运动电动势。

用数学式表示时,设 e 与 ψ 的参考方向满足右手螺旋定则,$\psi=f(i,x)$(i 为电流,x 为位移),则

$$e=-\frac{\mathrm{d}\psi}{\mathrm{d}t}=-\frac{\partial\psi}{\partial i}\frac{\mathrm{d}i}{\mathrm{d}t}-\frac{\partial\psi}{\partial x}\frac{\mathrm{d}x}{\mathrm{d}t}=e_T+e_R$$

式中，$e_T=-\frac{\partial\psi}{\partial i}\frac{\mathrm{d}i}{\mathrm{d}t}$，是变压器电动势；$e_R=-\frac{\partial\psi}{\partial x}\frac{\mathrm{d}x}{\mathrm{d}t}=-v\frac{\partial\psi}{\partial x}$（$v$ 为线速度），是运动电动势。

运动电动势可形象地看成导体在均匀磁场中运动而“切割”磁感应线时产生的电动势。当一根长度为 l 的导体在磁通密度 $\boldsymbol{B}$ 大小恒定的均匀磁场中以既垂直于自身长度又垂直于 $\boldsymbol{B}$ 的线速度 v 运动时，导体中的感应电动势为

$$e=e_R=-v\frac{\mathrm{d}\psi}{\mathrm{d}x}=-v\frac{-Bl\,\mathrm{d}x}{\mathrm{d}x}=Blv$$

式中，$\mathrm{d}\psi=-Bl\mathrm{d}x$，表示导体与导线构成的回路中磁链的减少量。$e_R$ 的瞬时实际方向可用右手定则来判断。

线圈中产生的变压器电动势的大小取决于线圈磁通量的变化率，在线性情况下取决于线圈电感和电流变化率（线圈电感又取决于线圈匝数和磁路的磁导）。导体中产生的运动电动势的大小与磁场磁通密度大小、导体的运动速度及长度有关。

0-4-4 如图 0-2 所示，匝数为 N 的线圈与时变的磁通 ϕ 交链。若规定感应电动势 e 和 ϕ 的参考方向分别如图 0-2(a)、(b)所示，试分别写出(a)、(b)两种情况下 e 与 ϕ 之间关系的表达式。

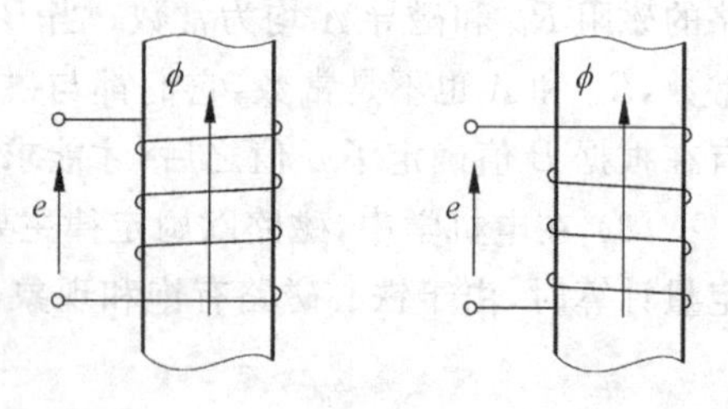

图 0-2

答：图(a)中，e 与 ϕ 的参考方向满足右手螺旋定则，因此，$e=-N\frac{\mathrm{d}\phi}{\mathrm{d}t}$。

图(b)中，e 与 ϕ 的参考方向不满足右手螺旋定则，因此，$e=N\frac{\mathrm{d}\phi}{\mathrm{d}t}$。

0-4-5 起始磁化曲线、磁滞回线和基本磁化曲线是如何形成的？它们有哪些差别？

答：参见教材 0.4.3 节。

0-4-6 磁滞损耗和涡流损耗是如何产生的？它们的大小与哪些因素有关？

答：参见教材 0.4.3 节。

0-4-7 什么是磁路的基尔霍夫定律？什么是磁路的欧姆定律？磁阻和磁导与哪些因素有关？

答：磁路的基尔霍夫定律和欧姆定律参见教材 0.4.4 节。磁阻和磁导与磁路的磁导率、长度和截面积有关，其中磁导率取决于磁路的饱和程度，即磁通密度的大小。

0-4-8 两个铁心线圈，它们的铁心材料、线圈匝数均相同。若二者的磁路平均长度相等，但截面积不相等，当两个线圈中通入相等的直流电流时，哪个铁心中的磁通和磁通密度值较大？若二者的截面积相等，但磁路平均长度不等，则当两个铁心中的磁通量相同时，哪个线圈中的直流电流较大？

答：(1) 已知作用于磁路上的磁动势，求它产生的磁通，这属于磁路分析计算中的逆问题。根据磁路欧姆定律 $\Phi=F\Lambda$，两个线圈的直流电流相同即磁动势 F 相同时，产生的磁通 Φ 的大小取决于铁心磁路磁导 Λ 的大小。由于 $\Lambda=\mu_{Fe}A/l$（l 为磁路平均长度，A 为磁路截面积），l 相同，因此，当磁路线性即 μ_{Fe} 为常数时，$\Lambda\propto A$，则 $\Phi\propto\Lambda\propto A$，$B=\Phi/A$ 为

常数，即：截面积较大的铁心中的磁通较大，但两个铁心的磁通密度相同。当磁路饱和时，该问题需要通过迭代求解。

(2) 已知磁路中的磁通，求产生它所需的磁动势或电流，这属于磁路分析计算中的正问题。由于铁心的磁通 Φ 和截面积 A 相等，因此，两个铁心磁路的饱和程度相同，即磁导率 μ_{Fe} 相等。于是，平均长度较大的磁路的磁导较小，产生一定的磁通所需的磁动势较大，即其线圈中的直流电流较大。

0-4-9 如图 0-3 所示的圆环铁心磁路，环的平均半径 $r=100\text{mm}$，截面积 $A=200\text{mm}^2$，绕在环上的线圈匝数 $N=350$。圆环材料为铸钢，其磁化曲线数据如表 0-1 所示，不计漏磁通。

(1) 当圆环内磁通密度 B 分别为 0.8T 和 1.6T 时，磁路的磁通分别是多少？两种情况下磁路的磁导和所需的励磁电流 I 分别相差了多少倍？

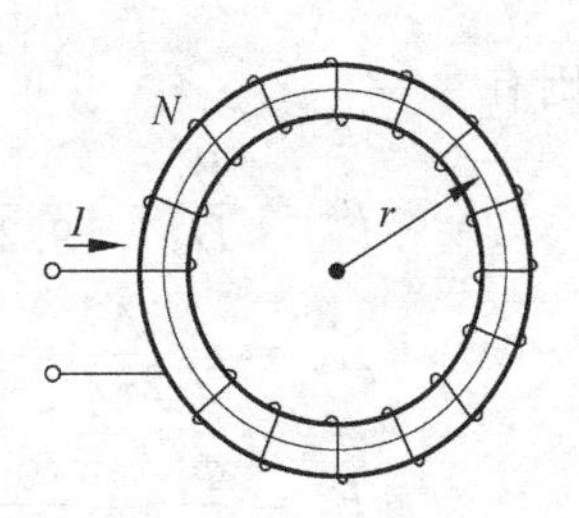

图 0-3

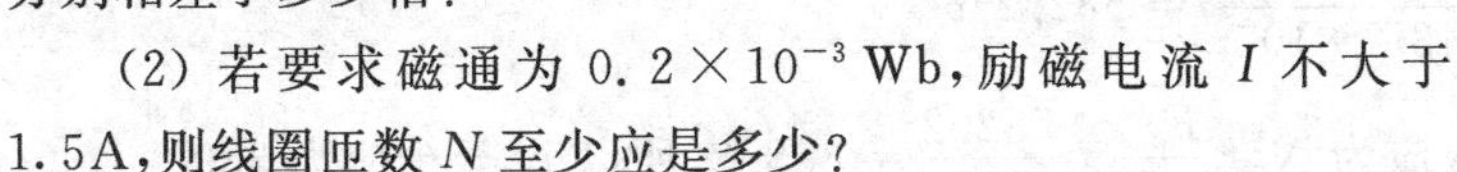

(2) 若要求磁通为 0.2×10^{-3} Wb，励磁电流 I 不大于 1.5A，则线圈匝数 N 至少应是多少？

表 0-1 铸钢的磁化曲线数据

$H/\text{A}\cdot\text{cm}^{-1}$	5	10	15	20	30	40	50	60	80	110
B/T	0.65	1.06	1.27	1.37	1.48	1.55	1.60	1.64	1.72	1.78

解：(1) 因磁通 $\Phi=BA$，所以当 $B_1=0.8\text{T}$ 时，

$$\Phi_1=0.8\times200\times10^{-6}=0.16\times10^{-3}\,\text{Wb}$$

当 $B_2=1.6\text{T}$ 时，

$$\Phi_2=1.6\times200\times10^{-6}=0.32\times10^{-3}\,\text{Wb}$$

已知铁心磁路的长度和截面积，欲求磁导 Λ，需求出磁导率 μ。由于 $\mu=B/H$，因此需通过表 1 的磁化曲线求得 μ。求出 Λ 后，利用 $NI\cdot\Lambda=\Phi$，可求得励磁电流 I。

当 $B_1=0.8\text{T}$ 时，查表(利用线性插值)得

$$H_1=5+\frac{10-5}{1.06-0.65}\times(0.8-0.65)=6.829\,\text{A/cm}$$

则有

$$\mu_1=\frac{B_1}{H_1}=\frac{0.8}{6.829\times10^2}=0.1171\times10^{-2}\,\text{H/m}$$

$$\Lambda_1=\mu_1\frac{A}{l}=\mu_1\frac{A}{2\pi r}=0.1171\times10^{-2}\times\frac{200\times10^{-6}}{2\pi\times100\times10^{-3}}=0.3727\times10^{-6}\,\text{H}$$

$$I_1=\frac{\Phi_1}{N\Lambda_1}=\frac{0.16\times10^{-3}}{350\times0.3727\times10^{-6}}=1.227\text{A}$$

当 $B_2=1.6\text{T}$ 时，查表得 $H_2=50\text{A/cm}$，则

$$\mu_2=\frac{B_2}{H_2}=\frac{1.6}{50\times10^2}=0.32\times10^{-3}\,\text{H/m}$$

$$\Lambda_2=\mu_2\frac{A}{2\pi r}=0.32\times10^{-3}\times\frac{200\times10^{-6}}{2\pi\times100\times10^{-3}}=0.1019\times10^{-6}\,\text{H}$$

$$I_2=\frac{\Phi_2}{N\Lambda_2}=\frac{0.32\times10^{-3}}{350\times0.1019\times10^{-6}}=8.972\text{A}$$

可见,后一种情况下的磁导、电流分别是前一种情况下的 0.2734 倍和 7.312 倍。

(2) 若要求磁通 $\Phi_3=0.2\times10^{-3}\text{Wb}$,则 $B_3=\frac{\Phi_3}{A}=\frac{0.2\times10^{-3}}{200\times10^{-6}}=1\text{T}$。查表得

$$H_3=5+\frac{10-5}{1.06-0.65}\times(1-0.65)=9.268\text{A/cm}$$

则有

$$\mu_3=\frac{B_3}{H_3}=\frac{1}{9.268\times10^2}=0.1079\times10^{-2}\text{H/m}$$

$$\Lambda_3=\mu_3\frac{A}{2\pi r}=0.1079\times10^{-2}\times\frac{200\times10^{-6}}{2\pi\times100\times10^{-3}}=0.3435\times10^{-6}\text{H}$$

$$F_3=\frac{\Phi_3}{\Lambda_3}=\frac{0.2\times10^{-3}}{0.3435\times10^{-6}}=582.2\text{A}$$

要求 $I\leqslant1.5\text{A}$,则线圈匝数应为 $N\geqslant\frac{F_3}{1.5}=\frac{582.2}{1.5}=388.2$,所以 N 至少应为 389。

0-4-10 如图 0-4 所示的含有气隙的分支铁心磁路,各段铁心磁路的材料相同,各段磁路的平均长度和截面积如图中所示。不计漏磁通,若已知气隙磁通 Φ_3、N_1、N_2 和直流电流 i_1,则应如何求得直流电流 i_2?

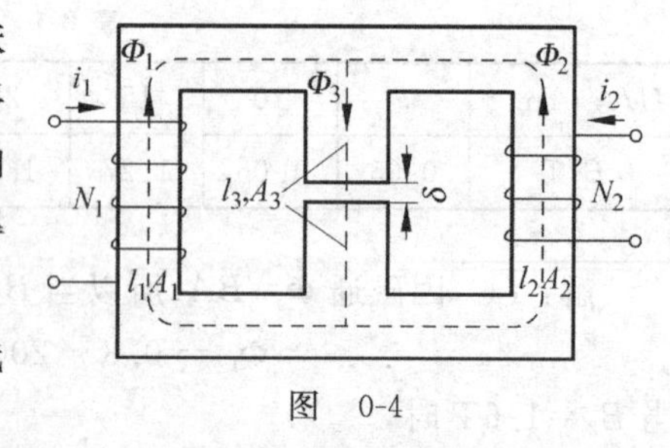

图 0-4

答:求解步骤为(设铁心的正常磁化曲线已知):

(1) 将磁路分成 4 段:左侧铁心段、右侧铁心段、中间铁心段(上下两部分)和气隙段,确定各段的截面积和平均长度,并规定各段磁通的参考方向(如图 0-4 所示)。

(2) 由已知的 Φ_3,求出中间铁心段的平均磁通密度 $B_3=\Phi_3/A_3$;由 B_3 查磁化曲线,得该段磁路的平均磁场强度 H_3;再求出气隙段的磁通密度 $B_\delta=\Phi_3/A_3=B_3$(忽略边缘效应)和平均磁场强度 $H_\delta=B_\delta/\mu_0$。

(3) 对于左侧铁心回路,应用安培环路定律,由已知的 $F_1=N_1i_1$ 和中间铁心段及气隙段的磁位差($H_3l_3+H_\delta\delta$),求出左侧铁心段的平均磁场强度 H_1;查磁化曲线得该段磁路的平均磁通密度 B_1,求得该段的磁通 $\Phi_1=B_1A_1$。

(4) 应用磁路的基尔霍夫第一定律,由 Φ_1 和 Φ_3 求得右侧铁心段的磁通 Φ_2。

(5) 求出右侧铁心段的平均磁通密度 $B_2=\Phi_2/A_2$;由 B_2 查磁化曲线,得该段磁路的平均磁场强度 H_2 和磁位差 H_2l_2。

(6) 对于右侧铁心回路,应用安培环路定律,由已知的 H_2l_2 和($H_3l_3+H_\delta\delta$),求出线圈 2 应产生的磁动势 $F_2=N_2i_2$,则得 $i_2=F_2/N_2$。

第1篇 变 压 器

第1章 变压器的用途、分类、基本结构和额定值

1.1 知 识 结 构

1.1.1 主要知识点

1. 变压器的基本功能、基本结构和变压原理

① 变压器用于对交流电的电压(或电流)进行变换。

② 变压器由铁心(磁路部分)和绕在其上的高、低压绕组(电路部分)构成。

③ 电磁感应定律是变压器实现这种变换和传递电功率的理论基础。具有不同匝数的一、二次绕组通过铁心中交变的磁通产生耦合,实现对同频率交流电压的变换。

2. 变压器的主要额定值

变压器的主要额定值包括:额定容量,一、二次额定电压,一、二次额定电流及额定频率等。

3. 变压器的主要用途与分类

详见教材。

1.1.2 知识关联图

双绕组变压器的基本结构和额定值

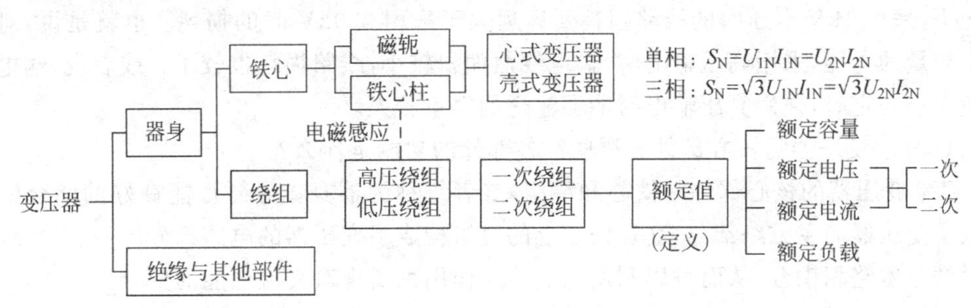

1.2　重点与难点

变压器的额定值

需要特别注意三相变压器的情况。额定容量 S_N 是指三相绕组(一次侧或二次侧)总容量；一、二次侧的额定电压和额定电流都是指“线”值，而不是一相的值。但在以后计算中，经常需要计算一相的情况，此时，应使用一相额定容量($S_N/3$)，并根据三相绕组的联结方式(星形或三角形联结)求出其额定相电压和额定相电流。

应注意二次额定电压的定义，它是一次绕组外施额定频率的额定电压时二次绕组的开路线电压。还应明确负载和额定负载的含义。当变压器一次绕组接到额定频率、额定电压的交流电网上，二次电流 I_2 达到其额定值 I_{2N} 时，变压器所带的负载称为额定负载。此时，一次电流 I_1 也等于其额定值 I_{1N}，变压器为额定运行，也称满载。也就是说，变压器负载的大小是以负载电流大小来衡量的。负载运行时，二次侧的负载阻抗值越小，负载电流就越大，即负载越大。

1.3　练习题解答

1-1-1　电力变压器的主要用途有哪些？为什么电力系统中变压器的安装容量比发电机的安装容量大？

答：电力变压器按其用途主要分为升压变压器、降压变压器、配电变压器和联络变压器等。由于发电机发出的交流电能需要经过变压器升压、降压和配电后才能输送到用户，因此电力系统中变压器的安装容量是发电机安装容量的几倍。

1-1-2　容量为 S 的交流电能，采用 220kV 输电电压输送时，输电线的截面积为 A。如果采用 1kV 电压输送，输电线的电流密度(单位面积上通过的电流大小)不变，则输电线截面积应为多大？若输电线的截面积已经固定，两种电压下输电线上的损耗一样大吗？

答：在输送的电能容量一定时，输电电流与输电电压的大小成反比。在输电线的电流密度一定的条件下，输电线截面积与输电电流大小成正比。因此，改用 1kV 电压时，输电线截面积应为 $220A$。如果输电线的截面积已经固定，则在一定的输电距离下，输电线的电阻是一定的，因此输电线的损耗与输电电流的平方成正比。显然，在输送同样容量的情况下，采用 1kV 电压时的线路损耗要远远大于采用 220kV 时的损耗。也就是说，对于一定容量的电能，采用高压输电时，输电线截面积较小，线路损耗也较小。或者说，输电线电流大小一定时，采用高压输电时能够输送的容量较大。

1-2-1　变压器的核心部件有哪些？各部件的功能是什么？

答：变压器的核心部件是铁心和绕组，二者统称为器身。导磁性能良好的闭合铁心构成了变压器的主磁路部分，套在铁心上的绕组构成了变压器的电路部分。一、二次绕组通过铁心磁路相耦合，从而可以利用电磁感应作用来实现对交流电能的变换。

1-2-2　说明下列概念：一次绕组、二次绕组、高压绕组、低压绕组、心式变压器、壳式变压器、铁心柱、磁轭。

答：以上概念参见教材1.2节。

1-2-3 电力变压器的铁心为什么要用涂绝缘漆的薄硅钢片叠成？为什么用软磁材料而不用硬磁材料？

答：变压器铁心中交变的磁通会在铁心中引起涡流损耗和磁滞损耗，即铁耗。磁滞损耗与磁滞回线的面积成正比。像硅钢这样的软磁材料，矫顽力和剩磁都很小，即磁滞回线面积比硬磁材料的小得多，因此磁滞损耗很小。涡流损耗与垂直于磁场方向上材料厚度的平方成正比，与材料的电阻率成反比。硅钢中含有适量的硅，电阻率较高，再制成薄片形状的硅钢片并涂以绝缘漆，就可以有效地减小涡流损耗。总之，为了减小铁耗、提高效率，变压器铁心应采用涂绝缘漆的薄硅钢片叠成。

1-3-1 变压器的主要额定值有哪些？一台单相变压器的一、二次额定电压为220V/110V，额定频率为50Hz，试说明其意义。若这台变压器的一次额定电流为4.55A，则二次额定电流是多大？在什么情况下称其运行在额定工况？

答：变压器的主要额定值有：额定容量S_N（单位V·A或kV·A），一、二次额定电压U_{1N}、U_{2N}（单位V或kV），一、二次额定电流I_{1N}、I_{2N}（单位A），额定频率f_N（单位Hz）。

一台单相变压器的一、二次额定电压为220V/110V，额定频率为50Hz，这说明：(1)该变压器应接在50Hz的交流电源（电网）上运行；(2)若高压绕组接到220V电源上，则低压绕组空载电压为110V，是降压变压器；反之，若低压绕组接到110V电源上，则高压绕组空载电压为220V，是升压变压器。

该变压器的变比$k=U_{1N}/U_{2N}=220/110=2$，因此，若一次额定电流$I_{1N}=4.55$A，则二次额定电流为$I_2N=kI_{1N}=2\times4.55=9.1$A。当该变压器带负载运行，使高压绕组电流为其额定值4.55A、低压绕组电流为其额定值9.1A时，称其运行在额定工况。

1.4 思考题解答

1-1 变压器的主要功能是什么？它是通过什么作用来实现其功能的？

答：变压器的主要功能是改变交流电能的电压，即升压或降压。它是通过电磁感应作用来实现其功能的。位于同一铁心柱上的一、二次绕组，与同一交变的主磁通相匝链，在两个绕组中产生的感应电动势与其匝数成正比。

1-2 变压器能否用来直接改变直流电压的等级？

答：变压器是利用电磁感应作用来实现其变压功能的。如果一次绕组施加一定的直流电压，则绕组中产生大小不变的直流电流，产生大小不变的直流磁动势，在铁心磁路中产生恒定不变的磁通，这样，一、二次绕组中就无法感应产生电动势，即二次绕组输出电压为零。所以，变压器不能直接改变直流电压的等级。

1-3 变压器铁心为什么要做成闭合的？如果在变压器铁心磁回路中出现较大的间隙，会对变压器有什么影响？

答：如果变压器铁心磁回路中出现间隙（空气隙或变压器油等非铁磁材料），则与铁心为闭合时相比，主磁通所经过的铁心磁回路的磁导减小。根据磁路欧姆定律，磁路中的磁通大小一定时,磁导小(即磁阻大)则所需励磁磁动势大。铁心磁回路中出现间隙,会使磁路的磁导大幅减小。因此,要产生同样大小的主磁通,有间隙时所需的励磁磁动势和相应的励磁电流就比铁心闭合时的要增大很多。励磁电流大,会使变压器的功率因数降低,运行性能变差。所以,为了减小励磁电流,变压器铁心都要做成闭合的。

1.5 习题解答

1-1 一台三相变压器,额定电压 $U_{1N}/U_{2N}=10\text{kV}/3.15\text{kV}$,额定电流 $I_{1N}/I_{2N}=57.74\text{A}/183.3\text{A}$,求该变压器的额定容量。

解:额定容量

$$S_N=\sqrt{3}U_{1N}I_{1N}=\sqrt{3}\times10\times57.74=1000\text{kV}\cdot\text{A}$$

或

$$S_N=\sqrt{3}U_{2N}I_{2N}=\sqrt{3}\times3.15\times183.3=1000\text{kV}\cdot\text{A}$$

提示:变压器的一、二次额定容量相等。三相变压器的额定容量 S_N 是指三相总容量。三相变压器的额定电压、额定电流均是指线值。

1-2 一台三相降压变压器的额定容量 $S_N=3200\text{kV}\cdot\text{A}$,额定电压 $U_{1N}/U_{2N}=35\text{kV}/10.5\text{kV}$,一、二次绕组分别为星形、三角形联结,求:

(1) 该变压器一、二次侧的额定线电压、额定相电压以及额定线电流、额定相电流;

(2) 若负载的功率因数为0.85(滞后),则该变压器额定运行时能带多少有功负载,发出的无功功率又是多少(忽略负载运行时二次电压的变化)?

解:(1) 一次侧的额定线电压就是一次额定电压,即 $U_{1N}=35\text{kV}$。

由于一次绕组为星形联结,因此一次侧的额定相电压为(下标 ϕ 表示"相",下同)

$$U_{1N\phi}=\frac{U_{1N}}{\sqrt{3}}=\frac{35}{\sqrt{3}}=20.21\text{kV}$$

一次侧的额定线电流和相电流为

$$I_{1N}=I_{1N\phi}=\frac{S_N}{\sqrt{3}U_{1N}}=\frac{3200}{\sqrt{3}\times35}=52.79\text{A}$$

二次侧的额定线电压就是二次额定电压,即 $U_{2N}=10.5\text{kV}$。

由于二次绕组为三角形联结,因此二次侧额定相电压 $U_{2N\phi}=U_{2N}=10.5\text{kV}$。二次侧的额定线电流为

$$I_{2N}=\frac{S_N}{\sqrt{3}U_{2N}}=\frac{3200}{\sqrt{3}\times10.5}=176\text{A}$$

二次侧额定相电流为

$$I_{2N\phi}=\frac{I_{2N}}{\sqrt{3}}=\frac{176}{\sqrt{3}}=101.6\text{A}$$

(2) 若负载的功率因数为 $\cos\varphi=0.85$，不计负载运行时二次电压的变化，则额定运行时变压器发出的有功功率为

$$P_N = S_N\cos\varphi = 3200 \times 0.85 = 2720\text{kW}$$

发出的无功功率为

$$Q_N = S_N\sin\varphi = 3200 \times 0.5268 = 1686\text{kvar}$$

提示：注意三相变压器在不同联结方式下的相电压与线电压关系、相电流与线电流关系，以及它们的额定值与额定容量的关系。

第 2 章　变压器的运行分析

2.1　知 识 结 构

2.1.1　主要知识点

1. 变压器稳态运行时的电磁关系

(1) 磁动势与磁通

① 一、二次绕组相电流$\dot{I}_1$、$\dot{I}_2$分别产生一、二次磁动势$\dot{F}_1$、$\dot{F}_2$。

② $\dot{F}_1$与$\dot{F}_2$共同产生主磁通$\dot{\Phi}_m$，即励磁磁动势$\dot{F}_0=\dot{F}_1+\dot{F}_2$，相应的每相励磁电流为$\dot{I}_0$；同时，$\dot{F}_1$、$\dot{F}_2$分别产生一、二次绕组漏磁通$\dot{\Phi}_{\sigma 1m}$、$\dot{\Phi}_{\sigma 2m}$(磁通均用幅值表示)。

(2) 感应电动势与变比

① 主磁通$\dot{\Phi}_m$在一、二次绕组中产生的相电动势分别为$\dot{E}_1$、$\dot{E}_2$，$E_1=4.44fN_1\Phi_m$，$E_2=4.44fN_2\Phi_m$(N_1、N_2分别为一、二次绕组每相匝数)。

② 一、二次绕组漏磁通在一、二次每相绕组中产生的漏磁电动势分别为$\dot{E}_{\sigma 1}$、$\dot{E}_{\sigma 2}$。

③ 变比k定义为一、二次绕组相电动势E_1与E_2之比，即$k=\dfrac{E_1}{E_2}=\dfrac{N_1}{N_2}$。

(3) 电压方程式

① 按照参考方向惯例，一、二次侧一相电压方程式(电动势平衡方程式)分别为

$$\dot{U}_1=-\dot{E}_1-\dot{E}_{\sigma 1}+\dot{I}_1R_1,\quad \dot{U}_2=\dot{E}_2+\dot{E}_{\sigma 2}-\dot{I}_2R_2$$

式中，R_1、R_2分别为一、二次绕组电阻。

② 将电动势用电路参数表示

$$\dot{E}_{\sigma 1}=-\mathrm{j}\,\dot{I}_1X_{\sigma 1},\quad \dot{E}_{\sigma 2}=-\mathrm{j}\,\dot{I}_2X_{\sigma 2},\quad \dot{E}_1=-\dot{I}_0Z_m=-\dot{I}_0(R_m+\mathrm{j}X_m)$$

式中，$X_{\sigma 1}$、$X_{\sigma 2}$分别为一、二次绕组漏电抗；R_m、X_m、Z_m分别为励磁电阻、励磁电抗和励磁阻抗。

2. 变压器的等效电路，相量图

(1) 折合算法

① 目的：得到表示变压器内部电磁关系的等效电路，以简化分析计算。

② 原则：保持稳态时的电磁关系不变(对不折合的一侧等效)。

③ 方法：使一、二次绕组匝数相等。通常将二次绕组折合到一次侧，保持二次绕组磁动势$\dot{F}_2$不变。

④ 折合关系（二次侧折合到一次侧）

$$\dot{E}'_2 = k\dot{E}_2 = \dot{E}_1, \quad \dot{U}'_2 = k\dot{U}_2, \quad \dot{I}'_2 = \dot{I}_2/k,$$
$$Z'_2 = R'_2 + \mathrm{j}X'_{\sigma 2} = k^2(R_2 + \mathrm{j}X_{\sigma 2}), \quad Z'_L = k^2 Z_L$$

（2）等效电路

① T型等效电路，与折合后的基本方程式相对应。参数为一次绕组漏阻抗 $Z_1 = R_1 + \mathrm{j}X_{\sigma 1}$，二次绕组漏阻抗 $Z'_2 = R'_2 + \mathrm{j}X'_{\sigma 2}$ 和励磁阻抗 $Z_m = R_m + \mathrm{j}X_m$（折合到一次侧时）。

② 简化等效电路，忽略励磁电流时的T型等效电路。参数为短路阻抗 $Z_k = Z_1 + Z'_2 = R_k + \mathrm{j}X_k$（折合到一次侧时），其中，短路电阻 $R_k = R_1 + R'_2$，短路电抗 $X_k = X_{\sigma 1} + X'_{\sigma 2}$。

③ 注意事项，等效电路主要用于定量计算运行特性和性能，使用时应特别注意以下几点：

- T型等效电路适用于变压器稳态运行的任何工况，而简化等效电路只适用于变压器稳态负载运行（特别是负载较大时）和短路工况；
- 在折合到一次侧的等效电路中，二次侧的所有量均为折合值，而不是实际值；
- 一、二次侧所有的量及参数均需用一相的值，即均应采用相值。

（3）等效电路参数的测定

① 短路试验：测取短路阻抗 $Z_k = R_k + \mathrm{j}X_k$ 和负载损耗 p_{kN}（通常在高压侧做）。

② 空载试验：测取励磁阻抗 $Z_m = R_m + \mathrm{j}X_m$ 和空载损耗 p_0（通常在低压侧做）。

（4）相量图

① 相量图主要用于定性分析变压器的电磁关系。

② 相量图与折合后的基本方程式或等效电路相对应，相位关系与负载性质有关。

③ 在相量图上：$\dot{E}_1$、$\dot{E}'_2$ 均滞后$\dot{\Phi}_m 90°$；由于存在铁耗 p_{Fe}，因此$\dot{I}_0$ 超前$\dot{\Phi}_m$ 一个小角度；$\dot{U}'_2$ 与$\dot{I}'_2$ 的相位关系由负载功率因数角 φ_2 决定。

3. 变压器的运行特性

（1）电压调整特性（外特性）$U_2 = f(I_2)$

① 电压调整率定义：$\Delta U = \dfrac{U_{2N} - U_2}{U_{2N}} \times 100\%$。

② 电压调整率计算公式：$\Delta U = \beta(\underline{R}_k \cos\varphi_2 + \underline{X}_k \sin\varphi_2)$，其中 $\beta = \underline{I}_2 = \underline{I}_1$，为负载因数。注意：负载为电容性时，$\varphi_2 < 0, \sin\varphi_2 < 0$。

（2）效率特性 $\eta = f(\beta)$

① 效率计算公式：$\eta = \left(1 - \dfrac{p_0 + \beta^2 p_{kN}}{\beta S_N \cos\varphi_2 + p_0 + \beta^2 p_{kN}}\right) \times 100\%$。

② 当可变损耗等于不变损耗时，效率 η 达到最高。此时，负载因数 $\beta_m = \sqrt{p_0 / p_{kN}}$。

4. 标幺值

标幺值表示物理量量值的相对大小。通常选取各物理量的额定值作为其基值。功率、电压、电流、阻抗的基值之间应满足电路定律。

2.1.2 知识关联图

变压器对称稳态运行

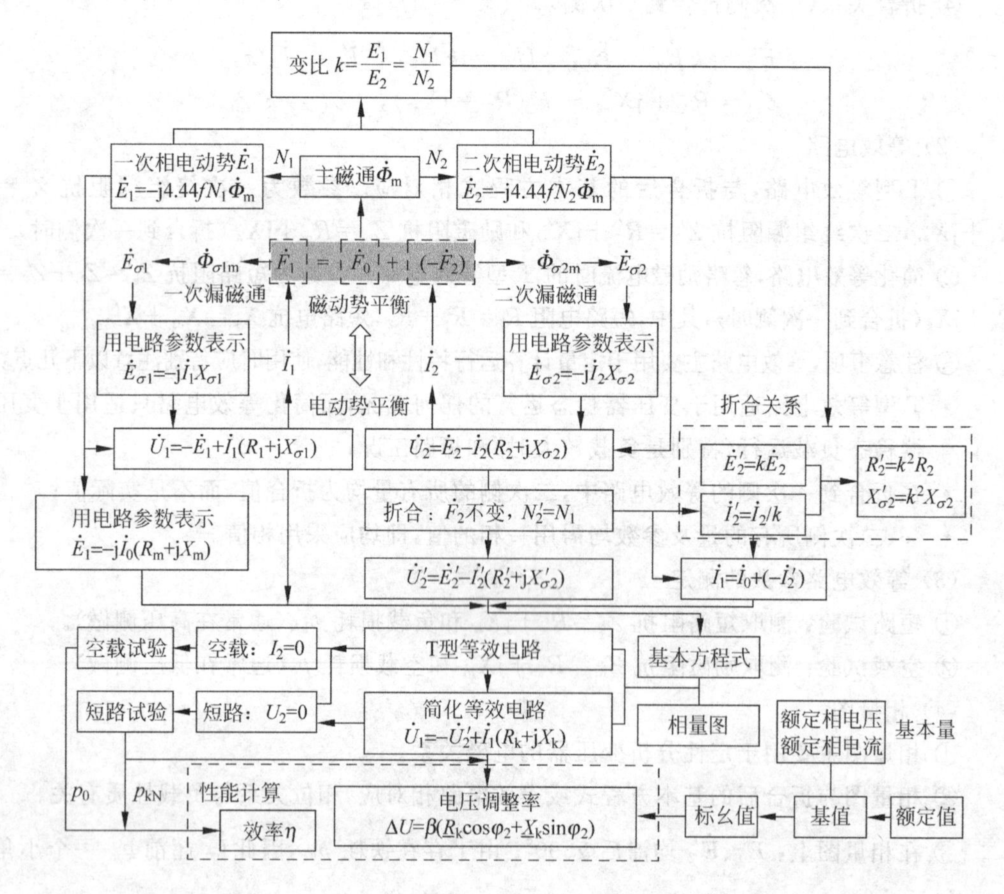

2.2 重点与难点

本章是变压器一篇的核心，也是电机学后续内容的基础，其中的一些基本概念和分析方法在后面还要用到，因此，本章所有内容都是应掌握好的重要内容。相对而言，应特别注意以下几个问题。

1. 参考方向

在列写变压器的方程式时，首先应规定有关物理量的参考方向。

规定参考方向时通常采用如下惯例：

① 电流与其产生的磁动势（包括$\dot{I}_1$与$\dot{F}_1$，$\dot{I}_0$与$\dot{F}_0$，$\dot{I}_2$与$\dot{F}_2$）满足右手螺旋定则。

② 磁动势与其产生的磁通（包括主磁通、漏磁通）参考方向相同。

③ 磁通与其感应的电动势满足右手螺旋定则。

④ 电压与电流：一次绕组的电压$\dot{U}_1$与电流$\dot{I}_1$的参考方向按电动机惯例；二次绕组

的电压$\dot{U}_2$与电流$\dot{I}_2$的参考方向按发电机惯例。这样的参考方向便于分析变压器一次侧从电网吸收功率、二次侧向负载发出功率的情况。

把②与①相结合，则$\dot{I}_1$与$\dot{\Phi}_{\sigma1}$、$\dot{I}_0$与$\dot{\Phi}_m$、$\dot{I}_2$与$\dot{\Phi}_{\sigma2}$的参考方向分别满足右手螺旋定则。再与③相结合，则电动势$\dot{E}$与电流$\dot{I}$的参考方向相同。

实际上，参考方向可以任意规定。在某一量的参考方向规定与以上惯例不同时，有关表达式中的正、负号会相应地改变。应能正确写出不同参考方向下的磁动势平衡方程式和电压方程式(参见习题 2-3 和习题 2-8)。

2. 磁动势、电动势和功率的平衡关系

变压器依靠电磁感应作用稳态运行时，同时存在磁动势、电动势和功率的平衡关系。

(1) 磁动势平衡关系

一、二次电流分别产生一次绕组磁动势$\dot{F}_1$和二次绕组磁动势$\dot{F}_2$。按照规定的参考方向，根据安培环路定律可写出$\dot{F}_1+\dot{F}_2=\dot{F}_0$，这表明了一、二次绕组电流共同产生励磁磁动势$\dot{F}_0$，从而产生主磁通$\dot{\Phi}_m$的关系。磁动势平衡方程式$\dot{F}_1=\dot{F}_0+(-\dot{F}_2)$，表明二次电流$\dot{I}_2$(负载电流)对一次电流$\dot{I}_1$的影响，即一次电流$I_1$随二次电流$I_2$的增大而增大，这也反映了变压器输入功率与输出功率之间的平衡关系。

(2) 电动势平衡关系

电动势平衡关系用电压方程式来表述，反映了绕组在交变磁通中感应的电动势与其外部电路电压降的平衡关系。一次侧电压方程式为$\dot{U}_1=-\dot{E}_1+\dot{I}_1(R_1+jX_{\sigma1})$，由于一次绕组电阻$R_1$和漏电抗$X_{\sigma1}$通常都很小，因此，当一次电流$I_1$不是过大时，一次绕组的相电动势$E_1$都与相电压$U_1$保持平衡关系，即$U_1\approx E_1$。变压器正常稳态运行时(从空载到额定负载运行)，一次电流不超过其额定值，这一平衡关系总是成立的。

交流铁心磁路与直流铁心磁路的主要区别如下：

① 直流铁心磁路由直流电励磁决定，绕组电流即励磁电流I由外施直流电压U和绕组回路总电阻R决定，只要U和R一定，I就不变，主磁通Φ则随磁路磁导Λ_m变化(由磁路截面积、气隙长度等变化引起)而变化。交流铁心磁路由交流电励磁决定，磁通是交变的(例如空载运行的变压器)，由于因电磁感应产生的电动势E_1在电路中要与外施电压U_1平衡，即$U_1\approx E_1\propto fN_1\Phi_m$，因此当$f$和$N_1$一定时，$\Phi_m$取决于$U_1$，$U_1$一定，$\Phi_m$就不变，励磁磁动势和励磁电流$I_0$的大小则取决于磁路磁导$\Lambda_m$。

② 直流铁心磁路的磁通不随时间变化，其损耗是绕组铜耗；而交流铁心磁路的损耗除了绕组铜耗外，还有交变磁通在铁心中产生的铁耗。

变压器一次侧电压方程式可用来分析其主磁通Φ_m和励磁电流I_0(或空载电流)的变化情况。此时，应先根据$U_1\approx E_1\propto fN_1\Phi_m$，由$U_1$、$f$和$N_1$的变化确定$\Phi_m$的大小；然后由$B_m=\Phi_m/A$($A$为磁路截面积)的变化确定磁导$\Lambda_m$，最后根据磁路欧姆定律($\sqrt{2}F_0\Lambda_m=\Phi_m$)求得$I_0$的变化情况(参见思考题 2-4 和习题 2-5)。但需要注意，$U_1\approx E_1$仅在正常负载条件下(从空载到满载)成立，在二次侧短路时不能使用。

(3) 功率平衡关系

功率平衡关系是磁动势、电动势平衡关系同时作用的结果。利用变压器的基本方程式，或者等效电路、相量图，都可得到稳态时有功功率和无功功率的平衡关系。

应掌握根据参考方向(发电机惯例和电动机惯例)判断实际功率流向的方法(参见练习题 2-2-11 和思考题 2-1)。

3. 折合算法

折合算法的主要目的是得到简化的、能表示变压器稳态电磁关系的等效电路。折合是一种对绕组作等效处理的方法。为了不改变变压器的电磁关系，需保持被折合的绕组的磁动势(大小及其相位)不变，当绕组匝数改变后，绕组电流大小应随之成反比变化，相应地，电动势应随之成正比变化，所以阻抗需随之按平方关系变化。

通常将二次绕组折合到一次侧，也可将一次绕组折合到二次侧。折合关系均与变比 k 有关。电路中的各物理量被折合后，其量纲不变，仅量值发生变化，而且同一量纲的物理量具有相同的折合关系。可以按如表 2-1 所示的方式去理解和记忆。

表 2-1 折合关系(变比 $k=E_1/E_2=N_1/N_2$)

物理量	单位	折合关系		举例	
		二次→一次	一次→二次	二次→一次	一次→二次
电压，电动势	V	$\times k$	$\div k$	$\dot{U}'_2=k\dot{U}_2$	$\dot{E}'_1=\dot{E}_1/k$
电流	A	$\div k$	$\times k$	$\dot{I}'_2=\dot{I}_2/k$	$\dot{I}'_1=k\dot{I}_1$
电阻，电抗，阻抗	Ω	$\times k^2$	$\div k^2$	$R'_2=k^2R_2$	$X'_{\sigma1}=X_{\sigma1}/k^2$

4. 等效电路中的参数

(1) 变压器 T 型等效电路中的参数可分为两类：

① 一、二次绕组的电阻和漏电抗，其中，漏电抗与漏磁通相对应。由于漏磁通所经过的漏磁路通常可认为是线性的，因此，相应的漏电抗是常数(频率一定时)。

② 励磁电阻 R_m 和励磁电抗 X_m，它们都是与主磁通相对应的等效参数，都随主磁路饱和程度变化而变化。

变压器简化等效电路中的参数为短路电阻 R_k 和短路电抗 X_k，折合到一次侧时，$R_k=R_1+R'_2$，$X_k=X_{\sigma1}+X'_{\sigma2}$。$R_k$ 和 X_k 可通过短路试验求得。

(2) 需要特别注意励磁电阻 R_m 和励磁电抗 X_m 的物理意义和变化情况。

励磁电阻 R_m 是为了表示交变的主磁通在铁心中引起的铁耗 p_{Fe}(包括磁滞损耗和涡流损耗)而引入的等效电阻，$p_{Fe}=mI_0^2R_m$(m 为相数，I_0 为每相励磁电流)。此式虽然与绕组铜耗的计算公式(如 $p_{Cu1}=mI_1^2R_1$)相同，但含义却有本质不同。绕组电阻 R_1、R_2 是实际存在的电路参数，在绕组导线的材料、尺寸和匝数一定时，其值是确定不变的；而 R_m 是等效表示磁路损耗的一个虚拟电阻，其值与铁心材料的特性有关，与绕组导线的材料和尺寸无关，其大小需要根据 p_{Fe} 和 I_0 的值来间接求出。

励磁电抗 X_m 是与主磁通 Φ_m 相对应的等效电抗，反映励磁电流所产生的交变主磁通对电路的电磁作用能力，与铁心磁路的磁导(或磁阻)密切相关。实际中使用的变压器，通

常 $X_m \gg R_m$，为了便于理解，可以忽略 R_m，即 $X_m \approx |Z_m|$，则有

$$X_m \approx \frac{E_1}{I_0} = \frac{4.44 f N_1 \Phi_m}{I_0} = \frac{\sqrt{2}\pi f N_1 \Phi_m}{I_0} = \frac{2\pi f N_1^2 \Phi_m}{\sqrt{2} N_1 I_0} = 2\pi f N_1^2 \Lambda_m = \omega N_1^2 \Lambda_m$$

即 X_m 与绕组匝数 N_1 的平方以及铁心磁路的磁导 Λ_m 成正比。

R_m 和 X_m 都不是常数，因为铁耗 p_{Fe} 和磁导 Λ_m 都随磁路饱和程度变化而变化。例如，当外施电压 U_1 升高时，E_1 增大，Φ_m 增大，使磁路饱和程度提高，磁导率减小，因而 I_0 以更大的幅度增加，所以 R_m 和 X_m 都将减小。反之，当 U_1 降低时，R_m 和 X_m 都会增大。但是，在使用 T 型等效电路时，一般把 R_m 和 X_m 视为常数，这是因为变压器正常运行时一次外施电压都为额定值，负载变化时（从空载到满载），虽然 Φ_m 会随之有所变化，但变化很小，可近似认为不变（或者说基本不变），则主磁路饱和程度和 I_0 基本不变，R_m 和 X_m 也就基本不变。

5. 标幺值

采用标幺值表示物理量量值的相对大小，是电气工程领域中常用的方法。

求标幺值的关键是正确选取各物理量的基值。对于变压器，通常以额定值作为基值。但需要注意：

① 功率、电压、电流、阻抗的基值不能任意选取，它们之间应满足电路定律。

② 对于三相变压器，电压、电流都不仅有一次和二次之分别，而且有线值和相值之分别；每相阻抗也有一次和二次之分别；功率有三相值和单相值的不同。

三相变压器主要物理量的基值选取如表 2-2 所示。

表 2-2　三相变压器主要物理量的基值

基值	电压基值		电流基值		阻抗基值	功率基值	
	线值	相值	线值	相值		三相	一相
	U_{iN}	$U_{iN\phi}$	I_{iN}	$I_{iN\phi}$	Z_{iN}	S_N	$S_{N\phi}$
基值之间的关系	Y 联结	$U_{iN\phi}=U_{iN}/\sqrt{3}$，$I_{iN\phi}=I_{iN}$			$Z_{iN}=\frac{U_{iN\phi}}{I_{iN\phi}}$	$S_N=\sqrt{3}U_{iN}I_{iN}=3U_{iN\phi}I_{iN\phi}=3S_{N\phi}$（$i=1,2$，分别表示一、二次）	
	D 联结	$U_{iN\phi}=U_{iN}$，$I_{iN\phi}=I_{iN}/\sqrt{3}$					

采用标幺值有下列主要优点：

① 相同类型的变压器，用标幺值表示的参数和性能数据变化范围很小，例如空载电流标幺值 $\underline{I}_0$ 通常不超过 10%，电力变压器的 $|\underline{Z}_k|$ 大多在 5%～15% 之间。

② 三相变压器中，线电压、线电流的标幺值分别等于相电压、相电流的标幺值，三相功率的标幺值等于一相功率的标幺值。

③ 采用标幺值时，一、二次侧的物理量均不需折合，例如 $\underline{R}'_2=\underline{R}_2$，$\underline{\dot{I}}'_2=\underline{\dot{I}}_2$。

④ 采用标幺值时，某些不同的物理量具有相同的数值，例如 $|\underline{Z}_k|=\underline{U}_k$（额定电流下的短路电压标幺值，即阻抗电压 u_k），$\underline{R}_k=\underline{p}_{kN}$，$|\underline{Z}_m|=1/\underline{I}_0$。利用这些关系可简化计算（参见教材第 40 页例 2-2）。

在解题中如能正确应用上述关系，通常可以使计算简化。

2.3 练习题解答

2-1-1 某三相变压器,一、二次绕组都采用星形联结,额定值为 $S_N = 100kV \cdot A$, $U_{1N}/U_{2N} = 6.3kV/0.4kV$。现将电源电压由 6.3kV 提高到 10kV,并采用改换高压绕组的办法来适应电源电压的变化。若保持低压绕组不变,每相匝数 $N_2 = 40$,问原来高压绕组匝数是多少?新的高压绕组匝数应为多少?

答:对于三相变压器,一相高、低压绕组的匝数之比约等于高、低压绕组额定相电压之比,因此,原来高压绕组的匝数为

$$N_1 = N_2 \frac{U_{1N\phi}}{U_{2N\phi}} = N_2 \frac{U_{1N}/\sqrt{3}}{U_{2N}/\sqrt{3}} = N_2 \frac{U_{1N}}{U_{2N}} = 40 \times \frac{6.3}{0.4} = 630$$

新的高压绕组匝数应为 $40 \times \frac{10}{0.4} = 1000$。

2-1-2 一台额定电压为 220V/110V 的单相变压器,一、二次绕组的匝数分别为 $N_1 = 1000$, $N_2 = 500$。有人想节省铜线,准备把一、二次绕组匝数分别减为 200 和 100,问是否可以?

答:不可以。因为一次电压 $U_1 \approx E_1 = 4.44 f N_1 \Phi_m$,所以,如果把一次绕组匝数从 1000 减至 200,一次额定电压和频率不变,则主磁通 Φ_m 就会增大到约为原来的 5 倍。通常,变压器施加额定电压时,铁心磁路是饱和的。主磁通增大到原来的 5 倍,会使铁心磁路饱和程度和磁阻大大提高,导致励磁电流激增,远远超过额定电流,铜耗和铁耗也急剧增加,会使变压器因绕组和铁心过热而烧毁。

2-1-3 变压器造好以后,其铁心中的主磁通 Φ_m 与外施电压的大小及频率有何关系?与励磁电流 I_0 有何关系?一台额定频率为 50Hz、额定电压为 220V/110V 的单相变压器,如果把一次绕组接到 50Hz、380V 或 110V 的交流电源上,主磁通 Φ_m 和励磁电流 I_0 会如何变化?如果把一次绕组接到 220V、60Hz 的交流电源或 220V 的直流电源上,Φ_m 和 I_0 又会如何变化?以上各种情况下二次空载电压是多少?

答:(1) 主磁通 Φ_m 与外施相电压 U_1、频率 f 的关系是 $U_1 \approx E_1 = 4.44 f N_1 \Phi_m$,其中,$E_1$ 为主磁通在一次绕组中感应的相电动势有效值;N_1 为一次绕组每相匝数。

(2) 根据磁路欧姆定律,可得主磁通 Φ_m 与励磁电流 I_0 的关系为 $\Phi_m = \sqrt{2} I_0 N_1 \Lambda_m$。其中,$I_0$ 为一次绕组励磁电流的有效值;Φ_m 为主磁通的最大值;Λ_m 为主磁通经过的磁路的磁导;$\Lambda_m = \frac{\mu_{Fe} A}{l}$(其中,$\mu_{Fe}$为铁心的磁导率;$A$ 为铁心的截面积;l 为铁心磁路的平均长度)。Φ_m 与 I_0 的数量关系可用曲线表示,即磁化特性,它与铁心的磁化曲线 $B = f(H)$相对应,呈饱和特性。

(3) 如果将 220V 绕组接到 380V 电源上,则 Φ_m 将增至原来的 $380/220 = \sqrt{3}$倍;若接到 110V 电源上,则 Φ_m 将减至原来的 1/2。如果主磁路为线性,即磁导不变,则所需的励磁电流 I_0 与 Φ_m 成正比变化。但是,在额定电压下铁心磁路通常是饱和的,所以,当接到 380V 电源上时,磁导将大幅减小,I_0 与加 220V 时的励磁电流的比值要远大于$\sqrt{3}$,此时铜

耗和铁耗都很大,长时间运行可能烧毁变压器;而当接到110V电源上时,磁导将增大,I_0与加220V时的励磁电流的比值要小于1/2。

(4) 如果把一次绕组接到220V、60Hz的交流电源上,则主磁通Φ_m将减至接220V、50Hz电源时的5/6;由于磁导增大,因此励磁电流I_0将减至原来的5/6以下。

若接到220V的直流电源上,则绕组中不能产生感应电动势,一次绕组电流等于U_1/R_1(R_1为一次绕组电阻)。由于R_1很小,因此一次电流将极大,会烧毁变压器。

(5) 上述各种情况下,除了接到直流电源上时二次空载电压为零以外,在其他情况下,二次空载电压均为一次绕组电压的1/2。

2-1-4 变压器一次绕组漏阻抗是什么含义?其大小与哪些因素有关?是常数吗?

答: 一次绕组漏阻抗$Z_1=R_1+jX_{\sigma1}$,其中,R_1是一次绕组电阻;$X_{\sigma1}$是一次绕组漏电抗。$X_{\sigma1}=\omega L_{\sigma1}=2\pi fL_{\sigma1}$,其中,$f$为电源频率;$L_{\sigma1}$是一次绕组的漏电感,即一次绕组单位电流产生的一次绕组漏磁链,其大小与一次绕组匝数及漏磁路磁导有关。对于给定的一台变压器,绕组匝数、导线截面积和频率f等都是一定的,漏磁路磁导通常也可视为常数,因此,R_1和$X_{\sigma1}$都是常数,即Z_1的大小是常数。

2-1-5 一台单相变压器,一次绕组电阻$R_1=1\Omega$。当一次绕组施加额定电压220V空载运行时,一次绕组电流是否等于220A?为什么?

答: 不等于220A。因为变压器接到交流电源上空载运行时,交变的主磁通在一次绕组中产生感应电动势,这与一次绕组接直流电源时的情况有本质区别。此时,一次绕组电流$I_1=\dfrac{U_1}{|Z_1+Z_m|}=\dfrac{220}{|Z_1+Z_m|}$,由于$|Z_m|\gg R_1$,因此$I_1\ll 220\text{A}$。

2-1-6 求单相变压器的变比时,为什么可以用一、二次额定电压之比来计算?

答: 变比k定义一、二次绕组相电动势的比值,即$k=E_1/E_2$。二次额定电压U_{2N}是指变压器一次绕组施加额定电压U_{1N}空载运行时二次绕组的电压U_2,此时,$E_2=U_2=U_{2N}$;一次电流I_0的值通常很小,一次绕组漏阻抗$|Z_1|$也很小,因此$I_0|Z_1|$很小,E_1很接近U_1,即$E_1\approx U_1=U_{1N}$。所以,可以用一、二次额定电压之比来计算变比。

2-1-7 将一个空心线圈分别接到直流电源和交流电源上,交流电源电压有效值与直流电源电压相等。然后在该线圈中插入铁心,再分别接到上述两个电源上。试比较上述四种情况下,稳态时线圈电流和输入到线圈功率的大小。

答: 将一个空心线圈接到电压为U的直流电源上时,稳态时线圈电流为$I_1=U/R$(R为线圈电阻),输入到线圈的功率为$P_1=I_1^2R$。当该线圈中插入铁心时,稳态时线圈电流仍为I_1,输入到线圈的功率仍为P_1。

将一个空心线圈接到电压为U的交流电源上时,稳态时线圈电流为$I_2=U/|Z|$。其中,$Z=R+jX$,为空心线圈的阻抗;X为空心线圈电抗。输入到线圈的功率为$P_2=I_2^2R$。

将一个铁心线圈接到电压为U的交流电源上时,稳态时线圈电流为$I_0=\dfrac{U}{|(R+R_m)+j(X_\sigma+X_m)|}\approx\dfrac{U}{|R_m+jX_m|}$。其中,$R_m$、$X_m$分别为线圈的励磁电阻和励磁电抗;$X_\sigma$为线圈的漏电抗。通常$X_m$远大于空心线圈的电抗$X$。输入到线圈的功率为$P_0=I_0^2(R+R_m)$。

比较上述各种情况，可知$I_1>I_2>I_0$，$P_1>P_2$。P_0比P_2大还是小，则需根据R_m和I_0的具体值而定。

2-1-8 变压器空载运行时，输入的有功功率主要消耗在何处？功率因数是滞后的还是超前的？功率因数高吗？

答：(1) 变压器空载运行时，输入的有功功率消耗在一次绕组铜耗和铁心的铁耗上。铜耗与电流的平方成正比，由于空载电流不超过额定电流的10%，因此空载运行时一次绕组铜耗不超过额定运行时的1%，而空载时的铁耗基本上与额定运行时相等。所以，空载时输入的有功功率主要消耗在铁耗上，一次绕组铜耗很小，通常可以忽略。

(2) 变压器空载运行时，需要从电源或电网吸收电感性电流$\dot{I}_0$来产生主磁通$\dot{\Phi}_m$(还产生一次绕组漏磁通)，因此功率因数是滞后的。由于为了提高效率而使铁耗很小，空载时输入的有功功率很小，吸收的无功功率较大；相应地，从相量图上看，励磁电流$\dot{I}_0$超前$\dot{\Phi}_m$的角度很小，与感应电动势$\dot{E}_1$及相电压$\dot{U}_1$的相位差接近90°，所以空载运行时功率因数很低。

2-1-9 试默画变压器空载运行时的相量图。

答：变压器空载运行时的相量图参见教材2.1节。

2-1-10 在单相电力变压器中，为了得到正弦的感应电动势，若不考虑磁滞和涡流效应，在铁心不饱和与饱和两种情况下，空载励磁电流分别呈何种波形？该电流与主磁通在时间上同相吗？若考虑磁滞和涡流效应，情况又怎样？

答：(1) 不考虑磁滞和涡流效应，在铁心不饱和时，磁化特性(主磁通与励磁电流的关系)是线性的，因此当感应电动势波形呈正弦时，励磁电流波形也是正弦的。在铁心饱和的情况下，磁化特性是非线性的，主磁通增大时，励磁电流增大得更多，因此当感应电动势波形是正弦形时，励磁电流波形是尖顶波。由于不计磁滞和涡流效应，因此励磁电流与主磁通在时间上同相。

(2) 计及磁滞和涡流效应时，与(1)的不同之处是励磁电流超前主磁通一个小的角度，该角度的大小取决于磁滞和涡流损耗的大小，损耗越大，角度就越大。

2-2-1 变压器负载运行时，铁心中的主磁通还是仅由一次电流产生的吗？励磁所需的有功功率(铁耗)是由一次侧还是二次侧提供的？

答：(1) 变压器负载运行时，铁心中的主磁通不是仅由一次电流产生，而是由一、二次电流共同产生的，或者说是由合成磁动势($N_1\dot{I}_1+N_2\dot{I}_2$)产生的。

(2) 变压器负载运行时，如果二次侧带的负载是无源的(电阻、电感、电容或者它们的组合)，则励磁所需的有功功率必定是由一次侧提供的。如果带的是有源负载，则励磁所需的有功功率由哪一侧提供，需要通过具体的分析计算才能确定。

2-2-2 变压器一次绕组漏磁通由一次绕组磁动势I_1N_1产生，空载运行和负载运行时，无论磁动势还是漏磁通都相差了十几倍或几十倍，漏电抗$X_{\sigma1}$为何不变？

答：一次绕组漏磁通所经过的漏磁路主要由非铁磁材料(空气或者变压器油)构成，其磁导$\Lambda_{\sigma1}$通常可视为常数，因此漏电抗$X_{\sigma1}=\omega N_1^2\Lambda_{\sigma1}$也是一个常数。换言之，当漏磁路是线性时，一次绕组漏磁通和漏磁电动势$E_{\sigma1}$与产生它们的一次绕组磁动势I_1N_1成正比，即 $E_{\sigma1}$ 与 I_1 成正比，$E_{\sigma1}$ 与 I_1 的比值即为漏电抗 $X_{\sigma1}$，是不变的。

2-2-3 判断以下说法是否正确：

(1) 变压器既可以变换交流电压、电流和阻抗，又可以变换频率和功率；

(2) 一台变压器，只要一次绕组外施电压及其频率不变，则不论负载如何变化(不超过额定负载)，其铁心中的主磁通 Φ_m 基本不变。

答：(1) 错误，变压器不能变换频率和功率；

(2) 正确。

2-2-4 变压器加额定电压运行在下列哪种情况时，公式$\frac{U_1}{U_2}\approx\frac{E_1}{E_2}$的误差为最小？公式$\frac{I_1}{I_2}\approx\frac{N_2}{N_1}$呢？

(1) 满载；(2) 轻载；(3) 空载。

答：$\frac{U_1}{U_2}\approx\frac{E_1}{E_2}$在空载时误差最小；$\frac{I_1}{I_2}\approx\frac{N_2}{N_1}$在满载时误差最小，在空载时不成立。

2-2-5 变压器负载运行时，若将一次电压降低，则参数 X_m、R_m 将如何变化？

答：磁路线性时，X_m、R_m 不变。磁路饱和时，若一次电压 U_1 降低，则 E_1 和 Φ_m 都随之减小，磁导增大，使励磁电流 I_0 减小得更多，因此 X_m 和 R_m 都增大。

2-2-6 变压器一次绕组加额定频率的额定电压，负载运行时，一、二次电流的大小取决于什么？

答：一、二次电流的大小取决于负载的大小。

2-2-7 将二次绕组向一次绕组折合后，二次侧哪些量不变？哪些量改变？怎样改变？

答：将二次绕组向一次绕组折合后，二次绕组磁动势$\dot{F}_2$不变，二次侧电压、电动势、电流、阻抗等均变成其折合值，即$\dot{U}'_2=k\dot{U}_2$，$\dot{E}'_2=k\dot{E}_2$，$\dot{I}'_2=\dot{I}_2/k$，$Z'_2=k^2Z_2$(k 为变比)。

2-2-8 试默画出变压器的 T 型等效电路和简化等效电路，并标明参数，各电压、电流、电动势及其参考方向。变压器的简化等效电路与 T 型等效电路相比，忽略了什么量？这两种等效电路各适用于什么场合？

答：(1) 变压器的 T 型等效电路和简化等效电路参见教材 2.2 节。

(2) 简化等效电路是将 T 型等效电路中的励磁阻抗$|Z_m|$视为无穷大，即忽略励磁电流 I_0 而得到的。T 型等效电路适用于一次绕组施加交流额定电压稳态运行时的各种工况，而简化等效电路只适用于变压器在额定电压下负载稳态运行时一、二次电流和二次电压的计算(例如求电压调整率)以及稳态短路电流的计算。

2-2-9 一台变压器带纯电阻负载稳态运行，分别画出对应于 T 型等效电路和简化等效电路的相量图。

答：对应于 T 型等效电路和简化等效电路的相量图分别参见教材 2.2 节及 2.5 节。

2-2-10 试画出变压器的有功功率流程图。

答：以单相变压器为例，有功功率流程图如图 2-1 所示。其中，ψ_2 为$\dot{E}_2$ 与$\dot{I}_2$ 的相位差。

2-2-11　一台单相变压器，二次侧电压、电流的参考方向采用发电机惯例，如果二次电流超前二次电压60°，则二次侧有功功率和无功功率的传递方向是怎样的？若采用的是电动机惯例，情况又如何？

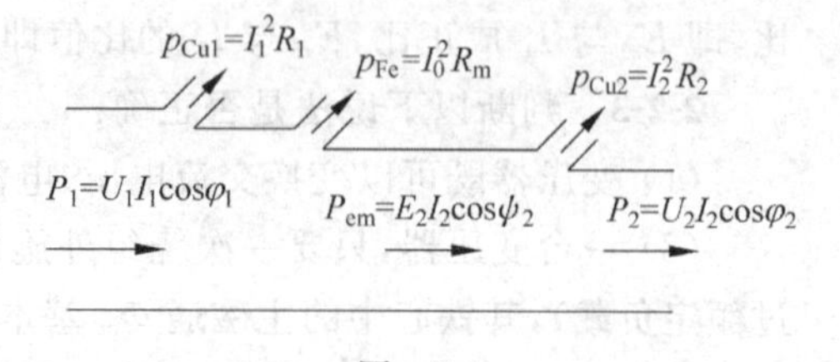

图 2-1

答：二次电流$\dot{I}_2$超前二次电压$\dot{U}_2$60°时，负载功率因数角$\varphi_2=-60°$，则有功功率$P_2=U_2I_2\cos\varphi_2>0$，无功功率$Q_2=U_2I_2\sin\varphi_2<0$。因此，若采用的是发电机惯例，则功率实际传递方向是二次侧输出有功功率，吸收无功功率；若采用的是电动机惯例，则二次侧输入有功功率，发出无功功率。

2-2-12　变压器满载时，二次电流等于其额定值，此时二次电压是否也等于其额定值？

答：变压器二次电压额定值的定义是一次绕组施加额定电压时二次绕组的空载电压。变压器负载运行时，二次电压大小与变压器漏阻抗大小、负载的大小及其功率因数有关，通常不等于其额定值。但是在带特定的电容性负载时，二次电压有可能等于其额定值(参见习题2-27)。

2-3-1　对变压器做短路试验时，操作步骤是先短路、后加电压，且加电压要从零开始。这是为什么？

答：短路阻抗的值很小。在做短路试验时，为使短路电流不超过额定值，必须施加很低的电压。因此，在做短路试验时，应先短路，然后从零开始逐渐升高电压，直到短路电流达到额定值为止。如果先加电压后短路，则有可能产生过大的稳态短路电流。

2-3-2　对变压器做空载试验时为什么要加额定电压？所加电压不是额定值行不行？

答：空载试验的目的之一是测取励磁阻抗Z_m。Z_m的大小是随磁路饱和程度变化而变化的。变压器正常运行时，一次绕组外施电压是额定电压，主磁通Φ_m和磁路饱和程度由一次额定电压U_{1N}决定，是基本不变的，因此Z_m有确定的值。若空载试验时不加额定电压，则测得的Z_m值就与正常运行时的值不同，也就不能用作等效电路中的参数。

2-4-1　什么是标幺值？计算变压器问题时采用标幺值有什么优点？一般电力变压器的空载电流标幺值、短路阻抗模的标幺值(即阻抗电压)约为多大？

答：标幺值概念及其优点参见教材2.4节。空载电流和短路阻抗模的标幺值大小参见教材2.4节中的表2-1。

2-4-2　试证明：计算变压器漏阻抗压降时，$\underline{I_1|Z_1|}=\underline{I}_1|\underline{Z}_1|$，即一次绕组漏阻抗压降的标幺值等于电流$I_1$与漏阻抗模$|Z_1|$二者标幺值的乘积。

证：以单相变压器为例，有

$$\underline{I_1|Z_1|}=\frac{I_1|Z_1|}{U_{1N}}=\frac{I_1}{I_{1N}}\frac{|Z_1|}{U_{1N}/I_{1N}}=\frac{I_1}{I_{1N}}\frac{|Z_1|}{Z_{1N}}=\underline{I}_1|\underline{Z}_1|$$

2-4-3　试证明：变压器短路电阻的标幺值$\underline{R}_k$等于负载损耗的标幺值$\underline{p}_{kN}$。

证：以单相变压器为例。设短路电阻R_k为一次侧的值，则有

$$\underline{R}_k=\frac{R_k}{U_{1N}/I_{1N}}=\frac{I_{1N}^2R_k}{I_{1N}U_{1N}}=\frac{p_{kN}}{S_N}=\underline{p}_{kN}$$

2-4-4 试证明：在额定电压时，变压器空载电流标幺值 $\underline{I}_0$ 等于励磁阻抗模的标幺值 $|\underline{Z}_m|$ 的倒数。

证：以单相变压器为例。一次绕组外施额定电压时的空载电流为 $I_0=U_{1N}/|Z_m|$（忽略一次绕组漏阻抗），则

$$\underline{I}_0=\frac{U_{1N}/Z_m}{I_{1N}}=\frac{U_{1N}/I_{1N}}{Z_m}=\frac{Z_{1N}}{Z_m}=\frac{1}{|\underline{Z}_m|}$$

2-4-5 三相变压器二次线电流分别为 $I_2=0$、$0.8I_{2N}$、I_{2N}时，二次相电流标幺值分别是多大？一次线电流和相电流的标幺值分别是多大？与三相绕组的联结方式有关吗？与负载的性质有关系吗？

答：$I_2=0$、$0.8I_{2N}$、I_{2N}时，二次相电流标幺值分别为0、0.8和1。不计励磁电流时，一次线电流和相电流的标幺值也分别为0、0.8和1，即变压器负载运行时，一次电流和二次电流的标幺值相等（不计励磁电流）。

电流标幺值等于线电流（或相电流）的实际值与相应的线电流（或相电流）基值之比，与三相绕组的联结方式无关，与负载性质无关。

2-4-6 一台三相电力变压器，一、二次绕组分别为三角形联结和星形联结，额定容量 $S_N=600\text{kV}\cdot\text{A}$，额定电压 $U_{1N}/U_{2N}=10000\text{V}/400\text{V}$，问其电压、电流和阻抗基值各是多少？当一次电流（指线电流）为30A时，其标幺值为多大？若该变压器短路阻抗标幺值 $\underline{Z}_k=0.016+\text{j}0.045$，求其实际值。

解：电压、电流和阻抗基值均有一次、二次之分，电压和电流基值又都有线、相之分。

线电压和线电流基值分别为额定电压和额定电流，即一、二次线电压基值分别为 $U_{1N}=10000\text{V}$ 和 $U_{2N}=400\text{V}$；一、二次线电流基值分别为

$$I_{1N}=\frac{S_N}{\sqrt{3}U_{1N}}=\frac{600\times10^3}{\sqrt{3}\times10000}=34.64\text{A},\quad I_{2N}=\frac{S_N}{\sqrt{3}U_{2N}}=\frac{600\times10^3}{\sqrt{3}\times400}=866\text{A}$$

相电压和相电流基值分别为额定相电压和额定相电流。一次绕组为三角形联结，相电压、相电流基值分别为 $U_{1N\phi}=U_{1N}=10000\text{V}$，$I_{1N\phi}=I_{1N}/\sqrt{3}=34.64/\sqrt{3}=20\text{A}$。二次绕组为星形联结，相电压、相电流基值分别为 $U_{2N\phi}=U_{2N}/\sqrt{3}=400/\sqrt{3}=230.9\text{V}$，$I_{2N\phi}=I_{2N}=866\text{A}$。

阻抗基值等于相电压基值除以相电流基值。一、二次阻抗基值分别为

$$Z_{1N}=\frac{U_{1N\phi}}{I_{1N\phi}}=\frac{10000}{20}=500\Omega,\quad Z_{2N}=\frac{U_{2N\phi}}{I_{2N\phi}}=\frac{230.9}{866}=0.2666\Omega$$

当一次电流（线电流）为30A时，其标幺值为 $\underline{I}_1=30/I_{1N}=30/34.64=0.8661$。

短路阻抗实际值，折合到一次侧为

$$Z_k=\underline{Z}_kZ_{1N}=(0.016+\text{j}0.045)\times500=(8+\text{j}22.5)\Omega$$

折合到二次侧为

$$Z'_k=\underline{Z}_kZ_{2N}=(0.016+\text{j}0.045)\times0.2666=(0.004266+\text{j}0.012)\Omega$$

2-5-1 变压器负载运行时，引起二次电压变化的原因是什么？

答：引起二次电压变化的内因是变压器本身的漏阻抗，外因是负载电流的大小（负载因数 β）和性质（功率因数 $\cos\varphi_2$）。二次电压调整率 ΔU 的大小与这些因素的关系是

$$\Delta U = \beta(\underline{R}_{\mathrm{k}}\cos\varphi_2 + \underline{X}_{\mathrm{k}}\sin\varphi_2)$$

2-5-2　变压器在额定电压下负载运行时，其效率是否为一个固定的数值？为什么？

答：变压器在额定电压下负载运行时，效率不是一个固定的数值，随负载的大小或性质的变化而变化。

2-5-3　一台变压器额定运行时的铁耗 p_{Fe} 和铜耗 $p_{\mathrm{Cu}}(=p_{\mathrm{Cu1}}+p_{\mathrm{Cu2}})$ 分别为 1kW 和 4kW，当负载因数 $\beta=0.5$ 时，p_{Fe} 和 p_{Cu} 分别约为多大？

答：变压器外施额定电压稳态运行时，铁耗是不变损耗，在负载变化时基本不变，因此，$\beta=0.5$ 时的铁耗约为 1kW。铜耗是可变损耗，近似与负载因数 β 的平方成正比，即 $p_{\mathrm{Cu}}=\beta^2 p_{\mathrm{kN}}$，因此，$\beta=0.5$ 时的铜耗约为 $0.5^2\times4=1\mathrm{kW}$。

2-5-4　为什么电力变压器设计时一般取 $p_0<p_{\mathrm{kN}}$？如果设计时取 $p_0=p_{\mathrm{kN}}$，那么变压器最适合带多大的负载？

答：(1) 电力变压器实际运行时，经常处于不是满载的工况。为了获得较高的实际运行效率，在设计变压器时，最高效率一般不取在满载时，而取在负载因数 $\beta<1$ 时。由于可变损耗(约为 $\beta^2 p_{\mathrm{kN}}$)等于不变损耗(约为 p_0)时效率最高，因此有 $p_0<p_{\mathrm{kN}}$。

(2) 取 $p_0=p_{\mathrm{kN}}$ 时，变压器最适合带 $\beta=1$ 的负载，即额定负载。

2.4　思考题解答

2-1　变压器的参考方向和惯例的选择是不可改变的吗？规定不同的参考方向对变压器各电磁量之间的实际关系有无影响？教材中一次绕组电路采用电动机惯例，是否意味着变压器的功率总是从一次侧流向二次侧？应该如何判断其实际的功率流向？

答：变压器的参考方向和惯例的选择是可以改变的。采用不同的参考方向，所得到的方程式将有所不同(其中有关量的符号会相应改变)。

规定不同的参考方向，对变压器各电磁量之间的实际关系没有影响。

一次绕组电路采用电动机惯例，并不意味着变压器的功率总是从一次侧流向二次侧。

有功功率的实际流向取决于在所规定的参考方向下功率的正负，即应根据 $P=UI\cos\varphi$ 的正负来判断有功功率的实际流向。采用电动机惯例时，$P>0$，表示有功功率实际上是从一次侧输入的；$P<0$，则表明有功功率实际上是从一次侧输出的。若采用发电机惯例，则结果正好相反。

同理，根据 $Q=UI\sin\varphi$ 的正负，可以判断无功功率的实际流向。采用电动机惯例时，$Q>0$，表示一次侧吸收电感性无功功率；$Q<0$，则表示一次侧发出电感性无功功率。若采用发电机惯例，则结果正好相反。

2-2　变压器空载运行时的磁通是由什么电流产生的？主磁通和一次绕组漏磁通在磁通路径、数量及与二次绕组的关系上有何不同？由此说明主磁通和漏磁通在变压器中的不同作用。

答：(1) 变压器空载运行时，二次绕组开路，电流为零，因此磁通(包括主磁通和一次绕组漏磁通)是由一次绕组电流产生的。该电流是空载电流，也是空载时的励磁电流。

(2) 与一、二次绕组同时匝链的磁通称为主磁通；仅与一次绕组本身相链、不与二次绕组相链的磁通称为一次绕组漏磁通。主磁通在铁心中闭合，该磁路的磁导很大；一次绕组漏磁通需要经过非铁磁材料（空气或变压器油等）闭合，磁路的磁导很小。二者大小之比等于一次绕组相电动势 E_1 与一次绕组每相漏磁电动势 $E_{\sigma1}$ 之比。

在空载运行时，在同样的励磁磁动势 $F_0=N_1I_0$ 作用下产生的主磁通 Φ_m 在数值上要远大于一次绕组漏磁通 $\Phi_{\sigma1m}$（Φ_m 约为 $\Phi_{\sigma1m}$ 的数百倍），$\Phi_m/\Phi_{\sigma1m}=E_1/E_{\sigma1}=|Z_m|/X_{\sigma1}$。在负载运行时，一次绕组漏磁通随一次电流 I_1 的增大而增加。满载运行与空载运行时的一次绕组漏磁通的比值等于一次额定电流 I_{1N} 与一次空载电流 I_{10} 之比，由于 I_{1N} 约为 I_{10} 的几十倍，因此代表一次绕组漏磁通的 $E_{\sigma1}$ 以及相应的漏磁通 $\Phi_{\sigma1m}$ 将比空载时的增加数十倍。虽然如此，$E_{\sigma1}$ 仍比 E_1 小得多。也就是说，只要一次绕组外施电压 U_1 不变，代表主磁通的 E_1 的大小从空载到满载也就基本不变。实际上，若变压器带纯电感负载，则从空载到满载，E_1 和主磁通 Φ_m 都会变小一点；若带纯电容负载，则从空载到满载 E_1 和 Φ_m 都会变大一点。主磁通 Φ_m 的大小受漏磁通变化的影响。

(3) 由于绕组电流随时间交变，因此所产生的主磁通和漏磁通也随时间交变。交变的主磁通在一、二次绕组中都产生感应电动势，起着将电能从一次绕组传递到二次绕组的媒介作用。一、二次绕组相电动势 E_1、E_2 的比值等于每相一、二次绕组匝数 N_1、N_2 之比，即变比 k。选取 $k\neq1$，就可以实现改变电压的功能。交变的漏磁通的作用是在绕组电路中产生电压降，影响电路的电动势平衡关系，即影响 E_1、Φ_m 和二次电压 U_2 的大小，并可限制二次绕组短路时短路电流的大小。

2-3 变压器二次绕组开路、一次绕组加额定电压时，虽然一次绕组电阻很小，但一次电流并不大，为什么？Z_m 代表什么物理意义？电力变压器不用铁心而用空气心行不行？

答：因为主磁通在一次绕组中产生感应电动势 $\dot{E}_1$，$\dot{E}_1$ 基本上与一次绕组外施电压 $\dot{U}_1$ 相平衡，因此一次电流 I_0 并不大。

也可引入电路参数 Z_m 来等效表示感应电动势 $\dot{E}_1$，相应的电压方程式为

$$\dot{U}_1=-\dot{E}_1+\mathrm{j}\dot{I}_0X_{\sigma1}+\dot{I}_0R_1=\dot{I}_0Z_m+\dot{I}_0Z_1=\dot{I}_0(Z_m+Z_1)$$

则 $\dot{I}_0=\dot{U}_1/(Z_m+Z_1)$。通常 $|Z_m|$ 很大，因此一次电流 I_0 并不大。

上式中，$Z_m=-\dot{E}_1/\dot{I}_0$，为励磁阻抗，即 $|Z_m|$ 反映单位励磁电流产生的相电动势的大小。另外，Z_m 还可以表示为 $Z_m=R_m+\mathrm{j}X_m$，其中，R_m 是励磁电阻，是反映铁耗的等效电阻；X_m 是励磁电抗，是与主磁通相对应的等效电抗。

电力变压器采用磁导率高的硅钢片制成铁心，主磁路的磁导很大（在正常选择绕组匝数的情况下），使励磁电抗 X_m 很大，因而励磁阻抗 $|Z_m|$ 很大。虽然电力变压器高压绕组的额定电压较高，但空载电流（励磁电流）仍然很小。如果不用铁心而用空气心，则主磁路磁导会大大减小，使 $|Z_m|$ 大幅减小，空载电流 I_0 大大增加，甚至会达到或超过额定电流，使变压器无法再带负载运行。

2-4 在制造同一规格的变压器时，如果误将其中一台变压器的铁心截面积做小了（是正常铁心截面积的一半），问：在做空载试验中，当这台变压器的外施电压与其他正常变压器的相同时，它的主磁通、励磁电流、励磁阻抗和其他正常变压器的相比有什么不同？

又若误将其中一台变压器的一次绕组匝数少绕一半，做上述试验时，这台变压器的主磁通、励磁电流、励磁阻抗和其他正常变压器的有什么不同(设磁路为线性，不计漏阻抗)？

答：设正常变压器的主磁通为Φ_m，励磁电流为I_0，励磁阻抗为$|Z_m|$，铁心截面积为A。

(1) 不计漏阻抗时，有$U_1=E_1=4.44fN_1\Phi_m$。由于U_1相同，即E_1相同，且f、N_1不变，因此该变压器的主磁通与正常变压器的Φ_m相同。因铁心磁导$\Lambda_m=\mu_{Fe}A/l$(A为铁心截面积，l为铁心磁路平均长度)，现铁心截面积减小至$A/2$，所以磁导减为$\Lambda_m/2$。根据磁路欧姆定律，即$\sqrt{2}F_0\Lambda_m=\sqrt{2}N_1I_0\Lambda_m=\Phi_m$，可知在匝数不变时，励磁电流要增至$2I_0$；而由$|Z_m|=E_1/I_0$，该变压器的励磁阻抗减小为正常变压器的一半，即为$|Z_m|/2$。

(2) 若误将变压器的一次绕组匝数少绕一半，即匝数由N_1减为$N_1/2$，则由$U_1=E_1=4.44fN_1\Phi_m$可知，主磁通将增至$2\Phi_m$。由于磁路线性，Λ_m不变，因此励磁电流将增大为$4I_0$；由$|Z_m|=E_1/I_0$可知，该变压器的励磁阻抗将减小为$|Z_m|/4$。

2-5 变压器的电抗参数X_m、$X_{\sigma1}$、$X_{\sigma2}$各与什么磁通相对应？它们与铁心磁路的饱和程度有关系吗？试说明这些参数的物理意义以及它们的区别，从而分析它们的数值在空载试验、短路试验和正常负载运行时是否相等。

答：励磁电抗X_m与主磁通Φ_m相对应，可以表征励磁电流I_0产生主磁通Φ_m、感应产生电动势E_1的能力(通常$X_m\gg R_m$，$|Z_m|\approx X_m$)。主磁通所经过的铁心磁路的磁导不是常数，因此X_m不是常数，其值与铁心磁路的磁通密度大小有关。

空载试验时，一次绕组施加额定电压，一次绕组电流$I_1=I_0$，其值较小，因此$I_1|Z_1|$很小，E_1很接近U_1，主磁通Φ_m较大。正常负载运行时，虽然$I_1>I_0$，但$I_1|Z_1|$依然比电压U_1小很多，因此主磁通与空载试验时的基本相同(略有减小)。也就是说，在空载试验和正常负载运行时，铁心的磁通密度基本相同，因此励磁电抗X_m的值基本相等(负载时的值略大于空载时的值)。但在短路试验时，外施电压很低，主磁通很小，铁心磁路不饱和，因此X_m值比空载和负载时的大。由于变压器正常运行时(从空载到额定负载)主磁通基本不变，因此在分析中通常近似地将X_m看做常数。

漏电抗$X_{\sigma1}$、$X_{\sigma2}$分别与一、二次绕组漏磁通$\Phi_{\sigma1m}$、$\Phi_{\sigma2m}$相对应。漏磁通要经过非铁磁材料而闭合，磁路的磁导很小，因此$X_{\sigma1}$和$X_{\sigma2}$都很小。因为非铁磁材料的磁导率为常数，所以$X_{\sigma1}$和$X_{\sigma2}$均为常数，在空载、短路试验和正常负载运行时都不变化。

2-6 变压器一、二次绕组在电路上并没有联系，但在负载运行时，若二次电流增大，则一次电流也变大，为什么？由此说明磁动势平衡的概念及其在定性分析变压器中的作用。

答：变压器一、二次绕组虽然在电路上没有联系，但是二者都位于同一铁心磁路上，通过铁心中的主磁通产生密切的联系。变压器负载运行时，一次电流$\dot{I}_1$产生的磁动势$\dot{F}_1$和二次电流$\dot{I}_2$产生的磁动势$\dot{F}_2$共同作用于磁路上，产生主磁通$\dot{\Phi}_m$，即产生主磁通的是合成磁动势$\dot{F}_0=\dot{F}_1+\dot{F}_2$。该式可以改写为$\dot{F}_1=\dot{F}_0+(-\dot{F}_2)$，即把$\dot{F}_1$视为励磁分量$\dot{F}_0$与负载分量$(-\dot{F}_2)$之和，这就是磁动势平衡关系。它表明了二次电流即负载电流$\dot{I}_2$对一次电流$\dot{I}_1$的影响，若I_2增大，则F_2增大，使F_1增大，从而I_1增大。

为了更清楚起见，考虑理想变压器的情况，即铁心磁路磁导率为无限大时，励磁电流$I_0=0$，$F_0=0$，则$\dot{F}_1+\dot{F}_2=0$，或$\dot{F}_1=-\dot{F}_2$，即一、二次绕组磁动势大小相等、方向相反，因此，I_2增加或减小时，I_1也随之增大或减小。当仅考虑数量关系时，有$N_1I_1=N_2I_2$，即$I_1=I_2/k$。所以在定性分析变压器时，利用磁动势平衡的概念可以得出结论：变压器负载运行时，一、二次电流大小与一、二次绕组的匝数成反比。

2-7 变压器稳态运行时，哪些量随着负载变化而变化？哪些量不随负载变化？

答：变压器稳态运行时，一次电压及其频率均为额定值。当负载变化时，一次电流I_1及一次绕组磁动势F_1，二次电流I_2及二次绕组磁动势F_2，二次电压U_2，主磁通Φ_m及励磁电流I_0，一、二次绕组漏磁通$\Phi_{\sigma 1m}$与$\Phi_{\sigma 2m}$，铁耗p_{Fe}和铜耗p_{Cu}等都随之发生变化。

但是变压器在一次绕组施加额定电压正常稳态运行时，Φ_m变化很小，即基本不变，可近似认为它不随负载变化，因此，I_0、p_{Fe}以及电动势E_1、E_2都可近似看做不随负载变化(p_{Fe}称为不变损耗)。二次电流I_2即负载电流，随负载变化而变化，相应地，二次绕组磁动势F_2也随负载变化。根据磁动势平衡关系，一次电流I_1和一次绕组磁动势F_1也随负载变化。I_1和I_2的变化分别引起$\Phi_{\sigma 1m}$和$\Phi_{\sigma 2m}$的变化，使相应的漏磁电动势$E_{\sigma 1}$和$E_{\sigma 2}$变化，即漏电抗压降$I_1X_{\sigma 1}$和$I_2X_{\sigma 2}$发生变化，从而使二次电压U_2随负载变化而变化(绕组电阻压降的变化也引起U_2变化)。不计励磁电流时，p_{Cu}与负载电流的平方成正比，因此称为可变损耗。

2-8 说明变压器折合算法的依据及具体方法。是否可以将一次侧的量折合到二次侧？若能折合，那么折合后，磁动势平衡方程式是什么？一次侧电压、电流、电动势及阻抗、功率等量与折合前的实际量分别是什么关系？电压、电流相量的相位差改变吗？

答：折合算法的依据是：二次绕组通过其磁动势$\dot{F}_2$对一次绕组起作用，只要保持$\dot{F}_2$不变，就不会改变一次绕组的各量。将二次侧的量折合到一次侧的具体方法是：将二次绕组匝数N_2变为与一次绕组相同的匝数N_1，则$\dot{F}_2=N_2\dot{I}_2=N_1\dot{I}'_2$，即折合后的二次绕组电流为$\dot{I}'_2=\frac{N_2}{N_1}\dot{I}_2=\frac{\dot{I}_2}{k}$。因此，磁动势平衡方程式$N_1\dot{I}_1+N_2\dot{I}_2=N_1\dot{I}_0$可以简化为电流关系$\dot{I}_1+\dot{I}'_2=\dot{I}_0$。由于电动势与匝数成正比，因此折合后二次绕组电动势为$\dot{E}'_2=\frac{N_1}{N_2}\dot{E}_2=k\dot{E}_2$。于是折合后二次绕组回路的阻抗变为$Z'_2+Z'_L=\frac{\dot{E}'_2}{\dot{I}'_2}=\frac{k\dot{E}_2}{\dot{I}_2/k}=k^2\frac{\dot{E}_2}{\dot{I}_2}=k^2(Z_2+Z_L)$，即$R'_2=k^2R_2$，$X'_{\sigma 2}=k^2X_{\sigma 2}$，$R'_L=k^2R_L$，$X'_L=k^2X_L$。折合后，二次电压为$\dot{U}'_2=\dot{I}'_2Z'_L=\frac{\dot{I}_2}{k}k^2Z_L=k\dot{I}_2Z_L=k\dot{U}_2$。这样，在折合后的变压器基本方程式中就不再含有匝数，在此基础上可画出变压器的等效电路。

也可以将一次侧的量折合到二次侧。这时，应在保持一次绕组磁动势$\dot{F}_1$不变的条件下,将一次绕组匝数 N_1 变为二次绕组的匝数 N_2,则 $\dot{F}_1=N_1\dot{I}'_1=N_2\dot{I}'_1$,即折合后的一次绕组电流为 $\dot{I}'_1=\frac{N_1}{N_2}\dot{I}_1=k\dot{I}_1$。因此,折合后,磁动势平衡方程式 $N_1\dot{I}_1+N_2\dot{I}_2=N_1\dot{I}_0$ 可简化为电流关系 $\dot{I}'_1+\dot{I}_2=\dot{I}'_0(\dot{I}'_0=k\dot{I}_0)$。折合后的一次绕组的电压、电动势及阻抗与折合前的实际量的关系分别为:$\dot{U}'_1=\dot{U}_1/k,\dot{E}'_1=\dot{E}_1/k=\dot{E}_2,Z'_1=Z_1/k^2,R'_1=R_1/k^2,X'_{\sigma1}=X_{\sigma1}/k^2$。有功功率和无功功率在折合前后都没有改变,电压、电流相量的相位差也不改变。

2-9 某单相变压器的额定容量 $S_N=100\text{kV}\cdot\text{A}$,额定电压 $U_{1N}/U_{2N}=3300\text{V}/220\text{V}$,参数为 $R_1=0.45\Omega,X_{\sigma1}=2.96\Omega,R_2=0.0019\Omega,X_{\sigma2}=0.0137\Omega$。分别求折合到高、低压侧的短路阻抗,它们之间有什么关系?

答:变比 $k=U_{1N}/U_{2N}=3300/220=15$,因此,折合到高压侧的短路阻抗为

$$Z_k=(R_1+R'_2)+j(X_{\sigma1}+X'_{\sigma2})=(R_1+k^2R_2)+j(X_{\sigma1}+k^2X_{\sigma2})$$
$$=(0.45+15^2\times0.0019)+j(2.96+15^2\times0.0137)=(0.8775+j6.0425)\Omega$$

$$|Z_k|=\sqrt{0.8775^2+6.0425^2}=6.106\Omega$$

折合到低压侧的短路阻抗为

$$Z'_k=(R'_1+R_2)+j(X'_{\sigma1}+X_{\sigma2})=(R_1/k^2+R_2)+j(X_{\sigma1}/k^2+X_{\sigma2})$$
$$=(0.45/15^2+0.0019)+j(2.96/15^2+0.0137)=(0.0039+j0.02686)\Omega$$
$$|Z'_k|=\sqrt{0.0039^2+0.02686^2}=0.02714\Omega$$

它们之间的关系为 $|Z_k|=k^2|Z'_k|$。

2-10 某单相变压器的额定电压为 220V/110V,在高压侧测得的励磁阻抗 $|Z_m|=240\Omega$,短路阻抗 $|Z_k|=0.8\Omega$,则在低压侧测得的励磁阻抗和短路阻抗分别应为多大?

答:变比 $k=U_{1N}/U_{2N}=220/110=2$。在低压侧测得的励磁阻抗为

$$|Z'_m|=|Z_m|/k^2=240/2^2=60\Omega$$

在低压侧测得的短路阻抗为

$$|Z'_k|=|Z_k|/k^2=0.8/2^2=0.2\Omega$$

2-11 某三相电力变压器,额定容量 $S_N=560\text{kV}\cdot\text{A}$,额定电压 $U_{1N}/U_{2N}=10\text{kV}/0.4\text{kV}$,高、低压绕组分别为三角形联结和星形联结,低压绕组每相电阻和漏电抗分别为 $R_2=0.004\Omega,X_{\sigma2}=0.0058\Omega$。将低压侧的量折合到高压侧,折合值 R'_2、$X'_{\sigma2}$ 分别是多少?

答:$k=\frac{U_{1N\phi}}{U_{2N\phi}}=\frac{U_{1N\phi}}{U_{2N}/\sqrt{3}}=\frac{10}{0.4/\sqrt{3}}=25\sqrt{3}$

$$R'_2=k^2R_2=25^2\times3\times0.004=7.5\Omega,$$
$$X'_{\sigma2}=k^2X_{\sigma2}=25^2\times3\times0.0058=10.875\Omega$$

提示:变比 k 定义为一、二次相电动势有效值之比,约等于一、二次额定相电压之比。

2-12 一台三相变压器二次绕组为三角形联结,变比 $k=4$。带每相阻抗 $Z_L=(3+j0.9)\Omega$ 的三相对称负载稳态运行时,若负载为三角形联结,则在变压器的等效电路中,Z'_L 应为多少?若负载为星形联结,Z'_L 又是多少?

答:(1) 由于二次绕组为三角形联结,因此当负载为三角形联结时,变压器每相的负载阻抗 Z_L 就是二次绕组每相所带的负载阻抗,有

$$Z'_L = k^2 Z_L = 4^2 \times (3 + j0.9) = (48 + j14.4)\Omega$$

(2) 当负载为星形联结时，首先需要把负载变换为三角形联结，再由星形联结的每相阻抗 $Z_{LY}=Z_L$ 求出二次绕组每相的负载阻抗 $Z_{L\Delta}$，即有

$$Z_{L\Delta} = 3Z_{LY} = 3Z_L = 3 \times (3 + j0.9) = (9 + j2.7)\Omega$$

$$Z'_L = k^2 Z_{L\Delta} = 4^2 \times (9 + j2.7) = (144 + j43.2)\Omega$$

提示：三相变压器带三相对称负载稳态运行时，可以用等效电路或基本方程式来分析其一相的情况。等效电路和基本方程式中的电压、电流、电动势等量均是同一相的量(相值)，各阻抗参数也都是一相的。变比 k 是一、二次绕组相电动势的比值，即绕在同一铁心柱上的两个绕组的感应电动势之比，它与三相绕组采用何种联结方式没有关系，因此在求折合值以及用等效电路计算时，不需要考虑一、二次绕组的联结方式。但是，由于负载阻抗应取一相的值，即二次绕组一相所接的负载阻抗值，因此，负载阻抗的联结方式应与二次绕组的联结方式相同；否则，需对负载阻抗进行 Y-Δ 变换，使其联结方式与二次绕组的相同后，才能用等效电路进行计算。

2-13 变压器一、二次侧间的功率传递靠什么作用来实现？在等效电路上可用哪些电量的乘积来表示？由此说明变压器能否直接传递直流电功率。

答：变压器一、二次侧间的功率传递是依靠电磁感应作用来实现的。一次侧传递到二次侧的有功功率可用$\dot{E}'_2(=\dot{E}_1)$和$\dot{I}'_2$的点积即标量积来表示，即$\dot{E}'_2 \cdot \dot{I}'_2=\dot{E}_1 \cdot \dot{I}'_2=\dot{E}_2 \cdot \dot{I}_2$。一次侧传递到二次侧的无功功率可用$\dot{E}'_2$和$\dot{I}'_2$的叉积来表示，即$\dot{E}'_2\times \dot{I}'_2=\dot{E}_1\times \dot{I}'_2=\dot{E}_2\times \dot{I}_2$。由于绕组通以恒定的直流电流时磁通不随时间变化，因此，感应电动势$\dot{E}_1$和$\dot{E}_2$均为零，上面的点积和叉积结果均为零，即变压器不能直接传递直流电功率。

2-14 变压器运行时本身吸收什么性质的无功功率？变压器二次侧带电感性负载时，从一次侧吸收的无功功率是什么性质的？

答：变压器运行时，需要从电源吸收电感性的无功功率(即电流滞后电压 90°的无功功率)，其中主要是产生铁心磁路中主磁通所需的无功功率(励磁电抗 X_m 吸收的无功功率)，此外还有很小一部分是产生漏磁通所需的无功功率(漏电抗 $X_{\sigma1}$ 和 $X_{\sigma2}$ 吸收的无功功率)。

变压器二次侧带电感性负载时，从一次侧吸收的无功功率是电感性的。

2-15 画出变压器二次侧带纯电容负载时的相量图，并说明这时变压器的励磁无功功率实际上是由负载侧供给的。

答：变压器二次侧带纯电容负载稳态运行时的相量图如图 2-2 所示。此时，二次电流$\dot{I}'_2$超前二次电压$\dot{U}'_2$的 φ_2 角为 90°，即 $\varphi_2=-90°$。通过作相量图，可知一次电流$\dot{I}_1$超前一次电压$\dot{U}_1$一个 φ_1 角，即 $\varphi_1<0$。

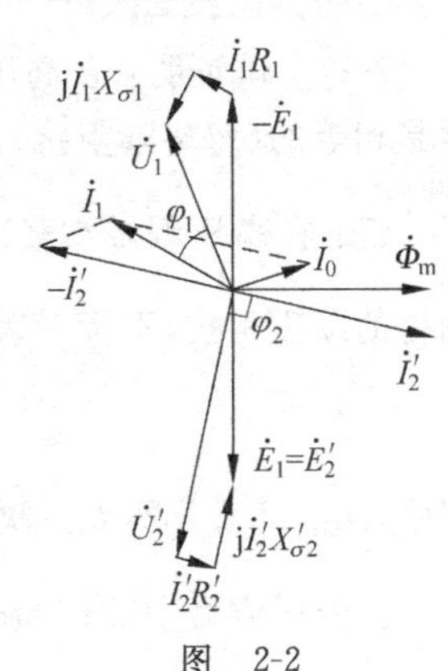

图 2-2

该相量图是按照教材中规定的参考方向惯例而画出的，一、二次侧采用的分别是电动机惯例和发电机惯例，因此，一次侧每相吸收的无功功率 $Q_1=\dot{U}_1\times\dot{I}_1=U_1I_1\sin\varphi_1<0$，二次侧每

相发出的无功功率 $Q_2=\dot{U}_2'\times\dot{I}_2'=U_2'I_2'\sin\varphi_2=U_2'I_2'\sin(-90°)=-U_2'I_2'<0$。这说明，此时无功功率实际上是从二次侧吸收而由一次侧发出的，而且 $|Q_2|>|Q_1|$。$|Q_2|$ 与 $|Q_1|$ 之差，就是产生主磁通和一、二次绕组漏磁通所需的无功功率，即此时励磁无功功率实际上是由负载侧供给的。可见，电容吸收的是负的滞后性无功功率，即实际上是发出正的滞后性无功功率。形象地说，电感是无功功率的“负载”，而电容是无功功率的“发电机”。无功功率和有功功率一样，也需要保持平衡，发出的无功功率应等于吸收的无功功率。

2-16　变压器做空载试验和短路试验时，从电源输入的有功功率主要消耗在什么地方？在一、二次侧分别做同一试验，测得的输入功率和参数相同吗(不计误差)？为什么？

答：(1) 变压器做空载试验时，一次绕组外施额定电压，主磁通与正常运行时的基本相同，因此铁耗与正常运行时的基本相同。由于空载电流很小，因此一次绕组的铜耗要远远小于正常额定运行时的值，可忽略不计。所以，从电源输入的有功功率主要消耗在铁心中，即有功功率的消耗主要是铁耗。

在一、二次侧分别做空载试验，只要都施加各自的额定电压，则两种情况下铁心中的主磁通大小是相等的(不计很小的漏阻抗的影响)，即

$$\Phi_m=\frac{E_1}{4.44fN_1}=\frac{U_{1N\phi}}{4.44fN_1}=\frac{kU_{2N\phi}}{4.44fN_1}=\frac{(N_1/N_2)U_{2N\phi}}{4.44fN_1}=\frac{U_{2N\phi}}{4.44fN_2}=\frac{E_2}{4.44fN_2}$$

所以铁耗相等，测得的输入功率相同。空载试验测得的参数主要是励磁阻抗 Z_m。在一次侧测得的励磁阻抗 Z_m，折合到二次侧时则为 Z_m/k^2(变比 k 等于一次绕组匝数 N_1 与二次绕组匝数 N_2 之比)，即在一次侧测得的励磁阻抗值是在二次侧测量值的 k^2 倍。

(2) 短路试验时，短路电流通常为额定值，因此铜耗与正常额定运行时的相同。由于外施电压很低，因此主磁通比正常运行时小很多。由于主磁通小，磁通密度就小，涡流损耗和磁滞损耗就很小，即铁耗比正常运行时小很多，也比此时的铜耗小很多，可忽略不计。所以从电源输入的有功功率主要消耗在一、二次绕组电阻上，即有功功率的消耗主要是铜耗。

在一、二次侧分别做短路试验时，只要绕组中流过的都是额定电流，则两种情况下的铜耗就相等，测得的输入功率相同(不计很小的励磁电流的影响)。短路试验测得的参数主要是短路阻抗 Z_k。在一次侧测得的短路阻抗值是在二次侧测量值的 k^2 倍。

2-17　试证明：在高压侧和在低压侧做空载试验所测得的空载电流，用标幺值表示时是相等的(忽略漏阻抗)。

证：在高压侧做空载试验时，不计漏阻抗，则空载相电流 $I_{01}=\dfrac{U_{1N\phi}}{|Z_m|}$($Z_m$ 为从高压侧测得的励磁阻抗，下标1表示高压侧)，其标幺值为

$$\underline{I}_{01}=\frac{I_{01}}{I_{1N\phi}}=\frac{U_{1N\phi}}{|Z_m|}\frac{1}{I_{1N\phi}}=\frac{Z_{1N}}{|Z_m|}=\frac{1}{|\underline{Z}_m|}$$

其中，$U_{1N\phi}$、$I_{1N\phi}$ 分别为一次额定相电压和额定相电流。

在低压侧做空载试验时，不计漏阻抗，则空载相电流 $I_{02}=\dfrac{U_{2N\phi}}{|Z'_m|}$($Z'_m$ 为从低压侧测得

的励磁阻抗，$Z'_m=Z_m/k^2$；下标 2 表示低压侧)，其标幺值为

$$\underline{I}_{02}=\frac{I_{02}}{I_{2N\phi}}=\frac{U_{2N\phi}}{|Z'_m|}\frac{1}{I_{2N\phi}}=\frac{U_{1N\phi}/k}{|Z_m|/k^2}\frac{1}{kI_{1N\phi}}=\frac{U_{1N\phi}}{|Z_m|}\frac{1}{I_{1N\phi}}=\frac{Z_{1N}}{|Z_m|}=\frac{1}{|\underline{Z}_m|}=\underline{I}_{01}$$

其中，$U_{2N\phi}$、$I_{2N\phi}$分别为二次额定相电压和额定相电流。

2-18 变压器电压调整率的定义是什么？其大小与哪些因素有关？二次侧带什么性质负载时，有可能使电压调整率为零？

答：变压器的电压调整率是指一次侧接在额定频率和额定电压的电网上、负载功率因数 $\cos\varphi_2$ 一定的条件下，从空载到负载时二次电压的变化量与二次额定电压的比值，即

$$\Delta U=\frac{U_{20}-U_2}{U_{2N}}\times 100\%=\frac{U_{1N}-U'_2}{U_{1N}}\times 100\%=1-\underline{U}_2$$

电压调整率 ΔU 可用来表示变压器二次电压变化的大小。变压器运行时，二次端电压变化的内因是变压器本身的漏阻抗，即短路阻抗 Z_k；外因是负载大小(即负载因数 β)及其性质(即负载电流$\dot{I}_2$ 滞后$\dot{U}_2$ 的角度 φ_2)。因此，电压调整率 ΔU 可表示为

$$\Delta U=(\underline{R}_k\cos\varphi_2+\underline{X}_k\sin\varphi_2)\times 100\%$$

可见，只有二次侧带电容性负载，即 $\varphi_2<0$ 时，ΔU 才有可能为零。

2-19 一台电力变压器，负载性质一定，当负载大小分别为 $\beta=1$，$\beta=0.8$，$\beta=0.1$ 及空载时，其效率分别为 η_1、η_2、η_3、η_0，试比较各效率的大小。

答：由于电力变压器实际中并非总是满载运行，因此变压器的最高效率一般不设计在负载因数 $\beta=1$ 下，而通常是在 $\beta=0.5\sim0.6$ 下。据此可判断出各效率的大小关系为 $\eta_2>\eta_1>\eta_3>\eta_0=0$。

2.5 习题解答

2-1 一台变压器，主磁通 $\phi=\Phi_m\sin\omega t$，其参考方向如图 2-3 所示。已知绕组 AX 的电动势 e_1 有效值为 E_1，当(a)$\dot{E}_1$ 的参考方向从 A 端指向 X 端；(b)$\dot{E}_1$ 的参考方向从 X 端指向 A 端时：

(1) 写出 e_1 的瞬时值表达式，画出 ϕ 和 e_1 的波形图及 $\dot{\Phi}_m$、$\dot{E}_1$ 的相量图；

(2) 说明在 $\omega t=0$ 到 $\pi/2$ 的时间内，主磁通 ϕ 的变化规律以及 A 与 X 哪端的电位高。

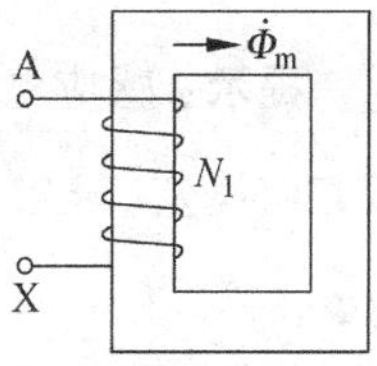

图 2-3

解：(a)$\dot{E}_1$ 的参考方向从 A 端指向 X 端。

(1) 此时$\dot{E}_1$ 的参考方向与主磁通$\dot{\Phi}_m$ 的参考方向满足右手螺旋定则，因此 e_1 的瞬时值表达式为

$$e_1=-N_1\frac{d\phi}{dt}=\omega N_1\Phi_m\sin(\omega t-90°)=E_m\sin(\omega t-90°)$$

ϕ、e_1 的波形图和$\dot{\Phi}_m$、$\dot{E}_1$ 的相量图分别如图 2-4(a)、(b)所示。

(2) 当 $\omega t=0\sim\pi/2$ 时，铁心中主磁通 ϕ 从 0 增加到 $+\Phi_m$，e_1 从 $-E_m$ 变到 0。$e_1<0$，说明此时 e_1 或 $\dot{E}_1$ 的实际方向与参考方向相反，即是从 X 端指向 A 端。因电动势方向为电位升高的方向，所以 A 端电位比 X 端的高。

(b) $\dot{E}_1$ 的参考方向从 X 端指向 A 端。

(1) 此时 $\dot{E}_1$ 的参考方向与主磁通 $\dot{\Phi}_m$ 的参考方向不满足右手螺旋定则，因此 e_1 的瞬时值表达式为

$$e_1 = N_1\frac{\mathrm{d}\phi}{\mathrm{d}t} = \omega N_1\Phi_m\sin(\omega t+90^\circ) = E_m\sin(\omega t+90^\circ)$$

ϕ、e_1 的波形图和 $\dot{\Phi}_m$、$\dot{E}_1$ 的相量图分别如图 2-5(a)、(b)所示。

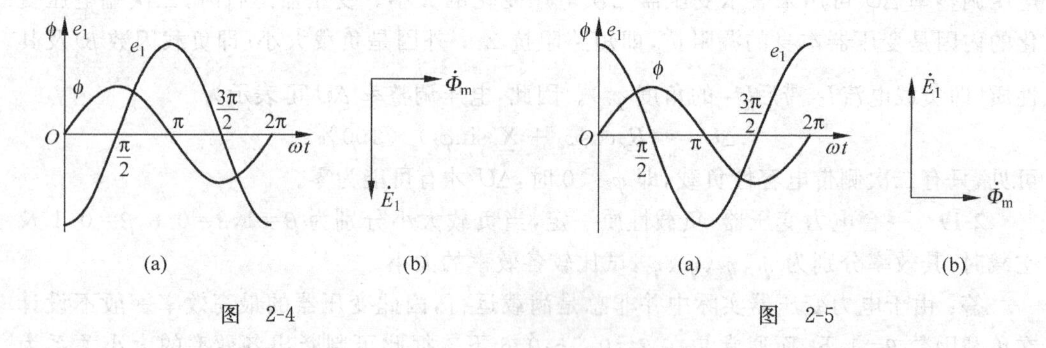

(a)　　(b)　　(a)　　(b)

图 2-4　　　　图 2-5

(2) 当 $\omega t=0\sim\pi/2$ 时，铁心中主磁通 ϕ 从 0 增至 $+\Phi_m$，e_1 从 $+E_m$ 变到 0。$e_1>0$，说明此时 e_1 或 $\dot{E}_1$ 的实际方向与参考方向相同，即是从 X 端指向 A 端，所以 A 端电位比 X 端的电位高。

以上分析结果表明，$\dot{E}_1$ 的参考方向无论是像(a)还是像(b)那样规定，都不影响其结果，在 $\omega t=0\sim\pi/2$ 时 A 端电位比 X 端的高。

提示：感应电动势 $\dot{E}$($\dot{E}_1$ 或 $\dot{E}_2$)与产生它的主磁通 $\dot{\Phi}_m$ 的相位关系，取决于二者的参考方向规定。当 $\dot{E}$ 与 $\dot{\Phi}_m$ 的参考方向满足右手螺旋定则时，$\dot{E}$ 滞后 $\dot{\Phi}_m 90^\circ$；反之，$\dot{E}$ 超前 $\dot{\Phi}_m 90^\circ$。

2-2　变压器一、二次绕组的电压、电动势参考方向如图 2-6(a)所示，设变比 $k=2$，一次电压 u_1 的波形如图 2-6(b)所示。试画出 e_1、e_2、主磁通 ϕ 和 u_2 随时间 t 变化的波形，并用相量图表示 $\dot{E}_1$、$\dot{E}_2$、$\dot{\Phi}_m$、$\dot{U}_2$ 和 $\dot{U}_1$ 的关系(忽略漏阻抗压降)。

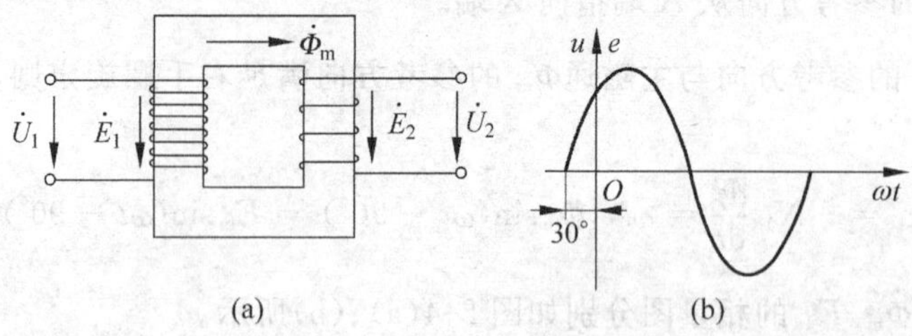

(a)　　(b)

图 2-6

解：根据规定的参考方向列出方程式，再根据方程式画出 e_1、e_2、ϕ 和 u_2 随时间 t 变化的波形和它们的相量图。

根据参考方向，可得忽略漏阻抗压降时的方程式为

$$\dot{U}_1 = -\dot{E}_1, \quad \dot{U}_2 = -\dot{E}_2,$$

$$\dot{E}_1 = -\mathrm{j}4.44fN_1\dot{\Phi}_m, \quad \dot{E}_2 = -\mathrm{j}4.44fN_2\dot{\Phi}_m, \quad \frac{\dot{E}_1}{\dot{E}_2} = \frac{N_1}{N_2} = k = 2$$

根据以上方程式，可画出波形图与 $t=0$ 时的相量图，分别如图 2-7(a)、(b)所示。

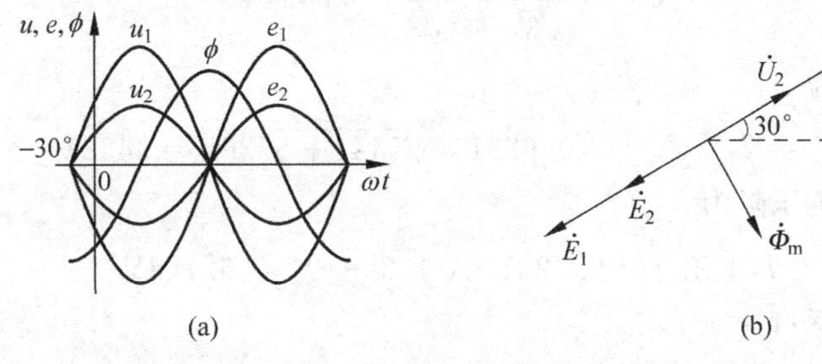

图 2-7

2-3 一台变压器各电磁量的参考方向如图 2-8 所示，试写出一、二次绕组电动势 $\dot{E}_1$、$\dot{E}_2$ 的表达式及空载时一次侧的电压平衡方程式。

解：因电动势与磁通的参考方向都满足右手螺旋定则，故一、二次绕组电动势相量的表达式为

$$\dot{E}_1 = -\mathrm{j}4.44fN_1\dot{\Phi}_m, \quad \dot{E}_2 = -\mathrm{j}4.44fN_2\dot{\Phi}_m$$

一次绕组漏磁电动势的表达式为

$$\dot{E}_{\sigma1} = -\mathrm{j}4.44fN_1\dot{\Phi}_{\sigma1m} = -\mathrm{j}\dot{I}_0X_{\sigma1}$$

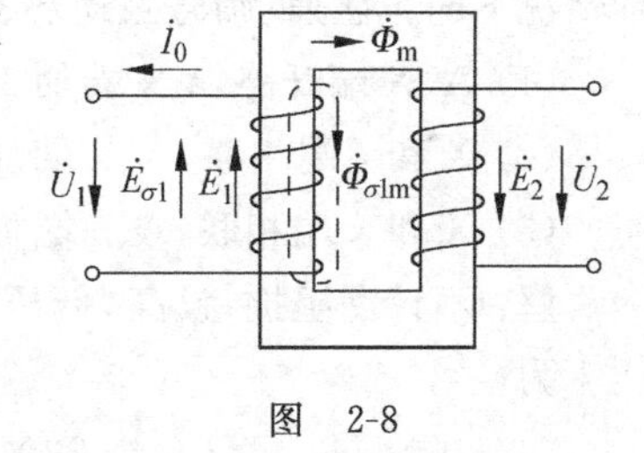

图 2-8

空载时一次侧的电压平衡方程式为

$$\dot{U}_1 = \dot{E}_1 + \dot{E}_{\sigma1} - \dot{I}_0R_1 = -\dot{I}_0Z_m - \mathrm{j}\dot{I}_0X_{\sigma1} - \dot{I}_0R_1 = -\dot{I}_0(Z_m + Z_1)$$

2-4 一台三相电力变压器，一、二次绕组均为星形联结，额定容量 $S_N = 100\text{kV}\cdot\text{A}$，额定电压 $U_{1N}/U_{2N} = 6000\text{V}/400\text{V}$，一次绕组漏阻抗 $Z_1 = (4.2 + \mathrm{j}9)\Omega$，励磁阻抗 $Z_m = (514 + \mathrm{j}5526)\Omega$。求：

(1) 励磁电流及其与额定电流的比值；

(2) 空载运行时的输入功率；

(3) 空载运行时一次绕组的相电压、相电动势及漏阻抗压降，并比较它们的大小。

解：(1) 先求励磁电流 I_0（相值）和一次额定相电流 $I_{1N\phi}$，再求二者的比值。

$$Z_1 + Z_m = (4.2 + \mathrm{j}9) + (514 + \mathrm{j}5526) = 518.2 + \mathrm{j}5535 = 5559.2\angle 84.65^\circ\Omega$$

$$I_0 = \frac{U_{1N\phi}}{|Z_1 + Z_m|} = \frac{U_{1N}/\sqrt{3}}{|Z_1 + Z_m|} = \frac{6000/\sqrt{3}}{5559.2} = 0.6231\text{A}$$

$$I_{1N\phi} = I_{1N} = \frac{S_N}{\sqrt{3}U_{1N}} = \frac{100\times 10^3}{\sqrt{3}\times 6000} = 9.623\text{A}$$

$$\frac{I_0}{I_{1N\phi}} = \frac{0.6231}{9.623} = 0.06475 = 6.475\%$$

(2) 空载运行时的功率因数角 φ_1 就是 $Z_1 + Z_m$ 的阻抗角，即 $\varphi_1 = 84.65°$。

视在功率 $S_1 = \sqrt{3}U_{1N}I_0 = \sqrt{3} \times 6000 \times 0.6231 = 6475\text{V}\cdot\text{A}$

有功功率 $P_1 = S_1\cos\varphi_1 = 6475 \times \cos 84.65° = 603.8\text{W}$

无功功率 $Q_1 = S_1\sin\varphi_1 = 6475 \times \sin 84.65° = 6447\text{var}$

(3) 空载运行时一次绕组相电压为

$$U_1 = \frac{U_{1N}}{\sqrt{3}} = \frac{6000}{\sqrt{3}} = 3464\text{V}$$

一次绕组相电动势为

$$E_1 = I_0 \mid Z_m \mid = 0.6231 \times \sqrt{514^2 + 5526^2} = 3458\text{V}$$

一次绕组每相漏阻抗压降为

$$I_0 \mid Z_1 \mid = 0.6231 \times \sqrt{4.2^2 + 9^2} = 6.188\text{V}$$

三者大小的比较如下：

$$I_0 \mid Z_1 \mid \ll E_1, \quad E_1 \approx U_1$$

2-5 如图 2-9 所示的单相变压器，额定电压为 $U_{1N}/U_{2N} = 220\text{V}/110\text{V}$，高压绕组端子为 A、X，低压绕组端子为 a、x，A 和 a 为同名端。在 A 和 X 两端加 220V 电压，a、x 端开路时的励磁电流为 I_0，励磁磁动势为 F_0，主磁通为 Φ_m，励磁阻抗模为 $|Z_m|$。求下列三种情况下的主磁通、励磁磁动势、励磁电流和励磁阻抗模：

(1) A、X 端开路，a、x 端加 110V 电压；

(2) X 和 a 端相联，A、x 端加 330V 电压；

(3) X 和 x 端相联，A、a 端加 110V 电压。

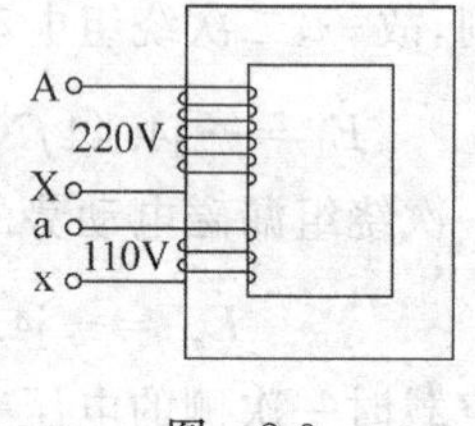

图 2-9

解：不计漏阻抗，设高、低压绕组的匝数分别为 N_1、N_2，则变比 k 为

$$k = \frac{N_1}{N_2} = \frac{U_{1N}}{U_{2N}} = \frac{220}{110} = 2, \quad 即 \quad N_1 = 2N_2$$

在 A 和 X 两端加 220V 电压时的主磁通为 $\Phi_m = \dfrac{U_{1N}}{4.44fN_1}$，$F_0 = N_1 I_0$。

(1) A、X 端开路，a、x 端加 110V 电压，主磁通为

$$\Phi'_m = \frac{U_{2N}}{4.44fN_2} = \frac{U_{1N}/k}{4.44fN_1/k} = \frac{U_{1N}}{4.44fN_1} = \Phi_m$$

即主磁通没有变化，因此磁路的磁导不变，励磁磁动势也不变，即 $F'_0 = N_2 I'_0 = F_0$。由此可求得励磁电流为

$$I'_0 = \frac{F'_0}{N_2} = \frac{F_0}{N_1/k} = \frac{N_1 I_0}{N_1/k} = kI_0 = 2I_0$$

励磁阻抗为

$$\mid Z'_m \mid = \frac{U_{2N}}{I'_0} = \frac{U_{1N}/k}{kI_0} = \frac{1}{k^2}\frac{U_{1N}}{I_0} = \frac{1}{k^2} \mid Z_m \mid = \frac{1}{4} \mid Z_m \mid$$

即励磁电流增大 1 倍，励磁阻抗减至原来的 1/4。

(2) X 和 a 端相联，A、x 端加 330V 电压时，由图 2-9 可知，此时两个绕组为同极性相联，A、x 端的总匝数为 N_1+N_2，施加电压的大小为 $U_{1N}+U_{2N}=330\text{V}$，因此主磁通为

$$\Phi''_m=\frac{U_{1N}+U_{2N}}{4.44f(N_1+N_2)}=\frac{3U_{1N}/2}{4.44f\times 3N_1/2}=\frac{U_{1N}}{4.44fN_1}=\Phi_m$$

即主磁通没有变化，因此励磁磁动势不变，即 $F''_0=(N_1+N_2)I''_0=F_0$，则励磁电流为

$$I''_0=\frac{F''_0}{N_1+N_2}=\frac{F_0}{3N_1/2}=\frac{2}{3}\frac{F_0}{N_1}=\frac{2}{3}I_0$$

励磁阻抗为

$$|Z''_m|=\frac{U_{1N}+U_{2N}}{I''_0}=\frac{3U_{1N}/2}{2I_0/3}=\left(\frac{3}{2}\right)^2\frac{U_{1N}}{I_0}=\left(\frac{3}{2}\right)^2|Z_m|$$

即励磁电流减至原来的 2/3，励磁阻抗增大至原来的 9/4 倍。

(3) X 和 x 端相联，A、a 端加 110V 电压时，由图 2-9 可知，此时两个绕组为反极性相联，A、a 端的总匝数为 $N_1-N_2=N_2$，施加电压的大小为 $U_{2N}=110\text{V}$，因此主磁通为

$$\Phi'''_m=\frac{U_{2N}}{4.44fN_2}=\frac{U_{1N}}{4.44fN_1}=\Phi_m$$

即主磁通没有变化，因此励磁磁动势也不变，即 $F'''_0=N_2I'''_0=F_0$。由此可得励磁电流为

$$I'''_0=\frac{F'''_0}{N_2}=\frac{F_0}{N_1/k}=kI_0=2I_0$$

励磁阻抗为

$$|Z'''_m|=\frac{U_{2N}}{I'''_0}=\frac{U_{1N}/k}{kI_0}=\frac{1}{k^2}|Z_m|=\frac{1}{4}|Z_m|$$

即励磁电流增大 1 倍，励磁阻抗减至原来的 1/4。

2-6 A 和 B 两台单相变压器的额定电压都是 220V/110V，高压绕组匝数相等。当将高压绕组接 220V 电源空载运行时，测得它们的励磁电流相差 1 倍。设磁路线性，现将两台变压器的高压绕组串联起来，接到 440V 电源上，二次绕组开路，求两台变压器的二次电压及主磁通的数量关系。

解：两台变压器的变比均为 $k=220/110=2$。设 A 和 B 两台变压器的励磁电流分别为 I_{0A}、I_{0B}(下标 A、B 分别表示变压器 A、B，下同)，并依题意设 $I_{0A}=2I_{0B}$。

在空载运行时，由于两台变压器的一次绕组匝数相等，因此可得二者的励磁磁动势的关系为 $F_{0A}=2F_{0B}$。两台变压器的一次电压也相等，不计漏阻抗的影响，则二者的主磁通大小相等，即 $\Phi_{mA}=\Phi_{mB}$。根据磁路欧姆定律，$\Phi_{mA}=F_{0A}\Lambda_{mA}$，$\Phi_{mB}=F_{0B}\Lambda_{mB}$($\Lambda_{mA}$、$\Lambda_{mB}$ 分别为变压器 A、B 主磁路的磁导)，因此，$\Lambda_{mA}=\Lambda_{mB}/2$。

当把两台变压器的高压绕组串联起来时，二者的励磁电流相同，励磁磁动势也相同，但由于 $\Lambda_{mA}=\Lambda_{mB}/2$，因此磁导小的变压器 A 的主磁通是变压器 B 的 1/2。所以，一次绕组感应电动势的关系为 $E_{1A}=E_{1B}/2$，不计漏阻抗时，这就是二者一次电压的关系，即 $U_{1A}=U_{1B}/2$。

因为 $U_{1A}+U_{1B}=440\text{V}$，所以

$$U_{1A}=\frac{1}{3}\times 440=146.7\text{V},\quad U_{1B}=\frac{2}{3}\times 440=293.3\text{V}$$

变压器A、B的二次开路电压U_{20A}、U_{20B}分别为

$$U_{20A}=\frac{U_{1A}}{k}=\frac{146.7}{2}=73.3\text{V},\quad U_{20B}=\frac{U_{2A}}{k}=\frac{293.3}{2}=146.7\text{V}$$

2-7　如图2-10所示,变压器一、二次绕组匝数比为$N_1/N_2=3$,若$i_1=10\sin\omega t$,试写出(a)、(b)两种情况下二次电流i_2的瞬时值表达式(忽略励磁电流)。

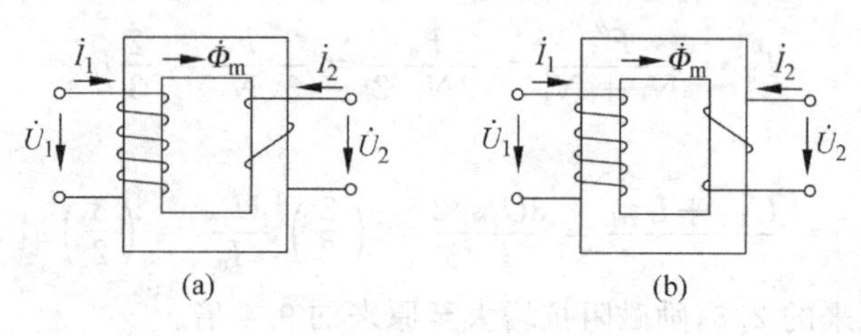

图　2-10

解:已知一、二次绕组的匝数比和一次电流,在不计励磁电流时,可利用磁动势平衡方程式求出二次电流。

(a) 按照图(a)中规定的参考方向,可得磁动势平衡方程式为

$$N_1\dot{I}_1+N_2\dot{I}_2=0$$

即

$$\dot{I}_2=-\frac{N_1}{N_2}\dot{I}_1=-3\dot{I}_1$$

因此

$$i_2=-3i_1=-3\times10\sin\omega t=-30\sin\omega t$$

(b) 按照图(b)中规定的参考方向,可得磁动势平衡方程式为

$$N_1\dot{I}_1-N_2\dot{I}_2=0$$

即

$$\dot{I}_2=\frac{N_1}{N_2}\dot{I}_1=3\dot{I}_1$$

因此

$$i_2=3i_1=30\sin\omega t$$

2-8　规定变压器电压、电动势、电流和磁通的参考方向如图2-11所示。试写出变压器的基本方程式,并画出二次绕组带纯电容负载时的相量图。

解:(1) 按照图2-11中规定的参考方向,可写出变压器的基本方程式为

$$\dot{U}_1=\dot{E}_1+\dot{I}_1R_1+\text{j}\dot{I}_1X_{\sigma1}\tag{2-1}$$

$$\dot{U}_2=-\dot{E}_2+\dot{I}_2R_1+\text{j}\dot{I}_2X_{\sigma2}\tag{2-2}$$

$$\frac{\dot{E}_1}{\dot{E}_2}=-\frac{N_1}{N_2}\tag{2-3}$$

$$N_1\dot{I}_1+N_2\dot{I}_2=N_1\dot{I}_0\tag{2-4}$$

$$\dot{E}_1=\dot{I}_0(R_m+\text{j}X_m)=\text{j}4.44fN_1\dot{\Phi}_m\tag{2-5}$$

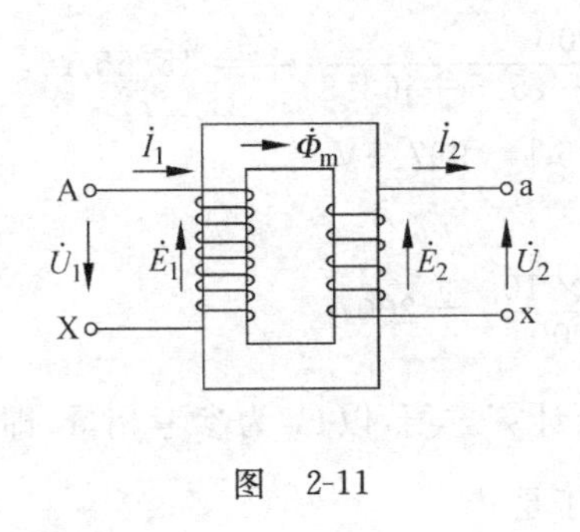

图 2-11

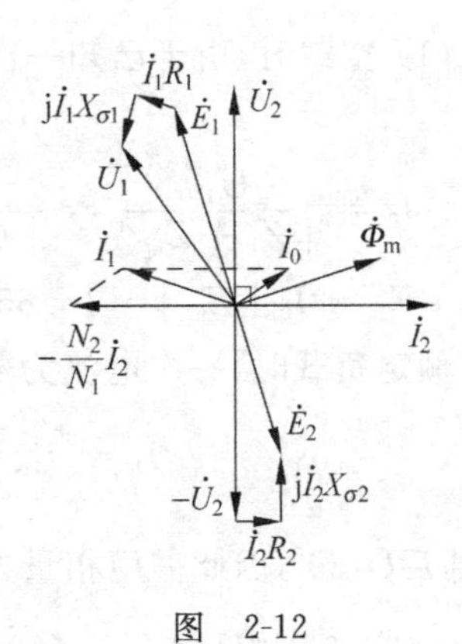

图 2-12

$$\dot{U}_2 = -\dot{I}_2 Z_L \tag{2-6}$$

(2) 二次绕组带纯电容负载时，负载阻抗 $Z_L = -jX_C$，因此式(2-6)变为

$$\dot{U}_2 = j\dot{I}_2 X_C \tag{2-7}$$

在绕组匝数和参数已知时，可画出与以上方程式相对应的相量图，如图 2-12 所示。其作图步骤如下：

① 在任意位置画出$\dot{I}_2$；

② 根据式(2-7)，画出超前$\dot{I}_2$ 90°的$\dot{U}_2$；

③ 根据式(2-2)，画出$\dot{E}_2$；

④ 根据式(2-3)，画出$\dot{E}_1$；

⑤ 根据式(2-5)，先画出$\dot{\Phi}_m$，再画出超前$\dot{\Phi}_m$ 一个小角度的$\dot{I}_0$；

⑥ 根据式(2-4)，画出$\dot{I}_1$；

⑦ 根据式(2-1)，画出$\dot{U}_1$。

提示：(1) 图 2-11 中虽然没有标出一、二次漏磁通$\dot{\Phi}_{\sigma1m}$、$\dot{\Phi}_{\sigma2m}$及其产生的漏磁电动势$\dot{E}_{\sigma1}$、$\dot{E}_{\sigma2}$的参考方向，但默认$\dot{\Phi}_{\sigma1m}$、$\dot{\Phi}_{\sigma2m}$与$\dot{\Phi}_m$ 的参考方向相同，$\dot{E}_{\sigma1}$、$\dot{E}_{\sigma2}$的参考方向分别与$\dot{E}_1$、$\dot{E}_2$ 的相同。

(2) 电流、磁通和电动势的参考方向是有关联的，因此，只要$\dot{E}_{\sigma1}$与$\dot{I}_1$ 的参考方向相同，就有$\dot{E}_{\sigma1} = -j\dot{I}_1 X_{\sigma1}$；反之，有$\dot{E}_{\sigma1} = j\dot{I}_1 X_{\sigma1}$。同理可得$\dot{E}_{\sigma2}$与$\dot{I}_2$ 的关系。

(3) 由于$\dot{E}_2$ 与$\dot{\Phi}_m$ 的参考方向满足右手螺旋定则，而$\dot{E}_1$ 与$\dot{\Phi}_m$ 的参考方向不满足右手螺旋定则，因此$\dot{E}_1$ 与$\dot{E}_2$ 反相。

2-9 一台单相降压变压器额定容量为 200kV·A，额定电压为 1000V/230V，一次绕组参数为 $R_1 = 0.1\Omega$，$X_{\sigma1} = 0.16\Omega$，$R_m = 5.5\Omega$，$X_m = 63.5\Omega$。已知额定运行时$\dot{I}_1$ 滞后$\dot{U}_1$ 30°，求空载与额定负载运行时的一次绕组电动势 E_1。

解：(1) 空载时，由于已知一次绕组参数和额定电压，因此可用等效电路求解。由已知，有

$$I_0 = \frac{U_{1N}}{|Z_1 + Z_m|} = \frac{1000}{|(0.1+j0.16)+(5.5+j63.5)|} = 15.65\text{A}$$

$$E_1 = I_0 |Z_m| = 15.65 \times |5.5 + j63.5| = 997.5\text{V}$$

(2) 额定负载时，一次电流为额定值，即

$$I_1 = I_{1N} = \frac{S_N}{U_{1N}} = \frac{200 \times 10^3}{1000} = 200\text{A}$$

已知$\dot{I}_1$滞后$\dot{U}_1 30°$，因此需用相量方程式求解。为计算方便，以$\dot{I}_1$为参考相量，即设$\dot{I}_1 = I_{1N}\angle 0° = 200\angle 0°$，则$\dot{U}_1 = U_{1N}\angle 30° = 1000\angle 30°$，于是

$$\begin{aligned}-\dot{E}_1 &= \dot{U}_1 - \dot{I}_1(R_1 + jX_{\sigma 1}) = 1000\angle 30° - 200 \times (0.1 + j0.16) \\ &= (1000\cos 30° - 20) + j(1000\sin 30° - 32) = (846 + j468)\text{V}\end{aligned}$$

所以

$$E_1 = \sqrt{846^2 + 468^2} = 966.8\text{V}$$

提示：由以上结果可见，负载时与空载时相比，因 $I_1|Z_1|$ 增大，使 E_1 略有减小。

2-10 晶体管功率放大器对负载来说，相当于一个交流电源，其电动势 $E_s = 8.5\text{V}$，内阻 $R_s = 72\Omega$。另有一扬声器，电阻 $R_L = 8\Omega$。现采用两种方法把扬声器接入放大器电路作负载：一种是直接接入；另一种是经过变比 $k=3$ 的单相变压器接入，分别如图 2-13(a)、(b)所示。忽略变压器的漏阻抗和励磁电流，求：

(1) 两种接法时扬声器获得的功率；

(2) 要使放大器输出功率最大，变压器变比应为多大？变压器在电路中的作用是什么？

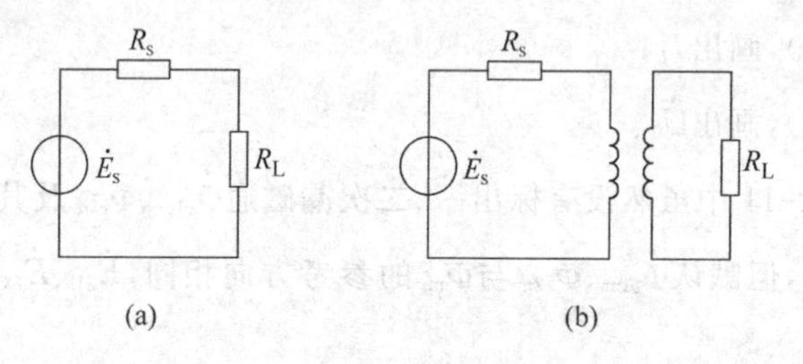

图 2-13

解：(1) 直接接入时，电源输出电流为

$$I_1 = \frac{E_s}{R_s + R_L} = \frac{8.5}{72 + 8} = 0.10625\text{A}$$

扬声器获得的功率为

$$P_1 = I_1^2 R_L = 0.10625^2 \times 8 = 0.09031\text{W}$$

通过变压器接入时，电源输出电流为

$$I_2 = \frac{E_s}{R_s + R_L'} = \frac{E_s}{R_s + k^2 R_L} = \frac{8.5}{72 + 3^2 \times 8} = 0.05903\text{A}$$

扬声器获得的功率为

$$P_2 = I_2^2 R'_L = 0.05903^2 \times 3^2 \times 8 = 0.2509\text{W}$$

(2) 要使放大器输出功率最大,需要电源的外阻等于其内阻,即 $R_s = R'_L = k^2 R_L$,则变比 k 应为

$$k = \sqrt{\frac{R_s}{R_L}} = \sqrt{\frac{72}{8}} = 3$$

变压器在功率放大电路中的作用是改变阻抗,从而实现阻抗匹配。

2-11 一台三相变压器,一、二次绕组分别为三角形、星形联结,额定数据为: $S_N = 200\text{kV}\cdot\text{A}$, $U_{1N}/U_{2N} = 1000\text{V}/400\text{V}$,折合到一次侧的参数为 $Z_m = (20 + \text{j}170)\Omega$, $Z_k = (0.26 + \text{j}0.61)\Omega$,设 $Z_1 = Z'_2$。画出折合到二次侧的T型等效电路,并标明其中各参数的实际值和标幺值。

解:折合到二次侧的T型等效电路如图2-14所示。其中各参数的实际值计算如下(需要注意变比 k 等于额定相电压之比):

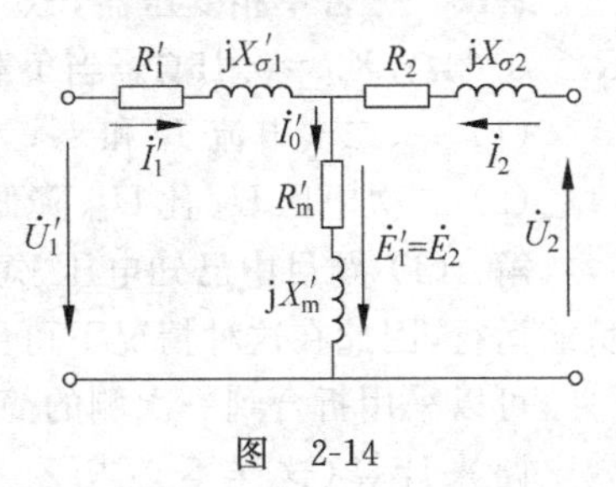

图 2-14

$$k = \frac{U_{1N\phi}}{U_{2N\phi}} = \frac{U_{1N}}{U_{2N}/\sqrt{3}} = \frac{1000}{400/\sqrt{3}} = 4.33$$

$$R'_1 = R_2 = \frac{R'_k}{2} = \frac{1}{k^2}\frac{R_k}{2} = \frac{1}{4.33^2} \times \frac{0.26}{2} = 0.006934\Omega$$

$$X'_{\sigma1} = X_{\sigma2} = \frac{X'_k}{2} = \frac{1}{k^2}\frac{X_k}{2} = \frac{1}{4.33^2} \times \frac{0.61}{2} = 0.01627\Omega$$

$$R'_m = R_m/k^2 = 20/4.33^2 = 1.067\Omega$$

$$X'_m = X_m/k^2 = 170/4.33^2 = 9.067\Omega$$

再求各参数的标幺值,为此应先求出二次侧阻抗基值

$$Z_{2N} = \frac{U_{2N\phi}}{I_{2N\phi}} = \frac{U_{2N}/\sqrt{3}}{I_{2N}} = \frac{U_{2N}/\sqrt{3}}{S_N/\sqrt{3}U_{2N}} = \frac{U_{2N}^2}{S_N} = \frac{400^2}{200 \times 10^3} = 0.8\Omega$$

于是有

$$\underline{R}'_1 = \underline{R}_2 = R_2/Z_{2N} = 0.006934/0.8 = 0.008667,$$

$$\underline{X}'_{\sigma1} = \underline{X}_{\sigma2} = X_{\sigma2}/Z_{2N} = 0.01627/0.8 = 0.02033$$

$$\underline{R}'_m = R'_m/Z_{2N} = 1.067/0.8 = 1.333,$$

$$\underline{X}'_m = X'_m/Z_{2N} = 9.067/0.8 = 11.33$$

也可以用已知的折合到一次侧的参数,再求标幺值。为此应先求出一次侧阻抗基值

$$Z_{1N} = \frac{U_{1N\phi}}{I_{1N\phi}} = \frac{U_{1N}}{I_{1N}/\sqrt{3}} = \frac{\sqrt{3}U_{1N}}{S_N/\sqrt{3}U_{1N}} = \frac{3U_{1N}^2}{S_N} = \frac{3 \times 1000^2}{200 \times 10^3} = 15\Omega \quad (= k^2 Z_{2N})$$

于是有

$$\underline{R}_1 = \underline{R}_2 = \frac{R_k/2}{Z_{1N}} = \frac{0.26/2}{15} = 0.008667,$$

$$\underline{X}_{\sigma1} = \underline{X}_{\sigma2} = \frac{X_k/2}{Z_{1N}} = \frac{0.61/2}{15} = 0.02033$$

$$\underline{R}_m = R_m/Z_{1N} = 20/15 = 1.333,$$

$$\underline{X}_m = X_m/Z_{1N} = 170/15 = 11.33$$

提示：以上计算结果表明，无论从一次侧还是二次侧求参数的标幺值，结果都是一样的。或者说，用标幺值表示时不需要折合。

2-12 一台单相变压器，$S_N=2\text{kV}\cdot\text{A}$，$U_{1N}/U_{2N}=1100\text{V}/110\text{V}$，$R_1=4\Omega$，$X_{\sigma1}=15\Omega$，$R_2=0.04\Omega$，$X_{\sigma2}=0.15\Omega$。当负载阻抗 $Z_L=(10+\text{j}5)\Omega$ 时，求：

(1) 一、二次电流 I_1 和 I_2；

(2) 二次电压 U_2 比 U_{2N} 降低了多少？

解：(1) 题目中已知电压、短路阻抗和负载阻抗，但未给出励磁阻抗。由于分析的是负载运行，因此在这种情况下可用简化等效电路求解。

可以采用折合到一次侧的简化等效电路进行计算。下面采用折合到二次侧的简化等效电路来计算(这样不必求 Z_L 的折合值)。折合到二次侧的一次电压为 $U'_1=U'_{1N}=U_{2N}=110\text{V}$，变比 $k=U_{1N}/U_{2N}=1100/110=10$。折合到二次侧的一次绕组电阻和漏电抗分别为

$$R'_1 = R_1/k^2 = 4/10^2 = 0.04\Omega, \quad X'_{\sigma1} = X_{\sigma1}/k^2 = 15/10^2 = 0.15\Omega$$

则可求得二次电流和一次电流折合值为

$$\begin{aligned} I_2 = I'_1 &= \frac{U'_1}{|Z_k + Z_L|} = \frac{U'_1}{|Z'_1 + Z_2 + Z_L|} \\ &= \frac{110}{|(0.04+\text{j}0.15)+(0.04+\text{j}0.15)+(10+\text{j}5)|} \\ &= 9.659\text{A} \end{aligned}$$

$$I_1 = I'_1/k = 9.659/10 = 0.9659\text{A}$$

(2) $U_2=I_2|Z_L|=9.659\times|10+\text{j}5|=108\text{V}$

二次电压 U_2 比 U_{2N} 降低了 $U_{2N}-U_2=110-108=2\text{V}$。

2-13 一台三相变压器，$S_N=2000\text{kV}\cdot\text{A}$，$U_{1N}/U_{2N}=1000\text{V}/400\text{V}$，一、二次绕组均为星形联结，折合到高压侧的每相短路阻抗为 $Z_k=(0.15+\text{j}0.35)\Omega$。一次绕组接额定电压，二次绕组接三相对称负载，负载为星形联结，每相阻抗为 $Z_L=(0.96+\text{j}0.48)\Omega$，求此时的一、二次电流和二次电压。

解：本题已知折合到高压侧即一次侧的短路阻抗，因此与上一题一样，可用简化等效电路求解。变比为

$$k = \frac{U_{1N\phi}}{U_{2N\phi}} = \frac{U_{1N}/\sqrt{3}}{U_{2N}/\sqrt{3}} = \frac{U_{1N}}{U_{2N}} = \frac{1000}{400} = 2.5$$

由于负载与二次绕组均为星形联结，因此二次绕组的每相负载阻抗为 Z_L，其折合值为

$$Z'_L = k^2 Z_L = 2.5^2 \times (0.96+\text{j}0.48) = (6+\text{j}3)\Omega$$

$$I_1 = I'_2 = \frac{U_{1N\phi}}{|Z_k + Z'_L|} = \frac{U_{1N}/\sqrt{3}}{|Z_k + Z'_L|} = \frac{1000/\sqrt{3}}{|(0.15+\text{j}0.35)+(6+\text{j}3)|} = 82.44\text{A}$$

$$I_2 = kI'_2 = 2.5 \times 82.44 = 206.1\text{A}$$

$$U_2 = I_2 \mid Z_L \mid = 206.1 \times \mid 0.96 + \text{j}0.48 \mid = 221.2\text{V}$$

上面求出的 I_1、I_2、U_2 均为一相的值。由于一、二次绕组均为星形联结，因此，求得的 I_1、I_2 就是线电流；二次电压(线值)则为$\sqrt{3}U_2=\sqrt{3}\times221.2=383.1\text{V}$。

提示：对于三相变压器，在未特别说明时，一、二次电压、电流都是指线值，容量或功率均是指三相的值。在用等效电路计算时，首先应根据绕组联结方式把所需的线电压、线电流值变换为相值；同时，三相负载阻抗的联结方式必须与二次绕组的相同，否则，需将负载阻抗的联结方式进行变换(参见思考题 2-12)。最后，应根据绕组联结方式将计算得到的电压、电流相值变换为线值。

2-14 一台三相电力变压器，$S_N=1000\text{kV}\cdot\text{A}$，$U_{1N}/U_{2N}=10000\text{V}/3300\text{V}$，一、二次绕组分别为星形、三角形联结，短路阻抗标幺值 $\underline{Z}_k=0.015+\text{j}0.053$，带三相三角形联结的对称负载，每相负载阻抗 $Z_L=(50+\text{j}85)\Omega$，求一、二次电流和二次电压。

解：二次侧阻抗基值为

$$Z_{2N} = \frac{U_{2N\phi}}{I_{2N\phi}} = \frac{U_{2N}}{I_{2N}/\sqrt{3}} = \frac{3U_{2N}^2}{S_N} = \frac{3\times3300^2}{1000\times10^3} = 32.67\Omega$$

二次绕组每相负载阻抗的标幺值为

$$\underline{Z}_L = Z_L/Z_{2N} = (50+\text{j}85)/32.67 = 1.53+\text{j}2.602$$

一、二次电流和二次电压标幺值分别为

$$\underline{I}_1 = \underline{I}_2 = \frac{\underline{U}_{1N\phi}}{\mid \underline{Z}_k + \underline{Z}_L \mid} = \frac{1}{\mid (0.015+\text{j}0.053)+(1.53+\text{j}2.602) \mid} = 0.3255$$

$$\underline{U}_2 = \underline{I}_2 \mid \underline{Z}_L \mid = 0.3255 \times \mid 1.53+\text{j}2.602 \mid = 0.9825$$

一、二次电流和二次电压的实际值(线值)分别为

$$I_1 = \underline{I}_1 I_{1N} = \underline{I}_1 \frac{S_N}{\sqrt{3}U_{1N}} = 0.3255 \times \frac{1000\times10^3}{\sqrt{3}\times10000} = 18.79\text{A}$$

$$I_2 = \underline{I}_2 I_{2N} = \underline{I}_2 \frac{S_N}{\sqrt{3}U_{2N}} = 0.3255 \times \frac{1000\times10^3}{\sqrt{3}\times3300} = 56.95\text{A}$$

$$U_2 = \underline{U}_2 U_{2N} = 0.9825 \times 3300 = 3242\text{V}$$

提示：本题解法与上一题类似。但由于已知短路阻抗标幺值和每相负载阻抗的实际值，因此计算时可有两种选择：(1)用实际值计算，为此需要先求出短路阻抗的实际值；(2)先用标幺值计算，最后再求得实际值，为此需要求出每相负载阻抗的标幺值。上面解答中是采用标幺值计算的，这样可免去折合。

2-15 某台三相电力变压器，一、二次绕组分别为三角形、星形联结，额定容量 $S_N=600\text{kV}\cdot\text{A}$，额定电压 $U_{1N}/U_{2N}=10000\text{V}/400\text{V}$，短路阻抗 $Z_k=(1.8+\text{j}5)\Omega$，二次侧带星形联结的三相负载，每相负载阻抗 $Z_L=(0.3+\text{j}0.1)\Omega$。计算该变压器的以下几个量：

(1) 一次电流 I_1 及其与额定电流 I_{1N}的百分比 β_1，二次电流 I_2 及其与额定电流 I_{2N}的百分比 β_2；

(2) 二次电压 U_2 及其与额定电压 U_{2N}相比降低的百分值；

(3) 输出容量。

解：(1) 先求一次电流(线值)及其百分比 β_1。

$$k=\frac{U_{1N\phi}}{U_{2N\phi}}=\frac{U_{1N}}{U_{2N}/\sqrt{3}}=\frac{10000}{400/\sqrt{3}}=43.3$$

$$Z'_L=k^2Z_L=43.3^2\times(0.3+\text{j}\,0.1)=(562.5+\text{j}187.5)\Omega$$

$$I_1=I'_2=\frac{U_{1N\phi}}{|Z_k+Z'_L|}=\frac{U_{1N}}{|Z_k+Z'_L|}=\frac{10000}{|(1.8+\text{j}5)+(562.5+\text{j}187.5)|}=16.77\text{A}$$

一次线电流为

$$\sqrt{3}I_1=\sqrt{3}\times16.77=29.05\text{A}$$

又有

$$I_{1N}=\frac{S_N}{\sqrt{3}U_{1N}}=\frac{600\times10^3}{\sqrt{3}\times10000}=34.64\text{A}$$

$$\beta_1=\frac{\sqrt{3}I_1}{I_{1N}}\times100\%=\frac{29.05}{34.64}\times100\%=83.85\%$$

再求二次电流(线值)及其百分比 β_2。

$$I_2=kI'_2=43.3\times16.77=726.1\text{A}$$

$$I_{2N}=\frac{S_N}{\sqrt{3}U_{2N}}=\frac{600\times10^3}{\sqrt{3}\times400}=866\text{A}$$

$$\beta_2=\frac{I_2}{I_{2N}}\times100\%=\frac{726.1}{866}\times100\%=83.85\%$$

(2) 二次电压 U_2(线值)为

$$U_2=\sqrt{3}I_2\,|Z_L|=\sqrt{3}\times726.1\times|0.3+\text{j}0.1|=397.7\text{V}$$

二次线电压降低的百分值为

$$\frac{U_{2N}-U_2}{U_{2N}}\times100\%=\frac{400-397.7}{400}\times100\%=0.575\%$$

(3) 变压器的输出容量为

$$S_2=\sqrt{3}U_2I_2=\sqrt{3}\times397.7\times726.1=500.2\text{kV}\cdot\text{A}$$

2-16 两台单相变压器：第Ⅰ台，$S_{N\text{I}}=1\text{kV}\cdot\text{A}$，$U_{1N\text{I}}/U_{2N\text{I}}=240\text{V}/120\text{V}$，折合到高压侧的短路阻抗为 $4\angle60°\Omega$；第Ⅱ台，$S_{N\text{II}}=1\text{kV}\cdot\text{A}$，$U_{1N\text{II}}/U_{2N\text{II}}=120\text{V}/24\text{V}$，折合到高压侧的短路阻抗为 $1\angle60°\Omega$。现将第Ⅱ台变压器的高压绕组接在第Ⅰ台的低压绕组上，再将第Ⅰ台的高压绕组接到240V交流电源作连续降压，如图2-15所示。忽略励磁电流，分别求负载 $Z_L=(10+\text{j}\sqrt{300})\Omega$ 和负载侧短路时各级电压和电流的大小。

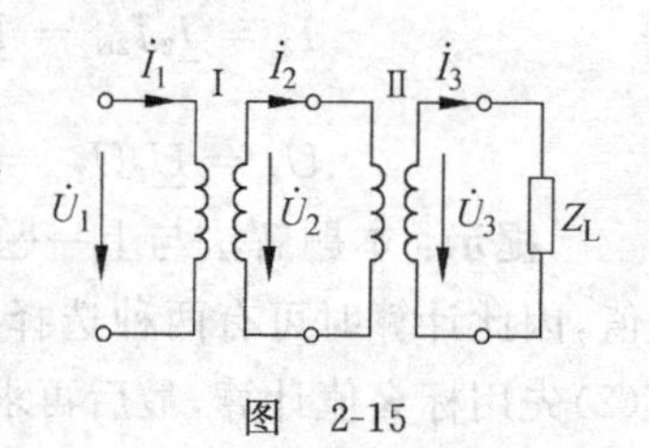

图 2-15

解：(1) 求 $Z_L=(10+\text{j}\sqrt{300})\Omega$ 时的电压和电流。

变压器Ⅰ、Ⅱ的变比分别为

$$k_\text{I}=U_{1N\text{I}}/U_{2N\text{I}}=240/120=2$$

$$k_\text{II}=U_{1N\text{II}}/U_{2N\text{II}}=120/24=5$$

先将负载阻抗 Z_L 折合到变压器Ⅱ的高压侧，其值为 $Z'_L=k_\text{II}^2Z_L$，则变压器Ⅰ的负载阻抗为 $Z_{k\text{II}}+Z'_L$。再将该阻抗折合到变压器Ⅰ的高压侧，为 $k_\text{I}^2(Z_{k\text{II}}+Z'_L)=k_\text{I}^2(Z_{k\text{II}}+$

$k_{\text{II}}^2 Z_L$)，则变压器Ⅰ的总阻抗 Z 为

$$Z = Z_{k\text{I}} + k_{\text{I}}^2(Z_{k\text{II}} + k_{\text{II}}^2 Z_L) = 4\angle 60^\circ + 2^2 \times [1\angle 60^\circ + 5^2 \times (10 + j\sqrt{300})] = 2008\angle 60^\circ \Omega$$

变压器Ⅰ的高压侧电流为

$$I_1 = U_1/|Z| = 240/2008 = 0.1195\text{A}$$

变压器Ⅰ的低压侧电流，即变压器Ⅱ的高压侧电流为

$$I_2 = k_{\text{I}} I_1 = 2 \times 0.1195 = 0.239\text{A}$$

变压器Ⅱ的低压侧电流为

$$I_3 = k_{\text{II}} I_2 = 5 \times 0.239 = 1.195\text{A}$$

变压器Ⅱ的低压侧电压为

$$U_3 = I_3 |Z_L| = 1.195 \times |10 + j\sqrt{300}| = 23.9\text{V}$$

变压器Ⅱ的高压侧电压，即变压器Ⅰ的低压侧电压为

$$U_2 = I_2 |Z_{k\text{II}} + k_{\text{II}}^2 Z_L| = 0.239 \times |1\angle 60^\circ + 5^2 \times (10 + j\sqrt{300})| = 119.7\text{V}$$

(2) 求 $Z_L=0$ 时的电压和电流。

$$Z = Z_{k\text{I}} + k_{\text{I}}^2 Z_{k\text{II}} = 4\angle 60^\circ + 2^2 \times 1\angle 60^\circ = 8\angle 60^\circ \Omega$$

$$I_1 = U_1/|Z| = 240/8 = 30\text{A}$$

$$I_2 = k_{\text{I}} I_1 = 2 \times 30 = 60\text{A}$$

$$I_3 = k_{\text{II}} I_2 = 5 \times 60 = 300\text{A}$$

$$U_3 = I_3 |Z_L| = 0$$

$$U_2 = I_2 |Z_{k\text{II}}| = 60 \times |1\angle 60^\circ| = 60\text{V}$$

2-17 两台完全相同的单相变压器，$S_N=1\text{kV}\cdot\text{A}$，$U_{1N}/U_{2N}=220\text{V}/110\text{V}$，$Z_1=Z_2'$，$Z_2=(0.1+j0.15)\Omega$，忽略励磁电流，求图 2-16(a)、(b)、(c)、(d)四种情况下二次绕组的循环电流。

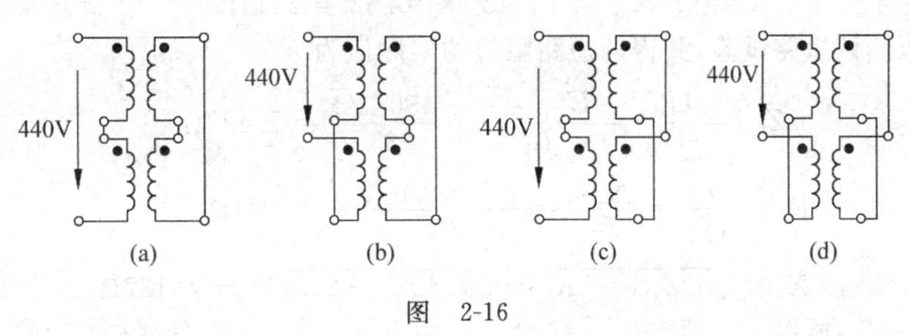

图 2-16

解：图中四种情况下，两台变压器的一次绕组都串联在一起，流过同样大小的电流。同样大小的励磁电流产生同样大小的主磁通，因此两台变压器二次绕组的感应电动势 $\dot{E}_2$ 的大小是相同的，在闭合的二次回路中能否产生电流，取决于一、二次绕组的联结关系。

根据图中给出的同名端可知，由于图(b)中的一次绕组和图(c)的二次绕组分别为反极性串联，它们的二次回路总电动势 $\sum \dot{E}_2 = 0$，所以二次电流 $I_2 = 0$。

图(a)和(d)中，二次回路总电动势 $\sum \dot{E}_2 = 2\dot{E}_2$，因此 $\dot{I}_2 = \dfrac{2\dot{E}_2}{2Z_2} = \dfrac{\dot{E}_2}{Z_2}$，等于一台变压

器在一次绕组施加额定电压时二次侧的短路电流，即此时相当于每台变压器都处于一次绕组加220V、二次侧短路的工况。计算短路电流时，忽略励磁电流，于是有

$$Z'_2 = k^2 Z_2 = 2^2 \times (0.1 + \mathrm{j}0.15) = (0.4 + \mathrm{j}0.6)\Omega$$

$$Z_k = Z_1 + Z'_2 = 2Z'_2 = 2 \times (0.4 + \mathrm{j}0.6) = (0.8 + \mathrm{j}1.2)\Omega$$

$$I_1 = I'_2 = \frac{220}{|Z_k|} = \frac{220}{|0.8 + \mathrm{j}1.2|} = 152.5\mathrm{A}$$

$$I_2 = kI'_2 = 2I'_2 = 2 \times 152.5 = 305\mathrm{A}$$

2-18 一台三相变压器，$S_N = 750\mathrm{kV \cdot A}$，$U_{1N}/U_{2N} = 10000\mathrm{V}/400\mathrm{V}$，一、二次绕组分别为星形、三角形联结。在低压侧做空载试验，数据为 $U_2 = U_{2N} = 400\mathrm{V}$，$I_{20} = 65\mathrm{A}$，$p_0 = 3.7\mathrm{kW}$。在高压侧做短路试验，数据为 $U_{1k} = 450\mathrm{V}$，$I_{1k} = 35\mathrm{A}$，$p_k = 7.5\mathrm{kW}$。设 $Z_1 = Z'_2$，求该变压器的参数。

解：变比

$$k = \frac{U_{1N\phi}}{U_{2N\phi}} = \frac{U_{1N}/\sqrt{3}}{U_{2N}} = \frac{10000/\sqrt{3}}{400} = 14.43$$

在低压侧（二次侧）做空载试验，测得的励磁阻抗的实际值为

$$|Z'_m| = |Z'_0| = \frac{U_{20\phi}}{I_{20\phi}} = \frac{U_{2N}}{I_{20}/\sqrt{3}} = \frac{400}{65/\sqrt{3}} = 10.66\Omega$$

$$R'_m = R'_0 = \frac{p_{0\phi}}{I^2_{20\phi}} = \frac{p_0/3}{(I_{20}/\sqrt{3})^2} = \frac{p_0}{I^2_{20}} = \frac{3.7 \times 10^3}{65^2} = 0.8757\Omega$$

$$X'_m = \sqrt{|Z'_m|^2 - R'^2_m} = \sqrt{10.66^2 - 0.8757^2} = 10.62\Omega$$

励磁阻抗折合到高压侧（一次侧）的实际值为

$$|Z_m| = k^2 |Z'_m| = 14.43^2 \times 10.66 = 2220\Omega$$

$$R_m = k^2 R'_m = 14.43^2 \times 0.8757 = 182.3\Omega$$

$$X_m = k^2 X'_m = 14.43^2 \times 10.62 = 2211\Omega$$

在高压侧做短路试验，测得的短路阻抗的实际值为

$$|Z_k| = \frac{U_{1k\phi}}{I_{1k\phi}} = \frac{U_{1k}/\sqrt{3}}{I_{1k}} = \frac{450/\sqrt{3}}{35} = 7.423\Omega$$

$$R_k = \frac{p_{k\phi}}{I^2_{1k\phi}} = \frac{p_k/3}{I^2_{1k}} = \frac{7.5 \times 10^3/3}{35^2} = 2.041\Omega$$

$$X_k = \sqrt{|Z_k|^2 - R^2_k} = \sqrt{7.423^2 - 2.041^2} = 7.137\Omega$$

因已知 $Z_1 = Z'_2$，所以

$$R_1 = R'_2 = \frac{1}{2}R_k = 1.021\Omega, \quad X_{\sigma1} = X'_{\sigma2} = \frac{1}{2}X_k = 3.569\Omega$$

2-19 将上题变压器的计算结果用标幺值表示，并证明：把折合到一侧的参数取标幺值，与参数不折合而直接取标幺值所得的结果相同。

解：上题中已经求出了从高压侧测得的短路阻抗和折合到高压侧的励磁阻抗，可将它们除以高压绕组阻抗基值，求得其标幺值。

高压绕组额定相电压

$$U_{1N\phi} = \frac{U_{1N}}{\sqrt{3}} = \frac{10000}{\sqrt{3}} = 5774\mathrm{V}$$

高压绕组额定相电流

$$I_{1N\phi}=I_{1N}=\frac{S_N}{\sqrt{3}U_{1N}}=\frac{750\times10^3}{\sqrt{3}\times10000}=43.3\text{A}$$

高压绕组阻抗基值

$$Z_{1N}=\frac{U_{1N\phi}}{I_{1N\phi}}=\frac{5774}{43.3}=133.3\Omega$$

各参数的标幺值分别为

$$\underline{R}_m=R_m/Z_{1N}=182.3/133.3=1.368$$
$$\underline{X}_m=X_m/Z_{1N}=2211/133.3=16.59$$
$$\underline{R}_1=\underline{R}'_2=R_1/Z_{1N}=1.021/133.3=0.007659$$
$$\underline{X}_{\sigma1}=\underline{X}'_{\sigma2}=X_{\sigma1}/Z_{1N}=3.569/133.3=0.02677$$

下面再求折合到低压侧的参数的标幺值，此时应采用低压绕组的阻抗基值。

低压绕组额定相电压

$$U_{2N\phi}=U_{2N}=400\text{V}$$

低压绕组额定相电流

$$I_{2N\phi}=\frac{I_{2N}}{\sqrt{3}}=\frac{S_N}{3U_{2N}}=\frac{750\times10^3}{3\times400}=625\text{A}$$

低压绕组阻抗基值

$$Z_{2N}=\frac{U_{2N\phi}}{I_{2N\phi}}=\frac{400}{625}=0.64\Omega$$

励磁电阻和励磁电抗的标幺值为

$$\underline{R}'_m=R'_m/Z_{2N}=0.8757/0.64=1.368$$
$$\underline{X}'_m=X'_m/Z_{2N}=10.62/0.64=16.59$$

可见，$\underline{R}'_m=\underline{R}_m$，$\underline{X}'_m=\underline{X}_m$。这就证明了对折合到一侧的参数求标幺值，与参数不折合而直接求标幺值的结果是一样的。

2-20 一台单相变压器，$S_N=600\text{kV}\cdot\text{A}$，$U_{1N}/U_{2N}=35\text{kV}/6.3\text{kV}$，当电流为额定值时，变压器漏阻抗压降占额定电压的6.5%，绕组铜耗为9.5kW；当一次绕组加额定电压、二次绕组开路时，励磁电流为额定电流的5.5%，功率因数为0.1。求这台变压器的短路阻抗和励磁阻抗的标幺值和实际值。

解：已知$|\underline{Z}_k|=|\underline{U}_{1k}|=0.065$，$\underline{I}_0=0.055$，应先求标幺值，再求实际值。各标幺值分别为

$$\underline{R}_k=\frac{p_{kN}}{S_N}=\frac{9.5}{600}=0.01583$$

$$\underline{X}_k=\sqrt{|\underline{Z}_k|^2-\underline{R}_k^2}=\sqrt{0.065^2-0.01583^2}=0.06304$$

$$|\underline{Z}_m|=1/\underline{I}_0=1/0.055=18.18,\quad \underline{R}_m=|\underline{Z}_m|\cos\varphi_0=18.18\times0.1=1.818$$

$$\underline{X}_m=\sqrt{|\underline{Z}_m|^2-\underline{R}_m^2}=\sqrt{18.18^2-1.818^2}=18.09$$

再求折合到高压侧的各参数的实际值。

高压侧阻抗基值为

$$Z_{1N}=\frac{U_{1N}}{I_{1N}}=\frac{U_{1N}}{S_N/U_{1N}}=\frac{U_{1N}^2}{S_N}=\frac{(35\times10^3)^2}{600\times10^3}=2042\Omega$$

$$R_k=\underline{R}_kZ_{1N}=0.01583\times2042=32.32\Omega$$

$$X_k=\underline{X}_kZ_{1N}=0.06304\times2042=128.7\Omega$$

$$|Z_k|=|\underline{Z}_k|Z_{1N}=0.065\times2042=132.7\Omega$$

$$R_m=\underline{R}_mZ_{1N}=1.818\times2042=3712\Omega$$

$$X_m=\underline{X}_mZ_{1N}=18.09\times2042=36940\Omega$$

$$|Z_m|=|\underline{Z}_m|Z_{1N}=18.18\times2042=37124\Omega$$

2-21 一台三相变压器，$S_N=100\text{kV}\cdot\text{A}$，$U_{1N}/U_{2N}=6\text{kV}/0.4\text{kV}$，一、二次绕组均为星形联结。在高压侧做短路试验，测得短路电流为 9.4A 时的短路电压为 251.9V，输入功率为 1.92kW，求短路阻抗标幺值。

解：本题可有两种解法，一是求出短路阻抗的实际值和阻抗基值，然后求得标幺值；二是利用标幺值与实际值的关系，直接求出标幺值。下面采用第二种方法求解。读者可自行判断哪种方法比较简便。

高压侧额定电流

$$I_{1N}=\frac{S_N}{\sqrt{3}U_{1N}}=\frac{100}{\sqrt{3}\times6}=9.623\text{A}$$

由于短路试验时 $I_k=9.4\text{A}\neq I_{1N}$，$p_k\neq p_{kN}$，因此不能直接用 $\underline{R}_k=p_{kN}/S_N$ 求解。由 $p_k=3I_{1k\phi}^2R_k$ 得

$$\underline{R}_k=\frac{\underline{p}_k}{\underline{I}_{1k}^2}=\frac{p_k/S_N}{(I_{1k}/I_{1N})^2}=\frac{1.92/100}{(9.4/9.623)^2}=0.02012$$

同理，$|\underline{Z}_k|$也不能直接用$|\underline{Z}_k|=\underline{U}_{1k}=U_{1k}/U_{1N}$计算。由 $U_{1k\phi}=I_{1k\phi}|Z_k|$得

$$|\underline{Z}_k|=\frac{\underline{U}_{1k\phi}}{\underline{I}_{1k\phi}}=\frac{\underline{U}_{1k}}{\underline{I}_{1k}}=\frac{U_{1k}/U_{1N}}{I_{1k}/I_{1N}}=\frac{251.9/6000}{9.4/9.623}=0.04298$$

$$\underline{X}_k=\sqrt{|\underline{Z}_k|^2-\underline{R}_k^2}=\sqrt{0.04298^2-0.02012^2}=0.03798$$

2-22 一台三相降压电力变压器，一、二次绕组均为星形联结，$U_{1N}/U_{2N}=10000\text{V}/400\text{V}$。在二次侧做空载试验，测得数据为：$U_2=U_{2N}=400\text{V}$，$I_{20}=60\text{A}$，$p_0=3800\text{W}$。在一次侧做短路试验，测得数据为：$U_{1k}=440\text{V}$，$I_{1k}=I_{1N}=43.3\text{A}$，$p_k=10900\text{W}$，室温为 20℃。求该变压器的参数(用标幺值表示)。

解：

$$S_N=\sqrt{3}U_{1N}I_{1N}=\sqrt{3}\times10000\times43.3=750\text{kV}\cdot\text{A}$$

$$k=\frac{U_{1N\phi}}{U_{2N\phi}}=\frac{U_{1N}/\sqrt{3}}{U_{2N}/\sqrt{3}}=\frac{U_{1N}}{U_{2N}}=\frac{10000}{400}=25$$

$$I_{2N}=kI_{1N}=25\times43.3=1083\text{A}$$

$$|\underline{Z}_m|=\frac{1}{\underline{I}_{20}}=\frac{1}{I_{20}/I_{2N}}=\frac{1}{60/1083}=18.05$$

$$\underline{R}_m=\frac{\underline{p}_0}{\underline{I}_{20}^2}=\frac{p_0/S_N}{(I_{20}/I_{2N})^2}=\frac{3800/750\times10^3}{(60/1083)^2}=1.651$$

$$\underline{X}_m=\sqrt{|\underline{Z}_m|^2-\underline{R}_m^2}=\sqrt{18.05^2-1.651^2}=17.97$$

根据20℃时在额定电流下的短路试验结果，可得

$$\underline{R}_k=\underline{p}_k=p_k/S_N=10900/(750\times10^3)=0.01453$$

$$|\underline{Z}_k|=\underline{U}_{1k}=U_{1k}/U_{1N}=440/10000=0.044$$

$$\underline{X}_k=\sqrt{|\underline{Z}_k|^2-\underline{R}_k^2}=\sqrt{0.044^2-0.01453^2}=0.04153$$

进行温度换算。换算到75℃时(铜线变压器)，有

$$\underline{R}_{k(75℃)}=\underline{R}_k\frac{234.5+75}{234.5+20}=0.01453\times1.216=0.01767$$

$$|\underline{Z}_{k(75℃)}|=\sqrt{\underline{R}_{k(75℃)}^2+\underline{X}_k^2}=\sqrt{0.01767^2+0.04153^2}=0.04513$$

可近似认为

$$\underline{R}_{1(75℃)}\approx\underline{R}_{2(75℃)}=\underline{R}_{k(75℃)}/2=0.01767/2=0.008835$$

$$\underline{X}_{\sigma1}\approx\underline{X}_{\sigma2}=\underline{X}_k/2=0.04153/2=0.02077$$

提示：与上题类似，本题也可采用上题解答中所述的两种方法求解。本题中，短路试验和空载试验分别是在额定电流和额定电压下进行的，而待求的又是参数的标幺值，因此用第二种方法会更加简便。

2-23 一台三相变压器，$U_{1N}/U_{2N}=110\text{kV}/6.3\text{kV}$，一、二次绕组均为星形联结，短路阻抗标幺值为 $\underline{Z}_k=0.008+\text{j}0.1$。带三相对称星形联结负载，每相负载阻抗标幺值 $\underline{Z}_L=1+\text{j}0.3$。求二次电压比其额定值降低了多少。

解：用标幺值形式的简化等效电路计算。

$$\underline{I}_1=\underline{I}_2=\frac{1}{|\underline{Z}_k+\underline{Z}_L|}=\frac{1}{|(0.008+\text{j}0.1)+(1+\text{j}0.3)|}=0.9221$$

$$\underline{U}_2=\underline{I}_2|\underline{Z}_L|=0.9221\times|1+\text{j}0.3|=0.9627$$

$$\Delta U=(1-\underline{U}_2)U_{2N}=(1-0.9627)\times6.3\times10^3=235\text{V}$$

2-24 某台单相变压器满载时，二次电压为115V，电压调整率为2%，一次绕组与二次绕组的匝数比为20∶1，求一次电压。

解：先由 $\Delta U=\dfrac{U_{2N}-U_2}{U_{2N}}$ 求出二次额定电压 U_{2N}，再由匝数比即变比求得一次额定电压 U_{1N}。

$$U_{2N}=\frac{U_2}{1-\Delta U}=\frac{115}{1-0.02}=117.3\text{V}$$

$$U_{1N}=kU_{2N}=20\times117.3=2346\text{V}$$

2-25 某台单相变压器，一、二次电压比在空载时为14.5∶1，在额定负载时为15∶1，求此变压器的匝数比及额定电压调整率。

解：空载时一、二次电压之比等于一、二次额定电压之比，即一、二次绕组匝数之比，为

$$\frac{N_1}{N_2}=\frac{U_{1N}}{U_{2N}}=14.5$$

一、二次电压比在额定负载时为15∶1，即 $U_{1N}=15U_2$，则

$$\Delta U=\frac{U_{2N}-U_2}{U_{2N}}=1-\frac{U_2}{U_{2N}}=1-\frac{U_{1N}/15}{U_{1N}/14.5}=1-\frac{14.5}{15}=0.03333=3.333\%$$

2-26 额定频率为50Hz、额定功率因数为0.8(滞后)、额定电压调整率为10%的变压器,现将它接到60Hz电源上,保持一次电压为额定值不变,且使负载功率因数仍为0.8(滞后),电流仍为额定值。已知在额定工况下变压器的短路电抗压降为短路电阻压降的10倍,求60Hz时的电压调整率。

解:当频率为50Hz时,额定电压调整率为($\beta=1$)

$$\Delta U = 0.8\underline{R}_k + 0.6\underline{X}_k = 0.1$$

已知额定工况下短路电抗压降为短路电阻压降的10倍,即 $\underline{X}_k=10\underline{R}_k$,代入上式,得 $\underline{R}_k=\frac{1}{68}$。当频率变为60Hz时,额定电流下的电压调整率为

$$\Delta U = 0.8\underline{R}_k + 0.6\underline{X}_k\frac{60}{50} = 0.8\underline{R}_k + 0.6\times 10\underline{R}_k\frac{60}{50}$$

$$= 8\underline{R}_k = 8\times\frac{1}{68} = 0.1176 = 11.76\%$$

提示:电压调整率 $\Delta U=\beta(\underline{R}_k\cos\varphi_2+\underline{X}_k\sin\varphi_2)$,即 ΔU 由两部分组成:第一部分 $\beta\underline{R}_k\cos\varphi_2$ 与频率无关,第二部分 $\beta\underline{X}_k\sin\varphi_2$ 则与频率成正比。

2-27 一台三相变压器,$S_N=5600\text{kV}\cdot\text{A}$,$U_{1N}/U_{2N}=35\text{kV}/6.3\text{kV}$,一、二次绕组分别为星形、三角形联结。在高压侧做短路试验,测得 $U_{1k}=2610\text{V}$,$I_{1k}=92.3\text{A}$,$p_k=53\text{kW}$。当 $U_1=U_{1N}$,$I_2=I_{2N}$时,测得二次电压 $U_2=U_{2N}$,求此时负载的性质及功率因数角 φ_2 的大小。

解:本题是利用电压调整率公式 $\Delta U=\beta(\underline{R}_k\cos\varphi_2+\underline{X}_k\sin\varphi_2)$求解 φ_2,为此需先求出 $\underline{R}_k$ 和 $\underline{X}_k$。

高压侧额定电流为

$$I_{1N}=\frac{S_N}{\sqrt{3}U_{1N}}=\frac{5600}{\sqrt{3}\times 35}=92.38\text{A}$$

$$\underline{R}_k=\frac{\underline{p}_k}{\underline{I}_{1k}^2}=\frac{p_k/S_N}{(I_{1k}/I_{1N})^2}=\frac{53/5600}{(92.3/92.38)^2}=0.009481$$

$$|\underline{Z}_k|=\frac{\underline{U}_{1k\phi}}{\underline{I}_{1k\phi}}=\frac{\underline{U}_{1k}}{\underline{I}_{1k}}=\frac{U_{1k}/U_{1N}}{I_{1k}/I_{1N}}=\frac{2610/35000}{92.3/92.38}=0.07464$$

$$\underline{X}_k=\sqrt{|\underline{Z}_k|^2-\underline{R}_k^2}=\sqrt{0.07464^2-0.009481^2}=0.07404$$

因 $U_1=U_{1N}$、$I_2=I_{2N}$时,$\beta=1$,$\Delta U=0$,所以

$$\underline{R}_k\cos\varphi_2+\underline{X}_k\sin\varphi_2=0$$

将 $\underline{R}_k$ 和 $\underline{X}_k$ 代入,解得

$$\tan\varphi_2=-\underline{R}_k/\underline{X}_k=-0.009481/0.07404=-0.1281$$

$$\varphi_2=-7.297°\text{(负号表明负载为电容性)}$$

2-28 一台三相变压器,$S_N=5600\text{kV}\cdot\text{A}$,$U_{1N}/U_{2N}=6\text{kV}/3.3\text{kV}$,一、二次绕组分别为星形、三角形联结。空载损耗 $p_0=18\text{kW}$,负载损耗 $p_{kN}=56\text{kW}$。求:

(1) 当输出电流 $I_2=I_{2N}$,$\cos\varphi_2=0.8$ 时的效率 η;

(2) 效率最大时的负载因数 β_m。

解:(1) $\eta=1-\frac{p_0+\beta^2p_{kN}}{\beta S_N\cos\varphi_2+p_0+\beta^2p_{kN}}=1-\frac{18+1^2\times 56}{1\times 5600\times 0.8+18+1^2\times 56}=98.38\%$

（2）效率最大时的负载因数为

$$\beta_m = \sqrt{\frac{p_0}{p_{kN}}} = \sqrt{\frac{18}{56}} = 0.5669$$

2-29 一台三相变压器，一、二次绕组分别为星形、三角形联结，$S_N = 1000\text{kV} \cdot \text{A}$，$U_{1N}/U_{2N} = 10000\text{V}/6300\text{V}$，空载损耗 $p_0 = 4.9\text{kW}$，负载损耗 $p_{kN} = 15\text{kW}$。求：

（1）该变压器供给额定负载且 $\cos\varphi_2 = 0.8$（滞后）时的效率；

（2）$\cos\varphi_2 = 0.8$（滞后）和 $\cos\varphi_2 = 1$ 时的最高效率。

解：（1）额定负载即 $\beta = 1, \cos\varphi_2 = 0.8$（滞后）时的效率为

$$\eta = 1 - \frac{p_0 + \beta^2 p_{kN}}{\beta S_N \cos\varphi_2 + p_0 + \beta^2 p_{kN}} = 1 - \frac{4.9 + 1^2 \times 15}{1 \times 1000 \times 0.8 + 4.9 + 1^2 \times 15} = 97.57\%$$

（2）效率最大时的负载因数为

$$\beta_m = \sqrt{\frac{p_0}{p_{kN}}} = \sqrt{\frac{4.9}{15}} = 0.5715$$

$\cos\varphi_2 = 0.8$ 时的最高效率为

$$\eta_{max} = 1 - \frac{p_0 + \beta_m^2 p_{kN}}{\beta_m S_N \cos\varphi_2 + p_0 + \beta_m^2 p_{kN}} = 1 - \frac{2p_0}{\beta_m S_N \cos\varphi_2 + 2p_0}$$

$$= 1 - \frac{2 \times 4.9}{0.5715 \times 1000 \times 0.8 + 2 \times 4.9} = 97.9\%$$

$\cos\varphi_2 = 1$ 时的最高效率，即变压器可能运行的最高效率为

$$\eta_{max} = 1 - \frac{2p_0}{\beta_m S_N + 2p_0} = 1 - \frac{2 \times 4.9}{0.5715 \times 1000 + 2 \times 4.9} = 98.31\%$$

2-30 某工厂中使用的一台配电变压器，$S_N = 315\text{kV} \cdot \text{A}, U_{1N}/U_{2N} = 6000\text{V}/400\text{V}$，一、二次绕组均为星形联结，空载损耗 $p_0 = 1150\text{W}$，负载损耗 $p_{kN} = 5066\text{W}$。全日负载情况是：满载 10h，$\cos\varphi_2 = 0.85$；3/4 负载 4h，$\cos\varphi_2 = 0.8$；1/2 负载 5h，$\cos\varphi_2 = 0.5$；1/4 负载 4h，$\cos\varphi_2 = 0.9$；空载 1h。求全日平均效率。

解：全日平均效率可用下式计算：

$$\eta = \frac{\text{全日总输出能量}}{\text{全日总输入能量}} = \frac{\text{全日总输出能量}}{\text{全日总输出能量} + \text{全日总能量损耗}}$$

全日总输出能量为

$$315 \times \left(1 \times 0.85 \times 10 + \frac{3}{4} \times 0.8 \times 4 + \frac{1}{2} \times 0.5 \times 5 + \frac{1}{4} \times 0.9 \times 4\right) = 4111\text{W} \cdot \text{h}$$

全日铁耗能量为

$$1.15 \times 24 = 27.6\ \text{kW} \cdot \text{h}$$

全日铜耗能量为

$$5.066 \times \left[10 + \left(\frac{3}{4}\right)^2 \times 4 + \left(\frac{1}{2}\right)^2 \times 5 + \left(\frac{1}{4}\right)^2 \times 4\right] = 69.66\text{kW} \cdot \text{h}$$

所以全日平均效率为

$$\eta = \frac{4111}{4111 + 27.6 + 69.66} = 97.69\%$$

第3章　三相变压器

3.1　知识结构

3.1.1　主要知识点

1. 三相变压器的磁路系统

(1) 三相变压器组：各相磁路和主磁通$\dot{\Phi}_m$互相独立。当三相电源电压对称时，三相$\dot{\Phi}_m$对称，三相励磁电流I_0大小相同。

(2) 三相心式变压器：各相磁路和主磁通$\dot{\Phi}_m$彼此相关。当三相电源电压对称时，三相$\dot{\Phi}_m$对称，但三相励磁电流I_0大小不同(因三相主磁路长度不同)。

2. 三相变压器的电路系统——联结组

联结组标号表示一、二次绕组的联结方式和对应线电动势间的相位移。

(1) 三相绕组联结方式：主要有星形联结(Y联结)和三角形联结(D联结)两种。Y联结时还可以将中性点引出。

(2) 绕在同一铁心柱上的高、低压绕组间的相位移。

① 同名端：两个绕组与同一主磁通交链，因此同名端由其绕向决定。

② 电动势相位关系：若将二者的同名端标为首端，则$\dot{E}_a$与$\dot{E}_A$同相；否则，$\dot{E}_a$与$\dot{E}_A$反相(这实际上就是单相变压器一、二次电动势的相位关系)。注意：各绕组电动势的参考方向统一规定为从首端指向末端(也可以都反过来规定)。

(3) 三相变压器的联结组。

① 一、二次侧对应线电动势的相位移(如$\dot{E}_{ab}$滞后$\dot{E}_{AB}$的相位差)与绕组首、末端标志方法及绕组联结方式有关。

② 三相绕组用Y联结或D联结时，该相位移总是30°的整数倍。在联结组标号中，其大小用时钟序数表示，即时钟序数＝相位移/30°，可通过电动势相量图来确定。

3. 三相变压器的电路、磁路系统对空载电动势波形的影响

(1) 波形非正弦的原因：主磁路饱和时，主磁通ϕ与励磁电流i_0是非线性关系。

(2) 使ϕ及其产生的空载相电动势e接近正弦波的方法。

① 使i_0为尖顶波，即i_0需含3次谐波i_{03}，为此应在电路系统中提供i_{03}的通路，即在高压侧或低压侧采用D联结。

② 在高、低压绕组均为Y联结时，i_0不含3次谐波(接近正弦)，因此ϕ中出现3次谐

波 ϕ_3。若 ϕ_3 能沿主磁路闭合，则产生较大的 3 次谐波相电动势 e_3，使相电动势幅值增加较多，对绝缘不利。为此需利用磁路系统，即用三相心式变压器，迫使 ϕ_3 经过非铁磁材料闭合而被大大削弱。

4. 变压器的并联运行

(1) 并联运行的 3 个理想条件：

① 一、二次额定电压比相等。

② 一、二次侧对应线电动势的相位移相同。

③ 短路阻抗标幺值相等。

第一、二个条件不满足时会产生循环电流，其中第二个条件不满足时绝对不能并联运行。

(2) 负载分配：并联运行的各变压器，在其他条件满足，仅短路阻抗标幺值不同时，其负载因数与其短路阻抗模的标幺值成反比(各变压器短路阻抗的阻抗角相等时)。短路阻抗模标幺值小的变压器先达到满载。

3.1.2 知识关联图

三相变压器

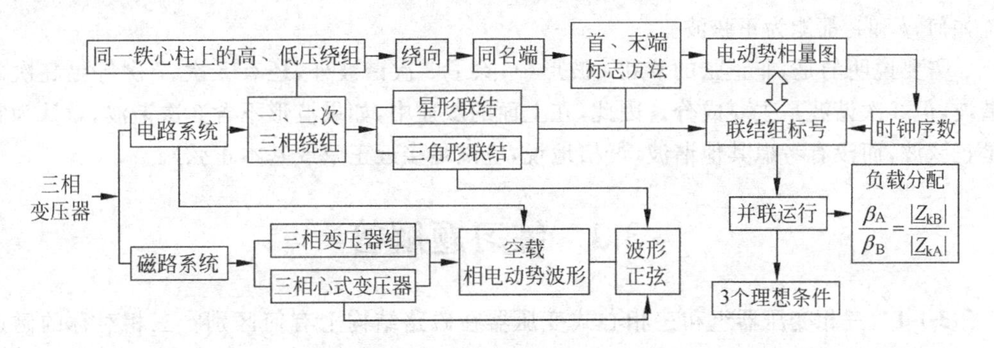

3.2 重点与难点

1. 联结组

联结组包含两方面内容：一是绕组的联结方式(星形联结、三角形联结等)；二是一、二次侧对应线电动势的相位移。如何确定该相位移的大小即联结组标号中的时钟序数，是本章的主要问题之一。

一、二次电动势相位关系的基础是绕在同一铁心柱上的高、低压绕组电动势的相位关系(同相或反相)。应掌握通过画电动势相量图，由绕组联结图确定联结组标号，或者由联结组标号画出绕组联结图的方法。分析中应注意以下要点：

① 在绕组联结图中，高、低压绕组均按相序(A-B-C)从左向右排列，上、下对齐的高、低压绕组是绕在同一铁心柱上的。

② 根据同一铁心柱上高、低压绕组的同名端是否都标为首端，确定其电动势相量是同相还是反相；反之亦然。

③ A、B、C三相的电动势相量可构成一个等边三角形，它的3个顶点A、B、C应依次(按相序)顺时针排列。

④ 高、低压绕组对应线电动势(通常用$\dot{E}_{ab}$和$\dot{E}_{AB}$)的相位差除以30°，等于时钟序数。

联结组标号有一定的规律，例如：高、低压绕组联结方式相同时(均为Y联结或D联结)，时钟序数为偶数，否则为奇数；将低压绕组首端标志由a、b、c改为c、a、b后(末端标志也相应改变)，可使时钟序数增加4(参见思考题3-1)。

2. 三相变压器励磁电流和空载电动势的波形

在磁路饱和时，励磁电流i_0和空载相电动势e的波形可能发生畸变，出现3次谐波(磁路线性时无此问题)。分析i_0和e的波形是否正弦，需要从电路和磁路两方面来考虑：3次谐波电流i_{03}能否流通取决于三相绕组的联结方式；i_{03}不能流通时，3次谐波电动势e_3是否存在取决于是否有3次谐波磁通ϕ_3，而后者的大小取决于磁路系统。

当一、二次绕组均为Y联结时，i_{03}不能流通，故i_0为正弦波；如果是三相变压器组，则ϕ_3可在铁心中闭合，因此ϕ和e均含3次谐波，但线电动势中不含3次谐波；如果是三相心式变压器，则ϕ_3需经磁阻很大的非铁磁材料闭合，其值很小，因此ϕ和e均为正弦波。

当一、二侧有D联结的绕组时，就可以为3次谐波电流提供通路，因此，不论磁路系统如何，ϕ和e都能为正弦波。

需要说明的是，非正弦的ϕ和e波形中，除了3次谐波外，还有5次、7次等更高次的谐波，但3次谐波是主要成分。因此，在上面的叙述中，如果波形不含3次谐波，就认为它是正弦波，而没有考虑其他谐波(严格地说，应该是接近正弦或基本正弦)。

3.3 练习题解答

3-1-1 三相变压器组和三相心式变压器在磁路结构上有何区别？三相对称的磁通和三相同相的磁通在这两种磁路中遇到的磁阻有何不同？

答：三相变压器组的各相磁路是互相独立的，因此三相对称的磁通和三相同相的磁通所遇到的磁阻是一样的，都是铁心磁路的磁阻。三相心式变压器的各相磁路是彼此相关的，因此，三相对称的磁通和三相同相的磁通所遇到的磁阻是不一样的。三相对称磁通的大小相等，时间相位互差120°，即它们的和为零，因此一相磁通实际上需要经过其他两相的磁路而闭合；三相同相磁通的大小相等，时间上同相，三相之和为每相磁通的3倍，它们无法通过铁心来闭合，而必须经过铁心之外的非铁磁材料(空气或变压器油等)，因此遇到的磁阻主要是非铁磁材料的磁阻，其值比铁心磁路的要大很多。

3-1-2 三相心式变压器加对称电压空载运行时，三相空载电流中哪个较大、哪个较小？为什么？

答：变压器空载电流大小与励磁磁动势大小成正比(绕组匝数一定时)，而励磁磁动势大小取决于主磁通和磁导的大小。由于三相心式变压器的三相主磁路不很对称，即中间一相的磁路比其他两相的要稍短一些，磁导要稍大一些，因此，在三相主磁通大小相同时，中间一相的空载电流较小，其他两相的较大。

3-2-1 单相双绕组变压器各绕组的同名端与其端子的标志有关吗？单相双绕组变压器可能有几种联结组？并进一步说明利用电压表确定单相变压器绕组同名端和联结组标号的方法。

答：同名端由绕组绕向决定，而端子标志系人为指定，二者是无关的。因此就有两种可能：一是把同名端标为首端 A、a，二是把非同名端标为首端 A、a（即 A、x 为同名端）。于是，单相双绕组变压器有两种联结组：I I 0 和 I I 6。

利用电压表确定单相变压器绕组同名端和联结组标号的方法如下：①将 X 与 x 端联在一起；②在 AX 端间施加交流电压 U_{AX}；③测电压 U_{AX}、U_{ax}和 U_{Aa}。若 $U_{Aa}=U_{AX}-U_{ax}$，则 A 与 a 为同名端，联结组标号为 I I 0；若 $U_{Aa}=U_{AX}+U_{ax}$，则 A、a 为非同名端，A、x 为同名端，联结组标号为 I I 6。

3-2-2 三相变压器的联结组标号是由一、二次侧相电动势还是线电动势的相位关系来决定的？能否不用线电动势$\dot{E}_{AB}$与$\dot{E}_{ab}$，而用$\dot{E}_{BC}$与$\dot{E}_{bc}$或$\dot{E}_{BA}$与$\dot{E}_{ba}$的相位关系来确定联结组标号？

答：联结组标号是由一、二次侧对应线电动势（如$\dot{E}_{AB}$与$\dot{E}_{ab}$）的相位关系来决定的。不用$\dot{E}_{AB}$与$\dot{E}_{ab}$，而用$\dot{E}_{BC}$与$\dot{E}_{bc}$或者$\dot{E}_{BA}$与$\dot{E}_{ba}$，只要是用一、二次侧两个对应的线电动势，都是可以的，因为它们的相位关系都和$\dot{E}_{AB}$与$\dot{E}_{ab}$的相位关系相同。

3-3-1 为什么三相变压器组不宜采用 Yy 联结，而容量不很大的三相心式变压器却可以采用？

答：参见教材 3.3 节中“1. Yy 联结的变压器”。

3-3-2 Yd 联结的三相变压器，当一次绕组接三相对称电源时，试分析下列各量是否含有 3 次谐波：(1)一、二次相、线电流；(2)主磁通；(3)一、二次相、线电动势；(4)一、二次相、线电压。

答：(1) 一次线电流、相电流和二次侧线电流中都没有 3 次谐波，因为电路中没有 3 次谐波的通路。这样，在磁路饱和时，主磁通就含有 3 次谐波，会在二次侧 D 联结的三相绕组中产生 3 次谐波电动势，从而产生 3 次谐波循环电流。

(2) 二次侧相电流中的 3 次谐波起励磁作用（因为一次侧没有 3 次谐波电流与之相平衡），它产生的 3 次谐波磁通对由饱和引起的 3 次谐波磁通起削弱作用，结果使主磁通基本上为正弦波。因此，主磁通虽然含有 3 次谐波，但是其数值非常小。

(3) 由于主磁通中的 3 次谐波很小，因此一、二次相电动势中含有的 3 次谐波也非常小，即相电动势基本上为正弦波。一、二次线电动势中都不含 3 次谐波。

(4) 一次侧相电压和线电压中都不含 3 次谐波。二次侧相电压中不含 3 次谐波，这是由于二次侧 3 次谐波相电流$\dot{I}_3=3\dot{E}_3/3Z_3=\dot{E}_3/Z_3$（其中$\dot{E}_3$是 3 次谐波相电动势，$Z_3$是每相 3 次谐波阻抗），则每相 3 次谐波电压$\dot{U}_3=\dot{E}_3-\dot{I}_3Z_3=0$。二次侧线电压等于相电压，也不含 3 次谐波。

3-4-1 变压器并联运行的条件有哪些？哪一个条件是要严格保证的？为什么？

答：变压器并联运行的条件有：①一、二次额定电压分别相等（即额定电压比相等）；

②二次线电压对一次线电压的相位移相同(或者说联结组标号相同)；③短路阻抗标幺值相等,即短路阻抗模及其阻抗角都相等。其中,第2个条件是必须严格保证的,因为三相变压器二次线电压对一次线电压的相位移最小是30°,此时二次电压差就可达额定电压的51.8%,产生的循环电流可达额定电流的几倍,有可能损坏变压器。

3-4-2 联结组标号和一、二次额定电压都相同的变压器并联运行时,若短路阻抗标幺值不同,对负载分配有何影响?若并联运行的各变压器的额定容量不同,为了尽量提高设备容量利用率,则它们的额定容量与其短路阻抗标幺值最好满足什么关系?

答:短路阻抗标幺值不相等时,各变压器的负载因数不相同,负载因数与短路阻抗标幺值成反比。若各变压器的额定容量不同,则在不允许任何一台变压器过载运行的条件下,最大实际总容量等于满载的一台的额定容量加上其他欠载的各台实际容量之和,其值小于各台变压器的额定容量之和。为了提高设备容量利用率,应使额定容量最大的变压器先达到满载(负载因数为1),因此要求它的短路阻抗标幺值最小。

3-4-3 变压器α额定容量 $S_{N\alpha}=30\text{MV}\cdot\text{A}$,$|\underline{Z}_{k\alpha}|=0.11$；变压器β额定容量 $S_{N\beta}=10\text{MV}\cdot\text{A}$,$|\underline{Z}_{k\beta}|=0.1$。试求它们并联运行时的电流分配比例(设两台变压器短路阻抗的阻抗角相等)。

解:
$$\frac{I_\alpha}{I_\beta}=\frac{\beta_\alpha}{\beta_\beta}\frac{I_{N\alpha}}{I_{N\beta}}=\frac{\beta_\alpha}{\beta_\beta}\frac{S_{N\alpha}}{S_{N\beta}}=\frac{|\underline{Z}_{k\beta}|}{|\underline{Z}_{k\alpha}|}\frac{S_{N\alpha}}{S_{N\beta}}=\frac{0.1}{0.11}\times\frac{30}{10}=\frac{30}{11}$$

3-4-4 有α和β两台变压器并联运行,已知额定容量和阻抗电压分别为 $S_{N\alpha}=10\text{kV}\cdot\text{A}$,$u_{k\alpha}=5\%$；$S_{N\beta}=30\text{kV}\cdot\text{A}$,$u_{k\beta}=3\%$。当总负载为 $30\text{kV}\cdot\text{A}$ 时,求各变压器的负载(设两台变压器短路阻抗的阻抗角相等)。

解:
$$S=S_\alpha+S_\beta=30\text{kV}\cdot\text{A}$$
$$\frac{S_\alpha}{S_\beta}=\frac{\beta_\alpha}{\beta_\beta}\frac{S_{N\alpha}}{S_{N\beta}}=\frac{u_{k\beta}}{u_{k\alpha}}\frac{S_{N\alpha}}{S_{N\beta}}=\frac{0.03}{0.05}\times\frac{10}{30}=\frac{1}{5}$$

则
$$S_\alpha=\frac{1}{6}S=\frac{1}{6}\times30=5\text{kV}\cdot\text{A},\quad S_\beta=S-S_\alpha=30-5=25\text{kV}\cdot\text{A}$$

3.4 思考题解答

3-1 对三相变压器,若只将二次绕组标志a、b、c相应改标为c、a、b,则其联结组标号中的时钟序数将如何变化?

答:将二次绕组标志a、b、c分别改为c、a、b后,$\dot{U}_{ab}$实际上是原来的$\dot{U}_{bc}$,而$\dot{U}_{bc}$滞后$\dot{U}_{ab}$ 120°,相应的时钟序数为4,所以,新的时钟序数比原来的增加4。

3-2 一台三相变压器的联结组标号为Yd5,试说明如何将其改接为Yd1和Yd11。

答:(1) 将二次绕组标志a、b、c分别改标为b、c、a,就可使Yd5变为Yd1。

(2) 将二次绕组各相的首、末端标志对换,就可使Yd5变为Yd11。

3-3 一台三相变压器,联结组标号为Yy2,若需改接成Yy0,应怎样改?

答:先将二次绕组各相的首、末端标志对换,就可将Yy2改成Yy8；再将二次绕组标志 a、b、c 分别改标为 c、a、b，就可使 Yd8 变为 Yd0。

提示：改换三相绕组出线端的标志，或者改变三相绕组的联结方式（Y 联结或 D 联结），就能方便地改变联结组标号中的时钟序数。因此，解答习题 3-1 至习题 3-3 这类题目时，不必也不应采用改变绕组绕向的方法。

3-4 有三台相同的单相变压器，已知每台一、二次绕组各自的端子，但不知道它们的同名端。如果只有一块仅能测量低压侧电压的电压表，能否在未确定每一单相变压器同名端的情况下，将三台变压器正确接成：(1)Dy 联结；(2)Yd 联结。

答：(1) 能。由于是三相变压器组，各相磁路彼此独立，三相绕组无相间极性，因此可先将一次绕组接成 D 联结，而不必考虑极性问题。但是由于同名端未知，因此二次绕组有可能一相接反，此时二次侧三个线电压不对称，一个大、两个小。若 U_{ab} 大，$U_{bc}=U_{ca}$ 小，则说明 c 相接反了，只要将 c 相绕组两端对换一下即可。

(2) 能。一次绕组接成 Y 联结时同样不必考虑极性问题。之后，先把二次绕组接成 Y 联结，按(1)中方法确定二次绕组的首、末端后，即可将其正确地接成 D 联结。

3-5 联结组标号为 Yy0 的三相变压器，一次绕组的 B 与 Y 接反了，二次绕组联结无误。如果该变压器是由三台单相变压器联结而成的，则会发生什么现象？能否在二次侧予以改正？如果上述错误出现在一台三相心式变压器中，又会发生什么现象？应如何改正？

答：(1)如果该变压器是三相变压器组，则现象为二次侧三个线电压不对称，U_{ca} 大，$U_{ab}=U_{bc}$ 小。可以在二次侧予以改正，只要将 b、y 端对换一下即可。

(2) 对于三相心式变压器，由于三相磁路彼此相关，因此三相主磁通必须对称，其和为零。若一次绕组某相接反，则三相主磁通之和就不为零，这就迫使主磁通要经过非铁磁材料而闭合，使磁导大大减小，励磁电流激增。此时，虽然线电压对称，但相电压不对称，中性点电位发生了偏移。所以，必须将一次绕组的 B、Y 端改正。

3-6 Yd 联结的三相变压器，一次绕组加额定电压空载运行，将二次绕组的闭合三角形打开，用电压表测量开口处电压；再将三角形闭合，用电流表测量回路电流。问在三相变压器组和三相心式变压器中，各次测得的电压、电流有何不同？为什么？

答：Yd 联结的三相变压器，一次绕组中没有 3 次谐波电流，不能产生 3 次谐波磁动势，因此在磁路饱和时就产生 3 次谐波磁通，在每相绕组中产生 3 次谐波电动势 E_3。

(1) 在三相变压器组中，三相磁路彼此独立，3 次谐波磁通可以沿磁导较大的铁心磁路闭合，因此 E_3 较大。在开口处测得的电压为 $3E_3$，也较大。将三角形闭合后，回路中就有 3 次谐波电流，它产生的 3 次谐波励磁磁动势起励磁作用，最终使主磁通接近正弦波，E_3 很小，3 次谐波电流也很小。

(2) 三相心式变压器的三相磁路彼此相关，时间上同相的 3 次谐波磁通只能经由非铁磁材料而闭合。由于磁导很小，3 次谐波磁通很小，E_3 也很小，所以在开口处测得的电压很小，将三角形闭合后测得的 3 次谐波电流也很小。

3-7 一、二次额定电压都相同的两台三相变压器，联结组标号分别为 Yyn0 和 Yyn8，能否设法使它们并联运行？

答：将联结组标号为 Yyn8 的变压器的二次绕组标志 a、b、c 分别改标为 c、a、b，可使其联结组标号变为 Yyn0，这样就能与另一台变压器并联运行。

3-8 联结组标号、短路阻抗标幺值与一次额定电压都相同的降压变压器并联运行时，若二次额定电压不等，会发生什么情况？为了充分利用并联运行的各变压器的容量，对容量大的变压器，希望其二次额定电压大些还是小些好？为什么？

答：若二次额定电压不等，则空载运行时会产生循环电流；负载运行时，各变压器的实际电流为负载电流与循环电流之和，其大小不再与其容量成正比。

容量大的变压器，其额定电流较大，因此，循环电流与额定电流的比值较小，因循环电流而增加的负载因数就小。所以，为了充分利用并联运行的各变压器的容量，循环电流应由容量大的变压器负担，为此，希望容量大的变压器的二次额定电压大些。

3-9 两台额定电压相同的三相变压器组并联运行，其励磁电流相差1倍。现由于一次侧输电电压提高1倍，为了临时供电，将这两台变压器的一次绕组串联起来接到输电线上，二次绕组仍然并联供电。在二次绕组中是否会出现很大的循环电流？为什么？

答：在二次绕组中不会出现很大的循环电流，具体分析如下。

设两台变压器一、二次绕组匝数分别相同。由于两台变压器在额定电压下励磁电流 I_0 相差1倍，因此其铁心磁路的磁导也相差1倍。当一次绕组串联起来时，一次励磁电流相同，即励磁磁动势相同，由于磁导不同，因此空载时的主磁通和二次电动势就不同。二次绕组并联后，在二次电动势之差的作用下，二次绕组中产生循环电流。此时，若不计漏阻抗，则两台变压器的二次电动势应相等。这就要求两台变压器的主磁通相同，而两台变压器的磁导相差1倍。因此，两台变压器此时的合成磁动势（即励磁磁动势）应相差1倍，即 $\dot{F}_1+\dot{F}_2=2(\dot{F}_1-\dot{F}_2)$，其中 $\dot{F}_1$、$\dot{F}_2$ 分别为两台变压器一、二次相电流产生的磁动势，于是有 $\dot{F}_1=3\dot{F}_2$。

由于两台变压器的主磁通相同，因此它们的一次电动势也相等，且都与并联运行时的相等。于是，每台变压器此时的合成磁动势应等于其在额定电压下并联运行时的励磁磁动势。对于磁导小（I_0 大）的变压器，有 $\dot{F}_1+\dot{F}_2=\dot{F}_0$，而 $\dot{F}_1=3\dot{F}_2$，因此可得 $\dot{F}_2=\dot{F}_0/4$。这说明，此时二次循环电流产生的磁动势 F_2 的大小仅为其励磁磁动势 F_0 的1/4，即循环电流是二次侧正常励磁电流的1/4，是一个很小的值。

实际上，该循环电流产生的磁动势，对磁导大的变压器起去磁作用，使其主磁通减小，二次电动势减小；而对磁导小的变压器起增磁作用，使其主磁通和二次电动势增大。最终的结果是使两台变压器的主磁通和二次电动势分别趋于相等，二次绕组中的循环电流很小。也就是说，循环电流是励磁电流性质，数值较小。

3.5 习题解答

3-1 根据图3-1所示的绕组联结图，确定出联结组标号。

解：联结组标号分别为：(a)Yy8；(b)Yd5；(c)Yd3；(d)Yd3。电动势相量图略。

3-2 根据下列联结组标号，画出绕组联结图：(1)Yy2；(2)Yd5；(3)Dy1；(4)Yy8。

解：(1) 根据联结组标号 Yy2，可画出电动势相量图，如图3-2(a)所示。据此可画出绕组联结图，如图 3-2(b)所示。

(2) Yd5、Dy1、Yy8 的绕组联结图分别如图 3-3(a)、(b)、(c)所示(电动势相量图略)。

提示：Yd 联结和 Dy 联结时，每一个联结组都有两种联结方式(取决于其中 D 联结的方式)。图 3-3(a)、(b)分别是 Yd5、Dy1 的一种联结方式。

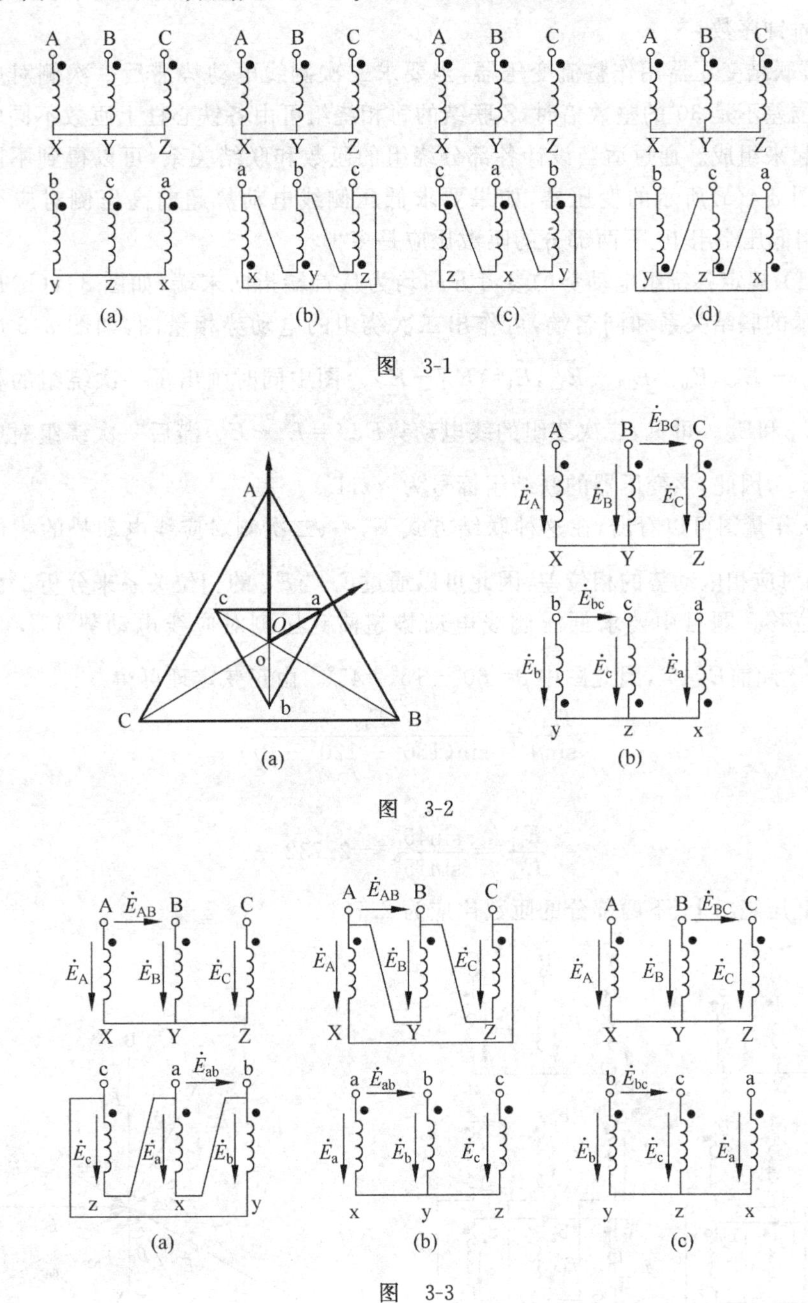

(a)　(b)　(c)　(d)

图　3-1

(a)　(b)

图　3-2

(a)　(b)　(c)

图　3-3

3-3　图 3-4(a)所示为一台 Yz 联结的三相变压器，即高压绕组采用 Y 联结，低压绕组采用曲折形联结。这种具有 Z 联结绕组的电力变压器，适合用作具有良好防雷击特性的配电变压器，或者对一、二次侧相位移有特殊要求的整流变压器。Z联结的一般联结方法是：每个铁心柱上的绕组分成两半，一个铁心柱的上半绕组与另一个铁心柱上的下半绕组反向串联起来，组成一相绕组。a_1、b_1、c_1为线路端子，a_2、b_2、c_2接在一起，作为中性点。

(1) 试作出图3-4(a)所示变压器二次绕组的电动势相量图，并确定该变压器联结组标号中的时钟序数；

(2) Z联结变压器用作整流变压器，当要求二次侧线电动势滞后一次侧对应的线电动势的相位差不是30°的整数倍时，Z联结的每相绕组可由各铁心柱上匝数不同的几部分绕组串联起来组成。通过适当设计各部分绕组的匝数和联结关系，可以得到不同的相位差。对于图3-4(a)所示的变压器，如果要求低压侧线电动势超前高压侧对应线电动势15°，则每相低压绕组上、下两部分的匝数比应是多少？

解：(1) 规定各绕组电动势的参考方向均为从首端指向末端，如图3-4(b)所示。根据图中所示的联结关系和同名端，可作出二次绕组的电动势相量图，如图3-5所示。其中，$\dot{E}_a=\dot{E}_{a1}-\dot{E}_{b2}$，$\dot{E}_b=\dot{E}_{b1}-\dot{E}_{c2}$，$\dot{E}_c=\dot{E}_{c1}-\dot{E}_{a2}$。图中同时画出了一次绕组的相电动势相量$\dot{E}_A$、$\dot{E}_B$和$\dot{E}_C$。可见，二次绕组的线电动势$\dot{E}_{ab}(=\dot{E}_a-\dot{E}_b)$滞后一次绕组对应的线电动势$\dot{E}_{AB}$330°，因此，该变压器的联结组标号为Yz11。

(2) 从相量图可以看出，在这种联结方式下，一、二次侧对应线电动势的相位差等于一、二次侧对应相电动势的相位差，因此可以通过$\dot{E}_a$与$\dot{E}_A$的相位关系来分析二次侧对一次侧的相位移。题目中要求低压侧线电动势超前高压侧对应线电动势15°，就是要求图3-5中$\dot{E}_a$超前$\dot{E}_A$15°，因此图中$\beta=60°-15°=45°$。由正弦定理可得

$$\frac{E_{a1}}{\sin\beta}=\frac{E_{b2}}{\sin(180°-120°-\beta)}$$

即

$$\frac{E_{a1}}{E_{b2}}=\frac{\sin45°}{\sin15°}=2.732$$

也即每相低压绕组上、下两部分的匝数比应为2.732。

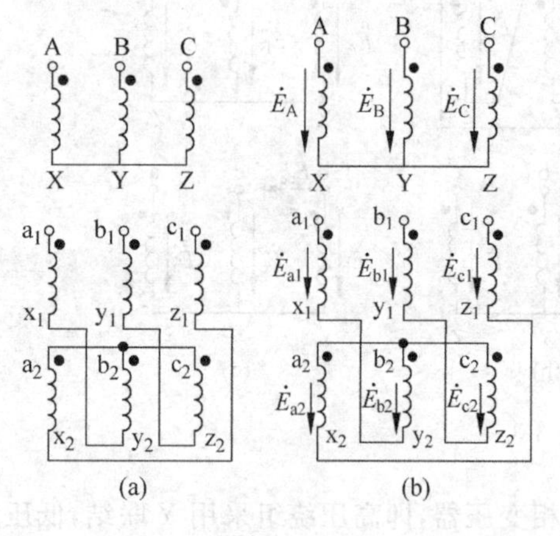

图 3-4

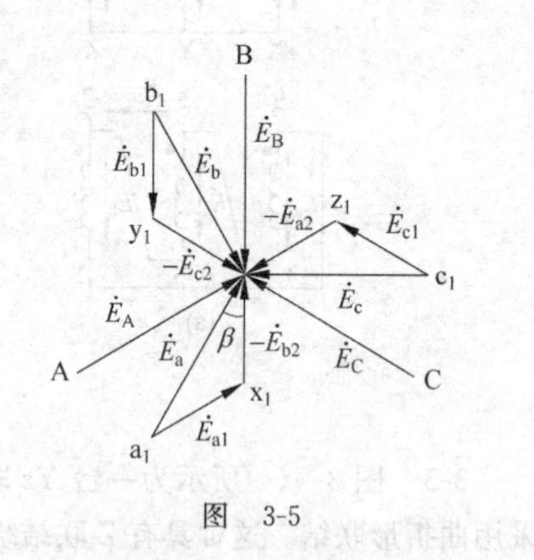

图 3-5

3-4 两台单相变压器 A 和 B，一、二次额定电压相同，$S_{NA}=30\text{kV}\cdot\text{A}$，$u_{kA}=3\%$，$S_{NB}=50\text{kV}\cdot\text{A}$，$u_{kB}=5\%$。将这两台变压器并联运行，所带总负载为 70kV·A 时，变压器 A 过载的百分率是多少(设两台变压器短路阻抗的阻抗角相等)？

解：设变压器 A、B 的负载因数分别为 β_A、β_B，则有

$$\beta_A S_{NA}+\beta_B S_{NB}=30\beta_A+50\beta_B=70,\quad \frac{\beta_A}{\beta_B}=\frac{u_{kB}}{u_{kA}}=\frac{0.05}{0.03}=\frac{5}{3}$$

可解得

$$\beta_A=1.167,\quad \beta_B=0.7$$

变压器 A 过载的百分率是

$$(\beta_A-1)\times 100\%=(1.167-1)\times 100\%=16.7\%$$

3-5 有一台 Dd 联结的变压器组，各相变压器的容量为 2000kV·A，额定电压为 60kV/6.6kV，在二次侧测得的短路电压为 160V，满载时的铜耗为 15kW。另有一台 Yy 联结的变压器组，各相变压器的容量为 3000kV·A，额定电压为 34.7kV/3.82kV，在一次侧测得的短路电压为 840V，满载时的铜耗为 22.5kW。这两台变压器组能并联运行吗？

解：根据变压器并联运行条件来判断。

(1) Dd 联结和 Yy 联结的变压器组，其联结组标号中的时钟序数均为偶数，因此可以得到相同的联结组标号。

(2) 判断一、二次额定电压是否相等。

Dd 联结变压器组：

$$U_{1N}=60\text{kV},\quad U_{2N}=6.6\text{kV}$$

Yy 联结变压器组：

$$U_{1N}=34.7\times\sqrt{3}=60\text{kV},\quad U_{2N}=3.82\times\sqrt{3}=6.6\text{kV}$$

(3) 判断短路阻抗标幺值是否相等。

Dd 联结变压器组

$$|\underline{Z}_k|=\frac{U_{2k}}{U_{2N\phi}}=\frac{160}{6.6\times 10^3}=0.02424$$

Yy 联结变压器组

$$|\underline{Z}_k|=\frac{U_{1k}}{U_{1N\phi}}=\frac{840}{34.7\times 10^3}=0.02421$$

由于并联运行条件的三个条件都可满足，因此这两台变压器组能够并联运行。

3-6 某变电所有三台变压器 A、B、C，联结组标号均为 Yy0，额定电压相同，额定容量和阻抗电压分别为：$S_{NA}=3200\text{kV}\cdot\text{A}$，$u_{kA}=6.9\%$；$S_{NB}=5600\text{kV}\cdot\text{A}$，$u_{kB}=7.5\%$；$S_{NC}=3200\text{kV}\cdot\text{A}$，$u_{kC}=7.6\%$。设各台变压器短路阻抗的阻抗角相等。求：

(1) 变压器 A 与变压器 B 并联运行，当总负载为 8000kV·A 时，每台变压器分担的负载；

(2) 三台变压器并联运行时，在不许任何一台过载的条件下，总负载最大值。

解：设变压器 A、B、C 的负载因数分别为 β_A、β_B、β_C。

(1) 由

$$\beta_A S_{NA} + \beta_B S_{NB} = 3200\beta_A + 5600\beta_B = 8000, \quad \frac{\beta_A}{\beta_B} = \frac{u_{kB}}{u_{kA}} = \frac{0.075}{0.069} = \frac{25}{23}$$

可解得

$$\beta_A = 0.9579, \quad S_A = 3065\text{kV}\cdot\text{A}, \quad \beta_B = 0.8812, \quad S_B = 4935\text{kV}\cdot\text{A}$$

(2) u_k 最小的变压器A先达到满载,设其负载因数 $\beta_A=1$,则

$$\beta_B = \beta_A \frac{u_{kA}}{u_{kB}} = 1\times\frac{0.069}{0.075} = \frac{23}{25}, \quad \beta_C = \beta_A \frac{u_{kA}}{u_{kC}} = 1\times\frac{0.069}{0.076} = \frac{69}{76}$$

最大总负载为

$$S_{max} = S_{NA} + \beta_B S_{NB} + \beta_C S_{NC} = 3200 + \frac{23}{25}\times 5600 + \frac{69}{76}\times 3200 = 11257\text{kV}\cdot\text{A}$$

3-7 具有相同联结组标号的三台变压器 α、β、γ 并联运行,它们的数据为:$S_{N\alpha}=1000\text{kV}\cdot\text{A}$,$|\underline{Z}_{k\alpha}|=0.0625$;$S_{N\beta}=1800\text{kV}\cdot\text{A}$,$|\underline{Z}_{k\beta}|=0.066$;$S_{N\gamma}=3200\text{kV}\cdot\text{A}$,$|\underline{Z}_{k\gamma}|=0.07$。设各台变压器短路阻抗的阻抗角相等。

(1) 在总负载为5500kV·A时,每台变压器的负载是多少?

(2) 在不许任何一台变压器过载的情况下,三台变压器所能负担的最大总负载是多少?这时变压器总设备容量的利用率是多少?

解:(1) 设变压器 α、β、γ 的负载因数分别为 β_α、β_β、β_γ,则有

$$S = \beta_\alpha S_{N\alpha} + \beta_\beta S_{N\beta} + \beta_\gamma S_{N\gamma} = 1000\beta_\alpha + 1800\beta_\beta + 3200\beta_\gamma = 5500\text{kV}\cdot\text{A}$$

$$\beta_\alpha : \beta_\beta : \beta_\gamma = \frac{1}{|\underline{Z}_{k\alpha}|} : \frac{1}{|\underline{Z}_{k\beta}|} : \frac{1}{|\underline{Z}_{k\gamma}|} = \frac{1}{0.0625} : \frac{1}{0.066} : \frac{1}{0.07}$$

联立以上二式求解,可得

$$\beta_\alpha = 0.9889, \quad \beta_\beta = 0.9365, \quad \beta_\gamma = 0.8829$$

则

$$S_\alpha = \beta_\alpha S_{N\alpha} = 0.9889\times 1000 = 988.9\text{kV}\cdot\text{A}$$

$$S_\beta = \beta_\beta S_{N\beta} = 0.9365\times 1800 = 1686\text{kV}\cdot\text{A}$$

$$S_\gamma = \beta_\gamma S_{N\gamma} = 0.8829\times 3200 = 2825\text{kV}\cdot\text{A}$$

(2) $|\underline{Z}_k|$ 最小的变压器 α 先达到满载,设其负载因数 $\beta'_\beta=1$,则最大总负载为

$$S_{max} = \frac{\beta'_\beta}{\beta_\beta} S = \frac{1}{0.9889}\times 5500 = 5562\text{kV}\cdot\text{A}$$

此时三台变压器总设备容量的利用率为

$$\frac{S_{max}}{S_{N\alpha} + S_{N\beta} + S_{N\gamma}} = \frac{5562}{1000+1800+3200} = 92.7\%$$

3-8 某工厂由于生产发展,用电容量由500kV·A增为800kV·A。原有一台变压器,额定值为:$S_N=560\text{kV}\cdot\text{A}$,$U_{1N}/U_{2N}=6300\text{V}/400\text{V}$,Yyn0,$u_k=6.5\%$。今有三台备用变压器,数据如下:

变压器A $S_{NA}=320\text{kV}\cdot\text{A}$,$U_{1NA}/U_{2NA}=6300\text{V}/400\text{V}$,Yyn0,$u_{kA}=5\%$;

变压器B $S_{NB}=240\text{kV}\cdot\text{A}$,$U_{1NB}/U_{2NB}=6300\text{V}/400\text{V}$,Yyn4,$u_{kB}=6.5\%$;

变压器C $S_{NC}=320\text{kV}\cdot\text{A}$,$U_{1NC}/U_{2NC}=6300\text{V}/440\text{V}$,Yyn0,$u_{kC}=6.5\%$。

(1) 在不允许变压器过载的情况下，选用哪一台与原有变压器并联运行最为恰当？

(2) 如果负载进一步增加后，需用三台变压器并联运行，选两台额定电压相同的与原有的一台并联运行，求最大总负载容量可能是多少？其中哪一台变压器最先满载？

解 (1) 应选用变压器 B，因为只要把其二次绕组标志 a、b、c 分别改标为 b、c、a，就可将其联结组标号由 Yyn4 改为 Yyn0，这样，并联运行的三个条件都能满足。总容量 $S=560+240=800\text{kV}\cdot\text{A}$，也满足要求。

(2) 选用变压器 A 和 B，则阻抗电压 u_k 最小的变压器 A 最先达到满载，$\beta_A=1$。此时，变压器 B 的负载因数 β_B 和原有变压器的负载因数 β 相等，即

$$\beta_B=\beta=\beta_A\frac{u_{kA}}{u_{kB}}=1\times\frac{0.05}{0.065}=0.7692$$

则最大总负载容量为

$$S_{max}=S_{NA}+\beta_B S_{NB}+\beta S_N=320+0.7692\times240+0.7692\times560=935.4\text{kV}\cdot\text{A}$$

第4章　自耦变压器、三绕组变压器和互感器

4.1 知识结构

4.1.1　主要知识点

1. 自耦变压器

基本特点：一、二次侧共用一部分绕组，这部分绕组称为公共绕组，与之串联的绕组称为串联绕组；一、二次侧间的功率传递不仅靠电磁感应，而且还要靠直接传导。

优点：绕组容量小于变压器容量(因有传导功率)，所以自耦变压器比同容量双绕组变压器的体积小、效率高、成本低。其变比 k_A 通常为1.5～2。

2. 三绕组变压器

三绕组变压器每相有高、中、低压三个绕组。其简化等效电路中的电抗 X_1、X'_2、X'_3 是由各绕组的自感和绕组间的互感组合而成的等效电抗，具有漏电抗的性质。可通过三个短路试验来测定简化等效电路中的参数。

3. 互感器

电压互感器和电流互感器分别用于测量工频电压、电流。使用时，电压互感器二次侧绝不允许短路，电流互感器二次侧绝不允许开路，并需要有接地保护措施。

4.1.2　知识关联图

自耦变压器

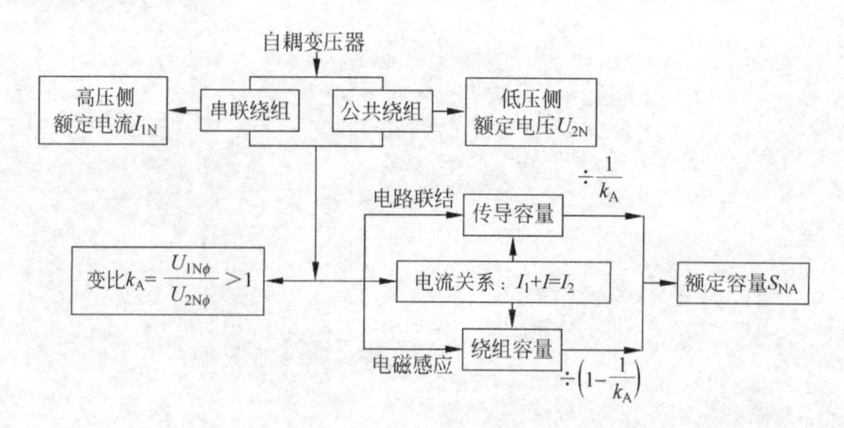

4.2 重点与难点

自耦变压器的变比和电压、电流、容量关系

自耦变压器的串联绕组通常应与公共绕组顺极性联结。此时，低压侧额定相电压$U_{2N\phi}$等于公共绕组的额定电压，高压侧额定相电压$U_{1N\phi}$等于串联绕组与公共绕组额定电压之和；高压侧相电流I_1等于串联绕组相电流，低压侧相电流有效值I_2等于串联绕组和公共绕组的相电流有效值I_1、I之和。

自耦变压器的变比k_A通常按降压变压器时的计算，因此，k_A等于高压侧与低压侧额定相电压之比，即$k_A = U_{1N\phi} / U_{2N\phi} > 1$。

串联绕组与公共绕组的绕组容量相同。变压器的额定容量S_{NA}等于绕组容量S_{NAa}与传导容量S_{Nc}之和，其中，$S_{Nc} = \dfrac{S_{NA}}{k_A}$，$S_{NAa} = \left(1 - \dfrac{1}{k_A}\right) S_{NA}$。

应掌握将双绕组变压器改接为自耦变压器的方法以及所得到的自耦变压器的额定电压、额定电流、额定容量和短路阻抗的计算方法。

4.3 练习题解答

4-1-1 自耦变压器的绕组额定容量总是与变压器额定容量相同吗？其高、低压绕组之间的功率是怎样传递的？自耦变压器一次额定容量与二次额定容量相同吗？

答：自耦变压器的绕组额定容量与变压器额定容量不相同，前者要小于后者。这是因为自耦变压器高、低压绕组间的功率传递有两种途径：一是像双绕组变压器那样通过电磁感应传递，这部分功率为电磁功率；二是通过电路联结直接传导，这部分功率为传导功率。自耦变压器的容量等于绕组容量(也称电磁容量)与传导容量之和。由于自耦变压器一、二次侧的电磁功率相等，传导功率也相等，因此一次额定容量与二次额定容量相同，这与双绕组变压器是一样的。

4-1-2 电力系统中使用的自耦变压器的变比k_A通常在什么范围内？k_A太大和太小各有何缺点？

答：通常，$1.5 \leqslant k_A \leqslant 2$。$k_A$太大的缺点有两个：一是使绕组容量接近变压器容量，从而大大削弱了其有效材料用量少、体积小、效率高等优势；二是使高、低压绕组的额定电压相差较大，由于一、二次绕组间有电的联系，会给低压绕组的绝缘和安全用电造成一定困难。若k_A太小，比如$k_A = 1$，就可以直接传导而不需要变压器。

4-2-1 三绕组变压器一次绕组的额定容量与二、三次绕组的额定容量之和总是相同吗？为什么？

答：三绕组变压器的额定容量是按高、中、低压绕组分别计算的，它取决于各绕组的额定电压与额定电流。高、中、低压绕组的额定容量可以采用不同的分配比例，一次绕组的额定容量与二、三次绕组的额定容量之和通常是不相等的。例如，高、中、低压绕组额定容量的分配比例是100∶100∶50，高压绕组作为一次绕组，中、低压绕组分别作为二、三次绕组。若一次绕组的额定容量为 100kV·A,则二、三次绕组的额定容量之和为 150kV·A,是不相同的。绕组额定容量只反映绕组带负载的能力,其分配比例并不表示变压器运行时实际的负载比例关系。实际的负载分配情况仍然符合基于能量守恒定律的功率平衡关系。

4-2-2 三绕组变压器的一次绕组加额定电压运行时,二次绕组负载发生的变化是否会对三次绕组的端电压产生影响?为什么?

答:一次绕组施加的额定电压大小不变时,如果二次绕组的负载发生变化,即二次电流变化,则根据磁动势平衡关系可知,一、三次绕组电流会相应地改变。因此,一、三次绕组漏阻抗压降会发生变化,使三次绕组端电压改变。可利用三绕组变压器的等效电路计算三次绕组端电压的变化值。

4-3-1 为什么电压互感器运行时二次侧不允许短路,电流互感器运行时二次侧不允许开路?

答:电压互感器正常运行时,二次侧接高阻抗的电压表或其他电压测量元件,因此接近于空载运行。若二次绕组短路,则变成短路运行,电流就由较小的空载电流变为很大的短路电流,会造成绕组及其绝缘因过热而烧坏,并导致高压电侵入低压回路,危及人身和设备安全。所以,电压互感器运行时二次侧不允许短路。

电流互感器正常运行时,二次侧接阻抗很低的电流表或其他电流测量元件,因此接近于短路运行。此时,主磁通很小,一次绕组磁动势与二次绕组磁动势处于平衡状态。若二次绕组开路,则变成空载运行,一次侧的大电流完全变成励磁电流,使铁心中磁通密度比额定运行时增大许多倍,在匝数较多的二次绕组中会感应出很高的电压,可能击穿绕组绝缘,并危及操作人员的安全。此外,由于铁心过度饱和,损耗大幅增加,会引起铁心过热甚至烧毁互感器。所以,电流互感器运行时二次侧不允许开路。

4-3-2 为了保证互感器的测量精度,在设计制作互感器时,主要应采取哪些措施?使用时应注意什么?为什么?

答:电压互感器产生误差的主要原因是一、二次绕组有漏阻抗,漏阻抗上的压降使得 $U_1 \neq kU_2$。因此,在设计制作电压互感器时,应尽量减小励磁电流和一、二次绕组漏阻抗。在使用时,应注意二次侧并联的电压表不能过多,否则会由于二次侧负载阻抗减小而使一、二次电流增大,漏阻抗压降增大,从而增加测量误差。

电流互感器产生误差的主要原因是存在励磁电流。从磁动势平衡关系可知,在励磁电流 $I_0=0$ 时,$N_1I_1=N_2I_2$ 的关系才准确成立。因此,在设计制作电流互感器时,应使铁心磁通密度很低,以尽可能减小励磁电流。在使用时,应注意二次侧串联的电流表不能过多,以免因二次回路阻抗增大使励磁电流增加而降低测量精度。

4.4 思考题解答

4-1 一台额定容量为 10kV·A、额定电压为 2300V/230V 的单相双绕组变压器,若将其一、二次绕组串联起来,改接成一台自耦变压器,可能有几种接法?各种接法的一、二次额定电压和一、二次额定电流分别是多大?哪种接法得到的自耦变压器的额定容量最大？

答：单相双绕组变压器高、低压绕组的额定电流分别是 4.348A 和 43.48A。改接成自耦变压器时，可以将原高、低压绕组分别作为自耦变压器的公共绕组和串联绕组，二者可以顺极性或反极性串联；也可以将原高、低压绕组分别作为自耦变压器的串联绕组和公共绕组，二者也可以顺极性或反极性串联，这样，共可能有 4 种接法，所构成的自耦变压器的额定值如下表所示。

序号	公共绕组	串联绕组	串联极性	额定电压/V		额定电流/A		额定容量/kV·A
				高压侧	低压侧	高压侧	低压侧	
1	原 2300V 绕组	原 230V 绕组	顺极性	2530	2300	43.48	47.83	110
2			反极性	2300	2070	39.13	43.48	90
3	原 230V 绕组	原 2300V 绕组	顺极性	2530	230	4.348	47.83	11
4			反极性	2070	230	4.348	39.13	9

提示：公共绕组和串联绕组反极性串联所构成的自耦变压器，因为其额定容量比相应的顺极性串联时的小，所以在实际中不被采用。

4-2　三绕组变压器等效电路中的等效电抗与双绕组变压器等效电路中的漏电抗在概念上有何异同？

答：三绕组变压器等效电路中的等效电抗是由各绕组的自感和绕组间的互感组合而成的，因此有时会为负值。这些等效电抗具有漏电抗的性质，可视为常数。

双绕组变压器等效电路中的漏电抗，是绕组的漏磁通在该绕组中感应的电动势与该绕组电流的比值。如果用电感的概念来表述，则该漏电抗是与绕组的自感漏磁通相对应的自漏感电抗。

4-3　三绕组变压器二、三次绕组均短路，一次绕组加额定电压，如何计算各绕组的短路电流？

答：根据三绕组变压器的等效电路，可列出二、三次绕组短路时的方程式为

$$\dot{I}_1=-(\dot{I}'_2+\dot{I}'_3),\quad \dot{U}_1=\dot{I}_1Z_1-\dot{I}'_2Z'_2,\quad \dot{U}_1=\dot{I}_1Z_1-\dot{I}'_3Z'_3$$

根据这三个方程式，可解得一、二、三次绕组一相短路电流 $\dot{I}_1$、$\dot{I}'_2$、$\dot{I}'_3$，即

$$\dot{I}_1=\frac{\dot{U}_1(Z'_2+Z'_3)}{Z_1Z'_2+Z_1Z'_3+Z'_2Z'_3},\quad \dot{I}'_2=\frac{-\dot{U}_1Z'_3}{Z_1Z'_2+Z_1Z'_3+Z'_2Z'_3},\quad \dot{I}'_3=\frac{-\dot{U}_1Z'_2}{Z_1Z'_2+Z_1Z'_3+Z'_2Z'_3}$$

4.5 习题解答

4-1　一台单相双绕组变压器的额定值为：$S_N=20\text{kV}\cdot\text{A}$，$U_{1N}/U_{2N}=220\text{V}/110\text{V}$，$|\underline{Z}_k|=0.05$。现把它改接为 330V/220V 的降压自耦变压器，求：

(1) 自耦变压器的额定容量及其高、低压侧额定电流；

(2) 从高压侧看时，自耦变压器短路阻抗的实际值和标幺值；

(3) 从低压侧看时，自耦变压器短路阻抗的实际值和标幺值；

(4) 双绕组变压器和自耦变压器的高压侧加额定电压、低压侧短路时，稳态短路电流

与额定电流之比，即稳态短路电流标幺值。

解：(1) 自耦变压器一次（高压侧）额定电流 I_{1NA}（下标"A"表示自耦变压器，下同）就是原双绕组变压器低压(110V)绕组的额定电流 I_{2N}，即

$$I_{1NA} = I_{2N} = \frac{S_N}{U_{2N}} = \frac{20 \times 10^3}{110} = 181.8\text{A}$$

自耦变压器二次（低压侧）额定电流 I_{2NA} 是其公共绕组和串联绕组额定电流之和，等于原双绕组变压器高压(220V)绕组与低压绕组的额定电流之和，即

$$I_{2NA} = I_{1N} + I_{2N} = \frac{S_N}{U_{1N}} + I_{2N} = \frac{20 \times 10^3}{220} + 181.8 = 272.7\text{A}$$

自耦变压器的额定容量为

$$S_{NA} = U_{1NA} I_{1NA} = 330 \times 181.8 = 60\text{kV} \cdot \text{A} \quad \text{或} \quad S_{NA} = U_{2NA} I_{2NA} = 220 \times 272.7 = 60\text{kV} \cdot \text{A}$$

(2) 从自耦变压器高压侧看的短路阻抗实际值 Z_{k1A} 等于原双绕组变压器从低压侧看的短路阻抗实际值 Z_{k2}，即

$$|Z_{k1A}| = |Z_{k2}| = |\underline{Z}_k| \frac{U_{2N}}{I_{2N}} = 0.05 \times \frac{110}{181.8} = 0.03025\Omega$$

标幺值为

$$|\underline{Z}_{k1A}| = \frac{I_{1NA} |Z_{k1A}|}{U_{1NA}} = \frac{181.8 \times 0.03025}{330} = 0.01667$$

(3) 从自耦变压器低压侧看的短路阻抗实际值 Z_{k2A} 等于把从高压侧看的短路阻抗实际值 Z_{k1A} 折合到低压侧的值，即

$$|Z_{k2A}| = \frac{|Z_{k1A}|}{k_A^2} = \frac{0.03025}{(330/220)^2} = 0.01344\Omega$$

$$|\underline{Z}_{k2A}| = \frac{I_{2NA} |Z_{k2A}|}{U_{2NA}} = \frac{272.7 \times 0.01344}{220} = 0.01667$$

(4) 在高压侧加额定电压、低压侧短路时，双绕组变压器和自耦变压器的稳态短路电流标幺值分别为

$$\underline{I}_k = 1/|\underline{Z}_k| = 1/0.05 = 20, \quad \underline{I}_{kA} = 1/|\underline{Z}_{k1A}| = 1/0.01667 = 60$$

4-2　一台三相双绕组变压器的额定值为：$S_N = 5600\text{kV} \cdot \text{A}$，$U_{1N}/U_{2N} = 6.6\text{kV}/3.3\text{kV}$，$u_k = 10.5\%$，联结组标号为Yyn0。现将它改接为9.9kV/3.3kV的降压自耦变压器，求：

(1) 自耦变压器额定容量 S_{NA} 与原来双绕组变压器额定容量 S_N 之比；

(2) 自耦变压器加额定电压时的稳态短路电流标幺值，以及它与双绕组变压器加额定电压时的稳态短路电流标幺值之比。

解：(1) 由于自耦变压器高压侧额定电流 I_{1NA} 与原双绕组变压器高压侧额定电流 I_{1N} 相同，因此自耦变压器额定容量 S_{NA} 与原双绕组变压器额定容量 S_N 之比等于它们的高压侧额定电压之比，即

$$\frac{S_{NA}}{S_N} = \frac{U_{1NA}}{U_{1N}} = \frac{9.9}{6.6} = 1.5$$

(2) 自耦变压器从9.9kV高压侧看的短路阻抗实际值等于原双绕组变压器从

6.6kV 高压侧看的短路阻抗实际值。由于自耦变压器高压侧的额定电流与双绕组变压器的相同，但额定电压比双绕组变压器的高，因此其阻抗电压就比双绕组变压器的小，即

$$u_{kA}=u_k\frac{U_{1N}}{U_{1NA}}=0.105\times\frac{6.6}{9.9}=0.105\times\frac{2}{3}=0.07$$

则自耦变压器的短路电流标幺值为

$$\underline{I}_{kA}=1/u_{kA}=1/0.07=14.29$$

它与双绕组变压器的短路电流标幺值之比为

$$\frac{\underline{I}_{kA}}{\underline{I}_k}=\frac{1/u_{kA}}{1/u_k}=\frac{u_k}{u_{kA}}=\frac{U_{1NA}}{U_{1N}}=\frac{9.9}{6.6}=1.5$$

由于两台变压器高压侧额定电流相同，因此该比值也是它们在额定电压下高压侧短路电流实际值 I_{kA} 与 I_k 之比。

4-3 一台三相变压器，$S_N=31500\text{kV}\cdot\text{A}$，$U_{1N}/U_{2N}=400\text{kV}/110\text{kV}$，联结组标号为 Yyn0，$u_k=14.9\%$，空载损耗 $p_0=105\text{kW}$，负载损耗 $p_{kN}=205\text{kW}$。现将它改装成自耦变压器，改装前后的一相线路分别如图 4-1(a)、(b)所示。求：

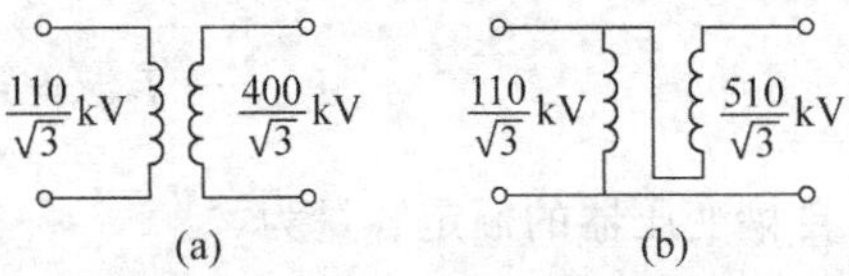

$\frac{110}{\sqrt{3}}$kV $\frac{400}{\sqrt{3}}$kV (a)　$\frac{110}{\sqrt{3}}$kV $\frac{510}{\sqrt{3}}$kV (b)

图 4-1

(1) 改装后，变压器的额定容量、绕组容量、传导容量以及变压器增加了多少容量？

(2) 改为自耦变压器后，在带功率因数为 0.8(滞后)的额定负载时，效率比改装前提高了多少？

(3) 改为自耦变压器后，在额定电压下的稳态短路电流是改装前额定电压下的稳态短路电流的多少倍？改装前后的稳态短路电流分别为其额定电流的多少倍？

解：(1) 改装后，自耦变压器的额定容量为

$$S_{NA}=S_N\frac{U_{1NA}}{U_{1N}}=31500\times\frac{510}{400}=40162.5\text{kV}\cdot\text{A}$$

绕组容量等于双绕组变压器的额定容量 S_N，即 31500kV·A。

传导容量为 $S_{NA}-S_N=40162.5-31500=8662.5\text{kV}\cdot\text{A}$，这就是改装后增加的容量。

(2) 双绕组变压器和自耦变压器的效率分别为

$$\eta=1-\frac{p_0+\beta^2p_{kN}}{\beta S_N\cos\varphi_2+p_0+\beta^2p_{kN}}=1-\frac{105+1^2\times205}{1\times31500\times0.8+105+1^2\times205}=98.78\%$$

$$\eta_A=1-\frac{p_0+\beta^2p_{kN}}{\beta S_{NA}\cos\varphi_2+p_0+\beta^2p_{kN}}=1-\frac{105+1^2\times205}{1\times40162.5\times0.8+105+1^2\times205}=99.04\%$$

即改装后效率提高了 $\eta_A-\eta=99.04\%-98.78\%=0.26\%$。

(3) 改装前后，从高压侧看的短路阻抗实际值是相同的。由于改装后高压侧电压升高，为原来的 510/400＝1.275 倍，因此在额定电压下高压侧的稳态短路电流实际值是改装前的 1.275 倍。

改装前，稳态短路电流标幺值为　$\underline{I}_k=1/u_k=1/0.149=6.711$；

改装后，稳态短路电流标幺值为　$\underline{I}_{kA}=1.275\underline{I}_k=1.275\times6.711=8.557$。

4-4 一台联结组标号为 Yyn0 的三相双绕组变压器，$S_N=320\text{kV}\cdot\text{A}$，$U_{1N}/U_{2N}=$

6300V/400V，空载损耗 $p_0=1.524\text{kW}$，负载损耗 $p_{kN}=5.5\text{kW}$，$u_k=4.5\%$。

(1) 求该变压器带功率因数为0.8(滞后)的额定负载时的电压调整率和效率；

(2) 将该变压器改接为6300V/6700V的升压自耦变压器，其额定容量是多少？带功率因数为0.8(滞后)的额定负载时的电压调整率和效率是多少？

解：(1) 为了求电压调整率 ΔU，需先求出短路电阻与短路电抗的标幺值。

$$|\underline{Z}_k|=u_k=0.045,\quad \underline{R}_k=\underline{p}_{kN}=5.5/320=0.01719,$$

$$\underline{X}_k=\sqrt{|\underline{Z}_k|^2-\underline{R}_k^2}=\sqrt{0.045^2-0.01719^2}=0.04159$$

$$\Delta U=\beta(\underline{R}_k\cos\varphi_2+\underline{X}_k\sin\varphi_2)=1\times(0.01719\times0.8+0.04159\times0.6)=0.03871=3.871\%$$

$$\eta=1-\frac{p_0+\beta^2 p_{kN}}{\beta S_N\cos\varphi_2+p_0+\beta^2 p_{kN}}=1-\frac{1.524+1^2\times5.5}{1\times320\times0.8+1.524+1^2\times5.5}=97.33\%$$

(2) 自耦变压器高压侧额定电流 I_{2NA} 就是双绕组变压器低压侧的额定电流 I_{2N}，即

$$I_{2NA}=I_{2N}=\frac{S_N}{\sqrt{3}U_{2N}}=\frac{320\times10^3}{\sqrt{3}\times400}=461.9\text{A}$$

自耦变压器的额定容量为

$$S_{NA}=\sqrt{3}U_{2NA}I_{2NA}=\sqrt{3}\times6700\times461.9=5360\text{kV}\cdot\text{A}$$

自耦变压器从高压侧(6700V)看的短路阻抗实际值等于双绕组变压器从低压侧(400V)看的短路阻抗实际值。由于额定电压从400V改为6700V，额定电流相同，因此自耦变压器的阻抗基值增大，短路阻抗标幺值减小。

$$\underline{R}_{kA}=\underline{R}_k\frac{400}{6700}=0.01719\times\frac{400}{6700}=0.001026$$

$$\underline{X}_{kA}=\underline{X}_k\frac{400}{6700}=0.04159\times\frac{400}{6700}=0.002483$$

$$\begin{aligned}\Delta U_A&=\beta(\underline{R}_{kA}\cos\varphi_2+\underline{X}_{kA}\sin\varphi_2)\\&=1\times(0.001026\times0.8+0.002483\times0.6)=0.002311=0.2311\%\end{aligned}$$

$$\eta_A=1-\frac{p_0+\beta^2 p_{kN}}{\beta S_{NA}\cos\varphi_2+p_0+\beta^2 p_{kN}}=1-\frac{1.524+1^2\times5.5}{1\times5360\times0.8+1.524+1^2\times5.5}=99.84\%$$

4-5 一台额定容量为20kV·A的单相双绕组变压器，高压绕组是一个线圈，匝数为 N_1，额定电压为2400V；低压绕组是两个线圈，每个线圈匝数为 N_2，额定电压为1200V。现将它改接成如图4-2所示的各种联结的自耦变压器，在每一线圈的电压、电流都不超过额定值的条件下，求每一种联结方式下自耦变压器高、低压侧的额定电压、额定电流、额定容量以及公共绕组的额定电流。

解：高压线圈(匝数为 N_1)的额定电流 $I_{1N}=\frac{20\times10^3}{2400}=8.333\text{A}$，每个低压线圈(匝数为 N_2)的额定电流为 $\frac{20\times10^3}{1200}\times\frac{1}{2}=8.333\text{A}$。

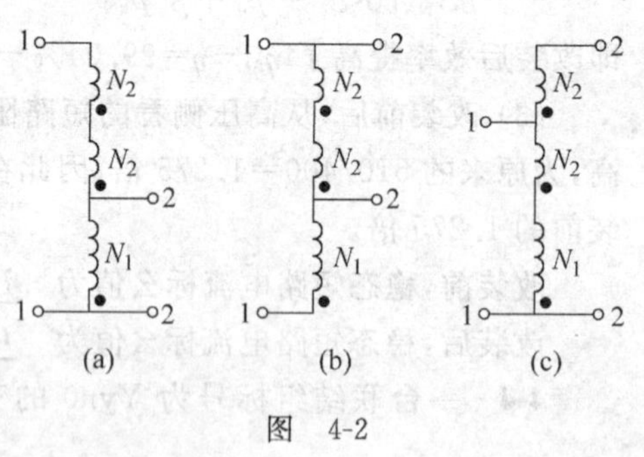

图 4-2

(a) 不计励磁电流，则磁动势平衡关系为 $2N_2\dot{I}_1+N_1\dot{I}=0$，其中 $\dot{I}_1$、$\dot{I}$ 分别为串联绕组(总匝数为 $2N_2$)和公共绕组(匝数为 N_1)中的电

流。由于$\frac{N_1}{N_2}=\frac{2400}{1200}=2$,即 $N_1=2N_2$,因此,$\dot{I}_1=-\dot{I}$,即 $I_1=I$。所以,各绕组电流均可以达到其额定值。

于是该自耦变压器高压侧额定电压 $U_{1Ns}=4800\text{V}$,低压侧的额定电压 $U_{2Ns}=2400\text{V}$;高压侧额定电流 $I_{1NA}=I_{1N}=8.333\text{A}$,公共绕组额定电流 $I_{NA}=8.333\text{A}$,低压侧额定电流 $I_{2NA}=I_{1NA}+I_{NA}=16.67\text{A}$;额定容量 $S_{NA}=U_{1NA}I_{1NA}=4800\times8.333=40\text{kV}\cdot\text{A}$,或$S_{NA}=U_{2NA}I_{2NA}=2400\times16.67=40\text{kV}\cdot\text{A}$。

(b) 与(a)同理可得 $I_1=I$。因此,该自耦变压器各额定值与(a)中的相同。

(c) 此时的磁动势平衡关系为 $N_2\dot{I}_2+(N_1+N_2)\dot{I}=0$,其中$\dot{I}_2$、$\dot{I}$分别为串联绕组(匝数为 N_2)和公共绕组(总匝数为 N_1+N_2)中的电流。由于 $N_1=2N_2$,因此,$\dot{I}_2=-3\dot{I}$,即 $I_2=3I$。当串联绕组即高压侧的电流达到其额定值 8.333A 时,公共绕组各线圈的电流是该额定值的 1/3,即 2.778A。

于是,自耦变压器高压侧额定电流 $I_{2NA}=8.333\text{A}$,公共绕组额定电流 $I_{NA}=2.778\text{A}$,低压侧额定电流 $I_{1NA}=8.333\text{A}+2.778\text{A}=11.11\text{A}$;高压侧额定电压 $U_{2NA}=4800\text{V}$,低压侧额定电压 $U_{1NA}=3600\text{V}$;额定容量 $S_{NA}=U_{2NA}I_{2NA}=4800\times8.333=40\text{kV}\cdot\text{A}$,或 $S_{NA}=U_{1NA}I_{1NA}=3600\times11.11=40\text{kV}\cdot\text{A}$。

4-6 一台单相三绕组变压器,额定电压为:高压侧 100kV,中压侧 20kV,低压侧 10kV。当中压侧带功率因数为 0.8(滞后)、10000kV·A 的负载,低压侧带 6000kV·A 的进相无功负载(纯电容负载)时,求高压侧的电流(不计变压器的损耗和励磁电流)。

解:先根据功率平衡关系求出高压侧的功率,再求高压侧电流 I_1。

中、低压侧输出的有功功率为

$$P=S_2\cos\varphi_2=10000\times0.8=8000\text{kW}$$

中、低压侧发出的滞后性无功功率为

$$Q=S_2\sin\varphi_2-Q_3=10000\times0.6-6000=0$$

因此,高压侧输入有功功率 $P_1=P=8000\text{kW}$,吸收滞后性无功功率 $Q_1=Q=0$。所以,高压侧电流为

$$I_1=\frac{P_1}{U_{1N}}=\frac{8000}{100}=80\text{A}$$

4-7 三相三绕组变压器的额定电压为 60kV/30kV/10kV,联结组标号为 Yd11d11。中压侧带功率因数为 0.8(滞后)的 5000kV·A 负载,在低压侧接电容器以改善功率因数。当高压侧功率因数提高到 0.95(滞后)时,低压侧每相接入的电容器的电容值是多大?高、中、低压绕组的电流分别约是多少?

解:先利用功率平衡关系求出高压侧有功功率和低压侧的无功功率。

中压侧输出的有功功率　$P_2=S_2\cos\varphi_2=5000\times0.8=4000\text{kW}$

中压侧发出的无功功率(滞后性)　$Q_2=S_2\sin\varphi_2=5000\times0.6=3000\text{kvar}$

低压侧输出的有功功率　$P_3=0$

因此,高压侧输入有功功率 $P_1=P_2+P_3=4000\text{kW}$,则高压侧吸收的无功功率为

$$Q_1 = P_1 \tan\varphi_1 = 4000 \times \tan(\arccos 0.95) = 1315\text{kV}\cdot\text{A}$$

于是低压侧发出的无功功率应为

$$Q_3 = Q_1 - Q_2 = 1315 - 3000 = -1685\text{kvar}$$

负值表明实际上是吸收无功功率,该无功功率由低压侧所接的电容器提供。

高压绕组电流(相电流)为

$$I_1 = \frac{P_1}{\sqrt{3}U_{1N}\cos\varphi_1} = \frac{4000}{\sqrt{3}\times 60\times 0.95} = 40.52\text{A}$$

中压绕组电流(相电流)为

$$I_2 = \frac{S_2}{3U_{2N}} = \frac{5000}{3\times 30} = 55.56\text{A}$$

低压绕组电流(相电流)为

$$I_3 = \frac{|Q_3|}{3U_{3N}} = \frac{1685}{3\times 10} = 56.17\text{A}$$

则低压侧每相容抗 X_C 和每相电容 C 的值分别为

$$X_C = \frac{U_{3N}}{I_3} = \frac{10\times 10^3}{56.17} = 178\Omega$$

$$C = \frac{1}{\omega X_C} = \frac{1}{2\pi f X_C} = \frac{1}{2\pi\times 50\times 178} = 17.88\mu\text{F}$$

4-8 一台三相三绕组变压器的额定容量为 10000kV·A/10000kV·A/10000kV·A,额定电压 $U_{1N}/U_{2N}/U_{3N}$=110kV/38.5kV/11kV,联结组标号为 YNyn0d11。在额定电流下做三个短路试验,数据分别为:

(1) p_{k12}=148.75kW,u_{k12}=10.1%;

(2) p_{k13}=111.2kW,u_{k13}=16.95%;

(3) p_{k23}=82.7kW,u_{k23}=6.06%。

试求其简化等效电路中的各个参数。

解:(1) 由第一个短路试验的数据,求短路电阻 R_{k12} 和短路电抗 X_{k12}

$$I_{1N} = \frac{S_{1N}}{\sqrt{3}U_{1N}} = \frac{10000}{\sqrt{3}\times 110} = 52.49\text{A}$$

$$R_{k12} = \frac{p_{k12}}{3I_{1N}^2} = \frac{148.75\times 10^3}{3\times 52.49^2} = 18\Omega$$

$$|Z_{k12}| = \frac{u_{k12}U_{1N}}{\sqrt{3}I_{1N}} = \frac{0.101\times 110\times 10^3}{\sqrt{3}\times 52.49} = 122.2\Omega$$

$$X_{k12} = \sqrt{|Z_{k12}|^2 - R_{k12}^2} = \sqrt{122.2^2 - 18^2} = 120.9\Omega$$

(2) 由第二个短路试验的数据,求短路电阻 R_{k13} 和短路电抗 X_{k13}

$$R_{k13} = \frac{p_{k13}}{3I_{1N}^2} = \frac{111.2\times 10^3}{3\times 52.49^2} = 13.45\Omega$$

$$|Z_{k13}| = \frac{u_{k13}U_{1N}}{\sqrt{3}I_{1N}} = \frac{0.1695\times 110\times 10^3}{\sqrt{3}\times 52.49} = 205.1\,\Omega$$

$$X_{k13} = \sqrt{|Z_{k13}|^2 - R_{k13}^2} = \sqrt{205.1^2 - 13.45^2} = 204.7\Omega$$

(3) 由第三个短路试验的数据,求短路电阻 R_{k23}、短路电抗 X_{k23} 及其折合到一次侧的值 R'_{k23}、X'_{k23}

$$I_{2N}=\frac{S_{2N}}{\sqrt{3}U_{2N}}=\frac{10000}{\sqrt{3}\times 38.5}=150\text{A}$$

$$R_{k23}=\frac{p_{k23}}{3I_{2N}^2}=\frac{82.7\times 10^3}{3\times 150^2}=1.225\Omega$$

$$|Z_{k23}|=\frac{u_{k23}U_{2N}}{\sqrt{3}I_{2N}}=\frac{0.0606\times 38.5\times 10^3}{\sqrt{3}\times 150}=8.98\Omega$$

$$X_{k23}=\sqrt{|Z_{k23}|^2-R_{k23}^2}=\sqrt{8.98^2-1.225^2}=8.896\Omega$$

$$R'_{k23}=k_{12}^2R_{k23}=\left(\frac{110}{38.5}\right)^2\times 1.225=10\Omega$$

$$X'_{k23}=k_{12}^2X_{k23}=\left(\frac{110}{38.5}\right)^2\times 8.896=72.62\Omega$$

(4) 求等效电路中的参数,即电阻 R_1、R'_2、R'_3 和等效电抗 X_1、X'_2、X'_3

由等效电路可知:

$$R_{k12}=R_1+R'_2,\quad R_{k13}=R_1+R'_3,\quad R'_{k23}=R'_2+R'_3$$

$$X_{k12}=X_1+X'_2,\quad X_{k13}=X_1+X'_3,\quad X'_{k23}=X'_2+X'_3$$

于是

$$R_1=(R_{k12}+R_{k13}-R'_{k23})/2=(18+13.45-10)/2=10.73\Omega$$

$$R'_2=(R_{k12}+R'_{k23}-R_{k13})/2=(18+10-13.45)/2=7.275\Omega$$

$$R'_3=(R_{k13}+R'_{k23}-R_{k12})/2=(13.45+10-18)/2=2.725\Omega$$

$$X_1=(X_{k12}+X_{k13}-X'_{k23})/2=(120.9+204.7-72.62)/2=126.5\Omega$$

$$X'_2=(X_{k12}+X'_{k23}-X_{k13})/2=(120.9+72.62-204.7)/2=-5.59\Omega$$

$$X'_3=(X_{k13}+X'_{k23}-X_{k12})/2=(204.7+72.62-120.9)/2=78.21\Omega$$

第2篇　交流电机的共同问题

第5章　交流电机的绕组和电动势

5.1 知 识 结 构

5.1.1　主要知识点

1. 三相同步电机的工作原理

同步电机转子励磁绕组中通入直流电流，产生相对转子静止的恒定磁场。当原动机拖动转子以同步转速旋转时，转子磁场相对于定子绕组运动，在定子绕组中产生交变的感应电动势，电动势的频率与转子转速之间保持严格的同步关系。如果定子绕组与外电路相联，则输出电功率，作为发电机运行。

三相电源给三相同步电动机供电时，定子绕组将产生以同步转速旋转的磁场。该磁场吸引转子励磁绕组通电产生的固定极性的磁极，以同步转速一起旋转，拖动生产机械，作为电动机运行。

2. 三相异步电机的工作原理

三相电源给三相异步电动机定子绕组供电时，定子绕组将产生以同步转速旋转的磁场。磁场相对于转子绕组运动，在转子绕组中感应电动势。当转子绕组闭合，则有电流流过，转子电流在磁场中受力产生电磁转矩，带动转子及机械负载旋转。转子绕组的转速不能与定子绕组产生的磁场转速相同，没有严格的固定关系，所以称为异步电机。

3. 转子励磁绕组通电产生的磁场

转子励磁绕组通入直流电流产生矩形或者阶梯形磁动势，磁动势在电机磁路中产生磁场。由于磁场正负半周对称，磁场只含有基波和一系列的奇数次谐波。ν 次谐波磁场的磁极对数是基波磁场的 ν 倍，ν 次谐波磁场的极距是基波磁场的 $\frac{1}{\nu}$ 倍，ν 次谐波磁场在定子绕组中感应电动势的频率是基波磁场的 ν 倍。

4. 相绕组的构成

构成绕组的最小单元是导体。两根放置在不同槽中的导体通过端部联结成线匝，多个相同的放置在同一槽中的线匝相串联形成线圈（线匝也可以看成是匝数只有一匝的线圈），同一极下不同槽中的线圈联结形成线圈组（对双层绕组称为极相组），不同极下的线圈组串联或者并联形成相绕组。三相对称绕组则由三个完全相同的绕组在空间上互相错开120°电角度构成。

5. 绕组的感应电动势

感应电动势包括频率、有效值、相位和波形四个特征，对于多相绕组还有对称性的要求。电动势的分析计算与绕组的构成相似，以导体作为基础。定子槽中的导体感应电动势的频率、有效值和波形都相同，只是相位不同，绕组的感应电动势与导体感应电动势相位关系密切。可以采用相量图对绕组感应电动势进行分析。

由导体逐渐联结成绕组的过程中各步骤的电动势如表5-1所示。

表 5-1

	基波电动势有效值	ν 次谐波电动势有效值
导体	$E_1=2.22f\Phi_1$	$E_\nu=2.22\nu f\Phi_\nu$
线匝	$E_{T1}=2k_{p1}E_1=4.44fk_{p1}\Phi_1$	$E_{T\nu}=4.44\nu fk_{p\nu}\Phi_\nu$
线圈	$E_{K1}=N_K E_{T1}=4.44fN_K k_{p1}\Phi_1$	$E_{K\nu}=4.44\nu fN_K k_{p\nu}\Phi_\nu$
线圈组	$E_{q1}=qk_{d1}E_{K1}=4.44fqN_K k_{d1}k_{p1}\Phi_1$	$E_{q\nu}=4.44\nu fqN_K k_{d\nu}k_{p\nu}\Phi_\nu$
相绕组	$E_{\phi1}=\dfrac{2p}{a}E_{q1}=4.44fN_1k_{dp1}\Phi_1$（双层） $E_{\phi1}=\dfrac{p}{a}E_{q1}=4.44fN_1k_{dp1}\Phi_1$（单层）	$E_{\phi\nu}=4.44\nu fN_1k_{dp\nu}\Phi_\nu$

其中，f 为感应电动势的频率；ν 为谐波次数；Φ_1 和 Φ_ν 分别为基波和 ν 次谐波每极磁通量；k_{p1} 和 $k_{p\nu}$ 分别为基波和 ν 次谐波节距因数；N_K 为线圈的匝数；q 为每极每相槽数；k_{d1} 和 $k_{d\nu}$ 分别为基波和 ν 次谐波分布因数；N_1 为绕组的每相串联匝数；k_{dp1} 和 $k_{dp\nu}$ 分别为基波和 ν 次谐波绕组因数。

基波和 ν 次谐波节距因数 k_{p1} 和 $k_{p\nu}$ 分别为 $k_{p1}=\sin y\dfrac{\pi}{2}$ 和 $k_{p\nu}=\sin\nu y\dfrac{\pi}{2}$，基波和 ν 次谐波分布因数 k_{d1} 和 $k_{d\nu}$ 分别为 $k_{d1}=\dfrac{\sin q\dfrac{\alpha}{2}}{q\sin\dfrac{\alpha}{2}}$ 和 $k_{d\nu}=\dfrac{\sin q\dfrac{\nu\alpha}{2}}{q\sin\dfrac{\nu\alpha}{2}}$，基波和 ν 次谐波绕组因数分别为 $k_{dp1}=k_{d1}k_{p1}$ 和 $k_{dp\nu}=k_{d\nu}k_{p\nu}$。绕组的短距和分布使基波和各次谐波电动势的幅值减小，但谐波电动势减小的幅度比基波电动势的大得多，因此能够起到削弱谐波电动势和改善电动势波形的作用。

5.1.2　知识关联图

交流电机的绕组和电动势

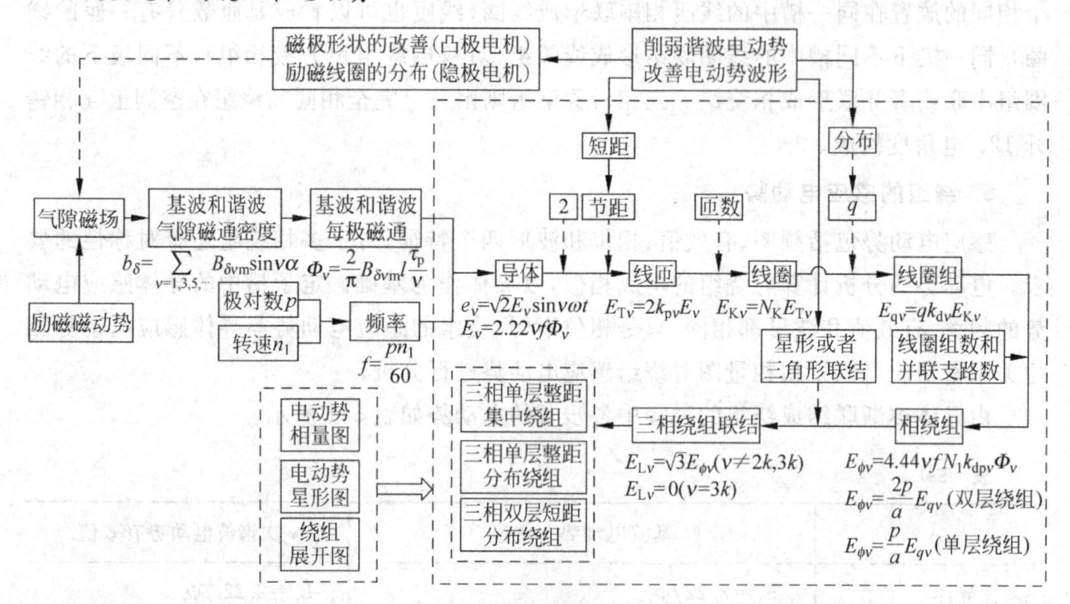

5.2　重点与难点

1. 空间电角度

与空间几何角度不同，空间电角度将电机一对磁极表面所占的空间角度定为360°或2π弧度。整个转子表面的空间几何角度称为空间机械角度，空间电角度$=p\times$空间机械角度。

2. 导体感应电动势

导体感应电动势是交流绕组及其电动势的基础，导体感应电动势包括基波感应电动势和谐波感应电动势，两者均包括频率、有效值和相位特征。

(1) 基波感应电动势

① 频率。$f=\dfrac{pn_1}{60}$，由导体相对磁场的转速和磁场的极对数决定。

② 有效值。$E_1=2.22f\Phi_1$，由频率和基波每极磁通量Φ_1决定，其中$\Phi_1=\dfrac{2}{\pi}B_{\delta 1m}l\tau_p$。

③ 相位。导体基波感应电动势的瞬时方向可以由右手定则确定，其相位由导体电动势参考方向规定和导体相对于磁场的位置确定。

空间上相距α_0电角度的两个导体，基波感应电动势在时间上也相差α_0电角度。顺转子转向看，位置超前的导体的感应电动势在时间上滞后。

(2) 谐波感应电动势

谐波磁场与基波磁场的区别在于：ν次谐波磁场的磁极对数是基波磁场的ν倍，即对于基波磁场而言的电角度α，对于ν次谐波却是$\nu\alpha$。因此导体的ν次谐波感应电动势的频率为νf，其有效值为$E_\nu=2.22\nu f\Phi_\nu$，其中$\Phi_\nu=\dfrac{2}{\pi}B_{\delta\nu m}l\dfrac{\tau_p}{\nu}$为$\nu$次谐波每极磁通量。

3. 三相对称绕组的设计

设计原则：

① 三相基波电动势对称，互差120°电角度。

② 基波电动势尽可能大。

③ 谐波电动势尽可能小。

④ 节省材料，制造简单。

设计过程：

① 画出电动势星形相量图。相量图可以表示各槽中的导体(单层绕组)或者线圈的电动势(双层绕组)，相量图中各相量依次错开槽距角 $\alpha=\frac{p\times 360°}{Q}$。

② 分相。采用60°相带法(原则②)分相，将电动势星形相量图均匀地分为6份，沿顺时针方向标为A、Z、B、X、C、Y(原则①)，每个相带内有 $q=\frac{Q}{2pm}$ 个相量(原则②和③)。

③ 形成线圈。对于单层绕组，取A相带和X相带的相差180°电角度的导体联结形成线圈，线圈为整距。对于双层绕组，线圈的节距需要考虑削弱谐波电动势的效果，一般取为 $y_1=\frac{5}{6}\tau_p$(原则②、③和④)。

④ 形成线圈组。将一对极下(单层绕组)或者一极下(双层绕组)的 q 个线圈串联形成线圈组。

⑤ 形成三相绕组。将线圈组按照电动势相加或相同的原则进行串联或并联形成相绕组，三相绕组可以联结成Y联结或D联结。

5.3 练习题解答

5-1-1 同步电机与异步电机的工作原理有什么区别？何谓同步和异步？

答：参见教材5.1节之1。同步是指转子转速与定子频率之间具有严格的关系，即 $n_1=60f/p$(p 为极对数)；异步是指转子转速与定子频率之间没有严格的关系。

5-1-2 交流绕组在交流电机中有什么作用？对交流绕组有什么要求？

答：参见教材5.1节之1和2。

5-2-1 空间坐标、感应电动势、磁通密度的参考方向是否会影响感应电动势的分析结果？如果改变各参考方向的规定，分别会对什么产生影响？

答：空间坐标、感应电动势、磁通密度的参考方向不会影响感应电动势的分析结果，但是改变感应电动势的参考方向会改变感应电动势的正负，改变空间坐标和磁通密度的参考方向对感应电动势没有影响。

5-2-2 同步电机励磁绕组通电产生的气隙磁通密度与什么有关？气隙磁通密度的波形如何？

答：同步电机励磁绕组通电产生的气隙磁通密度与作用在磁路上的励磁磁动势以及磁路的磁导有关。凸极电机的磁极下的气隙较小，磁导较大，励磁磁动势产生的气隙磁通密度较大；磁极之间区域气隙较大，磁导较小，产生的气隙磁通密度较小。气隙磁通密度的波形为平顶波。

5-2-3 空间电角度与空间机械角度有什么关系？为什么要采用空间电角度，它有什么好处？

答：空间电角度等于空间机械角度乘以极对数。采用空间电角度后，转子在一段时间内转过的空间电角度与电动势在时间上经过的电角度相等。

5-2-4 一个整距线圈的两个线圈边在空间上相距的电角度是多少？如果电机有 p 对极，在空间上相距的机械角度是多少？

答：一个整距线圈的两个线圈边，在空间上相距 180°电角度。如果电机有 p 对极，两个线圈边在空间上相距 $180°/p$ 的机械角度。

5-2-5 在定子表面空间相距 α 电角度的两根导体，它们的感应电动势大小与相位有何关系？

答：定子表面空间相距 α 电角度的两根导体的感应电动势的大小相等，相位上相差 α 电角度，顺转子转向看，空间位置超前的感应电动势在时间相位上滞后。

5-2-6 三相对称绕组感应电动势的相位关系与什么有关？知道绕组在空间的位置，是否可以知道感应电动势的相位关系？

答：三相对称绕组感应电动势的相位关系是由三相绕组在空间上的布置和气隙磁场转动方向决定的。仅知道绕组的空间位置，并不能确定感应电动势的相位关系。

5-2-7 同样的空间机械角度，对于基波和谐波的空间电角度有什么不同？对于感应的基波和谐波电动势有什么影响？

答：同样的空间机械角度，对于 ν 次谐波而言的空间电角度是基波空间电角度的 ν 倍。导体相对于磁场运动，经过相同的空间机械角度时，导体感应的 ν 次谐波电动势变化的次数是基波的 ν 倍，所以 ν 次谐波感应电动势的频率是基波感应电动势的 ν 倍。

5-2-8 交流电机中导体感应电动势的有效值、频率、相位和波形分别由什么决定？分别与什么有关？

答：导体感应电动势的有效值由每极磁通量和频率决定，频率由气隙磁场的转速和极对数决定，相位与相对于气隙磁场的位置有关，波形与气隙磁通密度波形相同。

5-2-9 仅将同步发电机转速提高一倍，其他条件不变，一根导体的感应电动势会如何变化？一个整距线圈的电动势又会如何变化？

答：仅将同步发电机转速提高一倍，一根导体感应电动势和一个整距线圈的有效值和频率都将提高一倍。

5-2-10 三相交流电机线电压中是否含有3次谐波？三相交流发电机的定子绕组为什么一般都采用星形联结？

答：参见教材5.2节之4。

5-3-1 分布线圈组的电动势的相位与各线圈感应电动势的相位关系如何？是否一定与线圈组的某一个线圈电动势相位相同？

答：参见教材5.2节之4。

5-3-2 从基波感应电动势等效的角度，用一个整距线圈代替分布线圈组时，该整距线圈的匝数和位置应如何安排？

答：用一个整距线圈代替一个分布线圈组，则整距线圈的匝数应当等于分布线圈组的有效匝数，即线圈匝数与线圈数和绕组因数的乘积；整距线圈的轴线应当与分布线圈组的几何轴线重合。

5-3-3 采用60°相带法得到的每极每相槽数 $q=4$ 的三相对称单层绕组，能将5、7次谐波电动势削弱为零吗？能将哪些次数的谐波电动势削弱为零？

答：对于采用60°相带法的每极每相槽数 $q=4$ 的三相对称单层绕组，绕组节距为整距，节距因数为1，只能通过分布削弱谐波。槽距角 $\alpha=\frac{60^\circ}{4}=15^\circ$，则绕组的5和7次谐波分布因数为0.2053和0.1576，所以不能将5和7次谐波电动势削弱为零。若要将某次谐波电动势削弱为零，则 $\sin\left(4\times\frac{\nu\times15^\circ}{2}\right)=0$，只有6的倍数次谐波绕组因数为零，即能将6的整数倍次谐波电动势削弱为零。正常电机中不存在偶数次谐波磁场，所以偶数次谐波电动势本来也不会出现。

5-4-1 短距线圈的电动势的相位与组成线圈的两个槽导体电动势的相位关系如何？是否与其中一个槽导体感应电动势的相位相同？

答：短距线圈的电动势是组成线圈的两个槽内的导体电动势的相量和，只有整距时感应电动势才与其中一个槽内导体电动势相位相同，短距线圈的电动势与组成线圈的两个槽内导体的感应电动势相位都不相同。

5-4-2 从基波电动势等效的角度，用一个整距线圈代替一个短距线圈时，该整距线圈的匝数和位置应如何设置？用一个整距线圈代替一个短距线圈组时，该整距线圈的匝数和位置应如何设置？

答：用一个整距线圈代替一个短距线圈，则整距线圈的匝数应当等于短距线圈的有效匝数，即短距线圈的匝数乘以基波节距因数；整距线圈的轴线应当与短距线圈的轴线重合。

用一个整距线圈代替一个短距线圈组时，整距线圈的匝数应当等于短距线圈组的有效匝数，即短距线圈的匝数与线圈数、节距因数和分布因数的乘积；整距线圈的轴线应当与短距线圈组的几何轴线重合。

5-4-3 长距线圈对电动势有什么影响？它有什么缺点？

答：长距线圈对基波和谐波电动势具有削弱作用，对基波电动势的削弱作用较小，而对谐波电动势削弱得较大。长距线圈由于端部联结比短距线圈长，所以用铜更多，一般不用。

5-4-4 交流电机中相绕组感应电动势的有效值、频率、相位、相序和波形分别由什么决定？分别与什么有关？与导体感应电动势有什么不同？

答：相绕组感应电动势的有效值由每极磁通量、每相串联匝数、绕组因数和频率决定，频率由气隙磁场的转速和极对数决定，相位与绕组相对于气隙磁场的位置有关，相序由绕组空间布置和气隙磁场的转向决定，波形在绕组采用短距和分布后接近正弦，不再像导体感应电动势那样与气隙磁通密度波形相同。

5-4-5 双层绕组中相邻的两个极相组串联时应如何联结？如果接反，会出现什么结果？

答：双层绕组中相邻的两个极相组的感应电动势的方向相反，串联时应反向串联，即末端与末端相联。如果接反了，感应电动势将抵消为零。

5.4 思考题解答

5-1 同步电机转子表面气隙磁通密度分布的波形是怎样的？转子表面某一点的气隙磁通密度大小随时间变化吗？定子表面某一点的气隙磁通密度随时间变化吗？

答：凸极同步电机转子表面气隙磁通密度分布的波形接近于正弦波，其中含有一系列奇数次谐波；隐极同步电机转子表面气隙磁通密度分布的波形是接近正弦的阶梯状波，其中也含有一系列奇数次谐波。

转子表面某一点的气隙磁通密度大小不随时间变化（电枢电流为零时），但由于转子是旋转的，因此定子表面某一点的气隙磁通密度是随时间变化的。

5-2 为了得到三相对称的基波感应电动势，对三相绕组安排有什么要求？

答：三相绕组的构成（包括串联匝数、节距、分布等）应相同，且三相绕组轴线在空间应分别相差120°电角度。

5-3 绕组分布与短距为什么能改善电动势波形？若希望完全消除电动势中的第ν次谐波，在采用短距方法时，y_1应取多少？

答：绕组分布后，一个线圈组中相邻两个线圈的基波和ν次谐波电动势的相位差分别是α和$\nu\alpha$电角度（α为槽距角），这时，线圈组的电动势为各串联线圈的电动势的相量和，因此一相绕组的基波和谐波电动势都比集中绕组时的小。但由于谐波电动势的相位差较大，因此，总的来说，一相绕组的谐波电动势所减小的幅度要大于基波电动势减小的幅度，谐波电动势相对减少，使电动势波形得到改善。

绕组短距时，一个线圈的两个线圈边中的基波和谐波（奇数次）电动势都不再相差180°，因此，基波电动势和谐波电动势也都比整距时减小。合理短距时，对基波，因短距而减小的空间电角度是较小的，因此基波电动势减小得很少；但对ν次谐波，短距减小的则是一个较大的角度（是基波的ν倍）。总体而言，两个线圈边中谐波电动势相量和的大小就比整距时的要小得多。因为谐波电动势减小的幅度大于基波电动势减小的幅度，所以可使电动势波形得到改善。

若要完全消除第ν次谐波，y_1应取为$\left(1-\frac{1}{\nu}\right)\tau_p$，其中$\tau_p$为极距。

5-4 采用绕组分布短距改善电动势波形时，每根导体中的感应电动势波形是否也相应得到改善？

答：采用绕组分布短距改善电动势波形，是通过使线圈间或线圈边间的电动势相位差发生变化而实现的，每根导体中的感应电动势波形并没有改善。

5-5 试述双层绕组的优点。为什么现代交流电机大多采用双层绕组（小型电机除外）？

答：采用双层绕组时，可以通过短距节省端部用铜量（叠绕组时），或者减少线圈组之间的联线（波绕组时）。更重要的是，可以同时采用分布和短距来改善绕组电动势和磁动势的波形。因此，现代交流电机大多采用双层绕组。

5-6 单层绕组中，每相串联匝数N_1和每个线圈的匝数N_K、每极每相槽数q、极对数p、并联支路数a之间有什么关系？在双层绕组中这种关系是怎样的？

答：在单层绕组中，$N_1=\frac{pqN_K}{a}$；在双层绕组中，$N_1=\frac{2pqN_K}{a}$。

5-7 为什么分布因数总是小于1？节距因数呢？节距 $y_1>\tau_p$ 的绕组的节距因数会不会大于1？

答：绕组分布放置时，线圈组电动势为各串联线圈电动势的相量和，而不是集中放置时的代数和，因此，线圈组电动势总比集中时的小，所以分布因数只能小于1。

绕组短距时，一个线圈的电动势为其两个线圈边电动势的相量和，也比整距时的代数和小，所以节距因数也是小于1的。节距 $y_1>\tau_p$ 时，和上述短距时的情况是一样的，节距因数也不会大于1。

5-8 三相单层和双层绕组，同一相的各线圈组间分别应如何联结？为什么？

答：三相单层绕组中，每一相绕组的两个相邻线圈组位于相同极性的极下，相邻两个线圈组在串联时应正向联结，即首端与末端相联，在并联时应首端、末端分别彼此相联。

三相双层绕组中，每一相绕组的两个相邻线圈组位于不同极性的极下，其基波电动势是反相的。相邻两个线圈组在串联时，为使其电动势不互相抵消，应反向联结，即首端与首端相联，末端与末端相联，在并联时；一个线圈组的首端应与另一个的末端相联。

5-9 比较交流电机下列各量的波形是否相同：气隙磁通密度、定子上一根导体的电动势、定子上一个整距线圈的电动势、定子上一个短距线圈的电动势、定子上一个整距分布线圈组的电动势。

答：气隙磁通密度波形与定子上一根导体的电动势、一个整距线圈的电动势的波形相同，但是与一个短距线圈的电动势、一个整距分布线圈组的电动势不同。

5-10 若保持磁极宽度与极距的比例不变，将磁极对数增加一倍，其他条件不变，则一根导体中的感应电动势会如何变化？原来的一个整距线圈电动势如何变化？

答：在保持磁极宽度与极距的比例不变的条件下，将磁极对数增加一倍，其他条件不变，则一根导体的感应电动势的频率会增大一倍，原来的一个整距线圈电动势会因为两个线圈边电动势相位相同而变为零。

5-11 一台4极36槽的交流电机定子上有3根导体A、B、C，分别位于1号、4号和7号槽内，已知每根导体感应的基波电动势为10V，3次谐波电动势为2V。现将这3根导体顺次串联起来（上一根导体的末端联至下一根导体的首端），所得到的总的基波电动势和3次谐波电动势分别是多大？

答：所得到的基波和3次谐波电动势分别为20V和2V。

5-12 三相单层整距分布对称绕组可以采用120°相带法分相吗？为什么？

答：三相单层整距分布对称绕组不能采用120°相带法分相，因为采用120°相带法时，三个相带则占据360°，无法再给整距线圈跨一个极距的另一个线圈边分配位置。

5-13 三相短距分布对称绕组可以采用120°相带法分相吗？为什么？采用120°相带法分相得到的相绕组感应电动势与60°相带法分相得到的相绕组感应电动势有什么不同？

答：三相短距分布对称绕组可以采用120°相带法分相，因为三相短距分布对称绕组是双层绕组，其线圈下层边的布置不受任何限制。采用120°相带法分相得到的相绕组感应电动势比60°相带法分相得到的相绕组感应电动势小。

5.5 习题解答

5-1 如图5-1所示,在同步电机转子上建立坐标系,$t=0$时刻导体1位于坐标原点处,导体2位于α_1处,导体感应电动势参考方向如图中所示。导体的有效长度为l(m),转子转速为n_1(r/min),定子内径为D(m)。气隙磁通密度分布为$b_\delta=\sum\limits_{\nu=1,3,5,\cdots}B_{\delta\nu\text{m}}\sin\nu\alpha$(T),求:

(1) 导体1、2的感应电动势随时间变化的表达式$e_1=f(t)$及$e_2=f(t)$;

(2) 分别画出两根导体的基波电动势及3次谐波电动势相量。

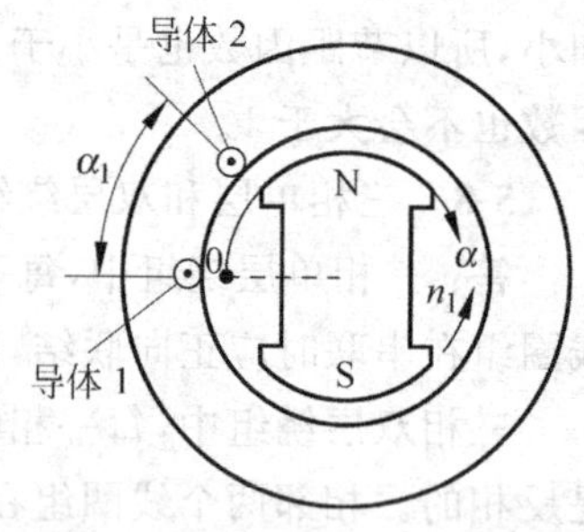

图 5-1

解:(1)由于$e=b_\delta lv$,因此导体电动势e随时间变化的波形与气隙磁通密度b_δ的空间分布波形相同。要写出导体电动势随时间变化的表达式,关键要找出其基波的初相角。

对于导体1,由图5-1可知,$t=0$时它位于$\alpha=0$处,$b_\delta=0$,于是此时$e_1=0$。按图中规定的电动势参考方向,用右手定则可知当转子再转过90°电角度时,e_1将达到正的最大值。因此e_1的基波随时间的变化规律是$\sin\omega t$,即用正弦函数表达时,其初相角为0°,其中ω为角频率,$\omega=2\pi f=2\pi\dfrac{pn_1}{60}$($p$为电机的极对数)。于是可写出$e_1$的表达式为

$$e_1=\frac{\pi Dln_1}{60}\sum_{\nu=1,3,5,\cdots}B_{\delta\nu\text{m}}\sin\nu\omega t$$

对于导体2,由图5-1可知,当转子从图示位置再转过$90°-\alpha_1$电角度时,e_2达到正最大值。也用正弦函数表示时,其基波的初角为$90°-(90°-\alpha_1)=\alpha_1$,所以$e_2$的表达式为

$$e_2=\frac{\pi Dln_1}{60}\sum_{\nu=1,3,5,\cdots}B_{\delta\nu\text{m}}\sin\nu(\omega t+\alpha_1)$$

也可以这样分析:导体1沿转子转向在空间上超前导体2 α_1电角度,因此导体1的基波电动势在时间上就滞后于导体2基波电动势α_1电角度。按这样的关系,由上面的e_1表达式就可写出e_2的表达式。

(2) 相量图如图5-2所示,其中图(a)为基波,图(b)为3次谐波。

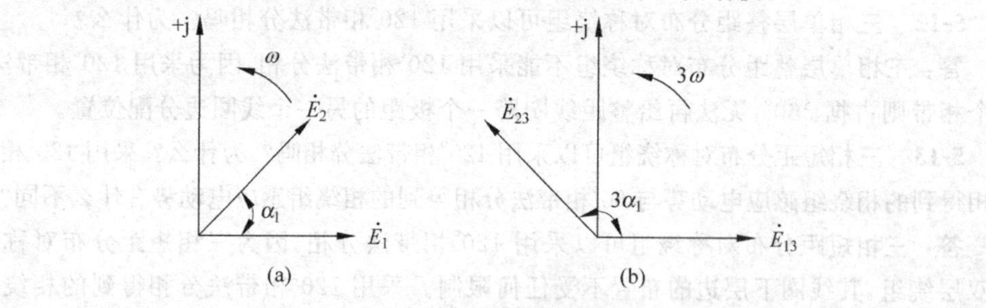

图 5-2

5-2 有一台同步发电机,定子槽数 $Q=36$,极数 $2p=4$,如图 5-3 所示。若已知第 1 槽中导体感应电动势基波瞬时值为 $e_1=\sqrt{2}E_1\sin\omega t$,试分别写出第 2、10、19 和 36 槽中导体感应电动势基波瞬时值的表达式,并画出相应的基波电动势相量图。

解:空间位置不同的各导体中基波感应电动势在时间上的相位差,等于其空间的电角度差,且沿转子转向在空间上超前的导体,其基波电动势在时间上是滞后的。由图 5-3 可知槽距角 α 为

$$\alpha = p\frac{360^\circ}{Q} = 2\times\frac{360^\circ}{36} = 20^\circ$$

由已知的 $e_1=\sqrt{2}E_1\sin\omega t$,按照上述导体基波电动势的关系,可得到第 2、10、19 和 36 槽中导体基波电动势的瞬时值表达式分别为

$$\begin{aligned}
e_2 &= \sqrt{2}E_1\sin(\omega t-20^\circ)\\
e_{10} &= \sqrt{2}E_1\sin(\omega t-180^\circ)\\
e_{19} &= \sqrt{2}E_1\sin(\omega t-360^\circ)\\
e_{36} &= \sqrt{2}E_1\sin(\omega t+20^\circ)
\end{aligned}$$

相应的基波电动势相量 $\dot{E}_1$、$\dot{E}_2$、$\dot{E}_{10}$、$\dot{E}_{19}$、$\dot{E}_{36}$ 如图 5-4 所示。

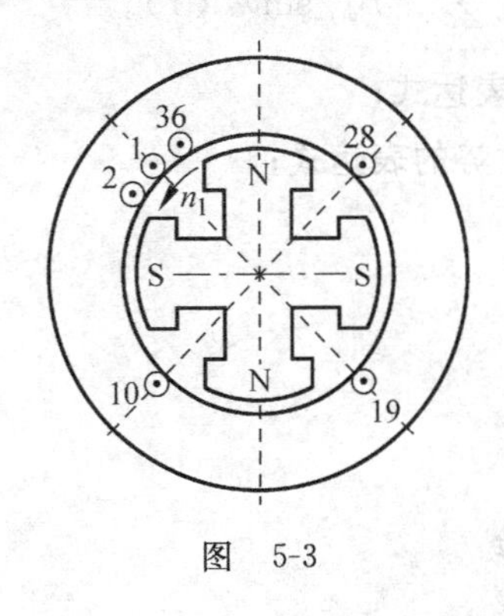

图 5-3

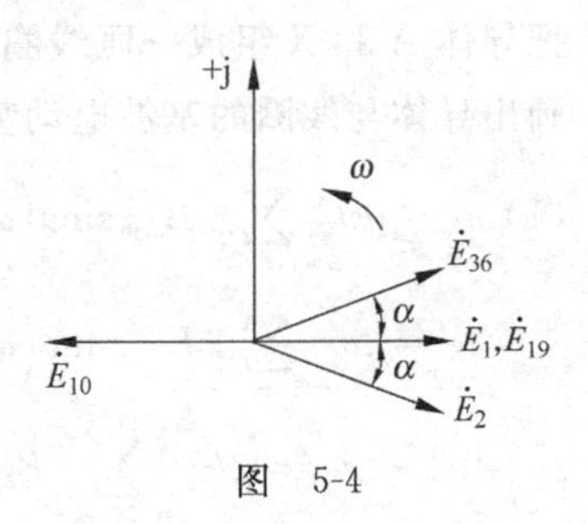

图 5-4

5-3 如图 5-5 所示,在同步电机转子上建立坐标系,$t=0$ 时刻导体 A 位于 N 极中心处,导体 X 位于 S 极中心处,导体感应电动势参考方向如图所示。导体的有效长度为 l(m),切割磁通的线速度为 v(m/s),气隙磁通密度分布为 $b_\delta=\sum\limits_{\nu=1,3,5,\cdots}B_{\delta\nu m}\sin\nu\alpha$ (T)。

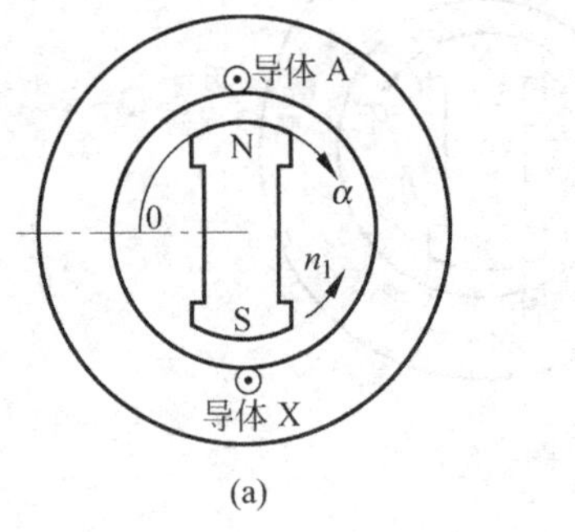

(a)

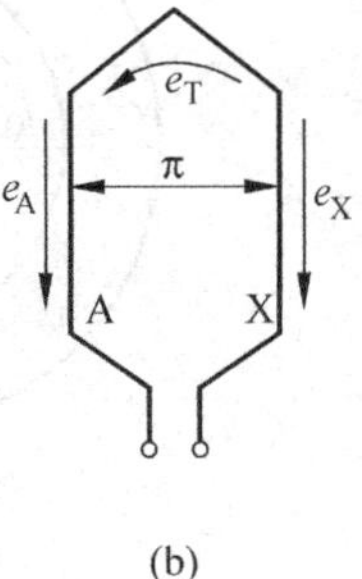

(b)

图 5-5

(1) 求导体A和X的电动势随时间变化的表达式 $e=f(t)$；

(2) 将导体A和X组成一匝线圈，在此线圈中感应的电动势为 e_T，e_T 的参考方向如图(b)所示，求其表达式 $e_T=f(t)$；

(3) 画出导体及线圈基波电动势相量图。

解：(1) $e_A = lv\sum\limits_{\nu=1,3,5,\cdots} B_{\delta\nu m}\sin\nu\left(\omega t+\frac{\pi}{2}\right)$

$$e_X = lv\sum_{\nu=1,3,5,\cdots} B_{\delta\nu m}\sin\nu\left(\omega t-\frac{\pi}{2}\right)$$

(2) $e_T = e_A - e_X = 2e_A$

$$= 2lv\sum_{\nu=1,3,5,\cdots} B_{\delta\nu m}\sin\nu\left(\omega t+\frac{\pi}{2}\right)$$

(3) 导体基波电动势 $\dot{E}_A$，$\dot{E}_X$ 及线圈基波电动势 $\dot{E}_T$ 如图5-6所示。

5-4 如图5-7所示，在同步电机转子上建立坐标系，$t=0$ 时刻导体A、X分别位于 $\frac{y\pi}{2}$ 和 $-\frac{y\pi}{2}$ 电角度处，导体感应电动势参考方向如图所示。导体的有效长度为 l(m)，切割磁通的线速度为 v(m/s)。气隙磁通密度分布为 $b_\delta = \sum\limits_{\nu=1,3,5,\cdots} B_{\delta\nu m}\sin\nu\alpha$ (T)。

(1) 求导体A和X的感应电动势随时间变化的表达式；

(2) 把导体A和X组成一匝线圈，写出线圈电动势的表达式；

(3) 画出导体与线圈的基波电动势相量图。

解：(1) $e_A = lv\sum\limits_{\nu=1,3,5,\cdots} B_{\delta\nu m}\sin\nu\left(\omega t+\frac{y\pi}{2}\right)$

$$e_X = lv\sum_{\nu=1,3,5,\cdots} B_{\delta\nu m}\sin\nu\left(\omega t-\frac{y\pi}{2}\right)$$

(2) $e_T = e_A - e_X = 2lv\sum\limits_{\nu=1,3,5,\cdots} B_{\delta\nu m}\sin\nu\frac{y\pi}{2}\cos\nu\omega t$

(3) 导体与及线圈的基波电动势相量图如图5-8所示。

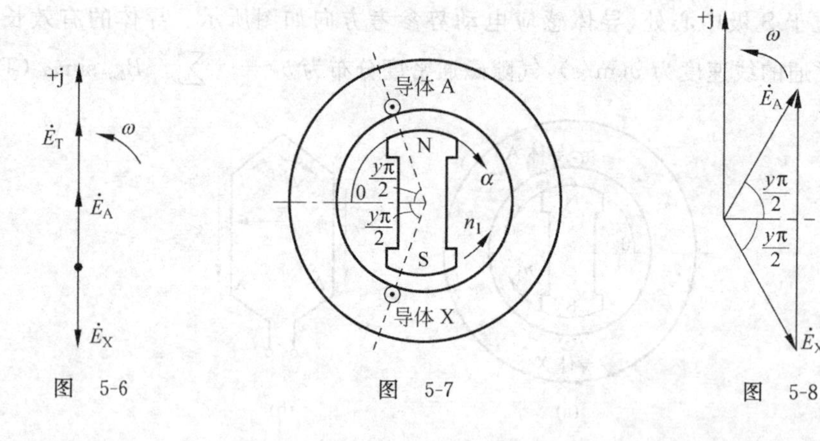

图 5-6　图 5-7　图 5-8

5-5 一对极的电机定子上放置了相距150°空间电角度的两根导体A与X,导体电动势的参考方向如图5-9所示。原动机拖动电机转子逆时针方向以 n_1 的转速恒速旋转时,每根导体感应的基波、3次、5次和7次谐波电动势有效值分别为10V、3V、2V和1.5V。把A、X两根导体组成线匝,线匝电动势 $e_T=e_A-e_X$。

(1) 该短距线匝的基波电动势有效值是多少?

(2) 画出图中所示瞬间两根导体A、X以及线匝的基波电动势相量在复平面上的位置;

(3) 该短距线匝3次、5次和7次谐波电动势有效值分别是多少?

解:(1)短距线匝的基波节距因数为

$$k_{p1} = \sin\frac{y_1}{\tau_p}\times 90° = \sin\frac{150°}{180°}\times 90° = 0.9659$$

基波电动势有效值为

$$E_{K1} = 2k_{p1}E_{A1} = 2\times 0.9659\times 10 = 19.3\text{V}$$

(2) 导体A、X以及线匝的基波电动势相量图如图5-10所示。

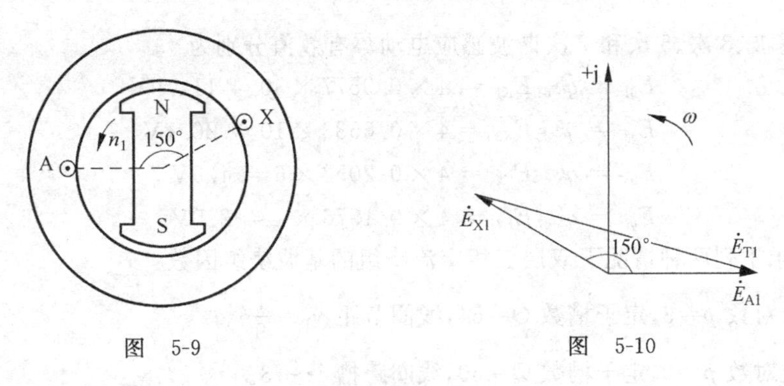

图 5-9　　　　图 5-10

(3) 短距线匝的3次、5次和7次谐波节距因数分别为

$$k_{p3} = \sin\frac{3y_1}{\tau_p}\times 90° = \sin 3\times\frac{150°}{180°}\times 90° = -0.7071$$

$$k_{p5} = \sin\frac{5y_1}{\tau_p}\times 90° = \sin 5\times\frac{150°}{180°}\times 90° = 0.2588$$

$$k_{p7} = \sin\frac{7y_1}{\tau_p}\times 90° = \sin 7\times\frac{150°}{180°}\times 90° = 0.2588$$

短距线匝的3次、5次和7次谐波电动势有效值分别为

$$E_{K3} = 2k_{p3}E_{A3} = 2\times 0.7071\times 3 = 4.2\text{V}$$

$$E_{K5} = 2k_{p5}E_{A5} = 2\times 0.2588\times 2 = 1.0\text{V}$$

$$E_{K7} = 2k_{p7}E_{A7} = 2\times 0.2588\times 1.5 = 0.78\text{V}$$

5-6 一台交流电机,在它的定子上依次均匀放置了4个整距线圈,相邻两个整距线圈之间的槽距角 $\alpha=15°$ 空间电角度。已知每个整距线圈的基波、3次、5次和7次谐波电动势有效值分别为30V、10V、6V和4V。现将这些整距线圈按首、末端相联构成线圈组,求该线圈组的基波、3次、5次和7次谐波电动势有效值。

解：基波、3次、5次和7次谐波的分布因数分别为

$$k_{d1}=\frac{\sin q\frac{\alpha}{2}}{q\sin\frac{\alpha}{2}}=\frac{\sin 4\times\frac{15^\circ}{2}}{4\sin\frac{15^\circ}{2}}=0.9577$$

$$k_{d3}=\frac{\sin q\frac{3\alpha}{2}}{q\sin\frac{3\alpha}{2}}=\frac{\sin 4\times\frac{3\times15^\circ}{2}}{4\sin\frac{3\times15^\circ}{2}}=0.6533$$

$$k_{d5}=\frac{\sin q\frac{5\alpha}{2}}{q\sin\frac{5\alpha}{2}}=\frac{\sin 4\times\frac{5\times15^\circ}{2}}{4\sin\frac{5\times15^\circ}{2}}=0.2053$$

$$k_{d7}=\frac{\sin q\frac{7\alpha}{2}}{q\sin\frac{7\alpha}{2}}=\frac{\sin 4\times\frac{7\times15^\circ}{2}}{4\sin\frac{7\times15^\circ}{2}}=-0.1576$$

线圈组的基波、3次、5次和7次谐波感应电动势有效值分别为

$$E_{q1}=qk_{d1}E_{K1}=4\times0.9577\times30=114.9\text{V}$$

$$E_{q3}=qk_{d3}E_{K3}=4\times0.6533\times10=26.1\text{V}$$

$$E_{q5}=qk_{d5}E_{K5}=4\times0.2053\times6=4.9\text{V}$$

$$E_{q7}=qk_{d7}E_{K7}=4\times0.1576\times4=2.5\text{V}$$

5-7 求下列两种情况下双层三相交流绕组的基波绕组因数：

(1) 极对数 $p=3$，定子槽数 $Q=54$，线圈节距 $y_1=\frac{7}{9}\tau_p$；

(2) 极对数 $p=2$，定子槽数 $Q=60$，线圈跨槽1～13。

解：(1) 基波绕组因数分别为

$$k_{d1}=0.9598,\quad k_{p1}=0.9397,\quad k_{dp1}=0.9019$$

(2) 由已知可得

$$\tau_p=\frac{Q}{2p}=\frac{60}{2\times2}=15$$

$$y_1=12$$

于是有

$$k_{d1}=0.9567,\quad k_{p1}=0.9511,\quad k_{dp1}=0.91$$

5-8 一台4极、50Hz的三相交流电机，定子内径为0.74m，铁心长度为1.52m，定子绕组为双层绕组，每极每相槽数为3，线圈节距为7，每个线圈2匝，并联支路数为1。已知气隙基波磁通密度为 $b_{\delta1}=1.2\cos\alpha$(T)(坐标在转子上)，求每个线圈和每相绕组中的基波电动势。

解：基波每极磁通量为

$$\Phi_1=B_{\delta1\text{av}}\tau_p l=\frac{2}{\pi}B_{\delta1\text{m}}\frac{\pi D}{2p}\cdot l$$

$$=\frac{2}{\pi}\times1.2\times\frac{0.74\pi}{4}\times1.52=0.6749\text{Wb}$$

线圈的基波节距因数为

$$k_{p1}=\sin\frac{y_1}{\tau_p}\times 90°=\sin\frac{7}{9}\times 90°=0.9397$$

线圈的基波电动势为

$$\begin{aligned}E_{K1}&=4.44fN_Kk_{p1}\Phi_1\\&=4.44\times 50\times 2\times 0.9397\times 0.6749\\&=281.6\text{V}\end{aligned}$$

槽距角为

$$\alpha=\frac{60°}{q}=\frac{60°}{3}=20°$$

线圈的基波分布因数为

$$k_{d1}=\frac{\sin q\dfrac{\alpha}{2}}{q\sin\dfrac{\alpha}{2}}=\frac{\sin 3\times\dfrac{20°}{2}}{3\times\sin\dfrac{20°}{2}}=0.9598$$

线圈的基波绕组因数为

$$k_{dp1}=k_{d1}k_{p1}=0.9397\times 0.9598=0.9019$$

每相串联匝数为

$$N_1=\frac{2pqN_K}{a}=\frac{2\times 2\times 3\times 2}{1}=24$$

每相绕组中的基波电动势为

$$\begin{aligned}E_1&=4.44fN_1k_{dp1}\Phi_1\\&=4.44\times 50\times 24\times 0.9019\times 0.6749\\&=3243.1\text{V}\end{aligned}$$

5-9 一台三相同步发电机，极对数 $p=3$，额定转速 $n_1=1000\text{r/min}$，定子每相串联匝数 $N_1=125$，基波绕组因数 $k_{dp1}=0.92$。如果每相基波感应电动势为 $E_1=230\text{V}$，求每极磁通量 Φ_1。

解：先由转速求出频率为

$$f=\frac{pn_1}{60}=\frac{3\times 1000}{60}=50\text{Hz}$$

再由 $E_1=4.44fN_1\Phi_1k_{dp1}$ 可求出

$$\Phi_1=0.9009\times 10^{-2}\text{Wb}$$

5-10 一台星形联结、50Hz、12 极的三相同步发电机，定子槽数为 180，上面布置双层绕组，每个槽中有 16 根导体，线圈节距为 12，并联支路数为 1。试求：

(1) 基波绕组因数 k_{dp1}；

(2) 要使空载基波线电动势为 1380V，每极磁通量 Φ_1 应是多少？

解：(1) 已知 $m=3$，$Q=180$，$2p=12$，$N_K=8$，$y_1=12$，$a=1$，$f=50\text{Hz}$，则

$$\tau_p=\frac{Q}{2p}=\frac{180}{12}=15$$

$$\alpha = p\frac{360^\circ}{Q} = 6\times\frac{360^\circ}{180} = 12^\circ$$

$$q = \frac{Q}{2pm} = \frac{180}{12\times 3} = 5$$

$$k_{d1} = \frac{\sin q\frac{\alpha}{2}}{q\sin\frac{\alpha}{2}} = \frac{\sin 5\times\frac{12^\circ}{2}}{5\times\sin\frac{12^\circ}{2}} = 0.9567$$

$$k_{p1} = \sin\frac{y_1}{\tau_p}\times 90^\circ = \sin\frac{12}{15}\times 90^\circ = 0.9511$$

$$k_{dp1} = k_{d1}k_{p1} = 0.9567\times 0.9511 = 0.91$$

（2）基波相电动势为

$$E_{\phi 1} = \frac{E_0}{\sqrt{3}} = \frac{1380}{\sqrt{3}} = 796.74\text{V}$$

因每槽中有16根导体，故线圈匝数 $N_K=8$，于是

$$N_1 = \frac{2pqN_K}{a} = \frac{12\times 5\times 8}{1} = 480$$

$$\Phi_1 = \frac{E_{\phi 1}}{4.44fN_1k_{dp1}} = \frac{796.74}{4.44\times 50\times 480\times 0.91} = 0.008216\text{Wb}$$

5-11　一台三相4极交流电机，定子有36个槽，布置60°相带双层绕组，线圈节距为7。如果每个线圈为10匝，每相绕组的所有线圈均为串联，则当三相绕组星形联结，线电动势为380V、50Hz时，每极磁通量是多少？如果要求线电动势为110V、50Hz，要保持其产生的每极磁通量不变，则定子绕组应如何联结？

解：已知 $m=3, p=2, Q=36, y_1=7, N_K=10$，则

$$\tau_p = \frac{Q}{2p} = \frac{36}{4} = 9$$

$$\alpha = p\frac{360^\circ}{Q} = \frac{2\times 360^\circ}{36} = 20^\circ$$

$$q = \frac{Q}{2pm} = \frac{36}{4\times 3} = 3$$

$$k_{d1} = \frac{\sin q\frac{\alpha}{2}}{q\sin\frac{\alpha}{2}} = \frac{\sin 3\times\frac{20^\circ}{2}}{3\times\sin\frac{20^\circ}{2}} = 0.9598$$

$$k_{p1} = \sin\frac{y_1}{\tau_p}\times 90^\circ = \sin\frac{7}{9}\times 90^\circ = 0.9397$$

$$k_{dp1} = k_{d1}k_{p1} = 0.9598\times 0.9397 = 0.9019$$

当一相的所有线圈均串联时，$a=1$，则

$$N_1 = \frac{2pqN_K}{a} = \frac{4\times 3\times 10}{1} = 120$$

线电动势为380V时，相电动势为 $E_{\phi 1} = \frac{380}{\sqrt{3}} = 220\text{V}$，则基波每极磁通量为

$$\Phi_1=\frac{E_{\phi1}}{4.44fN_1k_{dp1}}=\frac{220}{4.44\times50\times120\times0.9019}=0.00916\text{Wb}$$

要保持 Φ_1 不变，若绕组联结不变，则 $E_{\phi1}$ 应不变，而在线电动势为 110V 时，$E_{\phi1}$ 最大可能为 110V（三角形联结时），是原来的一半。因此要使 Φ_1 不变，N_1 必须减少一半，应使 $a=2$。所以，绕组的联结方法应为三相绕组用三角形联结，每相绕组并联支路数 $a=2$。

5-12 一台 50Hz、星形联结的三相同步电机，转子励磁绕组产生的每极磁通量为 0.1Wb，气隙 3 次谐波磁通密度的幅值 $B_{\delta3m}$ 为基波磁通密度幅值 $B_{\delta1m}$ 的 20%，5 次谐波磁通密度幅值 $B_{\delta5m}$ 为 $B_{\delta1m}$ 的 10%，每相绕组串联导体数为 320，绕组因数为 $k_{dp1}=0.95$，$k_{dp3}=-0.604$，$k_{dp5}=0.163$。求每相绕组空载电动势的基波和 3、5 次谐波的有效值以及总的相电动势和线电动势的有效值。

解：由于每相绕组总的串联导体数为 320，因此 $N_1=\frac{320}{2}=160$。

因为 $B_{\delta3m}=0.2B_{\delta1m}$，　$B_{\delta5m}=0.1B_{\delta1m}$，所以有

$$\Phi_3=\frac{1}{3}\cdot\frac{B_{\delta3m}}{B_{\delta1m}}\Phi_1=\frac{1}{3}\times0.2\times0.1=0.00667\text{Wb}$$

$$\Phi_5=\frac{1}{5}\cdot\frac{B_{\delta5m}}{B_{\delta1m}}\Phi_1=\frac{1}{5}\times0.1\times0.1=0.002\text{Wb}$$

则

$$\begin{aligned}E_{\phi1}&=4.44fN_1\Phi_1k_{dp1}\\&=4.44\times50\times160\times0.1\times0.95=3374.4\text{V}\\E_{\phi3}&=3\times4.44fN_1\Phi_3k_{dp3}\\&=3\times4.44\times50\times160\times0.00667\times0.604=429.3\text{V}\\E_{\phi5}&=5\times4.44fN_1\Phi_5k_{dp5}\\&=5\times4.44\times50\times160\times0.002\times0.163=57.9\text{V}\end{aligned}$$

相电动势的有效值为

$$E_\phi=\sqrt{E_{\phi1}^2+E_{\phi3}^2+E_{\phi5}^2}=\sqrt{3374.4^2+429.3^2+57.9^2}=3402.1\text{V}$$

线电动势的有效值为

$$E_1=\sqrt{3}\times\sqrt{E_{\phi1}^2+E_{\phi5}^2}=\sqrt{3}\times\sqrt{3374.4^2+57.9^2}=5845.5\text{V}$$

5-13 有一台三相同步发电机，$2p=2$，3000r/min，定子槽数 $Q=60$，绕组为双层绕组，每相串联匝数 $N_1=20$，每极磁通量 $\Phi_1=1.505\text{Wb}$，试求：

（1）基波电动势的频率、整距时基波的绕组因数和相电动势；

（2）整距时 5 次谐波的绕组因数；

（3）如要消除 5 次谐波，绕组节距应选多少？此时基波电动势变为多少？

解：（1）基波电动势的频率为

$$f=\frac{pn_1}{60}=\frac{1\times3000}{60}=50\text{Hz}$$

可求出

$$k_{dp1}=k_{d1}=0.9554,$$

$$E_{\phi1} = 6384.2\text{V}$$

(2) $k_{\text{dp5}}=k_{\text{d5}}=0.1932$

(3) 应取 $y_1=24$,此时 $E_{\phi1}=6072\text{V}$。

5-14 一台三相异步电动机,定子采用双层分布短距绕组,Y联结。已知定子槽数 $Q=36$,极对数 $p=3$,线圈节距 $y_1=5$,每个线圈串联匝数 $N_K=20$,并联支路数 $a=1$,频率 $f=50\text{Hz}$,基波和5、7次谐波的每极磁通量分别为 $\Phi_1=0.00398\text{Wb}$,$\Phi_5=0.0004\text{Wb}$,$\Phi_7=0.00001\text{Wb}$。求:

(1) 导体基波电动势有效值;

(2) 线匝基波电动势有效值;

(3) 线圈基波电动势有效值;

(4) 极相组基波电动势有效值;

(5) 相绕组基波电动势有效值;

(6) 每相绕组5次、7次谐波电动势的有效值。

解:(1) 导体基波电动势有效值

$$E_1 = 2.22 f\Phi_1 = 2.22\times 50\times 0.00398 = 0.442\text{V}$$

(2) 先计算基波节距因数

$$\tau_p = \frac{Q}{2p} = \frac{36}{2\times 3} = 6$$

$$y = \frac{y_1}{\tau_p} = \frac{5}{6}$$

$$k_{p1} = \sin y\frac{\pi}{2} = \sin\frac{y_1}{\tau_p}\frac{\pi}{2} = \sin\frac{5}{6}\frac{\pi}{2} = 0.9659$$

于是短距线匝基波电动势有效值为

$$E_{T1} = 4.44 f k_{p1}\Phi_1 = 4.44\times 50\times 0.9659\times 0.00398 = 0.853\text{V}$$

(3) 线圈基波电动势有效值为

$$E_{K1} = 4.44 f N_K k_{p1}\Phi_1 = 4.44\times 50\times 20\times 0.9659\times 0.00398 = 17.1\text{V}$$

(4) 每极每相槽数

$$q = \frac{Q}{2pm} = \frac{36}{2\times 3\times 3} = 2$$

槽距角 α

$$\alpha = \frac{p\times 360^\circ}{Q} = \frac{3\times 360^\circ}{36} = 30^\circ$$

基波分布因数

$$k_{d1} = \frac{\sin q\dfrac{\alpha}{2}}{q\sin\dfrac{\alpha}{2}} = \frac{\sin 2\times\dfrac{30^\circ}{2}}{2\sin\dfrac{30^\circ}{2}} = 0.9659$$

基波绕组因数

$$k_{dp1} = k_{p1}k_{d1} = 0.9659 \times 0.9659 = 0.933$$

极相组基波电动势有效值为

$$E_{q1} = 4.44 fqN_K k_{dp1}\Phi_1 = 4.44 \times 50 \times 2 \times 20 \times 0.933 \times 0.00398 = 32.97\text{V}$$

(5) 每相绕组串联匝数为

$$N_1 = \frac{2pqN_K}{a} = \frac{2 \times 3 \times 2 \times 20}{1} = 240$$

相绕组基波电动势有效值为

$$\begin{aligned} E_{\phi1} &= 4.44 fN_1 k_{dp1}\Phi_1 \\ &= 4.44 \times 50 \times 240 \times 0.933 \times 0.00398 \\ &= 197.8\text{V} \end{aligned}$$

或

$$E_{\phi1} = \frac{2p}{a}E_{q1} = \frac{2 \times 3}{1} \times 32.97 = 197.8\text{V}$$

(6) 5 次和 7 次谐波节距因数分别为

$$k_{p5} = \sin 5y\frac{\pi}{2} = \sin 5 \times \frac{5}{6}\frac{\pi}{2} = 0.2588$$

$$k_{p7} = \sin 7y\frac{\pi}{2} = \sin 7 \times \frac{5}{6}\frac{\pi}{2} = 0.2588$$

5 次和 7 次谐波分布因数分别为

$$k_{d5} = \frac{\sin q\frac{5\alpha}{2}}{q\sin\frac{5\alpha}{2}} = \frac{\sin 2 \times \frac{5 \times 30°}{2}}{2\sin\frac{5 \times 30°}{2}} = 0.2588$$

$$k_{d7} = \frac{\sin q\frac{7\alpha}{2}}{q\sin\frac{7\alpha}{2}} = \frac{\sin 2 \times \frac{7 \times 30°}{2}}{2\sin\frac{7 \times 30°}{2}} = -0.2588$$

5 次和 7 次谐波绕组因数分别为

$$k_{dp5} = k_{p5}k_{d5} = 0.2588 \times 0.2588 = 0.067$$

$$k_{dp7} = k_{p7}k_{d7} = 0.2588 \times (-0.2588) = -0.067 \text{(负号不考虑)}$$

一相绕组 5 次谐波电动势有效值为

$$\begin{aligned} E_{\phi5} &= 4.44 \times 5fN_1 k_{dp5}\Phi_5 \\ &= 4.44 \times 5 \times 50 \times 240 \times 0.067 \times 0.0004 = 7.14\text{V} \end{aligned}$$

一相绕组 7 次谐波电动势有效值为

$$\begin{aligned} E_{\phi7} &= 4.44 \times 7fN_1 k_{dp7}\Phi_7 \\ &= 4.44 \times 7 \times 50 \times 240 \times 0.067 \times 0.00001 = 0.25\text{V} \end{aligned}$$

从以上计算结果可看出，绕组采用了短距分布后，基波电动势被削减得较少，而谐波电动势却被大大削弱了。

5-15 一台三相同步发电机，额定频率 $f_N=50\text{Hz}$，额定转速 $n_N=1000\text{r/min}$，定子绕组为双层短距绕组，$q=2$，每相串联匝数 $N_1=72$，绕组节距 $y_1=\frac{5}{6}\tau_p$，并联支路数 $a=1$，试求：

(1) 极对数 p；

(2) 定子槽数 Q；

(3) 画出电动势星形相量图；

(4) 画出绕组展开图(只画一相，其他两相只画引出线)；

(5) 绕组因数 k_{dp1}、k_{dp3}、k_{dp5}、k_{dp7}。

解：(1) 极对数

$$p=\frac{60f_N}{n_N}=\frac{60\times 50}{1000}=3$$

(2) 定子槽数

$$Q=2pmq=2\times 3\times 3\times 2=36$$

(3) 由已知可得

$$\alpha=p\,\frac{360^\circ}{Q}=3\times\frac{360^\circ}{36}=30^\circ$$

画出电动势星形相量图，如图 5-11 所示。

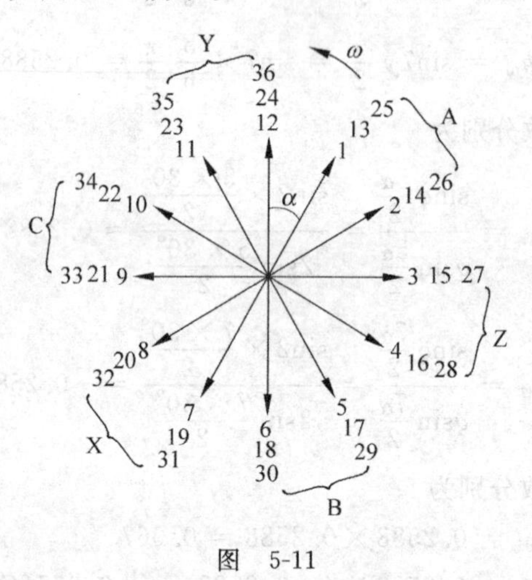

图 5-11

(4) 由已知可得

$$\tau_p=\frac{Q}{2p}=\frac{36}{2\times 3}=6$$

$$y_1=\frac{5}{6}\tau_p=\frac{5}{6}\times 6=5$$

画出一相绕组展开图，如图 5-12 所示。

(5) 绕组因数分别为

$$k_{d1}=0.9659,\quad k_{p1}=0.9659,\quad k_{dp1}=0.933$$

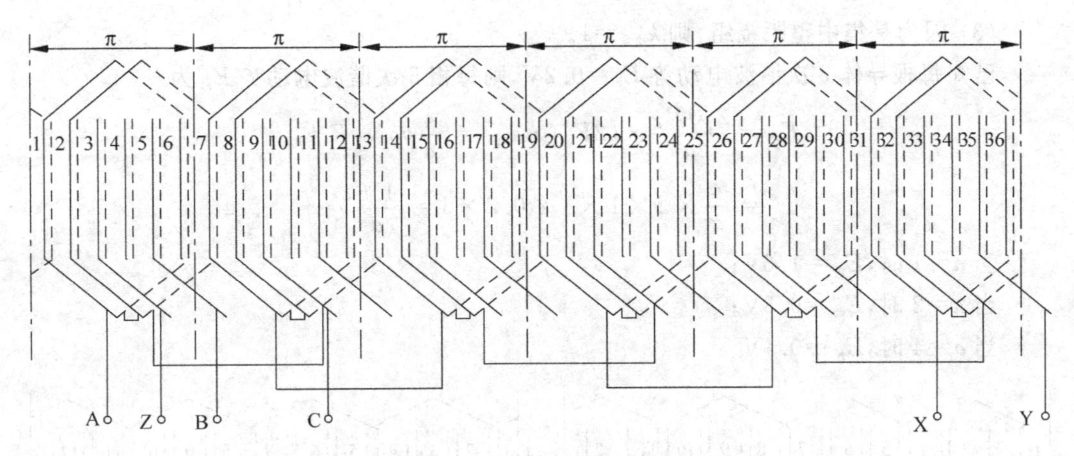

图 5-12

$$k_{d3} = 0.707, \quad k_{p3} = -0.707, \quad k_{dp3} = -0.5$$

$$k_{d5} = 0.2588, \quad k_{p5} = 0.2588, \quad k_{dp5} = 0.067$$

$$k_{d7} = -0.2588, \quad k_{p7} = 0.2588, \quad k_{dp7} = -0.067$$

5-16 已知相数 $m=3$，极对数 $p=2$，每极每相槽数 $q=1$，线圈节距为整距。

(1) 画出并联支路数 $a=1$、2 和 4 三种情况的双层绕组；

(2) 若每槽有两根导体，每根导体产生 1V 的基波电动势(有效值)，以上的绕组每相分别能产生多大的基波电动势？

(3) 5 次谐波磁通密度在每根导体上感应 0.2V(有效值)电动势，以上绕组每相分别能产生多大的 5 次谐波电动势？

解：(1) 以双层叠绕组为例，

$$Q = 2pmq = 2 \times 2 \times 3 \times 1 = 12$$

$$\tau_p = mq = 3 \times 1 = 3$$

$$y_1 = \tau_p = 3$$

$$\alpha = p\frac{360^\circ}{Q} = \frac{2 \times 360^\circ}{12} = 60^\circ$$

$a=1$、2 和 4 三种情况的双层绕组展开图(一相)分别如图 5-13(a)、(b)、(c)所示。

(2) 整距绕组的 $k_{p1}=1$，因 $q=1$，则为集中绕组，所以 $k_{d1}=1$，则 $k_{dp1}=1$。

已知每根导体基波电动势 $E_1=1\text{V}$，线圈匝数 $N_K=1$，则每相基波电动势 $E_{\phi 1}$ 为

$$E_{\phi 1} = \frac{2pqN_K}{a} \cdot (2E_1) \cdot k_{dp1} = \frac{4}{a}pqN_K E_1 k_{dp1}$$

$$= \frac{4}{a} \times 2 \times 1 \times 1 \times 1 \times 1 = \frac{8}{a}\text{V}$$

当 $a=1$ 时，$E_{\phi 1}=8\text{V}$；

当 $a=2$ 时，$E_{\phi 1}=4\text{V}$；

当 $a=4$ 时，$E_{\phi 1}=2\text{V}$。

(3) 因为是集中整距绕组，则 $k_{dp5}=1$。

已知每根导体5次谐波电动势 $E_5=0.2\text{V}$，则每相5次谐波电动势 $E_{\phi5}$ 为

$$E_{\phi5}=\frac{2pqN_K}{a}\cdot(2E_5)\cdot k_{dp5}=\frac{4}{a}pqN_KE_5k_{dp5}$$

$$=\frac{4}{a}\times2\times1\times1\times0.2\times1=\frac{1.6}{a}\text{V}$$

当 $a=1$ 时，$E_{\phi5}=1.6\text{V}$；

当 $a=2$ 时，$E_{\phi5}=0.8\text{V}$；

当 $a=4$ 时，$E_{\phi5}=0.4\text{V}$。

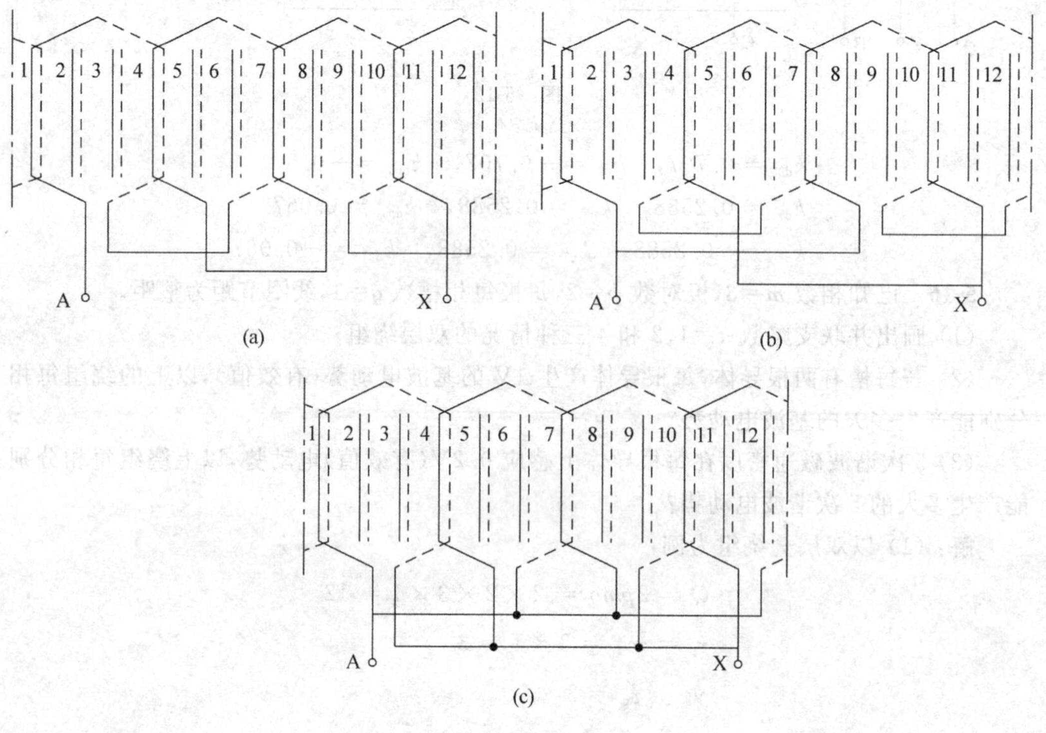

图 5-13

第6章 交流绕组的磁动势

6.1 知识结构

6.1.1 主要知识点

1. 一相集中整距绕组的磁动势

一相集中整距绕组通入交流电流产生的磁动势为矩形脉振磁动势波，磁动势沿气隙圆周以绕组轴线为对称轴矩形分布，矩形波的幅值在时间上随电流瞬时值正比变化。对矩形波磁动势进行分解，可以得到基波和一系列奇数次的谐波磁动势。

基波和ν次谐波磁动势统一表示为$f_{K\nu}=\pm F_{K\nu}\cos\omega t\cos\nu\alpha$（$\nu=1$表示基波，当$\nu=1,5,9,\cdots$时，取正号；当$\nu=3,7,11,\cdots$时，取负号），其中$F_{K\nu}=\dfrac{1}{\nu}\dfrac{4}{\pi}\dfrac{\sqrt{2}}{2}N_K I_K$，是$\nu$次谐波磁动势的最大振幅。$\nu$次谐波磁动势具有以下特点：

(1) ν次谐波磁动势为脉振磁动势，振幅位置始终在线圈轴线处，振幅大小随时间变化；

(2) ν次谐波磁动势是空间电角度α的函数，在空间上以绕组轴线为对称轴呈余弦分布，极对数为基波的ν倍，波长为基波的$\dfrac{1}{\nu}$；

(3) ν次谐波磁动势也是时间电角度ωt的函数，空间不同位置处的磁动势都随时间按电流i的变化规律（$\cos\omega t$）而变化；

(4) ν次谐波磁动势的最大振幅与线圈匝数和交流电流的有效值大小成正比。

绕组通入直流电流只是交流电流的特例。

2. 空间矢量

与时间上正弦变化的电压和电流等可以用时间相量表示类似，在空间上正弦分布的磁动势波可以采用空间矢量表示，空间矢量只具有幅值和幅值所在的位置两个要素。空间矢量使磁动势的表示更为简洁，与时间相量一致，它为今后将时间相量图和空间矢量图画在一张图中提供了方便。

3. 短距、分布对磁动势的影响

短距线圈的基波磁动势最大振幅是在整距线圈基波磁动势最大振幅基础上乘以基波节距因数k_{p1}，基波节距因数$k_{p1}=\sin y\dfrac{\pi}{2}$。

分布线圈组基波磁动势最大振幅是在集中线圈的基波磁动势最大振幅基础上乘以基波分布因数 k_{d1}，基波分布因数 $k_{d1}=\dfrac{\sin q\dfrac{\alpha}{2}}{q\sin\dfrac{\alpha}{2}}$。

短距线圈和分布线圈组的 ν 次谐波磁动势的最大振幅分别为整距线圈和集中线圈的谐波磁动势最大振幅乘以 ν 次谐波节距因数和分布因数，ν 次谐波节距因数 $k_{p\nu}=\sin\nu y\dfrac{\pi}{2}$，分布因数$k_{d\nu}=\dfrac{\sin q\dfrac{\nu\alpha}{2}}{q\sin\dfrac{\nu\alpha}{2}}$。

绕组的短距和分布使基波和各次谐波磁动势的幅值减小，但谐波磁动势减小的幅度比基波磁动势的大得多，因此能够起到削弱谐波磁动势和改善磁动势波形的作用。

4. 三相交流绕组的磁动势

对称三相绕组中通入对称的三相电流产生的合成磁动势，包含基波和各奇数次的谐波磁动势。

(1) 基波磁动势

三相合成基波磁动势为 $f_1=F_1\cos(\alpha-\omega t)$，其中 $F_1=\dfrac{3}{2}\dfrac{4}{\pi}\dfrac{\sqrt{2}}{2}\dfrac{N_1k_{dp1}I}{p}$，具有以下特点：

① 三相电流流过三相对称绕组产生的基波磁动势是旋转磁动势，其幅值不变，为基波脉振磁动势最大振幅的$\dfrac{3}{2}$倍；

② 三相合成基波磁动势的极对数和一相基波脉振磁动势的一样，波长也一样；

③ 三相合成基波磁动势的旋转方向是朝$+\alpha$ 方向，即由电流超前相绕组的轴线转向电流滞后相绕组的轴线，与三相电流的相序和三相绕组的空间布置有关；

④ 三相合成基波旋转磁动势幅值在 $\alpha=\omega t$ 处，当某一相电流达到正最大值时，三相合成基波旋转磁动势的正幅值正好位于该相绕组的轴线处；

⑤ 三相合成基波磁动势旋转的速度 $n_1=\dfrac{60f}{p}$，旋转的电角速度与电流交变的角频率相同。

(2) 谐波磁动势

三相合成 3 次以及 3 的整数倍次谐波磁动势为零；三相合成 $6k-1$ 次磁动势为 $f_\nu=F_\nu\cos(\nu\alpha+\omega t)$；三相合成 $6k+1$ 次谐波磁动势为 $f_\nu=F_\nu\cos(\nu\alpha-\omega t)$；式中，$F_\nu=\dfrac{1}{\nu}\dfrac{3}{2}\dfrac{4}{\pi}\dfrac{\sqrt{2}}{2}\dfrac{N_1k_{dp\nu}I}{p}$，为三相 ν 次谐波合成磁动势的幅值。三相合成 ν 次谐波磁动势的极对数是基波的 ν 倍，转速为基波的$\dfrac{1}{\nu}$。当 $\nu=6k-1$ 时，转向为朝$-\alpha$ 方向；当 $\nu=6k+1$ 时，转向为朝$+\alpha$ 方向。

6.1.2 知识关联图

交流绕组的磁动势

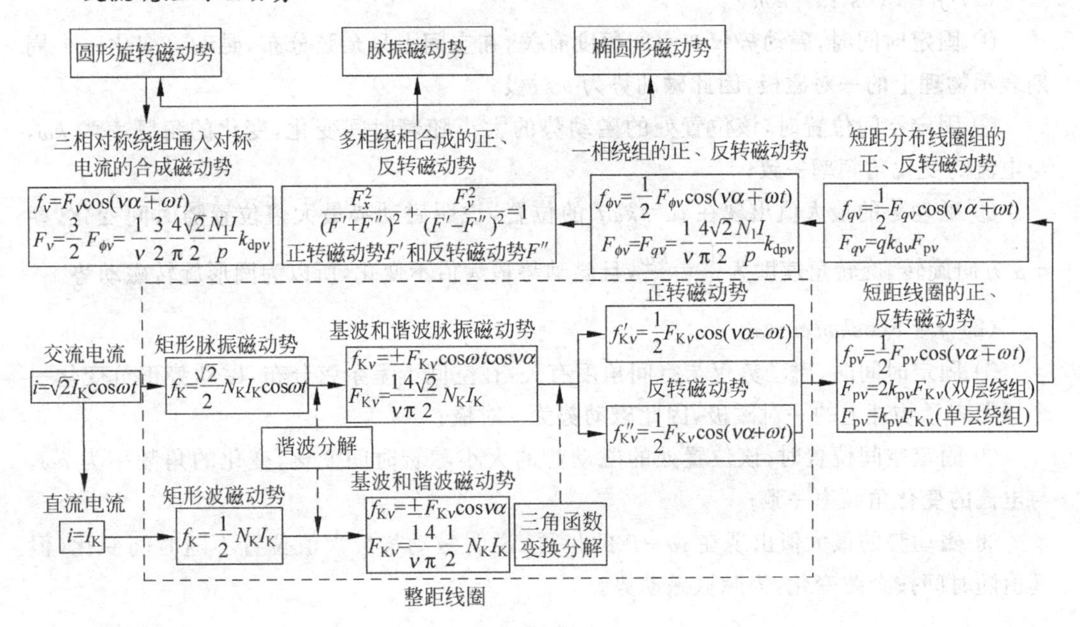

6.2 重点与难点

1. 脉振磁动势的分解

对基波脉振磁动势进行三角变换：

$$f_{K1}=F_{K1}\cos\omega t\cos\alpha=\frac{1}{2}F_{K1}\cos(\alpha-\omega t)+\frac{1}{2}F_{K1}\cos(\alpha+\omega t)$$

(1) 一个脉振磁动势波可以分解为两个旋转磁动势波，两者的幅值均为脉振波最大振幅的一半，极对数和波长都与脉振波相同。两者朝相反方向旋转，旋转电角速度绝对值都为 ω，与电流的角频率相等。

(2) 当电流为正的最大值时，两个旋转波的正幅值正好都转到 $\alpha=0$ 处，两个旋转波重叠在一起，形成振幅为最大值的脉振波。

2. 多相绕组磁动势的合成

分析多相绕组通入交流电流产生的磁动势时，先将各绕组产生的脉振磁动势分解为正转和反转磁动势，将所有绕组的正、反转磁动势分别合成得到总的合成正、反转磁动势 F' 和 F''，两者再合成得到最终的磁动势。根据合成正、反转磁动势幅值大小的关系，最终的磁动势可能为：圆形旋转磁动势、椭圆形旋转磁动势或脉振磁动势。

(1) 当 $F''=0$(或 $F'=0$)时，合成磁动势为正转(或反转)圆形磁动势；

(2) 当 $F'=F''$时，合成磁动势为脉振磁动势；

(3) 当 $F'\neq F''$时，合成磁动势为椭圆形磁动势。

3. 磁动势数学表达式的物理意义

一般地，磁动势既是时间函数，也是空间函数，数学表达式较复杂。具体分析时，可以分别固定时间、固定空间位置和找磁动势最大值位置来分析磁动势的特征。以两个典型磁动势表示为例说明。

(1) $f=F\cos(\nu\alpha-k\omega t)$

① 固定时间时,磁动势仅与空间角度有关,在空间上呈余弦分布,磁动势变化一个周期表示物理上的一对磁极,因此磁动势为 ν 对极;

② 固定空间位置时,该位置处的磁动势的大小随着时间变化,变化的角频率为 $k\omega$,与电流的变化角频率一致;

③ 磁动势的最大值出现在 $\nu\alpha=k\omega t$ 的位置,说明磁动势最大值位置随时间变化,朝 $+\alpha$ 方向旋转,旋转角速度为$\frac{\mathrm{d}\alpha}{\mathrm{d}t}=\frac{k\omega}{\nu}$,且磁动势最大值不变化,所以为圆形旋转磁动势。

(2) $f=F\cos k\omega t\cos\nu\alpha$

① 固定时间时,磁动势仅与空间角度有关,在空间上呈余弦分布,磁动势正负变化一个周期表示物理上的一对磁极,因此磁动势为 ν 对极;

② 固定空间位置时,该位置处的磁动势的大小随着时间变化,变化的角频率为 $k\omega$,与电流的变化角频率一致;

③ 磁动势的最大值出现在 $\nu\alpha=0$ 的位置,说明磁动势最大值位置不随时间变化,但其值随时间按余弦变化,为脉振磁动势。

6.3 练习题解答

6-1-1 空间坐标、磁动势、绕组轴线的参考方向的规定是否会影响磁动势的分析结果?如果改变参考方向的规定,会对什么产生影响?

答:空间坐标、磁动势、绕组轴线的参考方向的规定不会影响磁动势的分析结果,但是磁动势参考方向规定的不同会影响磁动势的正负。

6-1-2 整距线圈流过正弦电流产生的磁动势有什么特点?请分别从空间分布和时间上的变化特点予以说明。这些特征与哪些因素有关?

答:整距线圈流过正弦电流产生的磁动势在空间上为矩形波分布,矩形波的幅值与电流的瞬时值成正比,因此磁动势为矩形分布的脉振磁动势,脉振的频率与电流频率相同,最大振幅与电流的最大值或者有效值有关。

6-1-3 一个脉振的基波磁动势可以分解为两个磁动势行波,试说明这两个行波在幅值、转速和相互位置关系上的特点。

答:一个脉振基波磁动势分解得到的两个磁动势行波的幅值相同,且都等于脉振磁动势最大振幅的一半,二者转速相同、转向相反、位置关于脉振磁动势幅值位置对称。

6-1-4 三相对称绕组通入三相对称的正弦电流产生的合成基波旋转磁动势有什么特点?请分别就它的幅值、转向、转速、瞬时位置几方面予以说明。这些特征与哪些因素有关?

答:三相对称绕组通入三相对称的正弦电流产生的合成基波旋转磁动势的幅值不变,转向由电流超前相绕组的轴线转向电流滞后相绕组的轴线,转速为$\frac{60f}{p}$。当某一相电流达到正最大值时，磁动势正幅值与该相绕组轴线重合。合成基波磁动势的幅值 $F_1 = 1.35\dfrac{N_1 I}{p}k_{dp1}$，与绕组匝数、电流有效值、绕组因数以及极对数有关，转向与绕组空间布置以及电流的相序有关，转速与电流频率和极对数有关。

6-1-5 三相合成基波磁动势的旋转方向由什么决定？仅知道三相绕组的电流相位关系，就能够确定三相合成基波磁动势的旋转方向吗？

答：三相合成基波磁动势的旋转方向由电流超前相绕组的轴线转向电流滞后相绕组的轴线，与三相电流的相序和三相绕组在空间上的布置有关。仅知道三相绕组电流的相位关系，无法确定三相合成基波磁动势的旋转方向。

6-1-6 交流绕组通入交流电流产生的磁动势既是时间的函数，又是空间的函数，为什么？试以脉振磁动势和旋转磁动势为例加以说明。从数学表达式上如何看出？

答：从某一时刻看，脉振磁动势和旋转磁动势具有空间上的分布波形，所以是空间函数。从不同时刻看，脉振磁动势的位置不变，但其幅值在发生变化；而旋转磁动势的幅值不发生变化，但是幅值的位置却在变化。就某一个固定位置处的磁动势而言，在上述两种情况下磁动势都是在随着时间变化的，是时间的函数。

从基波脉振磁动势的表达式 $f_{K1} = F_{K1}\cos\omega t\cos\alpha$ 和基波旋转磁动势的表达式 $f_1 = F_1\cos(\alpha - \omega t)$ 可见，固定某一时刻，两者都是空间角度 α 的函数；固定某一空间位置，两者都是 ωt 的函数。

6-2-1 分析多极电机交流绕组产生的磁动势时，是否需要考虑整个电机圆周的情况？为什么？

答：多极电机的交流绕组在电机圆周上是周期对称分布的，一对极下的绕组在另外一对极下产生的磁通与另外一对极下绕组在该对极下产生的磁通大小相同、方向相反，即两者之间的相互作用是抵消的，因而可以认为一对极下绕组只在自身一对极范围内产生磁通，而对其他对极范围不起作用。所以分析多极电机绕组的磁动势时可以只取一对极进行分析。

6-2-2 如何理解 $F_1 = \dfrac{3}{2}\dfrac{4}{\pi}\dfrac{\sqrt{2}}{2}\dfrac{N_1 k_{dp1} I}{p}$ 中的电流、极对数？为何磁动势幅值与极对数有关？

答：公式 $F_1 = \dfrac{3}{2}\dfrac{4}{\pi}\dfrac{\sqrt{2}}{2}\dfrac{N_1 k_{dp1} I}{p}$ 中的电流是相电流，而不是支路电流。分析多极电机的磁动势时，只要取其中一对极进行分析即可，公式中的绕组匝数采用的是每相串联匝数，在每对极下的绕组匝数应除以极对数。

6-2-3 为什么分布和短距能够削弱谐波磁动势？

答：短距绕组可以看成是整距的分布绕组，对磁动势的作用等效于绕组的分布。分布线圈组各线圈轴线相距一定角度，对于基波磁动势相差的角度不大，但对于谐波磁动势而言相差的角度较大。因此，在求各线圈磁动势的矢量和时，基波磁动势削弱得不大，而谐波磁动势会部分或者全部抵消，从而削弱谐波磁动势。

6-2-4 磁动势的极对数如何确定？与什么有关？

答：磁动势的极对数由磁动势交替出现进出转子或定子的次数决定，在磁动势波形上的表现为磁动势正负交替出现的次数。它与绕组的联结方式有关。

6-2-5 采用双层分布短距绕组的一对极交流电机，若错将一个极下的线圈组的联结方向接反了，则通电后产生的磁动势极对数是多少？

答：若一对极交流电机的双层分布短距绕组一个极下线圈组的联结方向接反，则通电后产生的磁动势极对数由1变为2。

6-3-1 产生脉振磁动势、椭圆形磁动势、圆形磁动势的条件是什么？

答：将所有绕组产生的正转和反转磁动势分别求和得到总的正转和反转合成磁动势，两者求和得到最终的合成磁动势。当总的正转磁动势与总的反转磁动势幅值相等时，最终合成磁动势为脉振磁动势；当总的正转磁动势与总的反转磁动势幅值不相等时，合成磁动势为椭圆形磁动势；当总的正转磁动势或者总的反转磁动势为零时，合成磁动势为圆形磁动势。

6-3-2 就基波磁动势而言，某一时刻，脉振磁动势、圆形磁动势和椭圆形磁动势在空间上如何分布？能从某一时刻三者在空间上的分布区分三者吗？连续观察几个时刻，如何区别三者？

答：对于基波磁动势，在某一时刻，脉振磁动势、圆形磁动势和椭圆形磁动势在空间上都是正弦分布的，所以从某一时刻三者在空间上的分布，不能区分三者。连续观察几个时刻，则可以区分三者，脉振磁动势的幅值随时间发生变化，但是幅值出现的位置不变；圆形磁动势幅值不随时间变化，但是幅值的位置随时间匀速变化；椭圆形磁动势则是幅值随时间变化的同时，幅值的位置也随时间变化。

6-3-3 一台三相电机，定子绕组采用星形联结，接到三相对称电源上工作，由于某种原因使C相断线，问这时电机定子三相合成基波磁动势的性质。

答：定子绕组采用星形联结时，若C相断线，则同一电流从A相绕组的首端流入，从B相绕组的首端流出，A相产生的基波磁动势以A相绕组轴线为对称轴脉振，而B相产生的磁动势可以看成是以B相绕组轴线相反的位置为轴线脉振，两个脉振磁动势空间上相差60°电角度，两者同时达到正最大，同时达到最小，合成得到的基波磁动势也为脉振磁动势。

6.4 思考题解答

6-1 单相整距绕组中流过的正弦电流频率发生变化，而幅值不变，这对它在气隙空间上产生的脉振磁动势有无影响？

答：脉振磁动势波脉振的频率会随电流频率的变化而变化。因电流幅值不变，故脉振磁动势波的最大振幅不变。

6-2 一台三相电机，本来设计的额定频率为50Hz，若通以三相对称、频率为100Hz的交流电流，则这台电机的合成基波磁动势的极对数和转速有什么变化？

答：合成基波磁动势的极对数不变。如果电流的幅值和相序不变，那么合成基波磁动势的幅值与转向都不变，但转速变为原来的2倍。

6-3 交流电机绕组的磁动势相加时为什么可以用空间矢量来运算？有什么条件？

答：空间矢量用来表示在空间按正弦规律分布的物理量，如基波磁动势、基波磁通密度。在空间矢量图中，一个磁动势空间矢量表示该磁动势在空间是正弦分布的，矢量的长度表示磁动势的幅值，矢量的位置表示磁动势正幅值相对于空间坐标原点的位置。因此，如果两个磁动势都在空间呈正弦分布，且二者的极对数相同或者说二者的波长相等，那么就可以将两个正弦波叠加起来而得到一个新的正弦波。相应地，可以将二者表示为磁动势矢量，画在同一个空间矢量图中。当采用相同的比例作图时，可以直接用矢量的加、减运算求出它们的和与差。

6-4 比较单相交流绕组和三相交流绕组所产生的基波磁动势的性质有何主要区别（幅值大小、正幅值位置、极对数、转速、转向）。

答：二者的主要区别如表6-1所示。

表6-1 单相与三相交流绕组产生的基波磁动势

基波磁动势	表达式	每极幅值大小	幅值位置	极对数	转速	转向
单相绕组	$F_{m1}\cos\omega t\cos\alpha$	$F_{m1}=\frac{4}{\pi}\frac{\sqrt{2}}{2}\frac{N_1k_{dp1}}{p}I$	$\alpha=0$（位于相轴）	p	为脉振磁动势，所分解出的两个行波的电角速度为ω	无
三相绕组	$\frac{3}{2}F_{m1}\cos(\alpha-\omega t)$	$\frac{3}{2}F_{m1}$	$\alpha=\omega t$（在空间旋转）	p	电角速度为ω	取决于电流的相序，从电流超前相的相轴转向电流滞后相的相轴

6-5 设磁动势$f=F\cos k\omega t\cos\nu\alpha$，该磁动势的性质如何？$\cos\nu\alpha$中的因数$\nu$的物理意义是什么？$\cos k\omega t$表示什么意义？

答：磁动势$f=F\cos k\omega t\cos\nu\alpha$是脉振磁动势，在空间上以$\alpha=0$作为对称轴余弦分布，在$\alpha$的$2\pi$电角度内有$\nu$对极，脉振的角频率为$k\omega$，最大振幅为$F$。$\cos k\omega t$表示脉振磁动势随时间的变化规律。

6-6 设定子绕组通电产生的磁动势$f=F\cos(\nu\alpha-k\omega t)$，试问产生该磁动势的电流频率、磁动势的极对数、磁动势的转速和转向及定子绕组中感应电动势的频率分别是多少？其中α前的因数ν的物理意义是什么？t前的系数$k\omega$表示什么意义？

答：产生磁动势$f=F\cos(\nu\alpha-k\omega t)$的电流频率为$\frac{k\omega}{2\pi}$，在$\alpha$的$2\pi$电角度内的极对数为$\nu$，磁动势转速为$\frac{60k\omega}{2\pi\nu}$，转向为朝$+\alpha$方向，在定子绕组中感应电动势的频率为$\frac{k\omega}{2\pi}$。$\alpha$前的因数$\nu$表示在$\alpha$的$2\pi$电角度内的极对数，$t$前的系数$k\omega$表示通电电流的角频率。

6-7 从推导过程的物理意义说明三相合成磁动势幅值公式

$$F_\nu=\left(\frac{1}{\nu}\right)\left(\frac{3}{2}\right)\left(\frac{4}{\pi}\right)\left(\frac{N_1}{2p}\right)(\sqrt{2}I)(k_{dp\nu})$$

括号中每项代表的意义。

答：$\frac{1}{\nu}$为集中整距绕组的ν次谐波磁动势与其基波磁动势的幅值之比；

$\frac{3}{2}$为三相绕组合成磁动势与一相磁动势的幅值之比；

$\frac{4}{\pi}$为矩形磁动势波中的基波磁动势与矩形波的幅值之比；

$\frac{N_1}{2p}$为每相绕组在每极下的总串联匝数；

$k_{dp\nu}$为ν次谐波绕组因数，即绕组分布和短距后所产生的ν次谐波磁动势幅值较集中整距时所打的折扣；

$\sqrt{2}I$为相电流幅值，矩形波脉振磁动势的最大振幅与之相对应。

6-8 三相合成基波磁动势某一时刻的位置如何确定？若把三相绕组三个出线端中的任何两个换接一下（相序反了），问旋转磁场转向将如何变化？

答：某一相电流为正最大值时，三相合成基波磁动势正幅值与该相绕组的轴线重合。由于三相绕组产生的合成旋转磁动势的转向取决于电流的相序，因此相序接反后，旋转磁场转向也相反。

6-9 一台同步电机，转子不动。在励磁绕组中通以单相交流电流，并将定子三相绕组端点短接起来，则定子三相感应电流产生的合成基波磁动势是旋转的还是脉振的？

答：励磁绕组通以单相交流电流，产生脉振磁场，该磁场在定子三相绕组中产生与脉振磁场同频率的感应电动势。三相绕组短路时，产生同频率的感应电流。由于转子不动，因此三相电流都以同样的规律随转子脉振磁场的交变而变化，即三相电流的相位相同。三相绕组流过同相位的三相电流时，只能产生脉振磁场。要产生旋转磁场，三相电流必须不同相。

6-10 三相对称绕组中通以三相对称的正弦电流，是否就不会产生谐波磁动势了呢？

答：一相绕组通以正弦电流时，产生在空间分布的矩形脉振磁动势波，其中包含有一系列奇数次谐波磁动势。因此，三相对称绕组通以对称的正弦电流时，仍然要产生谐波磁动势。

6-11 把一台三相交流电机定子绕组的三个首端和三个末端分别连在一起，再通以交流电流，合成磁动势是怎样的？将三相绕组依次串联起来后通以交流电流，合成磁动势又是怎样的？

答：三个首端和三个末端分别联在一起通以交流电流，电流相位相同，绕组在空间上互差120°电角度，因此三相合成基波和$6k\pm1$次谐波磁动势为零，只含3的整数倍次谐波磁动势。三相绕组依次串联起来后通以交流电流时，结果是一样的。

6-12 一个线圈通入直流电流时产生矩形波脉振磁动势，而通入正弦交流电流时产生正弦波脉振磁动势。这种说法是否正确？

答：脉振磁动势的振幅是随时间交变的，这种变化是由于产生该磁动势的线圈电流随时间交变而引起的。因此，直流电流产生的矩形波磁动势是不脉振的。另一方面，线圈电流是直流还是交流，并不影响磁动势在某一时刻沿空间分布的波形。正弦交流电流产生的是脉振磁动势，它在空间分布仍是矩形波。所以，该说法是错误的。

6-13 绕组的分布和短距对削弱谐波电动势的作用与削弱谐波磁动势的作用有何不同？试分别说明。

答：对磁动势来说，绕组的分布和短距都可看做是将一组集中的整距线圈变为分布的线圈组，各线圈的轴线在空间上不同相位，从而使其谐波磁动势在空间有较大的相位差，因此就会将谐波磁动势部分抵消或使某次谐波磁动势全部抵消，起到了削弱谐波磁动势的作用。与此同时，由于绕组的分布与短距也都可看做使整距线圈的轴线在空间不同相位，因此使各线圈的谐波感应电动势在时间上有较大的相位差，从而达到削弱谐波电动势的目的。由以上分析可知，绕组的分布和短距对削弱谐波磁动势的作用与削弱谐波电动势的作用在本质上是相同的。正因为如此，二者才具有相同的分布因数和节距因数。

6-14 一台 50Hz 的三相同步电机，转子以同步转速旋转，定子三相绕组电流产生的5、7 次谐波磁动势在定、转子绕组中感应的电动势的频率分别是多少？

答：5、7 次谐波磁动势在定子绕组中感应电动势的频率均为 50Hz，在转子绕组中感应电动势的频率均为 300Hz。

6-15 交流电机定子一相绕组通以 ν 次谐波电流 $i_\nu = I_{m\nu}\sin\nu\omega t$ 时所产生的基波磁动势的性质如何？如果在三个对称绕组中通以三相 ν 次谐波电流 $i_{A\nu} = I_{m\nu}\sin\nu\omega t$，$i_{B\nu} = I_{m\nu}\sin\nu(\omega t - 120°)$，$i_{C\nu} = I_{m\nu}\sin\nu(\omega t + 120°)$，则产生的合成基波磁动势的性质又如何？

答：单相绕组通以 ν 次谐波电流时，所产生的磁动势仍是在空间按矩形波分布的脉振磁动势，其中的基波磁动势（波长为 $2\tau_p$）也是脉振磁动势，脉振频率为 $f_\nu = \dfrac{\nu\omega}{2\pi}$。

三相对称绕组中通以题中所述的三相 ν 次谐波电流时，既会产生合成基波磁动势，也会产生合成谐波磁动势。当 $\nu = 3k$ 时（$k = 1, 2, 3, \cdots$），合成基波磁动势为 0；当 $\nu = 3k+1$ 和 $\nu = 3k-1$ 时，合成基波磁动势都是圆形旋转磁动势，前者为顺相序（A—B—C）正转，后者为逆相序（C—B—A）反转，转速大小都为 $n_\nu = \dfrac{60\nu\omega}{2\pi p}$。

6.5 习题解答

6-1 在电机的定子上集中放置了 3 个匝数为 N_K 的整距线圈 AX、BY 和 CZ，如图 6-1 所示。在定子内圆表面上建立直角坐标系，坐标原点选在 3 个线圈的轴线 $+A$ 处，逆时针方向为 α 的正方向。在 3 个线圈里通入三相对称交流电流 $i_A = \sqrt{2}I\cos\omega t$，$i_B = \sqrt{2}I\cos(\omega t - 120°)$，$i_C = \sqrt{2}I\cos(\omega t + 120°)$，求：

(1) 每个线圈产生的基波磁动势；

(2) 3 个线圈产生的合成基波磁动势和合成 3 次谐波磁动势。

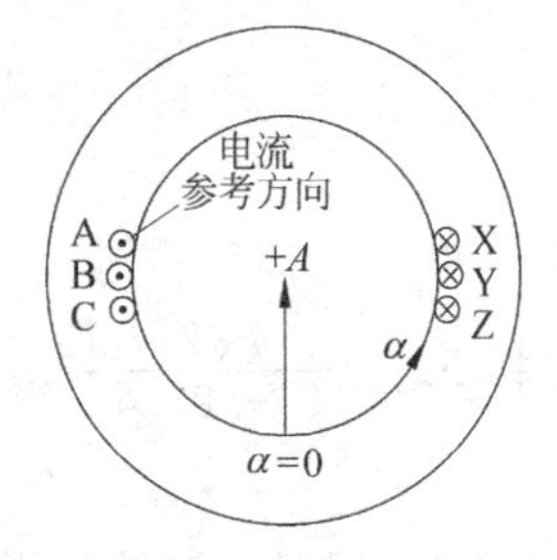

图 6-1

解：(1) 在规定的坐标系下，AX、BY 和 CZ 三个线圈产生的每极基波磁动势分别为

$$f_{AK1}=\frac{4}{\pi}\frac{1}{2}i_A N_K\cos\alpha=\frac{4}{\pi}\frac{1}{2}\sqrt{2}IN_K\cos\omega t\cos\alpha$$

$$=F_{K1}\cos\omega t\cos\alpha$$

$$f_{BK1}=F_{K1}\cos(\omega t-120^\circ)\cos\alpha$$

$$f_{CK1}=F_{K1}\cos(\omega t+120^\circ)\cos\alpha$$

式中，$F_{K1}=\frac{4}{\pi}\frac{\sqrt{2}}{2}IN_K$，$N_K$ 为每个线圈的匝数。

(2) 3 个线圈产生的合成基波磁动势为

$$f_{K1}=f_{AK1}+f_{BK1}+f_{CK1}=0$$

3 个线圈产生的每极 3 次谐波磁动势分别为

$$f_{AK3}=-F_{K3}\cos\omega t\cos3\alpha$$

$$f_{BK3}=-F_{K3}\cos(\omega t-120^\circ)\cos3\alpha$$

$$f_{CK3}=-F_{K3}\cos(\omega t+120^\circ)\cos3\alpha$$

式中，$F_{K3}=\frac{1}{3}F_{K1}$，则三相合成 3 次谐波磁动势为

$$f_{K3}=f_{AK3}+f_{BK3}+f_{CK3}=0$$

6-2 在图 6-2 所示的三相对称绕组里，通以电流为 $i_A=i_B=i_C=\sqrt{2}I\sin\omega t$ 时，求三相合成的基波和 3 次谐波磁动势。

解：以 A 相绕组轴线 $+A$ 为空间坐标 $\alpha=0$ 位置，则 A、B、C 三相绕组产生的每极基波磁动势分别为

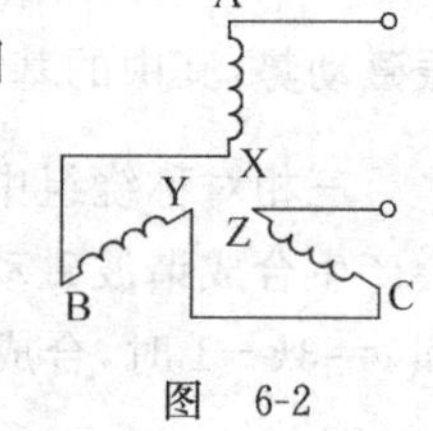

图 6-2

$$f_{A1}=F_{m1}\sin\omega t\cos\alpha$$

$$f_{B1}=F_{m1}\sin\omega t\cos(\alpha-120^\circ)$$

$$f_{C1}=F_{m1}\sin\omega t\cos(\alpha-240^\circ)$$

式中，$F_{m1}=\frac{4}{\pi}\frac{\sqrt{2}}{2}\frac{N_1 I}{p}k_{dp1}$，$N_1$ 为每相串联匝数，k_{dp1} 为基波绕组因数，则三相合成基波磁动势为

$$f_1=f_{A1}+f_{B1}+f_{C1}=0$$

各相绕组产生的每极 3 次谐波磁动势为

$$f_{A3}=-F_{m3}\sin\omega t\cos3\alpha$$

$$f_{B3}=-F_{m3}\sin\omega t\cos3(\alpha-120^\circ)$$

$$f_{C3}=-F_{m3}\sin\omega t\cos3(\alpha-240^\circ)$$

式中，$F_{m3}=\frac{1}{3}\frac{4}{\pi}\frac{\sqrt{2}}{2}\frac{N_1 I}{p}k_{dp3}$，$k_{dp3}$ 为 3 次谐波绕组因数，则三相合成 3 次谐波磁动势为

$$f_3=f_{A3}+f_{B3}+f_{C3}=-3F_{m3}\sin\omega t\cos3\alpha$$

6-3 用三个等效线圈 AX、BY 和 CZ 代表的三相绕组，如图 6-3 所示。现通以电

流为 $i_A=\sqrt{2}I\sin\omega t$，$i_B=\sqrt{2}I\sin(\omega t-120°)$ 和 $i_C=\sqrt{2}I\sin(\omega t+120°)$。

(1) 当 $\omega t=120°$时，求三相合成基波磁动势幅值的位置；

(2) 当 $\omega t=150°$时，求三相合成基波磁动势幅值的位置。

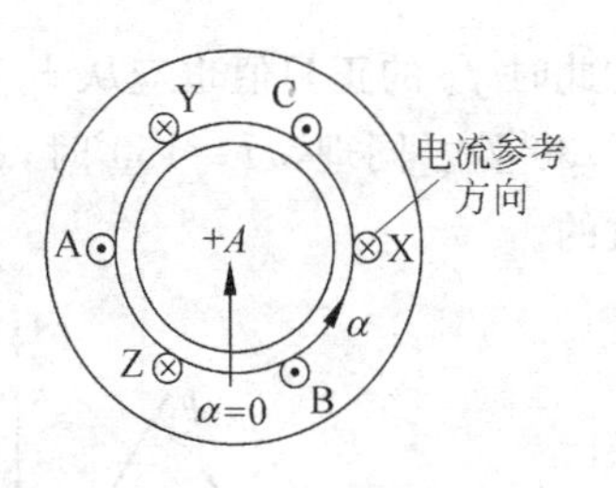

图 6-3

解法一(解析法)

以 A 相绕组轴线 $+A$ 为空间坐标 $\alpha=0$ 位置，三相绕组产生的每极基波磁动势分别为

$$f_{A1}=F_{m1}\sin\omega t\cos\alpha=\frac{F_{m1}}{2}[\sin(\omega t-\alpha)+\sin(\omega t+\alpha)]$$

$$f_{B1}=F_{m1}\sin(\omega t-120°)\cos(\alpha-120°)=\frac{F_{m1}}{2}[\sin(\omega t-\alpha)+\sin(\omega t+\alpha-240°)]$$

$$f_{C1}=F_{m1}\sin(\omega t-240°)\cos(\alpha-240°)=\frac{F_{m1}}{2}[\sin(\omega t-\alpha)+\sin(\omega t+\alpha-120°)]$$

式中

$$F_{m1}=0.9\frac{N_1 I}{p}k_{dp1}$$

三相合成基波磁动势为

$$f_1=f_{A1}+f_{B1}+f_{C1}=\frac{3}{2}F_{m1}\sin(\omega t-\alpha)$$

可见，f_1 的正幅值位于 $\omega t-\alpha=90°$，即 $\alpha=\omega t-90°$处，所以

(1) $\omega t=120°$时，f_1 的正幅值在 $\alpha=120°-90°=30°$处；

(2) $\omega t=150°$时，f_1 的正幅值在 $\alpha=150°-90°=60°$处。

解法二(矢量图法)

(1) $\omega t=120°$。由于 $\omega t=90°$时 A 相电流 i_A 为正的最大值，此时 i_A 产生的基波脉振磁动势所分解出的正、反转旋转磁动势 $\boldsymbol{F}'_{A1}$、$\boldsymbol{F}''_{A1}$都与 $+A$ 轴重合。因此，在 $\omega t=120°$时，$\boldsymbol{F}'_{A1}$、$\boldsymbol{F}''_{A1}$应分别顺其转向各自离开 $+A$ 轴30°。同理，可确定 i_B、i_C 产生的基波脉振磁动势所分解出的旋转磁动势 $\boldsymbol{F}'_{B1}$、$\boldsymbol{F}''_{B1}$和 $\boldsymbol{F}'_{C1}$、$\boldsymbol{F}''_{C1}$在此时的位置，如图 6-4(a)所示。可求出三相合成基波磁动势矢量 $\boldsymbol{F}_1$，它位于 $\alpha=30°$处，即 f_1 正幅值此时在 $\alpha=30°$处。

(2) 当 $\omega t=150°$时，与(1)类似，可作出此时的空间矢量图，如图 6-4(b)所示。可见，$\boldsymbol{F}_1$ 在 $\alpha=60°$处。

三相对称绕组通以三相对称电流所产生的三相合成基波旋转磁动势的幅值位置是：当某相电流达到正的最大值时，三相合成基波旋转磁动势的正幅值正好位于该相绕组的轴线上。另外，电流的角频率与合成基波磁动势旋转的电角速度是相等的，即合成基波磁动势转过的空间电角度等于电流在时间上变化的电角度。根据这些结论，也可以判断出在任意时刻 f_1 正幅值的位置。在 $\omega t=120°$时，i_A 已从正最大值($\omega t=90°$)变化了30°，因

此此时 f_1 的正幅值也应从 $+A$ 轴即 $\alpha=0$ 处沿其转向($+\alpha$ 的方向)转过30°,即 $\boldsymbol{F}_1$ 位于 $\alpha=30°$处。同理,$\omega t=150°$时,$\boldsymbol{F}_1$ 应位于 $\alpha=60°$处。这与前面两种方法的分析结果是一致的。

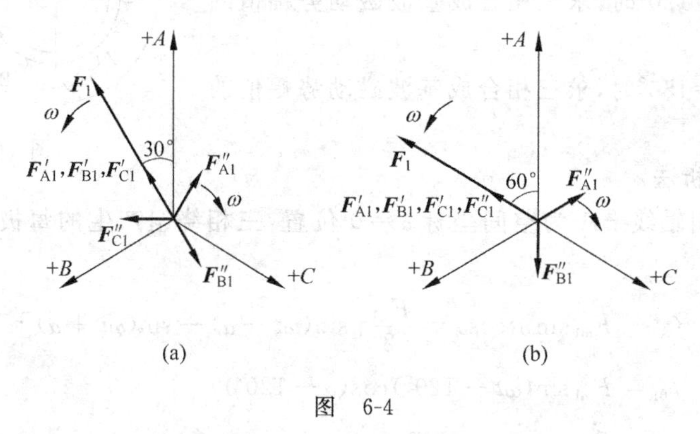

图 6-4

6-4 有3个整距线圈,匝数均为 N_K,在电机定子上彼此相距120°空间电角度,坐标原点放在AX线圈的轴线处,如图6-3所示。3个线圈里流过的电流为 $i_A=\sqrt{2}I\cos\omega t$,$i_B=\sqrt{2}I\cos(\omega t+120°)$,$i_C=\sqrt{2}I\cos(\omega t-120°)$,求3个整距线圈产生的合成基波磁动势的幅值大小、转速及转向。

解:以线圈AX的轴线 $+A$ 为空间坐标 $\alpha=0$ 位置,则三个线圈产生的每极基波磁动势分别为

$$f_{A1}=F_{m1}\cos\omega t\cos\alpha=\frac{F_{m1}}{2}[\cos(\omega t-\alpha)+\cos(\omega t+\alpha)]$$

$$f_{B1}=F_{m1}\cos(\omega t+120°)\cos(\alpha-120°)$$

$$=\frac{F_{m1}}{2}[\cos(\omega t-\alpha+240°)+\cos(\omega t+\alpha)]$$

$$f_{C1}=F_{m1}\cos(\omega t-120°)\cos(\alpha-240°)$$

$$=\frac{F_{m1}}{2}[\cos(\omega t-\alpha+120°)+\cos(\omega t+\alpha)]$$

式中

$$F_{m1}=0.9N_KI$$

合成基波磁动势为

$$f_1=f_{A1}+f_{B1}+f_{C1}=\frac{3}{2}F_{m1}\cos(\omega t+\alpha)=1.35N_KI\cos(\omega t+\alpha)$$

可见,合成基波磁动势为旋转磁动势,其幅值为 $1.35N_KI$,转速为$\frac{60\omega}{2\pi p}$,转向为 $-\alpha$ 方向。

6-5 一台三相4极同步电机,定子绕组是双层短距分布绕组,每极有12个槽,线圈节距 $y_1=10$,每个线圈2匝,并联支路数 $a=2$。通入频率 $f_1=60\text{Hz}$ 的三相对称正弦电流,电流有效值为15A,求:

(1) 三相合成基波磁动势的幅值和转速；

(2) 三相合成 5 次和 7 次谐波磁动势的幅值和转速。

解：已知 $m=3, p=2, \tau_p=12, y_1=10, N_K=2$，则

$$y=\frac{y_1}{\tau_p}=\frac{10}{12}=\frac{5}{6}$$

$$q=\frac{\tau_p}{m}=\frac{12}{3}=4$$

$$\alpha=\frac{180^\circ}{12}=15^\circ$$

又

$$N_1=\frac{2pqN_K}{a}=\frac{2\times2\times4\times2}{2}=16$$

(1) 对于基波，有

$$k_{d1}=0.9577,\quad k_{p1}=0.9659,\quad k_{dp1}=0.925$$

则

$$F_1=1.35\frac{IN_1}{p}k_{dp1}=1.35\times\frac{15\times16}{2}\times0.925=149.9\text{A}$$

$$n_1=\frac{60f_1}{p}=\frac{60\times60}{2}=1800\text{r/min}$$

(2) 对于 5 次和 7 次谐波，有

$$k_{d5}=0.2053,\quad k_{p5}=0.2588,\quad k_{dp5}=0.0531$$

$$k_{d7}=-0.1576,\quad k_{p7}=0.2588,\quad k_{dp7}=-0.0408$$

$$F_5=\frac{1}{5}\times1.35\frac{IN_1}{p}k_{dp5}=\frac{1}{5}\times1.35\times\frac{15\times16}{2}\times0.0531=1.72\text{A}$$

$$F_7=\frac{1}{7}\times1.35\frac{IN_1}{p}k_{dp7}=\frac{1}{7}\times1.35\times\frac{15\times16}{2}\times0.0408=0.944\text{A}$$

$$n_5=-\frac{1}{5}n_1=-\frac{1}{5}\times1800=-360\text{r/min}$$

$$n_7=\frac{1}{7}n_1=\frac{1}{7}\times1800=257.1\text{r/min}$$

6-6 空间位置互差 90°电角度的两相绕组，它们的匝数彼此相等，如图 6-5 所示。

(1) 若通以电流 $i_A=i_B=\sqrt{2}I\sin\omega t$，求两相合成基波磁动势和 3 次谐波磁动势；

(2) 若通以电流 $i_A=\sqrt{2}I\sin\omega t$ 和 $i_B=\sqrt{2}I\sin\left(\omega t-\frac{\pi}{2}\right)$，求两相合成的基波磁动势和 3 次谐波磁动势。

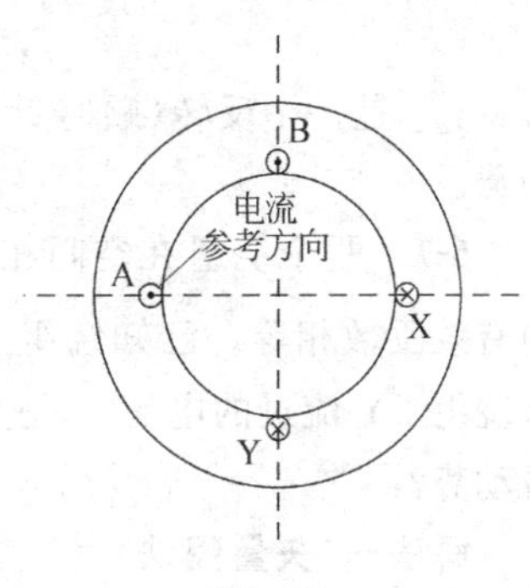

图 6-5

解：以 A 相绕组轴线 $+A$ 为空间坐标的原点，逆时针方向为 α 正方向，从图 6-5 可以看出，B 相绕组轴线在 $\alpha=-90^\circ$处。

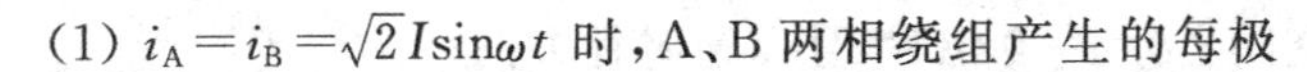

(1) $i_A=i_B=\sqrt{2}I\sin\omega t$ 时，A、B 两相绕组产生的每极

基波脉振磁动势分别为

$$f_{A1} = F_{m1}\sin\omega t\cos\alpha$$

$$f_{B1} = F_{m1}\sin\omega t\cos(\alpha + 90°)$$

产生的每极 3 次谐波脉振磁动势分别为

$$f_{A3} = -F_{m3}\sin\omega t\cos 3\alpha$$

$$f_{B3} = -F_{m3}\sin\omega t\cos 3(\alpha + 90°)$$

式中

$$F_{m1} = \frac{4}{\pi}\frac{\sqrt{2}}{2}\frac{N_1 I}{p}k_{dp1}, \quad F_{m3} = \frac{1}{3}\frac{4}{\pi}\frac{\sqrt{2}}{2}\frac{N_1 I}{p}k_{dp3}$$

则两相合成的基波磁动势为

$$f_1 = f_{A1} + f_{B1} = F_{m1}\sin\omega t[\cos\alpha + \cos(\alpha + 90°)]$$

$$= \sqrt{2}F_{m1}\sin\omega t\cos(\alpha + 45°)$$

两相合成的 3 次谐波磁动势为

$$f_3 = -F_{m3}\sin\omega t[\cos 3\alpha + \cos 3(\alpha + 90°)]$$

$$= \sqrt{2}F_{m3}\sin\omega t\cos(3\alpha + 135°)$$

可见,f_1 与 f_3 均为脉振磁动势。

(2) 当 $i_A = \sqrt{2}I\sin\omega t$,$i_B = \sqrt{2}I\sin(\omega t - 90°)$时,

$$f_{A1} = F_{m1}\sin\omega t\cos\alpha = \frac{F_{m1}}{2}[\sin(\omega t + \alpha) + \sin(\omega t - \alpha)]$$

$$f_{B1} = F_{m1}\sin(\omega t - 90°)\cos(\alpha + 90°)$$

$$= \frac{F_{m1}}{2}[\sin(\omega t + \alpha) + \sin(\omega t - \alpha - 180°)]$$

$$f_{A3} = -F_{m3}\sin\omega t\cos 3\alpha$$

$$= -\frac{F_{m3}}{2}[\sin(\omega t + 3\alpha) + \sin(\omega t - 3\alpha)]$$

$$f_{B3} = -F_{m3}\sin(\omega t - 90°)\cos 3(\alpha + 90°)$$

$$= -\frac{F_{m3}}{2}[\sin(\omega t + 3\alpha + 180°) + \sin(\omega t - 3\alpha)]$$

则

$$f_1 = f_{A1} + f_{B1} = F_{m1}\sin(\omega t + \alpha)$$

$$f_3 = f_{A3} + f_{B3} = -F_{m3}\sin(\omega t - 3\alpha)$$

可见,f_1 是一个反转(顺时针旋转)的圆形旋转磁动势,而 f_3 是一个正转的圆形旋转磁动势。

6-7 两个绕组在空间相距 120°电角度,如图 6-6 所示,它们的有效匝数相等。已知绕组 AX 里流过的电流为 $i_A = \sqrt{2}I\sin\omega t$,求绕组 BY 流过的电流 i_B 是多少,才能产生如图所示的圆形旋转磁动势?

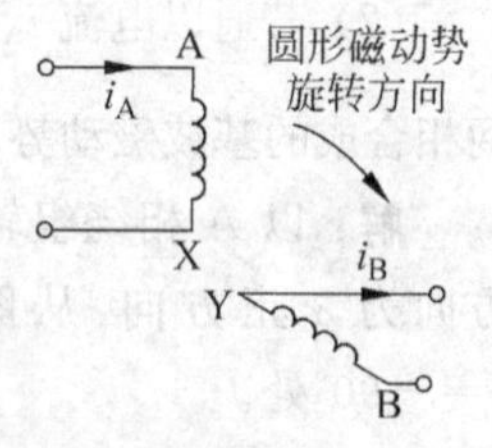

图 6-6

解法一(矢量图法)

设 AX 绕组轴线 $+A$ 为空间坐标 $\alpha = 0$ 位置,且以逆时针方向

为 α 正方向，则由图 6-6 可知 BY 绕组轴线在 $\alpha=-120°$ 处。

设 $i_B=\sqrt{2}I_B\sin(\omega t-\varphi)$，则可在磁动势矢量图中分别作出 i_A、i_B 产生的基波脉振磁动势所分解出的旋转磁动势矢量 $\boldsymbol{F}'_{A1}$、$\boldsymbol{F}''_{A1}$ 和 $\boldsymbol{F}'_{B1}$、$\boldsymbol{F}''_{B1}$。画出 $\omega t=90°$ 即 i_A 达到正最大值时的矢量图，如图 6-7 所示，可见，要得到图 6-6 所要求的顺时针转向的合成基波磁动势，必须使逆时针转向的合成基波磁动势为 0，即 $\boldsymbol{F}'_{A1}+\boldsymbol{F}'_{B1}=0$ 或 $\boldsymbol{F}'_{B1}=-\boldsymbol{F}'_{A1}$。显然，$\boldsymbol{F}'_{B1}$ 此时应在 $\alpha=180°$ 处。图中按照 $\boldsymbol{F}'_{B1}=-\boldsymbol{F}'_{A1}$ 的关系，直接将 $\boldsymbol{F}'_{B1}$ 画在与 $\boldsymbol{F}'_{A1}$ 反方向的位置上。因此有 $\varphi=60°$，且 $F'_{B1}=F'_{A1}$。因为

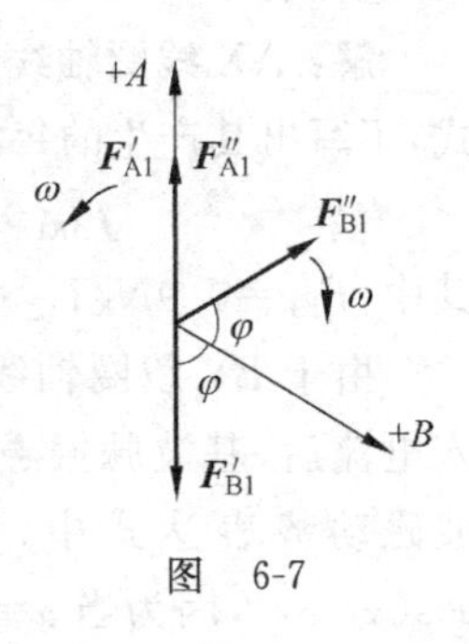

图 6-7

$$F'_{A1}=\frac{1}{2}F_{m1A}=\frac{1}{2}\frac{4}{\pi}\frac{\sqrt{2}}{2}\frac{N_AI}{p}k_{dp1}$$

$$F'_{B1}=\frac{1}{2}F_{m1B}=\frac{1}{2}\frac{4}{\pi}\frac{\sqrt{2}}{2}\frac{N_BI_B}{p}k_{dp1}$$

且 $N_Ak_{dp1}=N_Bk_{dp1}$，则得 $I_B=I$。所以，

$$i_B=\sqrt{2}I\sin(\omega t-60°)$$

解法二(解析法)

仍采用解法一中的设定条件，且仍设 $i_B=\sqrt{2}I_B\sin(\omega t-\varphi)$，则 AX、BY 绕组产生的基波磁动势分别为

$$\begin{aligned}f_{A1}&=F_{m1A}\sin\omega t\cos\alpha\\&=\frac{F_{m1A}}{2}[\sin(\omega t+\alpha)+\sin(\omega t-\alpha)]\\f_{B1}&=F_{m1B}\sin(\omega t-\varphi)\cos(\alpha+120°)\\&=\frac{F_{m1B}}{2}[\sin(\omega t+\alpha-\varphi+120°)+\sin(\omega t-\alpha-\varphi-120°)]\end{aligned}$$

要得到顺时针旋转即反转的圆形旋转磁动势，必须有

$$\frac{F_{m1A}}{2}\sin(\omega t-\alpha)=-\frac{F_{m1B}}{2}\sin(\omega t-\alpha-\varphi-120°)$$

即

$$F_{m1A}=F_{m1B}$$
$$\omega t-\alpha-180°=\omega t-\alpha-\varphi-120°$$

由 $N_Ak_{dp1}=N_Bk_{dp1}$，分别可得

$$I_B=I,\quad \varphi=60°$$

于是

$$i_B=\sqrt{2}I\sin(\omega t-60°)$$

6-8 在交流电机定子圆周上放置了两个整距线圈 AX 和 BY，它们均为 N_K 匝，如图 6-8 所示。将坐标原点放在线圈 AX 轴线 $+A$ 处，线圈 BY 的轴线 $+B$ 在坐标轴上的位置是 α_0。今在两个线圈中分别通入交流电流 $i_A=\sqrt{2}I\cos(\omega t+\alpha_A)$，$i_B=\sqrt{2}I\cos(\omega t+\alpha_B)$，试分别写出两个线圈电流各自产生的基波脉振磁动势和两个线圈电流产生的合成基波磁动势

的解析式。

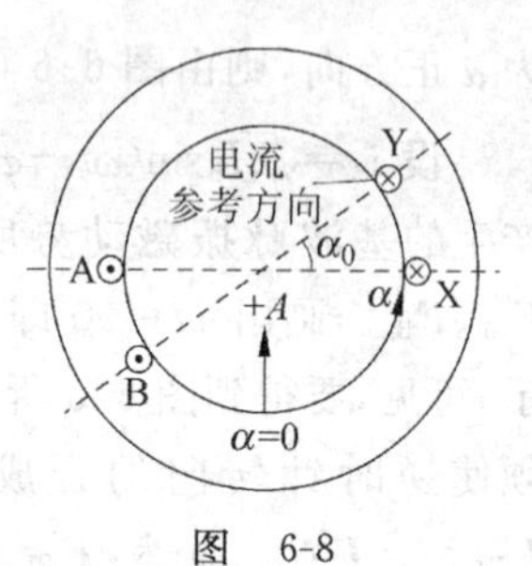

图 6-8

解：AX线圈轴线位于坐标原点，根据通入电流 i_A 的表达式，可写出其产生的每极基波磁动势 f_{AK1} 的解析式为

$$f_{AK1}=F_{K1}\cos(\omega t+\alpha_A)\cos\alpha$$

其中，$F_{K1}=0.9N_K I$。

由于BY线圈轴线位于坐标轴上 α_0 处，在它的线圈中通入电流后，基波脉振磁动势正幅值位置就在 α_0 处。在它的基波磁动势表达式中，表示空间作余弦分布的项就应写成 $\cos(\alpha-\alpha_0)$，因为当 $\alpha=\alpha_0$ 时，$\cos(\alpha-\alpha_0)=1$，说明 $\alpha=\alpha_0$ 处就是正幅值所在的位置，所以BY线圈产生的每极基波磁动势解析式为

$$f_{BK1}=F_{K1}\cos(\omega t+\alpha_B)\cos(\alpha-\alpha_0)$$

两个线圈电流产生的合成基波磁动势解析式为

$$\begin{aligned}
f_{K1}&=f_{AK1}+f_{BK1}\\
&=F_{K1}\cos(\omega t+\alpha_A)\cos\alpha+F_{K1}\cos(\omega t+\alpha_B)\cos(\alpha-\alpha_0)\\
&=\frac{1}{2}F_{K1}[\cos(\omega t+\alpha+\alpha_A)+\cos(\omega t-\alpha+\alpha_A)]\\
&\quad+\frac{1}{2}F_{K1}[\cos(\omega t+\alpha-\alpha_0+\alpha_B)+\cos(\omega t-\alpha+\alpha_0+\alpha_B)]\\
&=\frac{1}{2}F_{K1}[\cos(\omega t+\alpha)\cos\alpha_A-\sin(\omega t+\alpha)\sin\alpha_A\\
&\quad+\cos(\omega t+\alpha)\cos(-\alpha_0+\alpha_B)-\sin(\omega t+\alpha)\sin(-\alpha_0+\alpha_B)]\\
&\quad+\frac{1}{2}F_{K1}[\cos(\omega t-\alpha)\cos\alpha_A-\sin(\omega t-\alpha)\sin\alpha_A\\
&\quad+\cos(\omega t-\alpha)\cos(\alpha_0+\alpha_B)-\sin(\omega t-\alpha)\sin(\alpha_0+\alpha_B)]\\
&=\frac{1}{2}F_{K1}[k_1\cos(\omega t+\alpha+\varphi_1)+k_2\cos(\omega t-\alpha+\varphi_2)]
\end{aligned}$$

式中，

$$\begin{aligned}
k_1&=\sqrt{[\cos\alpha_A+\cos(-\alpha_0+\alpha_B)]^2+[\sin\alpha_A+\sin(-\alpha_0+\alpha_B)]^2}\\
&=\sqrt{2+2\cos(\alpha_A+\alpha_0-\alpha_B)}\\
\varphi_1&=\arctan\frac{\sin\alpha_A+\sin(-\alpha_0+\alpha_B)}{\cos\alpha_A+\cos(-\alpha_0+\alpha_B)}\\
k_2&=\sqrt{[\cos\alpha_A+\cos(\alpha_0+\alpha_B)]^2+[\sin\alpha_A+\sin(\alpha_0+\alpha_B)]^2}\\
&=\sqrt{2+2\cos(\alpha_A-\alpha_0-\alpha_B)}\\
\varphi_2&=\arctan\frac{\sin\alpha_A+\sin(\alpha_0+\alpha_B)}{\cos\alpha_A+\cos(\alpha_0+\alpha_B)}
\end{aligned}$$

由上式可见，当 $\alpha_0=0$ 时，$k_1=k_2$，正、反转磁动势幅值相同，合成基波磁动势为脉振磁动势；$\alpha_A+\alpha_0-\alpha_B=(2k\pm1)\pi$ 时（$k=0,1,2,\cdots$），$k_1=0$，合成基波磁动势为朝 $+\alpha$ 方向旋转的圆形磁动势；$\alpha_A-\alpha_0-\alpha_B=(2k\pm1)\pi$ 时（$k=0,1,2,\cdots$），$k_2=0$，合成基波磁动势为朝 $-\alpha$ 方向旋转的圆形磁动势；当 $k_1\neq k_2$ 时，合成基波磁动势为椭圆形磁动势。

第3篇 同步电机

第7章 同步电机的用途、分类、基本结构和额定值

7.1 知识结构

7.1.1 主要知识点

1. 三相同步电机的主要结构

三相同步电机主要包括静止的定子和旋转的转子两部分，定、转子之间是气隙。定子主要由导磁的定子铁心和导电的定子绕组构成，铁心由冲有齿槽的硅钢片叠压而成。转子按结构特点可以分为隐极式转子和凸极式转子。隐极式转子主要由合金钢整体锻件的铁心和分布的励磁绕组构成；凸极式转子主要包括由冲成磁极形状的钢板叠压而成的铁心、集中的励磁绕组和自行短路的阻尼绕组。凸极同步电机有卧式和立式两类。

2. 三相同步电机的用途、分类

主要作为发电机，由原动机拖动。同步电机作为电动机运行也越来越多，另外还可以做调相机运行。

分类方法有多种，可按用途、原动机类型、转子结构特点、电机安装特点、励磁方式、冷却方式、通风方式和电机的负载分类。

3. 同步发电机的励磁方式

励磁方式可以分为电励磁方式和永磁励磁方式。其中电励磁方式还可以按励磁机的有无、励磁机电源性质、电刷的有无、整流器的旋转与否、励磁电源自身提供的与否分类。

4. 三相同步电机的主要额定值

主要额定值有额定容量 S_N、额定功率 P_N、额定电压 U_N、额定电流 I_N、额定频率 f_N、额定转速 n_N、额定功率因数 $\cos\varphi_N$、额定效率 η_N、额定励磁电压 U_{fN}和额定励磁电流 I_{fN}等。

7.1.2 知识关联图

三相同步电机的结构与主要额定值

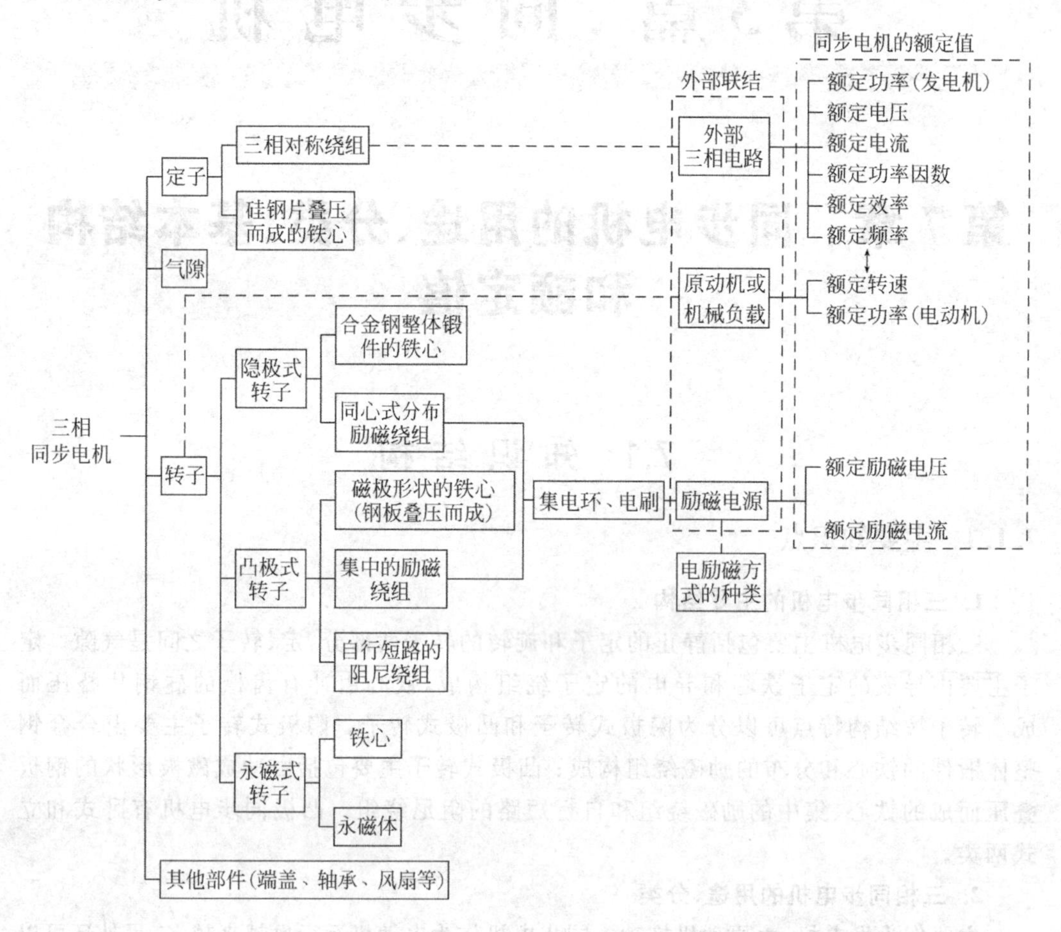

7.2 重点与难点

1. 三相同步电机的结构特点

隐极电机转子为圆柱体,没有突出的磁极,气隙均匀;凸极电机转子有明显突出的磁极,气隙不均匀。隐极电机一般采用卧式结构;凸极电机有卧式和立式两类,低速、大型水轮发电机采用立式结构。

同步电机励磁绕组可以通过集电环和电刷与外部励磁电路相联,此时具有滑动接触。励磁绕组也可以采用无刷励磁方式供电,不需要集电环和电刷。隐极发电机的励磁绕组为分布的同心绕组,采用槽楔、护环和中心环固定保护。凸极同步电机的励磁绕组为套在磁极上的集中绕组。

凸极同步电机磁极的极靴表面通常布置有自行短路的阻尼绕组。

2. 三相同步电机的额定值

① 额定功率 P_N 是指额定的输出功率,对于发电机和电动机意义不同。对于发电机,是额定工况时出线端的有功功率,$P_N=\sqrt{3}U_N I_N\cos\varphi_N$;对于电动机,是在额定工况时转轴输出的机械功率,$P_N=\sqrt{3}U_N I_N\cos\varphi_N\eta_N$。②额定电压 U_N、额定电流 I_N 分别指额定工况时定子三相绕组出线端的线电压和线电流。③电机运行于额定工况时,转速为额定值,定子绕组的电压、电流、频率、功率因数,转子励磁电压和电流,电机输出功率以及电机效率都等于其额定值。

3. 三相同步电机的基值

① 电压和电流都以额定值作为基值,线值取额定的线值为基值,相值取额定的相值为基值。② 阻抗的基值为相电压基值除以相电流基值。③励磁电流基值通常选为同步电机空载稳态运行时产生额定端电压时所加的励磁电流。

7.3 练习题解答

7-1-1 同步电机有哪些用途?试举出实际应用场合。

答:参见教材 7.1 节之 1。

7-1-2 同步电机有哪些分类方法?

答:参见教材 7.1 节之 2。

7-2-1 隐极和凸极同步发电机各由哪些部件组成?各部件有什么功能?

答:参见教材 7.2 节之 1 和 2。

7-2-2 同步发电机常用的励磁方式有哪些?

答:参见教材 7.2 节之 3。

7-3-1 对于同步发电机和电动机,额定功率分别指什么功率?

答:同步发电机的额定功率是额定运行时发电机出线端输出的有功功率,是电功率;同步电动机是指在额定工况时转轴输出的机械功率。

7-3-2 同步电机各物理量的基值是如何规定的?

答:参见教材 7.3 节。

7.4 思考题解答

7-1 汽轮发电机和水轮发电机的主要结构特点是什么?为什么有这样的特点?

答:汽轮发电机的转速较高,一般都是一对极,转速为 3000r/min。考虑到转子受离心力的作用并为了很好地固定励磁绕组,将转子做成细而长的圆柱形,且为隐极式结构。转子铁心一般由高机械强度和磁导率较高的合金钢锻成且与转轴做成一个整体。转子铁心上开槽,槽中嵌放同心式的励磁绕组。

水轮发电机的转速较低,要求极对数较多。因此电机直径很大,呈扁平形,且为立式结构。为了使转子结构和加工工艺简单,转子一般做成凸极结构。励磁绕组是集中绕组,套在薄钢板叠成的磁极上。磁极的极靴上一般装有阻尼绕组。

7-2 什么是同步电机？其频率、极对数和同步转速之间有什么关系？一台 $f=50\text{Hz}$、$n=3000\text{r/min}$ 的汽轮发电机的极数是多少？一台 $f=50\text{Hz}$、$2p=100$ 的水轮发电机的转速为多少？

答：同步电机是其频率与电机转速之比为恒定值的交流电机，其频率 f、极对数 p 和同步转速 n_1 间的关系为 $f=\dfrac{pn_1}{60}$，式中 n_1 的单位为 r/min，f 的单位为 Hz。

$f=50\text{Hz}$，$n=3000\text{r/min}$ 时，$2p=2$。

$f=50\text{Hz}$，$2p=100$ 时，$n=60\text{r/min}$。

7.5 习题解答

7-1 一台同步电动机，额定频率 $f_N=50\text{Hz}$，极对数 $p=4$，求额定转速。

解：额定转速为

$$n_N=\frac{60f}{p}=\frac{60\times50}{4}=750\text{r/min}$$

7-2 一台水轮发电机，额定转速 $n_N=500\text{r/min}$，额定频率 $f_N=50\text{Hz}$，试确定其极对数。

解：极对数为

$$p=\frac{60f}{n_N}=\frac{60\times50}{500}=6$$

7-3 一台三相同步发电机的数据如下：额定容量 $S_N=20\text{kV}\cdot\text{A}$，额定功率因数 $\cos\varphi_N=0.8$（滞后），额定电压 $U_N=400\text{V}$。试求该发电机的额定电流 I_N 及额定运行时发出的有功功率 P_N 和无功功率 Q_N。

解：$I_N=\dfrac{S_N}{\sqrt{3}U_N}=\dfrac{20\times10^3}{\sqrt{3}\times400}=28.87\text{A}$

$P_N=S_N\cos\varphi_N=20\times0.8=16\text{kW}$

$Q_N=S_N\sin\varphi_N=20\times0.6=12\text{kvar}$

第 8 章　同步发电机的电磁关系和分析方法

8.1 知 识 结 构

8.1.1　主要知识点

1. 同步发电机空载运行时的电磁关系

同步发电机空载运行时，原动机拖动转子以同步速转动。①转子励磁绕组通入直流电流，产生励磁磁动势；②励磁磁动势在电机磁路中产生磁场，与磁路的特性有关；③磁场相对定子绕组运动，在定子绕组中感应三相对称电动势。电磁关系可以表示为 $I_f \to \boldsymbol{F}_{f1} \to \boldsymbol{B}_0 \to \dot{E}_0$。可以用空载特性定量描述励磁磁动势或励磁电流与定子绕组感应电动势之间的关系。

2. 时空相矢量图

通过将空间矢量图的参考轴与时间相量图的参考轴重合，把空间矢量图和时间相量图画在同一图中，形成时空相矢量图。在时空相矢量图上，直接相关联的空间矢量与时间相量之间的位置关系变得非常简单，不必再根据各自在矢量图或者相量图中相对于参考轴的位置来确定。①电→磁，三相合成基波磁动势矢量与电流相量始终重合；②磁→电，基波磁动势或者磁通密度矢量始终超前其产生的电动势相量 90°电角度。

应当注意：①相量或者矢量的实际意义必须在其所在的时间相量图或者空间矢量图上分析。②上面的矢量与相量之间的位置关系是在将 $+A$ 轴与 $+\mathrm{j}$ 轴重合时得到。

3. 同步发电机的电枢反应

发电机定子绕组的电流将产生电枢磁动势，基波电枢磁动势对基波励磁磁动势产生电枢反应。电枢反应的性质取决于负载的性质和电机内部的参数，与空载电动势与电枢电流之间的夹角 ψ 有关，可能出现交轴电枢反应、去磁或者增磁的直轴电枢反应。

4. 同步发电机的负载运行

发电机负载运行时，电枢电流产生电枢反应磁动势。电枢反应磁动势与励磁磁动势一起作用在磁路上，形成合成的气隙磁动势。气隙磁动势在电机中产生气隙磁场，在定子绕组中感应气隙电动势。

5. 隐极同步发电机的电磁关系

对于隐极同步发电机，在考虑饱和情况下，需要将电枢反应磁动势与励磁磁动势叠加得到合成气隙磁动势，利用空载特性得到气隙电动势，气隙电动势作用在电路中与端电压、漏阻抗压降平衡，可以采用时空相矢量图描述整个电磁关系。在不考虑饱和的情况下，认为各个磁动势分别产生磁场，产生感应电动势。将电流产生磁动势，磁动势产生磁场而产生感应电动势的过程用电抗参数等效，得到电压方程式和等效电路，可以用电动势相量图表示此时的电磁关系。

6. 凸极同步发电机的电磁关系

对于凸极同步发电机，由于气隙不均匀，在认为磁路线性时，可以采用双反应理论将电枢反应磁动势分解为直轴和交轴电枢反应磁动势，两者分别产生磁场而产生感应电动势。采用直轴和交轴电枢反应电抗以及电压方程式、电动势相量图描述电磁关系。在计及饱和的情况下，需要首先将直轴电枢反应磁动势与励磁磁动势叠加得到合成磁动势，利用空载特性求出对应的直轴气隙电动势。根据空载特性气隙线由交轴电枢反应磁动势得到交轴电枢反应电动势。将直轴气隙电动势和交轴电枢反应电动势合成得到气隙电动势，与端电压、漏阻抗压降平衡。

8.1.2　知识关联图

考虑磁路非线性时的隐极同步发电机电磁关系

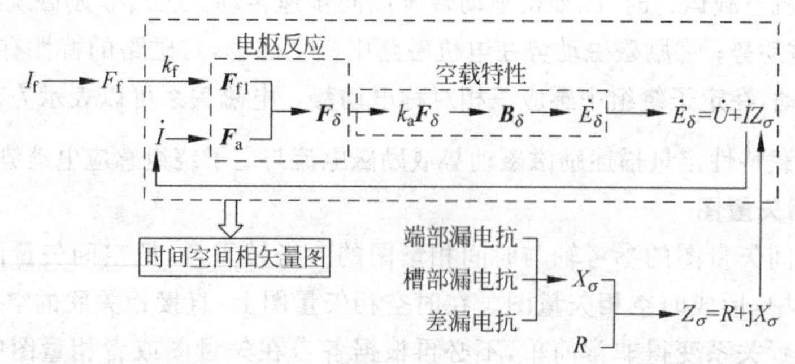

磁路线性化后的隐极同步发电机电磁关系

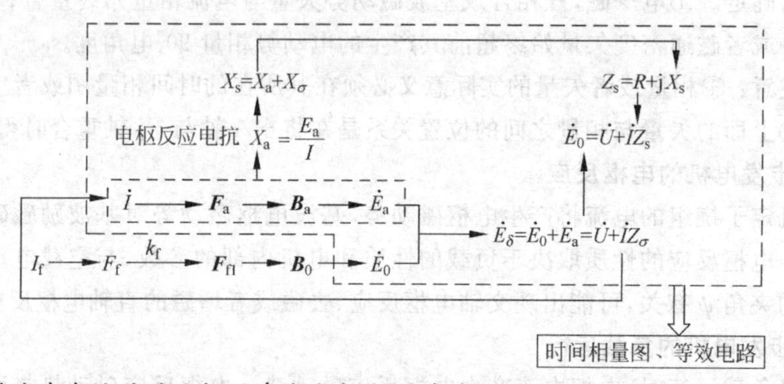

考虑磁路非线性时的凸极同步发电机电磁关系

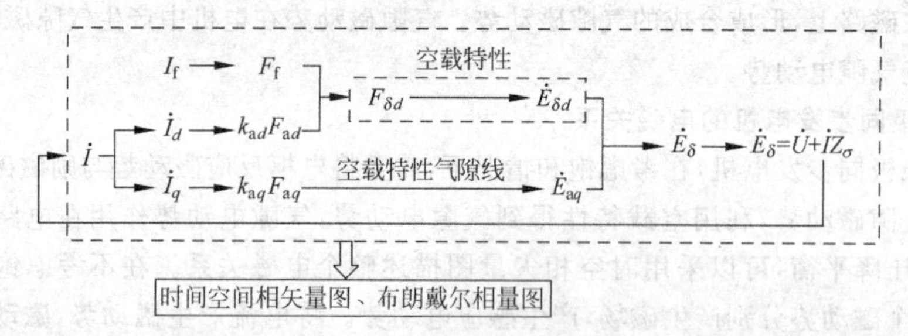

磁路线性化后的凸极同步发电机电磁关系

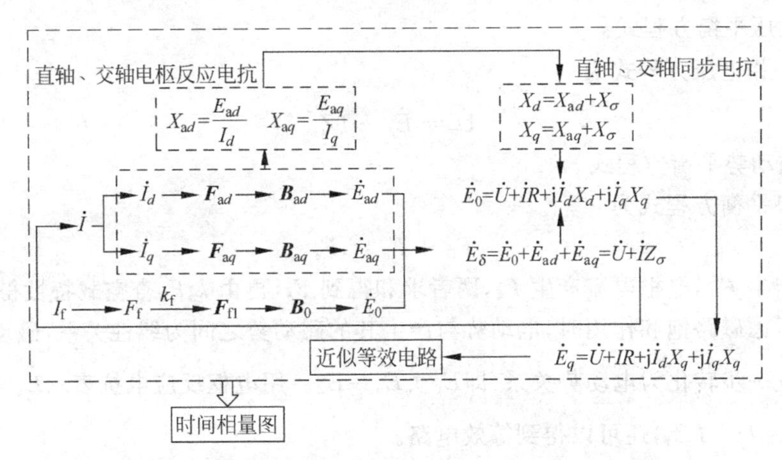

8.2 重点与难点

1. 不同波形磁动势的使用

同步电机中存在励磁磁动势、电枢磁动势和气隙合成磁动势，它们在空间分布不完全相同，有的还含有基波和谐波磁动势。

隐极同步电机的励磁磁动势为阶梯波，凸极同步电机的励磁磁动势为矩形波。励磁磁动势可以进行分解得到正弦分布的基波励磁磁动势；电枢磁动势仅考虑基波分量时为正弦分布；基波励磁磁动势与电枢反应磁动势合成得到的气隙合成磁动势为正弦分布。对于不同波形的磁动势在使用和计算时需要注意：

(1) 空载特性。空载特性的横坐标为励磁磁动势，是实际的磁动势，为阶梯波或者矩形波。若已知正弦分布的磁动势，要查空载特性求电动势时，需要将正弦分布的磁动势转换为阶梯波或者矩形波，即除以波形因数，再查空载特性。若已知电动势求正弦分布的磁动势，也需要将空载特性求得的阶梯波或者矩形波磁动势乘以波形因数，得到正弦分布的磁动势。

(2) 磁动势求和。两个极对数相同且空间上相对静止的正弦分布的磁动势可以利用矢量运算直接求和。两个阶梯分布的磁动势一般不直接进行求和，因为阶梯分布的磁动势求和易造成磁动势波形变化，使谐波分解计算复杂。例如在考虑饱和时的隐极电机分析中，不是将励磁磁动势与电枢磁动势直接求和，而是分解后将基波励磁磁动势与电枢反应磁动势合成得到正弦分布的气隙合成磁动势，转换为阶梯分布后查空载特性。两个矩形分布的磁动势一般也不直接求和，除非直接求和不会使计算复杂化。如两个矩形分布的磁动势轴线重合且矩形波宽度相同时，可以直接求和。在考虑饱和时的凸极同步电机分析中，可以将矩形分布的励磁磁动势和由正弦分布的直轴电枢反应磁动势转换而来的矩形分布的直轴等效磁动势进行求和，得到矩形分布的合成直轴磁动势，直接查空载特性。波形不同的磁动势求和需要进行相应的转换。

2. 隐极同步发电机的电磁关系

(1) 电压平衡方程式

定子一相电压方程式为

$$\dot{U}=\dot{E}_{\delta}-\dot{I}Z_{\sigma}$$

(2) 磁动势平衡方程式

磁动势平衡方程式为

$$\boldsymbol{F}_{f1}+\boldsymbol{F}_{a}=\boldsymbol{F}_{\delta}$$

励磁电流产生 $\boldsymbol{F}_{f1}$,电枢电流产生 $\boldsymbol{F}_{a}$,两者求和得到 $\boldsymbol{F}_{\delta}$,再由 $k_{a}F_{\delta}$查空载特性得到 E_{δ}。

当不考虑磁路饱和作用时,电动势与产生其的磁动势之间为线性关系,磁动势平衡方程式可以进一步转化为电动势关系,即$\dot{E}_0+\dot{E}_a=\dot{E}_{\delta}$。用电枢反应电抗表示$\dot{E}_a$与$\dot{I}$之间的关系后,$\dot{E}_0=\dot{U}+\dot{I}Z_s$,还可以得到等效电路。

3. 凸极同步发电机的电磁关系

(1) 考虑磁路饱和情况

① 磁动势平衡方程式

电枢反应磁动势分解为直轴和交轴电枢反应磁动势,考虑直轴磁路饱和作用,不计交轴磁路饱和,磁动势平衡方程式为

$$F_{f}+k_{ad}F_{ad}=F_{\delta d}$$

$$\boldsymbol{F}_{a}=\boldsymbol{F}_{ad}+\boldsymbol{F}_{aq}$$

由 $k_{aq}F_{aq}$查空载特性气隙线得到 E_{aq},由 $F_{\delta d}$查空载特性得到 $E_{\delta d}$。

② 电压平衡方程式

定子一相电压方程式为

$$\dot{U}=\dot{E}_{\delta}-\dot{I}Z_{\sigma}$$

$$\dot{E}_{\delta}=\dot{E}_{aq}+\dot{E}_{\delta d}$$

(2) 不考虑磁路饱和情况

当不考虑磁路饱和作用时,磁动势平衡方程式转化为电动势关系,即$\dot{E}_{\delta}=\dot{E}_0+\dot{E}_{ad}+\dot{E}_{aq}$。用电枢反应电抗表示电动势与电流之间的关系,则$\dot{E}_0=\dot{U}+\dot{I}R+\mathrm{j}\dot{I}_dX_d+\mathrm{j}\dot{I}_qX_q$。用$\dot{E}_q=\dot{U}+\dot{I}R+\mathrm{j}\dot{I}_dX_q+\mathrm{j}\dot{I}_qX_q$替代$\dot{E}_0$后,可以得到近似等效电路。

4. 空载特性的线性化

应注意:

(1) 空载特性的线性化只能在饱和程度不高时进行,否则误差增大。比如,在额定电压运行点附近,线性化后误差不大,此时磁路饱和程度不高;但是求保持额定励磁电流不变时的空载电动势时,磁路饱和程度较高,线性化误差很大。

(2) 在隐极电机电磁关系中,采用电抗参数表示电枢电流与电动势之间的关系,其基础是磁路线性化,因此用电路参数或等效电路进行分析时的空载电动势必须是在空载特性线性化后的气隙线上求出。

(3) 凸极电机的双反应理论的基础是叠加定理,必须建立在磁路的线性化基础上,同

样要使用空载特性的气隙线。

5. 同步发电机的电抗参数

电抗参数反映的是电枢电流产生磁动势，磁动势产生磁场，磁场变化在绕组中感应电动势的过程，等于电动势与产生该电动势的电流的比值。同步发电机的电抗参数包括：

(1) 漏电抗 X_σ。X_σ 与电枢电流产生的漏磁通相对应，包括槽部漏磁通、端部漏磁通和差漏磁通。它反映了三相电流产生漏磁场，在一相绕组中感应基波电动势的过程。

(2) 电枢反应电抗 X_a。参数 X_a 反映了三相电流产生三相合成基波磁动势，合成基波磁动势产生气隙磁通，在一相绕组中感应基波电动势的物理过程。

(3) 同步电抗 X_s。X_s 包括电枢漏电抗和电枢反应电抗，反映了三相电流产生三相合成磁动势，合成磁动势产生磁通，包括气隙磁通和漏磁通在一起的全部磁通在一相绕组中感应基波电动势的物理过程。

(4) 直轴和交轴电枢反应电抗 X_{ad} 和 X_{aq}。X_{ad} 和 X_{aq} 分别反映了三相直、交轴电枢电流 $\dot{I}_d$、$\dot{I}_q$ 产生的基波气隙磁通(电枢反应磁通)在一相电枢绕组中感应基波电动势的过程。

(5) 直轴和交轴同步电抗 X_d 和 X_q。X_d 和 X_q 分别反映了三相直、交轴电枢电流($\dot{I}_d$、$\dot{I}_q$)产生的总磁通(包括基波气隙磁通与漏磁通)在一相电枢绕组中感应基波电动势的过程。

以上电抗都包括了三相电流的综合作用。

8.3 练习题解答

8-1-1 基波励磁磁动势矢量始终在 S 极中心所对的位置，这一结论是在什么条件下得到的？如果改变这些条件，对这一结论有什么影响？

答：磁动势的参考方向规定为从定子到转子为正时，基波励磁磁动势的正幅值在 S 极中心处，所以基波励磁磁动势矢量始终在 S 极中心所对的位置。若将磁动势的参考方向规定为从转子到定子，则基波励磁磁动势矢量将位于 N 极中心所对的位置。

8-1-2 励磁绕组通入励磁电流产生励磁磁动势，励磁磁动势产生气隙磁通密度，磁通交链绕组得到绕组的磁链，磁链变化在绕组中感应电动势。这一从励磁电流到感应电动势的过程中，哪些物理量是在空间分布的？哪些物理量是随时间变化的？它们之间都是如何联系的？

答：励磁磁动势、气隙磁通密度是空间分布的，绕组的磁链、感应电动势是随时间变化的。励磁磁动势乘以磁路的磁导得到气隙磁通，绕组每个线圈的磁通密度对面积的积分得到每个线圈的磁通，所有线圈磁链之和就是绕组的磁链，绕组磁链对时间求导即为感应电动势。

8-1-3 空载特性反映的是哪两个物理量之间的关系？具体反映了电机中怎样一个物理过程？使用时需要注意什么？

答：空载特性反映的是励磁电流或励磁磁动势与感应电动势之间的关系。反映的物理过程为：励磁绕组通入励磁电流，产生励磁磁动势；励磁磁动势在电机中产生气隙磁通密度，磁动势和气隙磁通密度随转子一起旋转，相对定子绕组运动，在定子绕组中感应电动势。需要注意：空载特性的横坐标是励磁电流 I_f 或由它产生的实际的励磁磁动势 F_f，而不是基波励磁磁动势 F_{f1}。

8-1-4　时空相矢量图上电动势始终滞后于产生它的磁动势90°电角度。这一结论是在什么条件下得到的？实际上两者的确是相差90°电角度吗？

答：时空相矢量图上电动势始终滞后于产生它的磁动势90°电角度需满足如下条件：各时间相量均取A相的量；空间坐标系的原点设在A相绕组轴线 $+A$ 处；时间参考轴 $+j$ 与相轴 $+A$ 重合；绕组电动势的参考方向与 $+A$ 轴符合右手螺旋定则；磁动势及磁通密度的参考方向为从定子到转子的方向；气隙旋转磁场的转向为空间角度的正方向。磁动势是空间分布的，而电动势只是随时间变化，物理意义不同，各自的物理意义需要在各自的坐标下考查。两者相差的90°电角度只存在于时空相矢量图上，实际上并不存在，也没有实际意义。

8-1-5　隐极和凸极同步电机的励磁磁动势和气隙磁通密度分布的波形如何？转子表面某一点的气隙磁通密度大小随时间如何变化？定子表面某一点的气隙磁通密度随时间如何变化？

答：隐极同步电机的励磁磁动势及其产生的气隙磁通密度是阶梯波，凸极同步电机的励磁磁动势为矩形波，其产生的气隙磁通密度为平顶波。转子表面某一点的气隙磁通密度大小不随时间变化，而定子表面某一点的气隙磁通密度随时间变化规律与某一时刻气隙磁通密度沿气隙圆周的空间分布波形一致。

8-2-1　转子基波励磁磁动势在定子三相绕组中感应电动势，产生三相交流电流，三相交流电流流过三相绕组产生基波电枢磁动势。试详细分析为什么基波电枢磁动势的转向与转子转向相同。

答：当转子转向为由A相绕组轴线转向B相绕组轴线，再转向C相绕组轴线时，定子三相绕组感应电动势相序为A、B、C，即时间上A相超前B相120°电角度，B相超前C相120°电角度。三相交流电流相序与电动势相序相同，而三相电流流过三相绕组产生的基波电枢磁动势的位置由电流超前的相绕组轴线转向电流滞后的相绕组轴线，即由A相绕组轴线转向B相绕组轴线，再转向C相绕组轴线。所以基波电枢磁动势的转向与转子转向相同。

8-2-2　时空相矢量图上电流相量与三相电流产生的基波旋转磁动势重合在一起旋转，这一结论是在什么条件下得到的？如果改变条件，结论会有什么变化？

答：该结论是在将某一相绕组轴线作为空间矢量图的参考轴与时间相量图的参考轴重合，并且取该相的电流相量作为分析对象的条件下得到的。如果以A相绕组轴线作为空间参考轴，而取B相(C相)的电流相量为分析对象，则电流相量将滞后基波磁动势120°(240°)电角度。如果取B相(C相)绕组轴线作为空间参考轴，而取A相的电流相量为分析对象，则电流相量将超前基波磁动势120°(240°)电角度。

8-2-3　电枢反应的性质由什么决定？与哪些因素有关？

答：电枢反应的性质取决于负载的性质和电机内部的参数，与空载电动势与电枢电

流之间的夹角 ψ 有关。因负载性质不同，可能出现交轴电枢反应、去磁或者增磁的直轴电枢反应。

8-3-1 由基波励磁磁动势与基波电枢反应磁动势得到气隙合成磁动势时，这些磁动势的空间分布是怎样的？能否将阶梯波分布或者矩形波分布的励磁磁动势与基波电枢反应磁动势直接相加而得到合成磁动势？

答： 基波励磁磁动势与基波电枢反应磁动势在空间上都是正弦分布的，合成得到的气隙合成磁动势也是空间上正弦分布的。不能将阶梯波分布或者矩形波分布的励磁磁动势与基波电枢反应磁动势直接相加而得到合成磁动势。

8-3-2 由气隙电动势 E_δ 查空载特性得到的磁动势的空间分布是怎么样的？为了能与基波电枢反应磁动势进行矢量运算求得励磁磁动势，应该如何处理？

答： 空载特性反映的是实际的励磁磁动势 F_f 与感应电动势之间的关系，而不是基波励磁磁动势 F_{f1}，因此由气隙电动势 E_δ 查空载特性得到的磁动势在空间上是阶梯波分布或者矩形波分布的。必须将得到的阶梯波分布或者矩形波分布的磁动势 F 乘以励磁磁动势波形因数 k_f，得到基波分量幅值 $F_\delta = k_f F$，再与基波电枢反应磁动势进行矢量运算求基波励磁磁动势。

8-3-3 采用线性化后的电动势相量图分析，得到的电动势相量（$\dot{E}_0$、$\dot{E}_\delta$、$\dot{E}_a$）的大小、相位以及磁动势矢量（$\boldsymbol{F}_{f1}$、$\boldsymbol{F}_\delta$、$\boldsymbol{F}_a$）的幅值、位置的误差大小如何？为什么？

答： 在已知负载大小求励磁磁动势和空载电动势时，电动势 $\dot{E}_\delta$ 一般在额定电压附近。由于此时的饱和程度不高，线性化的误差不大，所以 $\dot{E}_\delta$ 的大小和相位与 $\boldsymbol{F}_\delta$ 的幅值和位置的误差不大。电枢反应磁动势 F_a 和 E_a 通常也处于线性区段，所以两者的误差也不大。$\boldsymbol{F}_{f1}$ 由 $\boldsymbol{F}_\delta$ 和 $\boldsymbol{F}_a$ 决定，幅值和位置误差也不大，但是由于电感性负载时的励磁磁动势较大，处于饱和程度较高的区段，所以求出的空载电动势 $\dot{E}_0$ 大小与实际的误差较大，不能用线性化的电动势相量图求；由于 $\dot{E}_0$ 滞后 $\boldsymbol{F}_{f1}$ 90°电角度，其相位误差不大。

反之，在已知励磁电流或磁动势求负载电流大小时，采用线性化相量图时，空载电动势 E_0 必须根据励磁电流或磁动势查线性化的空载特性求出，不能在空载特性上求，否则线性化的电动势相量图会使其他结果误差增大。

8-3-4 电枢反应电抗和同步电抗的物理意义是什么？两者有什么不同？它们之间有什么关系？其大小都与什么有关？下面几种情况对同步电抗分别有何影响？

(1)电枢绕组匝数增加；(2)铁心饱和程度增加；(3)气隙增大；(4)励磁绕组匝数增加。

答： 电枢反应电抗反映的是三相电流产生三相合成基波磁动势，合成基波磁动势产生气隙磁通，在一相绕组中感应基波电动势的物理过程。同步电抗反映的是三相电流产生三相合成磁动势，合成磁动势产生磁通，包括气隙磁通和漏磁通在一起的全部磁通在一相绕组中感应电动势的物理过程。电枢反应电抗反映的仅是基波气隙磁通的作用，同步电抗不仅包括了气隙磁通，还包括了漏磁通的作用。同步电抗包括电枢反应电抗和电枢漏电抗，同步电抗大于电枢反应电抗。电枢反应电抗与角频率、绕组有效匝数的平方以及气隙磁通所经过磁路的磁导成正比。同步电抗包括的漏电抗与漏磁路的磁导成正比。

(1) 电枢绕组匝数增加,则同步电抗与之成平方关系增加;(2)铁心饱和程度增加,气隙磁通所经过的磁路磁导减小,电枢反应电抗减小,同步电抗随之减小;(3)气隙增大,气隙磁通所经过的磁路磁导减小,电枢反应电抗减小,同步电抗随之减小;(4)励磁绕组匝数增加,对同步电抗没有影响。

8-4-1 利用时空相矢量图对凸极同步电机进行分析,会出现什么问题?是什么原因造成的?

答:凸极同步电机气隙不均匀,即使正弦分布的基波气隙磁动势产生的气隙磁通密度也不再是正弦分布,且分解得到的基波气隙磁通密度也不再与气隙磁动势同相位,所以定子绕组的感应电动势与基波气隙磁动势之间的关系与气隙磁动势相对于转子所在的位置有关。不再像隐极同步电机中那样,基波气隙磁动势超前电动势 90°电角度,可以通过空载特性表示气隙磁动势与电动势之间的数量关系。所以不能采用时空相矢量图分析凸极同步电机,其根本原因就是凸极同步电机的气隙不均匀。

8-4-2 双反应理论利用了凸极电机的什么特点?它能够考虑磁路的饱和吗?

答:基波合成磁动势的轴线正好与转子直轴或者交轴对齐时,虽然气隙磁通密度不是正弦分布,但是分解得到的基波气隙磁通密度与基波合成磁动势相位相同,且合成磁动势遇到的磁路磁阻都是不变的。双反应理论利用这一特点,将电枢反应磁动势分解为直轴和交轴电枢反应磁动势,二者分别产生与其相位相同的直、交轴基波气隙磁通密度,在绕组中产生电枢反应电动势。由于采用了叠加定理,所以双反应理论不能考虑磁路的饱和。

8-4-3 直轴和交轴电枢反应电抗、直轴和交轴同步电抗的物理意义各是什么?它们之间的数值关系如何?

答:直轴电枢反应电抗和交轴电枢反应电抗分别表示三相直、交轴电枢电流产生的基波气隙磁通(电枢反应磁通)在一相电枢绕组中感应的基波电动势与一相电枢电流直、交轴分量的比值。直轴同步电抗和交轴同步电抗分别表示三相直、交轴电枢电流产生的总磁通(包括基波气隙磁通与漏磁通)在一相电枢绕组中感应的基波电动势与一相电枢电流直、交轴分量的比值。

对于普通凸极同步发电机,直轴磁路的气隙小,交轴磁路的气隙大,所以 $X_{ad}>X_{aq}$,$X_d>X_q$。

8-5-1 能否利用电动势相量图来求电压调整率?为什么?

答:电动势相量图是将磁路线性化处理,采用气隙线代替空载特性后得到的,不考虑磁路的饱和。负载时励磁磁动势较大,当卸去负载后只有励磁磁动势作用在磁路中,磁路饱和程度较高。忽略饱和时得到的空载电动势误差较大,所以不能利用电动势相量图求电压调整率。

8.4 思考题解答

8-1 交流电机中把时间相量图和空间矢量图重合在一起有何方便之处?时空相矢量图中各时间相量与空间矢量分别代表什么意义?两者有何本质不同?

答：把时间相量图和空间矢量图重合在一起成为时空相矢量图后，为分析各时间相量与空间矢量间的关系提供了方便：已知空间矢量时，可以迅速确定相关的时间相量；反之，已知时间相量时可以很快确定有关的空间矢量。

在时空相矢量图中，时间相量表示一相绕组（通常取为A相）的随时间变化的正弦量（电压、电流、电动势、磁通、磁链等）的有效值大小以及在画图时刻的时间相位，当一个时间相量与时轴+j重合时，即表示它在此时达到了正的最大值。空间矢量表示在空间按正弦分布的基波磁动势或基波磁通密度的正幅值的大小及其在画图时刻所在的空间位置。当时间相量均为A相的量时，空间参考轴即相轴应取为A相绕组的轴线$+A$。当一个空间矢量与$+A$轴重合时，表示在画图时刻其正幅值在A相绕组轴线处。

8-2 在画交流电机的时空相矢量图时，有哪些惯例和规律必须遵循？

答：应遵循的惯例有：

(1) 各时间相量均取A相的量；

(2) 空间坐标系的原点设在A相绕组轴线$+A$处，磁动势及磁通密度的参考方向为从定子到转子的方向，气隙旋转磁场的转向为空间角度的正方向；

(3) 绕组电动势与电流的参考方向与$+A$轴符合右手螺旋定则；

(4) 时间参考轴+j与相轴$+A$重合；

(5) A、B、C三相绕组在空间的位置为沿空间角度的正方向依次超前120°电角度，三相绕组通以正序(A—B—C)电流。

在上述惯例下，产生如下的规律：

(1) 气隙均匀且不计磁滞涡流效应下，基波磁动势矢量及其产生的基波磁通密度矢量重合，且都超前于它所产生的电动势相量90°电角度，如同步电机中，$\boldsymbol{F}_{f1}$与$\boldsymbol{B}_0$均超前于$\dot{E}_0$ 90°电角度；

(2) 三相对称绕组通以三相对称电流所产生的合成基波磁动势矢量与电流相量重合，如同步电机中$\boldsymbol{F}_a$与$\dot{I}$重合；

(3) 磁链(或磁通)相量与产生它的基波磁通密度矢量重合。

8-3 为什么同步发电机的空载特性曲线与发电机的磁化特性曲线有相似的形状？

答：由于励磁磁动势F_f与励磁磁电流I_f成正比，空载电动势E_0与每极主磁通Φ成正比，因此空载特性曲线$E_0=f(I_f)$与磁化特性曲线$\Phi=f(F_f)$有相似的形状。

8-4 同步电抗与什么磁通对应？由哪两部分组成？每相同步电抗与每相绕组自身的电抗有什么不同？为什么说同步电抗是与三相有关的电抗而数值又是每相的值？

答：同步电抗对应于三相对称电枢电流产生的电枢总磁通，包括电枢反应磁通和漏磁通两部分。每相同步电抗反映了三相绕组流过对称三相电流形成的合成磁动势所产生的磁通在一相绕组中感应电动势与一相电流的比值，而每相绕组自身的电抗反映的是该相绕组通电产生的磁场在自身绕组中所产生感应电动势与自身电流的比值。同步电抗反映的是一相绕组的电动势与一相电流的比值，仍是一相的值，但是感应电动势的磁场却是三相绕组通电共同产生的，所以说同步电抗是与三相有关的电抗，而数值又是每相的值。

8-5 同步电机在对称负载时电枢绕组产生的基波磁场是否链及励磁绕组？在励磁

绕组中感应电动势吗？为什么？

答：负载对称时，电枢绕组产生的基波磁场与励磁绕组交链，但是其转速为同步转速，与转子之间没有相对运动，故不会在励磁绕组中感应电动势。

8-6 同步电机电枢绕组产生的谐波磁动势与励磁绕组产生的谐波磁动势，二者的极距、转向、转速有什么异同？它们在电枢绕组中感应电动势的频率、相序有什么异同？

答：如下表所示。

	极距	转向	转速	感应电动势的频率	感应电动势的相序
电枢绕组的谐波磁动势	$\frac{\tau_p}{\nu}$	3的倍数次谐波磁动势为0；其他的谐波磁动势的转向与电流相序相关。正序电流时：$\nu=6k-1$，反转；$\nu=6k+1$，正转($k=1,2,3,\cdots$)	$\frac{n_1}{\nu}$	f	正序
励磁绕组的谐波磁动势	$\frac{\tau_p}{\nu}$	与转子转向相同	n_1	νf	$\nu=3k$时，同相位($k=1,3,5,\cdots$)。$\nu=6k-1$时，负序；$\nu=6k+1$时，正序($k=1,2,3,\cdots$)

8-7 同步发电机对称负载运行时，电枢绕组的基波磁动势和谐波磁动势与转子之间有无相对运动？一般所说的电枢反应磁动势是指什么磁动势？谐波磁动势在哪里考虑？为什么励磁绕组的谐波磁动势可以在定子绕组中产生谐波电动势，而电枢绕组的谐波磁动势在定子绕组中产生基波电动势？

答：负载对称时，电枢绕组基波磁动势的转速为同步转速，因此与转子之间没有相对运动；电枢绕组谐波磁动势的转速为同步转速的$\frac{1}{\nu}$(ν为谐波次数)，因此与转子间有相对运动。

一般所说的电枢反应磁动势$\boldsymbol{F}_a$是指电枢三组绕组电流产生的合成基波磁动势。三相电流产生的谐波磁动势在电枢绕组中产生基波频率的感应电动势，因此通常把谐波磁动势产生的谐波磁通归入电枢绕组漏磁通中，称为谐波漏磁通或差漏磁通。

励磁绕组产生的谐波磁动势和电枢绕组产生的谐波磁动势的极对数均为νp，但前者的转速为同步转速n_1，而后者的转速为$\frac{n_1}{\nu}$。因此，前者在电枢绕组中产生感应电动势的频率为$\frac{\nu p\cdot n_1}{60}=\nu f$，是谐波电动势；而后者在电枢绕组中产生感应电动势的频率为$\frac{\nu p\cdot\frac{n_1}{\nu}}{60}=f$，为基波电动势。

8-8 凸极电机求出总的合成磁动势$\boldsymbol{F}_\delta$有无实用意义？应用双反应理论有什么条件？

答：当合成磁动势$\boldsymbol{F}_\delta$的作用方向既不在直轴上，也不在交轴上时，由于凸极电机气隙不均匀，因此由 $\boldsymbol{F}_\delta$ 产生的气隙磁通密度波形就会发生畸变而不再是正弦波，气隙磁通密度中的基波 $\boldsymbol{B}_\delta$ 的幅值和相位就与 $\boldsymbol{F}_\delta$ 的幅值及空间位置有关。而 $\boldsymbol{F}_\delta$ 的幅值与空间位置又是随负载变化的，这样，就难以找到 $\boldsymbol{B}_\delta$ 与 $\boldsymbol{F}_\delta$ 间的确定关系式。所以对凸极电机来说，求出合成磁动势 $\boldsymbol{F}_\delta$ 是没有实用意义的。

双反应理论可以用来解决由电枢反应磁动势求电枢反应磁通密度时所遇到的气隙各处磁导不相同的困难，它是基于叠加定理的，需要假定电机磁路是线性的，即由 F_{ad}、F_{aq} 去求 E_{ad}、E_{aq} 时要用气隙线。

8-9 在时空相矢量图中，$\boldsymbol{F}_{f1}$、$\boldsymbol{F}_a$、$\boldsymbol{F}_\delta$、$\dot{E}_0$、$\dot{E}_a$、$\dot{E}_q$ 各代表什么物理量？电抗 X_σ、X_a、X_{ad}、X_{aq}、X_d、X_q、X_s 各对应哪些磁通？因数 k_f、k_a、k_{ad}、k_{aq} 各在什么情况下使用，数值约多大？

答：在时空相矢量图中，空间矢量 $\boldsymbol{F}_{f1}$ 代表转子励磁磁动势的基波；$\boldsymbol{F}_a$ 代表三相电枢电流产生的基波磁动势即电枢反应磁动势；$\boldsymbol{F}_\delta$ 代表气隙合成基波磁动势，即 $\boldsymbol{F}_{f1}$ 与 $\boldsymbol{F}_a$ 的矢量之和；时间相量 $\dot{E}_0$ 和 $\dot{E}_a$ 分别代表由 $\boldsymbol{F}_{f1}$ 和 $\boldsymbol{F}_a$ 产生的基波气隙磁通密度在一相绕组中所感应的电动势；$\dot{E}_q$ 则是凸极同步电机中令 $X_d = X_q$ 时的一个等效电动势，它与 $\dot{E}_0$ 同相位，大小与 E_0 接近，比 E_0 小 $I_d(X_d - X_q)$，可用 $\dot{E}_q$ 代替 $\dot{E}_0$ 得到凸极电机的近似等效电路。

电抗 X_σ 和 X_a 分别对应于三相对称电枢电流产生的漏磁通和气隙磁通；X_{ad} 和 X_{aq} 分别对应于三相对称电枢电流产生的直轴、交轴电枢反应磁通（气隙磁通）；X_d 和 X_q 分别对应于三相对称电枢电流产生的直轴、交轴电枢总磁通（包括电枢反应磁通和漏磁通）；X_s 对应于三相对称电枢电流产生的电枢总磁通（包括电枢反应磁通和漏磁通），用于隐极同步电机。这些电抗都综合反映了三相绕组合成磁动势所产生的磁通对一相的影响。

按照产生相同的基波磁通密度的原则，将实际非正弦分布的励磁磁动势等效折合成一个正弦分布的基波励磁磁动势时，使用因数 k_f。它的大小为该等效基波励磁磁动势与实际励磁磁动势的幅值之比。$k_a = \dfrac{1}{k_f}$，用处也恰好相反，即在隐极电机中把一个基波励磁磁动势或基波电枢反应磁动势折合成一个与实际励磁磁动势波形相同的励磁磁动势时，基波磁动势幅值应乘以的因数就是 k_a。k_d 和 k_q 是分别用于凸极同步电机直、交轴的波形因数，分别是实际非正弦分布的 d、q 轴电枢反应磁通密度的基波幅值与其实际幅值之比。k_{ad} 和 k_{aq} 是把凸极同步电机 d、q 轴基波电枢磁动势 F_{ad} 和 F_{aq} 分别折合为实际波形的等效励磁磁动势时所使用的 d、q 轴电枢反应磁动势折合因数，$k_{ad} = \dfrac{k_d}{k_f}$，$k_{aq} = \dfrac{k_q}{k_f}$。

在隐极电机中，k_f 的值同转子每极嵌放绕组部分与极距之比有关，一般为 0.97～1.035；在凸极电机中，$k_f = \dfrac{4}{\pi}$。凸极电机的 k_{ad} 一般为 0.8～0.95，k_{aq} 一般为 0.1～0.7。

8-10 在隐极同步发电机时空相矢量图中，把 $+A$ 轴与 $+\mathrm{j}$ 轴重合，则基波励磁磁动势 $\boldsymbol{F}_{f1}$ 与 A、B、C 相电动势 $\dot{E}_{0A}$、$\dot{E}_{0B}$、$\dot{E}_{0C}$ 的相位差是多大？电枢反应磁动势 $\boldsymbol{F}_a$ 与三相电流 $\dot{I}_A$、$\dot{I}_B$、$\dot{I}_C$ 的相位差又分别是多少？在画时空相矢量图时，如果把 $+B$ 轴与 $+\mathrm{j}$ 轴重合，则 $\dot{E}_{0A}$ 与 $\boldsymbol{F}_{f1}$ 的相位关系将是怎样的？

答：当$+A$轴与$+\mathrm{j}$轴重合时，$\boldsymbol{F}_{\mathrm{f1}}$分别超前$\dot{E}_{0\mathrm{A}}$、$\dot{E}_{0\mathrm{B}}$、$\dot{E}_{0\mathrm{C}}$ 90°、210°和330°；$\boldsymbol{F}_{\mathrm{a}}$与$\dot{I}_{\mathrm{A}}$重合，$\boldsymbol{F}_{\mathrm{a}}$分别超前$\dot{I}_{\mathrm{B}}$、$\dot{I}_{\mathrm{C}}$ 120°和240°。

如果把$+B$轴与$+\mathrm{j}$轴重合，则时空相矢量图中的时间相量应取B相的量，即$\boldsymbol{F}_{\mathrm{f1}}$超前$\dot{E}_{0\mathrm{B}}$ 90°，因此$\dot{E}_{0\mathrm{A}}$超前$\boldsymbol{F}_{\mathrm{f1}}$ 30°。

8-11　在隐极同步发电机时空相矢量图中，空间矢量$\boldsymbol{F}_{\mathrm{f1}}$、$\boldsymbol{F}_{\mathrm{a}}$、$\boldsymbol{F}_{\delta}$分别与哪个时间相量相对应？在磁路为线性时，若$\boldsymbol{F}_{\mathrm{f1}}=-2\boldsymbol{F}_{\mathrm{a}}$，则$E_0$、$E_{\mathrm{a}}$与$E_{\delta}$有何数量关系？

答：$\boldsymbol{F}_{\mathrm{f1}}$，$\boldsymbol{F}_{\mathrm{a}}$，$\boldsymbol{F}_{\delta}$分别与时间相量$\dot{E}_0$、$\dot{E}_{\mathrm{a}}$、$\dot{E}_{\delta}$相对应。

在磁路线性时，由$\boldsymbol{F}_{\mathrm{f1}}=-2\boldsymbol{F}_{\mathrm{a}}$可知，$\boldsymbol{F}_{\mathrm{a}}$与$\boldsymbol{F}_{\mathrm{f1}}$反相，且$F_{\mathrm{a}}=\frac{1}{2}F_{\mathrm{f1}}$，根据矢量图，可知$\boldsymbol{F}_{\delta}=\boldsymbol{F}_{\mathrm{f1}}+\boldsymbol{F}_{\mathrm{a}}=\boldsymbol{F}_{\mathrm{a}}$，即有$F_{\mathrm{f1}}=2F_{\mathrm{a}}=2F_{\delta}$，因此可得$E_0=2E_{\mathrm{a}}=2E_{\delta}$。

8-12　对隐极同步发电机，利用时空相矢量图求得的励磁磁动势F_{f}与电压调整率ΔU是否正确？如果利用电动势相量图来求，那么得到的F_{f}和ΔU是否有偏差？

答：用时空相矢量图求得的F_{f}与ΔU都是正确的。如果用电动势相量图求，则ΔU将偏大。

8.5　习题解答

8-1　已知$t=0$时，同步电机转子位置如图8-1所示。

(1) 画出$\boldsymbol{F}_{\mathrm{f1}}$和$\boldsymbol{B}_0$的空间矢量图；

(2) 画出A相空载电动势$\dot{E}_0$的时间相量图；

(3) 将时间相量图和空间矢量图重合，画出$\dot{E}_0$和$\boldsymbol{F}_{\mathrm{f1}}$。

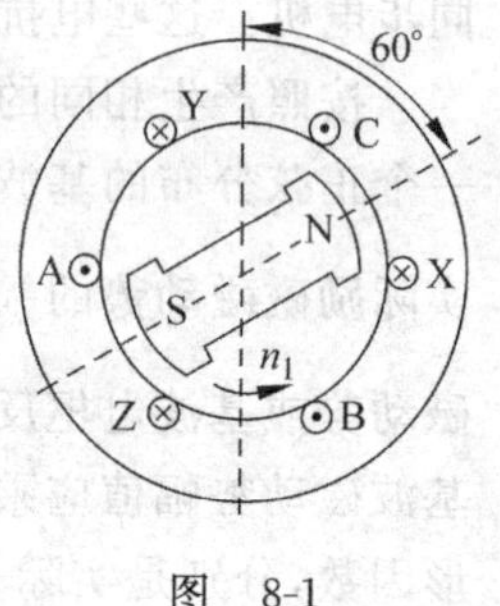

图　8-1

解：(1) 在空间矢量图上，$\boldsymbol{F}_{\mathrm{f1}}$位于基波励磁磁动势正幅值处。按照磁动势参考方向规定(从定子到转子为正)，$\boldsymbol{F}_{\mathrm{f1}}$应在转子S极中心线位置。以$+A$轴为$\alpha=0$位置，逆时针方向为$\alpha$正方向，则在图8-1所示时刻，S极中心线在$\alpha=-60°$处，即$\boldsymbol{F}_{\mathrm{f1}}$在$\alpha=-60°$位置。由此可画出$\boldsymbol{F}_{\mathrm{f1}}$与$\boldsymbol{B}_0$的空间矢量图，如图8-2(a)所示。

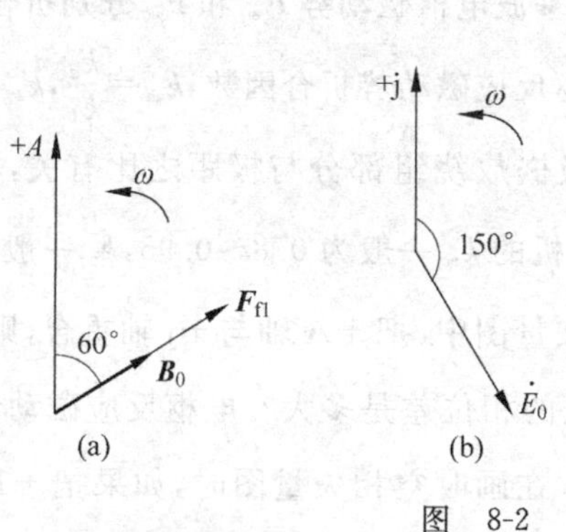

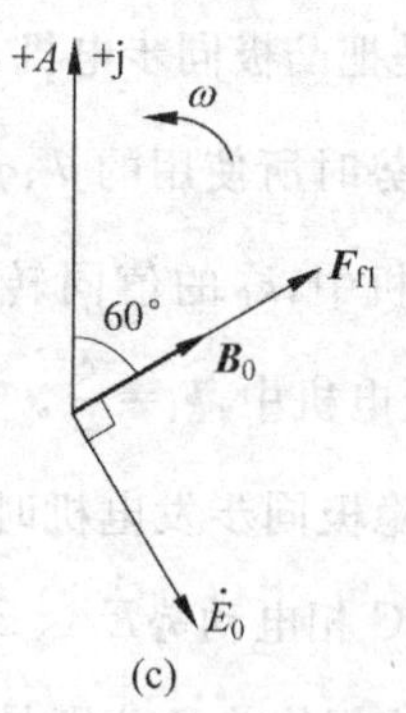

图　8-2

(2) 当 $\boldsymbol{B}_0$ 正幅值(或转子 S 极中心线)到达线圈边 X 位置时,即转子从图 8-1 所示位置再转过150°电角度时,A 相电动势 $\dot{E}_0$ 达到正的最大值。因此,在时间相量图上,$\dot{E}_0$ 应距离+j 轴150°,如图 8-2(b)所示。

(3) 将+A 与+j 轴重合,得到图 8-2(c)所示的时空相矢量图。

8-2 已知 $t=0$ 时,同步电机转子 S 极中心线超前 A 相轴线 75°。试直接用时空相矢量图画出 A 相空载电动势 $\dot{E}_0$ 及 $\boldsymbol{F}_{f1}$。

解:对隐极同步电机,不计磁滞与涡流效应时,$\boldsymbol{F}_{f1}$ 与 $\boldsymbol{B}_0$ 同相位,在时空相矢量图上二者都超前 $\dot{E}_0$ 90°。依题意可作出时空矢量图如图 8-3 所示。

8-3 已知同步电机三相绕组对称,$p=1$,如图 8-4 所示。转子逆时针方向转动,A 相空载电动势表达式为 $e_{0A}=\sqrt{2}E_1\sin(\omega t-90°)$。写出 B、C 相空载电动势 e_{0B}、e_{0C} 的表达式,并在时间相量图中画出 $\dot{E}_{0A}$、$\dot{E}_{0B}$、$\dot{E}_{0C}$。在图 8-4 中画出 $t=0$ 时转子的位置,并画出 $\boldsymbol{F}_{f1}$ 的空间矢量图。

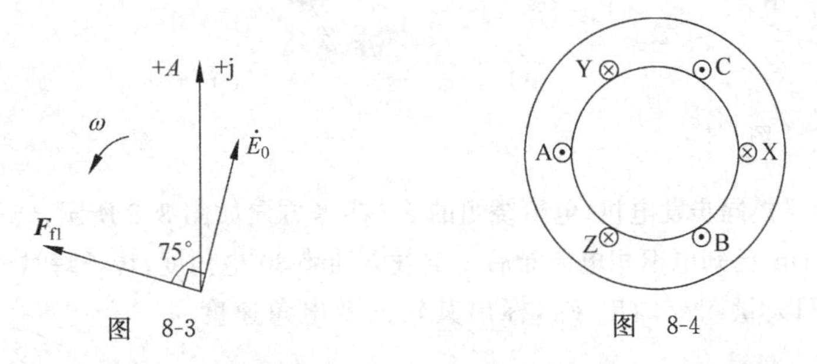

图 8-3　　图 8-4

解:由于三相对称,且 $e_{0A}=\sqrt{2}E_1\sin(\omega t-90°)$,所以 B、C 相电动势应分别滞后于 A 相电动势 120°和240°,即

$$e_{0B}=\sqrt{2}E_1\sin(\omega t-210°)$$

$$e_{0C}=\sqrt{2}E_1\sin(\omega t-330°)$$

$t=0$ 时,e_{0A} 为负的最大值,因此 $\dot{E}_{0A}$ 此时应在与+j 轴成180°的位置。画出 $t=0$ 时的时间相量图,如图 8-5(a)所示。在空间矢量图中,此时 $\boldsymbol{F}_{f1}$ 应在 $\alpha=-90°$ 的位置,如图 8-5(b)所示。此时,转子 S 极中心线处于线圈边 A 的位置,画出转子位置如图 8-5(c)所示。

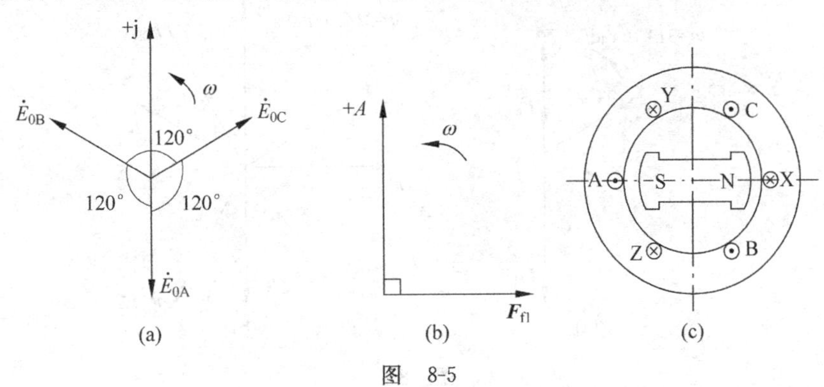

图 8-5

8-4　一台同步电机绕组分布及绕组中电动势、电流的参考方向如图8-6(a)所示。试求：

(1) 当图8-6(b)中$\alpha=120°$时，画出A相绕组空载电动势$\dot{E}_0$的时间相量图；

(2) 若定子绕组电流滞后空载电动势$\dot{E}_0$ 60°电角度，画出定子绕组产生的合成基波磁动势$\boldsymbol{F}_a$的位置，说明电枢反应磁动势的作用；

(3) 如果$F_{f1}=3F_a$，画出磁动势$\boldsymbol{F}_\delta$的位置。

解：(1) $\dot{E}_0$如图8-7(b)所示。

(2)、(3) $\boldsymbol{F}_a$及$\boldsymbol{F}_\delta$如图8-7(a)所示。电枢反应磁动势兼有直轴去磁和交轴的作用。

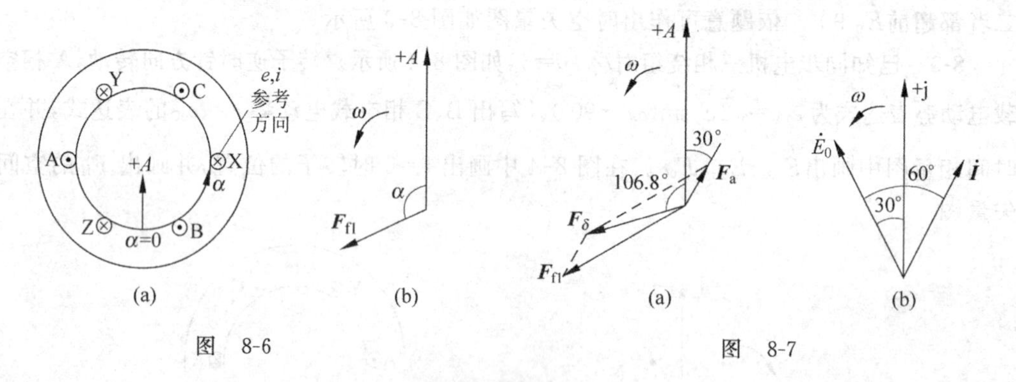

图　8-6　　　　　　　　图　8-7

8-5　一台4极同步发电机，电枢绕组的e、i参考方向如图8-8所示，转子逆时针转动，转速为1500r/min，已知电枢相电流滞后于空载电动势30°电角度，转子瞬时位置如图所示。

(1) 在空间矢量图上画出$\boldsymbol{F}_{f1}$，标出其转向及电角速度ω的大小；

(2) 作出电枢绕组三相空载电动势和电流的时间相量图，标出时间角频率ω的大小；

(3) 在空间矢量图上画出电枢反应磁动势$\boldsymbol{F}_a$，标出转向和电角速度ω的大小，并说明$\boldsymbol{F}_{ad}$的性质。

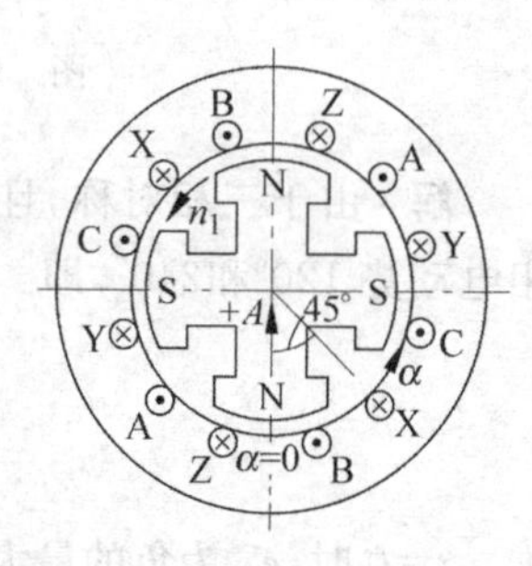

图　8-8

解：(1) 空间矢量图如图8-9(a)所示。

(2) 时间相量图如图8-9(b)所示。

(3) $\boldsymbol{F}_a$如图8-9(a)所示，$\boldsymbol{F}_{ad}$性质为去磁。

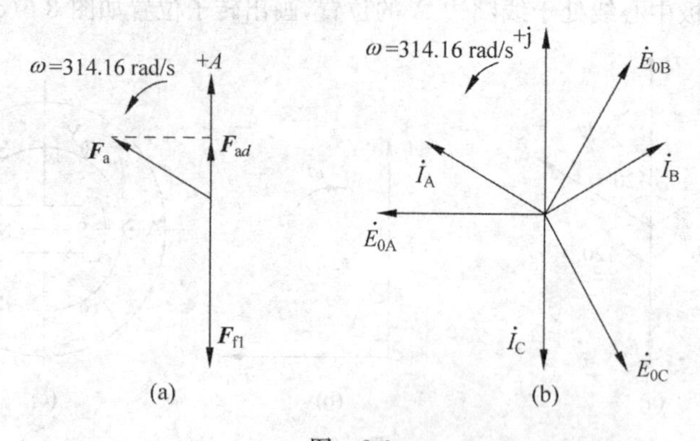

图　8-9

8-6 有一台同步电机，定子绕组里电动势和电流的参考方向分别标在图8-10(a)、(b)中。假设定子电流$\dot{I}$超前电动势$\dot{E}_0$ 90°。根据图(a)和图(b)所示的转子位置，分别找出电枢反应磁动势$\boldsymbol{F}_a$的位置，并说明它是去磁还是增磁性质的。

解：通过画时空相矢量图来分析。

(a)、(b)两种情况的时空相矢量图分别如图8-11(a)、(b)所示。可见，在(a)、(b)两种情况下，电枢反应磁动势$\boldsymbol{F}_a$分别为增磁、去磁性质的。

这里需要注意(a)、(b)两种情况的不同。在(a)中，e、i参考方向相同，都与$+A$轴符合右手螺旋定则，按照磁动势参考方向及画时空相矢量图的规定，可得到$\boldsymbol{F}_a$与$\dot{I}$重合的规律，可将之简称为正的$\dot{I}$产生正的$\boldsymbol{F}_a$。而在(b)中，i的参考方向规定得与e的相反，不再与$+A$轴符合右手螺旋定则，当i达到正的最大值，即$\dot{I}$与$+$j轴重合时，按磁动势的参考方向规定，可知此时的电枢反应磁动势$\boldsymbol{F}_a$的正幅值在$\alpha=180°$处(设$+A$轴处为$\alpha=0°$)。这样，在时空相矢量图中，$\boldsymbol{F}_a$就不再与$\dot{I}$重合，而是相差180°，可将这种情况简称为正的$\dot{I}$产生负的$\boldsymbol{F}_a$。

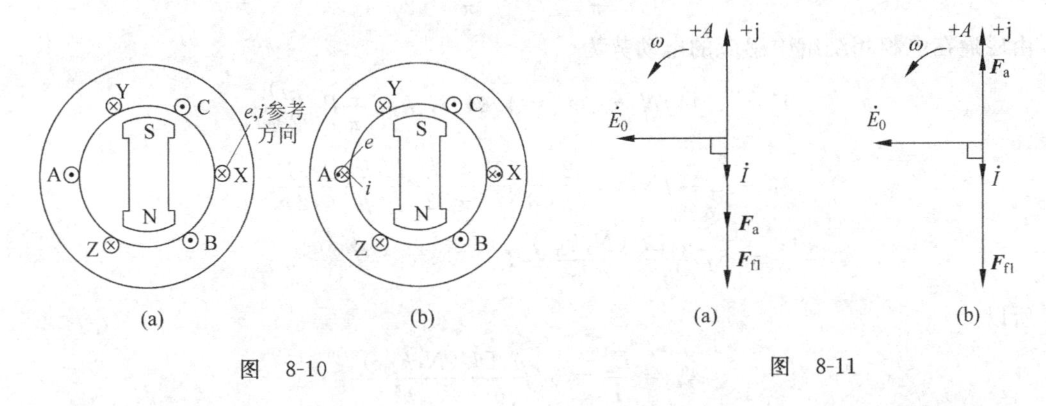

图 8-10　　　　图 8-11

8-7 画出隐极同步发电机带电感负载和电容负载两种情况下的时空相矢量图，忽略电枢绕组电阻，在图上表示出时间相量$\dot{U}$、$\dot{I}$、$\mathrm{j}\dot{I}X_\sigma$、$\dot{E}_\delta$及空间矢量$\boldsymbol{F}_{f1}$、$\boldsymbol{F}_a$、$\boldsymbol{F}_\delta$。比较两种情况下励磁磁动势$\boldsymbol{F}_{f1}$和合成磁动势$\boldsymbol{F}_\delta$的大小，说明电枢反应磁动势$\boldsymbol{F}_a$各起什么作用。

解：带电感负载、电容负载时的时空相矢量图分别如图8-12(a)、(b)所示，可以看出，在电感负载下，$\boldsymbol{F}_\delta<\boldsymbol{F}_{f1}$，电枢反应磁动势$\boldsymbol{F}_a$起直轴去磁作用；而在电容负载下，$\boldsymbol{F}_\delta>\boldsymbol{F}_{f1}$，$\boldsymbol{F}_a$起直轴增磁作用。

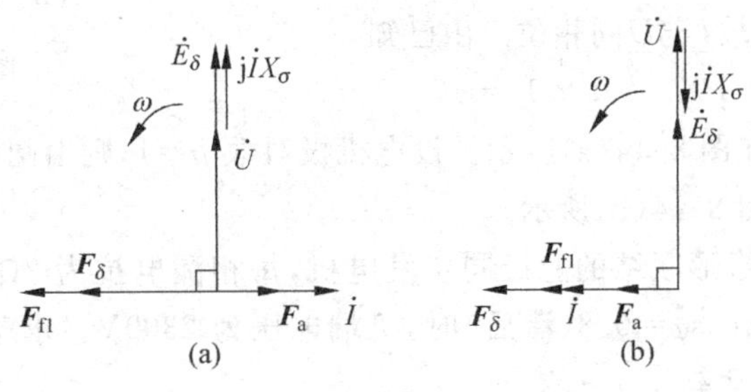

图 8-12

8-8　一台三相 p 对极、频率为 f 的隐极同步电机，定子内径为 D，等效气隙长度为 δ，铁心有效长度为 l，绕组每相串联匝数为 N_1，基波绕组因数为 k_{dp1}，忽略定、转子铁心磁阻，试推导电枢反应电抗 X_a 的公式，说明 X_a 与哪些量有关。

解：电枢反应电抗 X_a 反映了三相电枢电流产生三相合成磁动势，合成磁动势产生气隙磁通，气隙磁通在一相绕组中感应电动势的物理过程，其值等于感应电动势与电枢电流的比值。

三相电枢电流产生的电枢反应磁动势幅值为

$$F_a = \frac{3}{2}\frac{4}{\pi}\frac{\sqrt{2}}{2}\frac{N_1 k_{dp1} I}{p}$$

由磁动势 F_a 产生的气隙磁通密度的幅值为

$$B_a = \frac{\mu_0}{\delta}F_a$$

其中，δ 为等效气隙的长度，是考虑定子开槽引起气隙增大后的气隙长度。

根据气隙磁通密度计算每极磁通

$$\Phi_a = \frac{2}{\pi}B_a\tau_p l = \frac{2}{\pi}B_a\frac{\pi D}{2p}l$$

由磁通在电枢相绕组中感应的电动势为

$$\begin{aligned}E_a &= 4.44fN_1k_{dp1}\Phi_a = 4.44fN_1k_{dp1}\frac{2}{\pi}B_a\frac{\pi D}{2p}l\\&= 4.44fN_1k_{dp1}\frac{2}{\pi}\frac{\mu_0}{\delta}\frac{3}{2}\frac{4}{\pi}\frac{\sqrt{2}}{2}\frac{N_1k_{dp1}I}{p}\frac{\pi D}{2p}l\\&= 6f\frac{\mu_0 Dl}{\delta}\frac{(N_1k_{dp1})^2}{p^2}I\end{aligned}$$

所以

$$X_a = \frac{E_a}{I} = 6f\frac{\mu_0 Dl}{\delta}\frac{(N_1k_{dp1})^2}{p^2}$$

可见，电枢反应电抗与频率、定子内径、铁心长度和绕组有效匝数的平方成正比，与等效气隙长度和极对数的平方成反比。

8-9　已知一台隐极同步发电机的端电压 $\underline{U}=1$，$\underline{I}=1$，同步电抗 $\underline{X}_s=1$，功率因数 $\cos\varphi=1$（忽略定子电阻）。用画时空相矢量图的办法，找出在图8-13所示瞬间该发电机转子的位置。

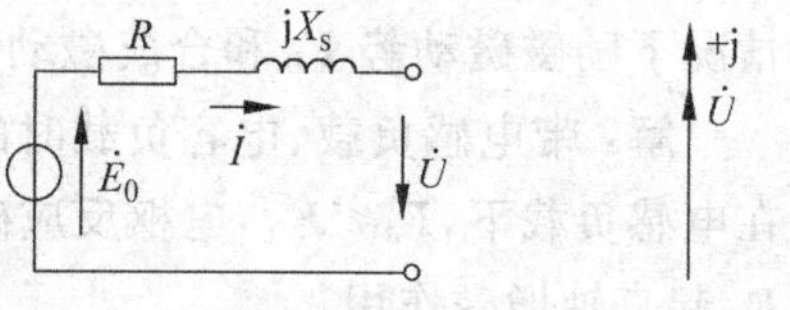

图　8-13

解：因 $\cos\varphi=1$，故 $\dot{\underline{I}}$ 与 $\dot{\underline{U}}$ 同相位。由已知

$$\underline{U}=1,\quad \underline{I}\,\underline{X}_s = 1\times 1 = 1$$

画出时空相矢量图，如图8-14(a)所示。设电机极对数 $p=1$，则由图中 $\boldsymbol{F}_{f1}$ 的位置，可画出此刻转子的位置，如图8-14(b)所示。

8-10　一台三相星形联结的隐极同步发电机，每相漏电抗为 2Ω，每相电阻为 0.1Ω。当负载为 500kV·A、$\cos\varphi=0.8$（滞后）时，机端电压为 2300V。求基波气隙磁场在一相电枢绕组中产生的电动势。

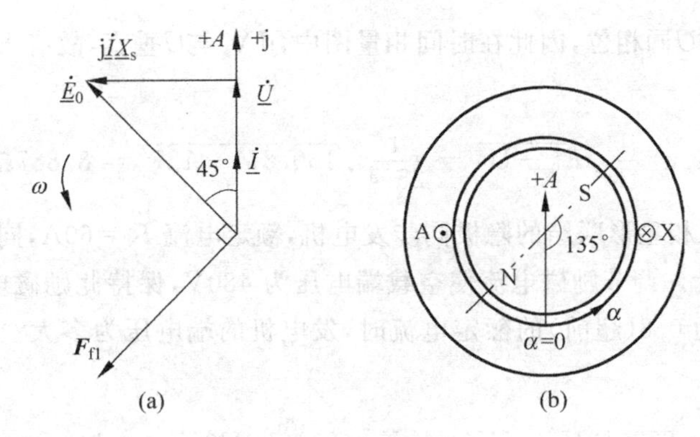

图 8-14

解：所求感应电动势即为 E_δ。

由已知 $X_\sigma=2\Omega, R=0.1\Omega$，有

$$U=\frac{U_L}{\sqrt{3}}=\frac{2300}{\sqrt{3}}=1327.9\text{V}$$

$$I=\frac{S}{\sqrt{3}U_L}=\frac{500\times10^3}{\sqrt{3}\times2300}=125.5\text{A}$$

$$\varphi=\arccos0.8=36.87°$$

设$\dot{U}=U\angle0°=1327.9\angle0°\text{V}$，则

$$\dot{I}=I\angle-\varphi=125.5\angle-36.87°\text{A}$$

所以

$$\begin{aligned}\dot{E}_\delta&=\dot{U}+\dot{I}R+\mathrm{j}\,\dot{I}X_\sigma\\&=1327.9+0.1\times125.5\angle-36.87°+\mathrm{j}2\times125.5\angle-36.87°\\&=1501\angle7.4°\text{V}\end{aligned}$$

即

$$E_\delta=1501\text{V}$$

8-11 一台三相星形联结的隐极同步发电机，空载时使端电压为 220V 所需的励磁电流为 3A。当发电机接上每相 5Ω 的星形联结电阻负载时，要使端电压仍为 220V，所需的励磁电流为 3.8A。不计电枢电阻，求该发电机的同步电抗(不饱和值)。

解：空载时，励磁电流 $I'_f=3\text{A}$，每相空载电动势为

$$E'_0=\frac{220}{\sqrt{3}}=127\text{V}$$

$I_f=3.8\text{A}$ 时，每相空载电动势为

$$E_0=\frac{I_f}{I'_f}E'_0=\frac{3.8}{3}\times127=160.87\text{V}$$

接上 $R_L=5\Omega$ 对称电阻负载时，每相电流为

$$I=\frac{U}{R_L}=\frac{220/\sqrt{3}}{5}=\frac{127}{5}=25.4\text{A}$$

由于 $\cos\varphi=1$，$\dot{I}$ 与 $\dot{U}$ 同相位，因此在时间相量图中，$\mathrm{j}\dot{I}X_s$ 与 $\dot{U}$ 垂直，故有 $E_0^2=U^2+(IX_s)^2$，所以，

$$X_s=\frac{1}{I}\sqrt{E_0^2-U^2}=\frac{1}{25.4}\sqrt{160.87^2-127^2}=3.887\Omega$$

8-12　一台三相星形联结的隐极同步发电机，额定电流 $I_N=60\mathrm{A}$，同步电抗 $X_s=1\Omega$，电枢电阻忽略不计。调节励磁电流使空载端电压为480V，保持此励磁电流不变，当发电机输出功率因数为0.8(超前)的额定电流时，发电机的端电压为多大？此时电枢反应磁动势起何作用？

解：$E_0=\frac{480}{\sqrt{3}}=277.13\mathrm{V}$，　$IX_s=I_NX_s=60\times1=60\mathrm{V}$

$\cos\varphi=0.8$ 超前时，$\varphi=-\arccos0.8=-36.87°$，$\sin\varphi=-0.6$。设 $\dot{E}_0$ 超前 $\dot{U}$ 的角度为 θ，在隐极同步发电机的时间相量图中，总有

$$E_0\sin\theta=IX_s\cos\varphi,\quad E_0\cos\theta=U+IX_s\sin\varphi$$

所以

$$\theta=\arcsin\frac{IX_s\cos\varphi}{E_0}=\arcsin\frac{60\times0.8}{277.13}=9.97°$$

$$\begin{aligned}U&=E_0\cos\theta-IX_s\sin\varphi\\&=277.13\cos9.97°-60\times(-0.6)=308.94\mathrm{V}\end{aligned}$$

端电压即线电压为

$$U_L=\sqrt{3}U=\sqrt{3}\times308.94=535.1\mathrm{V}$$

判断电枢反应的性质要看 $\dot{E}_0$ 与 $\dot{I}$ 的相位关系。由于 $\dot{E}_0$ 超前 $\dot{U}$ 的角度 $\theta=9.97°$，$\dot{I}$ 超前 $\dot{U}$ 的角度为36.87°，因而 $\dot{I}$ 超前于 $\dot{E}_0$ $36.87°-9.97°=26.9°$，所以电枢反应磁动势兼有直轴增磁和交轴的作用。

8-13　一台隐极同步发电机带三相对称负载，$\cos\varphi=1$，此时端电压 $U=U_N$，电枢电流 $I=I_N$，若知该电机的 $\underline{X}_\sigma=0.15$，$\underline{X}_a=0.85$，忽略定子电阻，用时间相量图求空载电动势 $\underline{E}_0$、ψ 及 θ'。

解：已知 $U=U_N$，$I=I_N$，$\cos\varphi=1$，则 $\underline{U}=1$，$\underline{I}=1$，$\varphi=0$。于是有

$$\underline{I}\,\underline{X}_\sigma=1\times0.15=0.15$$

$$\underline{I}\,\underline{X}_a=1\times0.85=0.85$$

$$\underline{I}\,\underline{X}_s=\underline{I}\,\underline{X}_\sigma+\underline{I}\,\underline{X}_a=0.15+0.85=1$$

画出时间相量图，如图8-15所示，根据以上数据可得：$\underline{E}_0=\sqrt{2}$，$\psi=45°$。$\dot{\underline{E}}_\delta$ 与 $\dot{\underline{U}}$ 的夹角为

$$\arctan\frac{\underline{I}\,\underline{X}_\sigma}{\underline{U}}=\arctan\frac{0.15}{1}=8.53°$$

所以

$$\theta' = \psi - 8.53° = 45° - 8.53 = 36.47°$$

8-14 如图 8-6(a)所示的隐极同步电机，端电压 $\underline{U}=1$，电流 $\underline{I}=1$，同步电抗 $\underline{X}_s=1$，功率因数 $\cos\varphi=0.866$（$\dot{I}$ 超前 $\dot{U}$）。利用时空相矢量图，找出当转子转到如图 8-6(b)所示位置（$\alpha=120°$）时电枢反应磁动势 $\boldsymbol{F}_a$ 的位置。

解：因 $\cos\varphi=0.866$ 超前，故 $\varphi=-30°$，$\underline{I}\,\underline{X}_s=1$。画出时空相矢量图，如图 8-16 所示。可见，当转子转到图 8-6(b)所示位置时，$\boldsymbol{F}_a$ 与 $+A$ 轴重合，即在 $\alpha=0$ 处。

8-15 一台三相水轮发电机数据如下：额定容量 $S_N=8750\text{kV}\cdot\text{A}$，额定电压 $U_N=11\text{kV}$（星形联结），同步电抗 $X_d=17\Omega$，$X_q=9\Omega$，忽略电阻，电机带 $\cos\varphi=0.8$（滞后）的额定负载。

(1) 求各同步电抗的标幺值；

(2) 用电动势相量图求该发电机额定负载运行时的空载电动势 E_0。

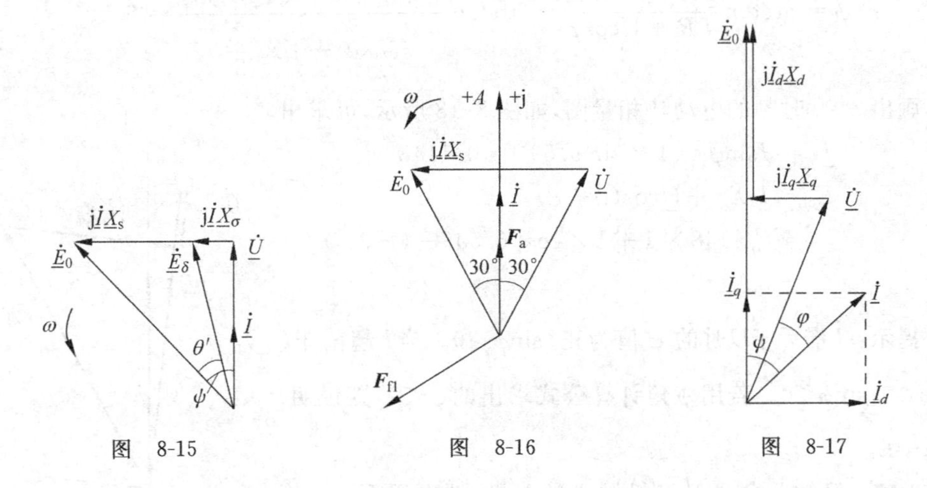

图 8-15　　图 8-16　　图 8-17

解：(1) 先求阻抗基值 Z_N。星形联结时，

$$Z_N = \frac{U_{N\phi}}{I_{N\phi}} = \frac{U_N/\sqrt{3}}{I_N} = \frac{U_N^2}{S_N} = \frac{11000^2}{8750000} = 13.83\Omega$$

故

$$\underline{X}_d = \frac{X_d}{Z_N} = \frac{17}{13.83} = 1.23$$

$$\underline{X}_q = \frac{X_q}{Z_N} = \frac{9}{13.83} = 0.65$$

(2) 额定负载时的电动势相量图如图 8-17 所示，其中，

$$\psi = \arctan\frac{\underline{I}\underline{X}_q + \underline{U}\sin\varphi_N}{\underline{U}\cos\varphi_N} = \arctan\frac{1\times0.65+1\times0.6}{1\times0.8} = 57.38°$$

$$\varphi_N = \arccos 0.8 = 36.87°$$

$$\underline{I}_d = \underline{I}\sin\psi = 1\times\sin 57.38° = 0.8423$$

$$\underline{E}_0 = \underline{I}_d \underline{X}_d + \underline{U}\cos(\psi - \varphi_N)$$
$$= 0.8423 \times 1.23 + 1 \times \cos(57.38° - 36.87°)$$
$$= 1.9726$$

所以相电动势为

$$E_0 = \underline{E}_0 \frac{U_N}{\sqrt{3}} = 1.9726 \times \frac{11000}{\sqrt{3}} = 12528\text{V}$$

8-16 已知一台凸极同步发电机，$\underline{U}=1$，$\underline{I}=1$，$\underline{X}_d=1$，$\underline{X}_q=0.6$，$R=0$，$\cos\varphi=\frac{\sqrt{3}}{2}$（$\dot{I}$超前$\dot{U}$）。当$t=0$时，A相电流达到正的最大值。画出此时的电动势相量图，求出A相空载电动势$\underline{E}_0$，并标出d轴和q轴的位置。

解：$\varphi=-30°$，$\sin\varphi=-0.5$

$$\psi = \arctan\frac{\underline{I}\,\underline{X}_q + \underline{U}\sin\varphi}{\underline{I}\,\underline{R} + \underline{U}\cos\varphi} = \arctan\frac{1\times 0.6 + 1\times(-0.5)}{1\times 0 + 1\times\frac{\sqrt{3}}{2}} = 6.59°$$

画出$t=0$时刻的电动势相量图，如图8-18所示，可求出

$$\underline{I}_d = \underline{I}\sin\psi = 1 \times \sin 6.59° = 0.1148$$
$$\underline{E}_0 = \underline{I}_d \underline{X}_d + \underline{U}\cos(\psi - \varphi)$$
$$= 0.1148 \times 1 + 1 \times \cos[6.59° - (-30°)]$$
$$= 0.9177$$

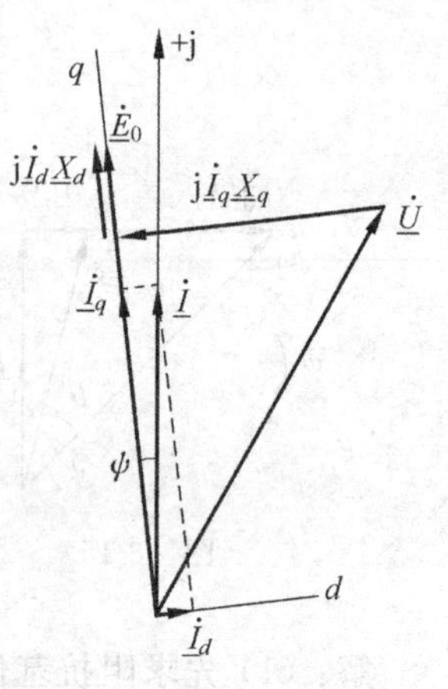

图 8-18

提示：$\dot{I}$滞后于$\dot{U}$时的φ值为正，$\sin\varphi>0$。当$\dot{I}$超前于$\dot{U}$时，$\varphi<0$，$\sin\varphi<0$。若用ψ角计算公式求出的$\psi<0$，则说明$\dot{I}$超前于$\dot{E}_0$。

8-17 已知一台4极隐极同步发电机，端电压$\underline{U}=1$，电流$\underline{I}=1$，同步电抗$\underline{X}_s=1.2$，功率因数$\cos\varphi=\frac{\sqrt{3}}{2}$（$\dot{I}$滞后$\dot{U}$），忽略定子电阻，基波励磁磁动势幅值为$F_{f1}$，电枢反应磁动势的幅值$F_a=\frac{1}{2}F_{f1}$。试用时空相矢量图求出合成磁动势$\boldsymbol{F}_\delta$与$\boldsymbol{F}_{f1}$之间的夹角$\theta'$和空载电动势$\underline{E}_0$。

解：$\varphi=\arccos\frac{\sqrt{3}}{2}=30°$，$\underline{I}\,\underline{X}_s=1\times1.2=1.2$

可先作出各时间相量，根据$\boldsymbol{F}_{f1}$超前$\dot{E}_0$ 90°，$\boldsymbol{F}_a$与$\dot{I}$重合，且$F_a=\frac{1}{2}F_{f1}$，可作出各磁动势矢量。所作的时空相矢量图如图8-19所示，由图可得

$$\psi = \theta + \varphi = \arctan\frac{\underline{I}\,\underline{X}_s + \underline{U}\sin\varphi}{\underline{U}\cos\varphi}$$
$$= \arctan\frac{1\times1.2 + 1\times0.5}{1\times\frac{\sqrt{3}}{2}} = 63°$$

所以

$$\theta = \psi - \varphi = 63° - 30° = 33°$$

$$\underline{E}_0 = \frac{U\cos\varphi}{\cos\psi} = \frac{1 \times \frac{\sqrt{3}}{2}}{\cos 63°} = 1.908$$

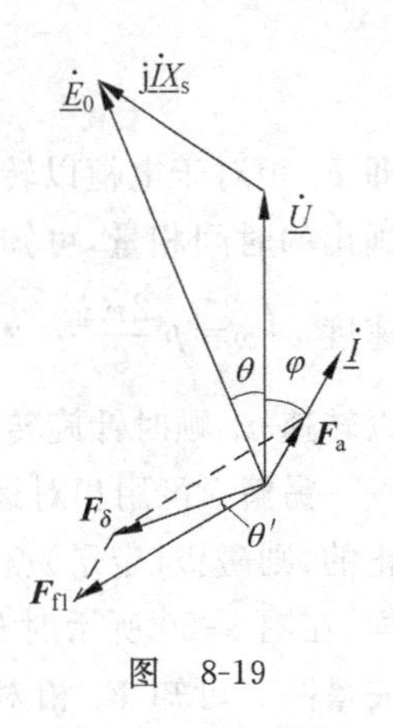

图 8-19

从矢量图可以看出，F_{f1} 与 F_a 的夹角为$90° + \theta + \varphi = 90° + 63° = 153°$。对于 F_{f1} 与 F_δ 构成的三角形(二者的夹角为 θ')，有

$$\frac{F_{f1}}{\sin(153° - \theta')} = \frac{F_a}{\sin\theta'}$$

由于 $F_a = \frac{1}{2}F_{f1}$，因此有

$$\sin(153° - \theta') = 2\sin\theta'$$

即

$$\sin 153°\cos\theta' - \cos 153°\sin\theta' = 2\sin\theta'$$

则

$$\tan\theta' = \frac{\sin 153°}{2 + \cos 153°} = 0.40938$$

所以

$$\theta' = \arctan 0.40938 = 22.26°$$

8-18 一台旋转电枢的三相同步电机，电动势、电流的参考方向如图 8-20 所示。

(1) 在转子转到图示的瞬间，画出励磁磁动势在电枢绕组中产生的电动势$\dot{E}_{0A}$、$\dot{E}_{0B}$和$\dot{E}_{0C}$的时间相量图；

(2) 已知电枢电流$\dot{I}_A$、$\dot{I}_B$、$\dot{I}_C$分别滞后电动势$\dot{E}_{0A}$、$\dot{E}_{0B}$、$\dot{E}_{0C}$ 60°电角度，画出电枢反应磁动势 F_a；

(3) 求磁动势 F_a 相对于定子的转速。

解：把空间坐标放在电枢(转子)上，仍然取 A 相绕组轴线 $+A$ 作为 $\alpha = 0$ 位置，以逆时针方向为 α 正方向。

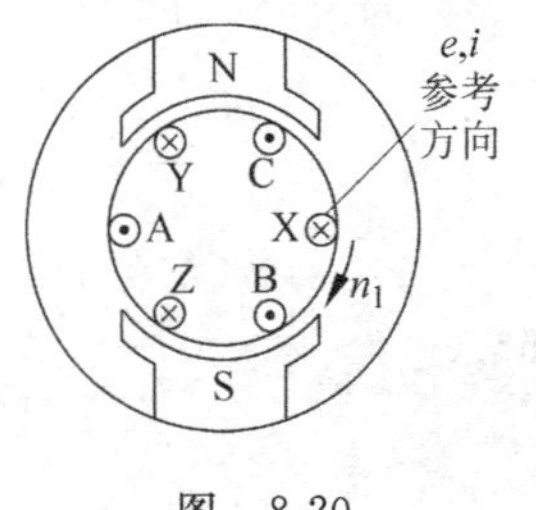

图 8-20

(1) 由图 8-20 中各量的参考方向，可知在图示时刻 $e_{0A} = 0$。电枢再转过 $\omega t = 90°$时，e_{0A}将为负的最大值。因此在图示时刻$\dot{E}_{0A}$应超前于+j 轴90°电角度。据此可在时空相矢量图中作出$\dot{E}_{0A}$。从图 8-20 所示的三相绕组布置及电枢转向可知，$\dot{E}_{0B}$和$\dot{E}_{0C}$分别滞后于$\dot{E}_{0A}$ 120°和240°，作出$\dot{E}_{0B}$及$\dot{E}_{0C}$如图 8-21 所示。

(2) 因相电流滞后于相电动势60°电角度，于是可作出$\dot{I}_A$、$\dot{I}_B$、$\dot{I}_C$，如图 8-21 所示。当 A 相电流 i_A 达到正的最大值时，三相合成基波磁动势即电枢反应磁动势 F_a 在时空相矢量图上应与 $+A$ 轴重合，即在时空相矢量图上 F_a 与$\dot{I}_A$ 重合。作出 F_a 如图 8-21 所示。

(3) 电枢绕组中感应电动势的频率 f 取决于转速 n_1，而电枢电流产生的旋转磁动势 F_a 相对于电枢的转速 n'取决于 f，因此有

$$n' = \frac{60f}{p} = \frac{60}{p} \cdot \frac{pn_1}{60} = n_1$$

即 $\boldsymbol{F}_a$ 相对于电枢以转速 n_1 旋转，转向取决于三相电流或电动势的相序，由图 8-21 中已画出的时间相量，可知转向为逆时针。因此，在时空相矢量图上，$\boldsymbol{F}_a$ 相对于 $+A$ 轴以电角速度 $\omega\left(\omega = p\dfrac{2\pi n_1}{60} = 2\pi f\right)$ 向逆时针方向旋转，如图 8-21 所示。由于电枢即 $+A$ 轴又是以转速 n_1 顺时针旋转的，因此 $\boldsymbol{F}_a$ 相对于定子的转速为 0，即在空间是静止的。

另解：可用相对运动的概念进行分析。假设电枢是静止的，则磁极（定子）就应以转速 n_1 向逆时针方向旋转。这样，在图 8-20 所示时刻仍可作出如图 8-21 所示的时空相矢量图。可知 $\boldsymbol{F}_a$ 相对电枢即 $+A$ 轴向逆时针方向旋转。但实际上 $+A$ 轴及电枢又是以转速 n_1 向顺时针方向旋转的，因此 $\boldsymbol{F}_a$ 相对定子的转速为 0。

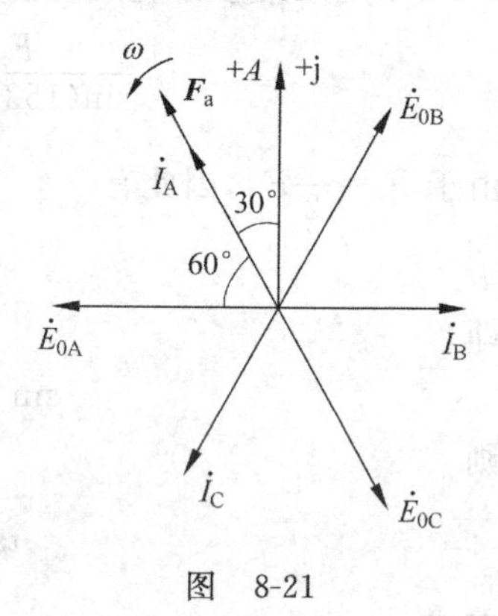

图　8-21

8-19　一台三相汽轮发电机，Y 联结，额定数据如下：功率 $P_N = 25000\text{kW}$，电压 $U_N = 6300\text{V}$，功率因数 $\cos\varphi_N = 0.8$（滞后），电枢绕组漏电抗 $X_\sigma = 0.0917\Omega$，忽略电枢绕组电阻，空载特性如下表：

E_0/V	0	2182	3637	4219	4547	4801	4983
I_f/A	0	82	164	246	328	410	492

在额定负载下，电枢反应磁动势折合值 $k_a F_a$ 用转子励磁电流表示为 250.9A。试作出时空相矢量图，并求额定负载下的励磁电流及空载电动势的大小。

解：由于表中空载特性给出的是励磁电流 I_f 的值，而不是励磁磁动势的值，所以在作时空相矢量图时，一律用电流的大小来代替相应的磁动势的大小，作出额定负载运行的时空相矢量图如图 8-22 所示，作图步骤如下：

(1) 额定相电压为

$$U_{N\phi} = \frac{6300}{\sqrt{3}} = 3637\text{V}$$

额定相电流为

$$I_N = \frac{P_N}{\sqrt{3}U_N\cos\varphi_N} = \frac{25000 \times 10^3}{\sqrt{3} \times 6300 \times 0.8} = 2864\text{A}$$

电流滞后电压的相位

$$\varphi_N = \arccos 0.8 = 36.87°$$

漏电抗压降为

$$I_N X_\sigma = 2864 \times 0.0917 = 262.6\text{V}$$

根据公式 $\dot{E}_\delta = \dot{U} + \text{j}\dot{I}X_\sigma$ 可作出相量 $\dot{E}_\delta$。

(2) 由 E_δ 在空载特性上找到 $k_a F_\delta$ 大小，在图上作 $k_a\boldsymbol{F}_\delta$ 矢量，它超前 $\dot{E}_\delta$ 90°电角度。

(3) 根据已给 $k_a F_a$ 大小，在图上作 $k_a \boldsymbol{F}_a$ 矢量，与 $\dot{I}_N$ 同方向。

(4) 由 $k_a \boldsymbol{F}_{f1} = k_a \boldsymbol{F}_\delta - k_a \boldsymbol{F}_a$，可得励磁磁动势矢量 $k_a \boldsymbol{F}_{f1}$，在图中量得其大小为 400A。

(5) 由 $k_a F_{f1} = F_f$ 在空载特性上找到相应的空载电动势为 $E_0 = 4765\text{V}$(相值)。

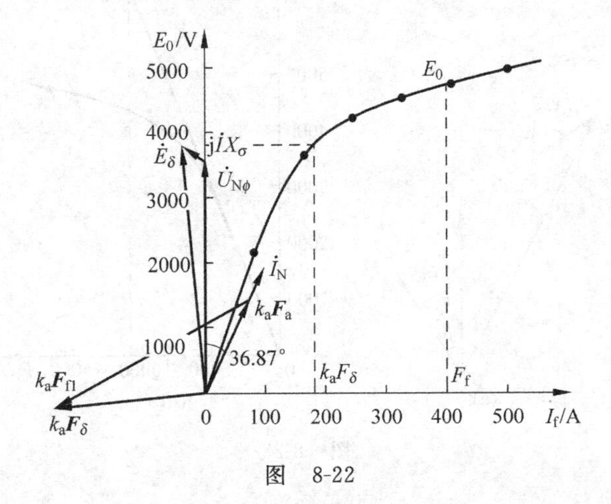

图 8-22

8-20 一台三相隐极同步发电机，定子绕组 Y 联结，额定电压 $U_N = 6300\text{V}$，额定功率 $P_N = 400\text{kW}$，额定功率因数 $\cos\varphi_N = 0.8$(滞后)，定子绕组每相漏电抗 $X_\sigma = 8.1\Omega$，电枢反应电抗 $X_a = 71.3\Omega$，忽略定子电阻，空载特性数据如下：

E_0/V	0	1930	3640	4480	4730
F_f/A	0	3250	6770	12200	16600

用电动势相量图求额定负载下空载电动势 E_0 及 ψ 角的大小，并用空载特性气隙线求励磁磁动势 F_f。

解：额定相电压

$$U_{N\phi} = \frac{6300}{\sqrt{3}} = 3637\text{V}$$

额定相电流

$$I_N = \frac{P_N}{\sqrt{3}U_N\cos\varphi_N} = \frac{400 \times 10^3}{\sqrt{3} \times 6300 \times 0.8} = 45.8\text{A}$$

电流滞后电压的相位

$$\varphi_N = 36.87°$$

电机的同步电抗

$$X_s = X_a + X_\sigma = 71.3 + 8.1 = 79.4\Omega$$

同步电抗压降

$$IX_s = 45.8 \times 79.4 = 3637\text{V}$$

作电动势相量图如图 8-23(a)，图中 $\dot{E}_0 = \dot{U} + \mathrm{j}\dot{I}X_s$，可得到 $E_0 = 6540\text{V}$，$\psi = 63.2°$。根据给定数据作出空载特性及其气隙线，如图 8-23(b)所示。在气隙线上，由 $E_0 = 6540\text{V}$

可找到励磁磁动势 $F_f=10650$A。

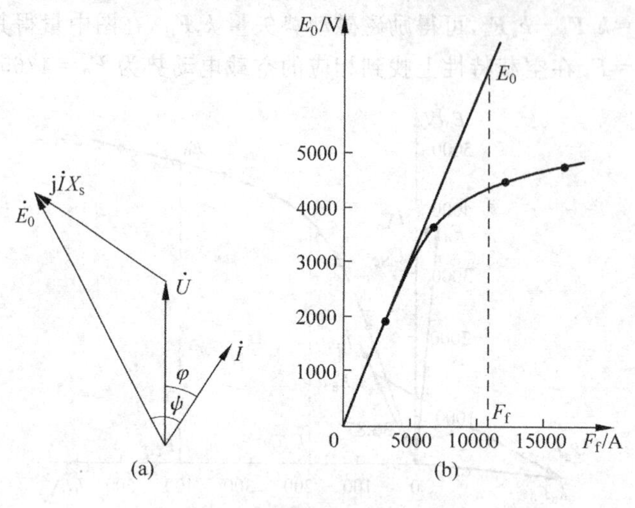

图　8-23

8-21　一台水轮发电机有下列数据：额定容量 $S_N=15000\text{kV}\cdot\text{A}$，额定电压 $U_N=13800$V（Y联结），额定功率因数 $\cos\varphi_N=0.8$（滞后），额定转速 $n_N=100$r/min，直轴同步电抗（不饱和值）$X_d=11.37\Omega$，交轴同步电抗 $X_q=7.87\Omega$，漏电抗 $X_\sigma=3.05\Omega$，电枢反应磁动势 F_a 用转子励磁电流表示为135A，空载特性如下。

E_0/V	2000	3600	6300	7800	8900	9550	10000
I_f/A	45	80	150	200	250	300	350

（1）用布朗戴尔相量图求额定负载下的 ψ 角；

（2）求额定负载下的 I_f 及 ΔU。

解：（1）

额定相电压 $U_{N\phi}=\dfrac{U_N}{\sqrt{3}}=\dfrac{13800}{\sqrt{3}}=7968\text{V}$

额定相电流

$$I_N=\frac{S_N}{\sqrt{3}U_N}=\frac{15000\times10^3}{\sqrt{3}\times13800}=627.6\text{A}$$

额定功率因数角

$$\varphi_N=\arccos0.8=36.87^\circ$$

在图8-24(a)上作$\dot{U}$、$\dot{I}$相量，由 a 点作垂直$\dot{I}$ 相量之线段$\overline{ab}$，使$\overline{ab}=IX_q=627.6\times7.87=4939$V，联结$\overline{0b}$可得$\dot{E}_0$ 线，$\overline{0b}=E_q$，$\dot{E}_q$ 可计算得到

$$\begin{aligned}\dot{E}_q&=\dot{U}+\text{j}\,\dot{I}X_q=7967\angle0^\circ+\text{j}627.6^\circ\angle-36.87^\circ\times7.87\\&=11620\angle19.9^\circ\text{V}\end{aligned}$$

由此得到 $\theta=19.9^\circ$，$\psi=\theta+\varphi=19.9^\circ+36.87^\circ=56.77^\circ$。

(2) 将$\dot{I}$分解为$\dot{I}_d$和$\dot{I}_q$，

$$I_d = I\sin\psi = 524.6\text{A}$$
$$I_q = I\cos\psi = 344.6\text{A}$$

在图 8-24(a)图上作出相量$\dot{E}_\delta = \dot{U} + \text{j}\,\dot{I}X_\sigma$，及相量$\dot{E}_{aq} = -\text{j}\,\dot{I}_q X_{aq}$，得到相量

$$\begin{aligned}\dot{E}_{\delta d} &= \dot{E}_\delta - \dot{E}_{aq} = \dot{U} + \text{j}\,\dot{I}X_\sigma + \text{j}\,\dot{I}_q X_{aq} \\ &= 7968\angle 0° + \text{j}627.6\angle -36.87° \times 3.05 + \text{j}344.6\angle 19.9° \times (7.87 - 3.05) \\ &= 7968\angle 0° + 1914\angle 53.2° + 1661\angle 109.9° \\ &= 9091\angle 19.9°\text{V}\end{aligned}$$

由$E_{\delta d}$在图 8-24(b)空载特性上查出直轴合成磁动势大小(用励磁电流表示)为265A，本题已给出F_a折合成转子励磁电流值为135A，F_{ad}折合成转子励磁电流值为$135 \times \sin\psi = 113\text{A}$，所以额定负载时的励磁电流为

$$I_{fN} = 265 + 113 = 378\text{A}$$

根据I_{fN}在空载特性上得到空载电动势$E_0 = 10100\text{V}$(相值)。

额定负载时的电压调整率

$$\Delta U = \frac{E_0 - U_{N\phi}}{U_{N\phi}} = \frac{10100 - 7968}{7968} \times 100\% = 26.8\%$$

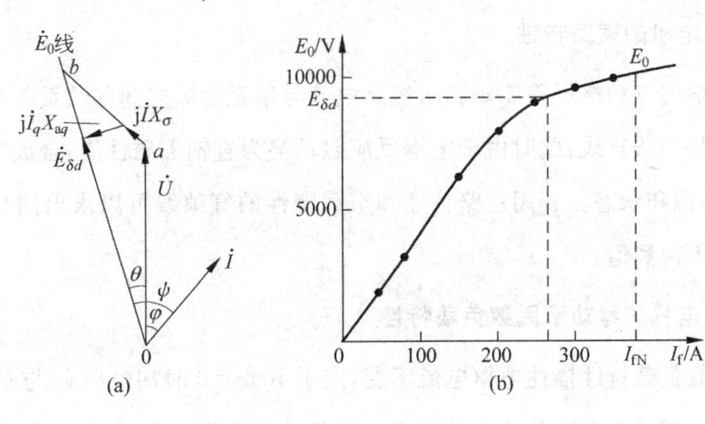

图 8-24

第9章　同步发电机的运行特性

9.1 知识结构

9.1.1 主要知识点

1. 同步发电机的空载特性

空载特性描述额定转速下励磁电流与定子绕组感应空载电动势之间的定量关系。它不仅可以用来检查电机本身磁路设计是否合理，而且可以检查电枢绕组联结的正确性以及励磁系统的工作情况。

2. 同步发电机的短路特性

短路特性描述三相绕组稳态短路时短路电流与励磁电流之间的数量关系。同步发电机的短路特性是一条直线，此时由于电枢反应磁动势为直轴去磁性质，合成气隙磁动势不大，磁路处于不饱和状态。利用短路特性和空载特性的气隙线可以求出同步电抗或者直轴同步电抗的不饱和值。

3. 同步发电机的零功率因数负载特性

零功率因数负载特性描述电枢电流不变，定子 $\cos\varphi=0$ 时端电压 U 与励磁电流 I_f 之间的定量关系。零功率因数负载特性具有与空载特性非常相似的形状，与空载特性一起可以求出定子绕组漏电抗。

4. 同步发电机的电压调整特性和调整特性

电压调整特性描述负载功率因数不变且励磁电流 I_f 不调节时，端电压 U 随负载电流 I 的关系；而调整特性则描述维持端电压不变，该如何调节励磁电流。负载性质不同，电压调整特性和调整特性也不同。可以从电压调整特性上求出发电机电压调整率。

9.1.2 知识关联图

三相同步发电机的运行特性

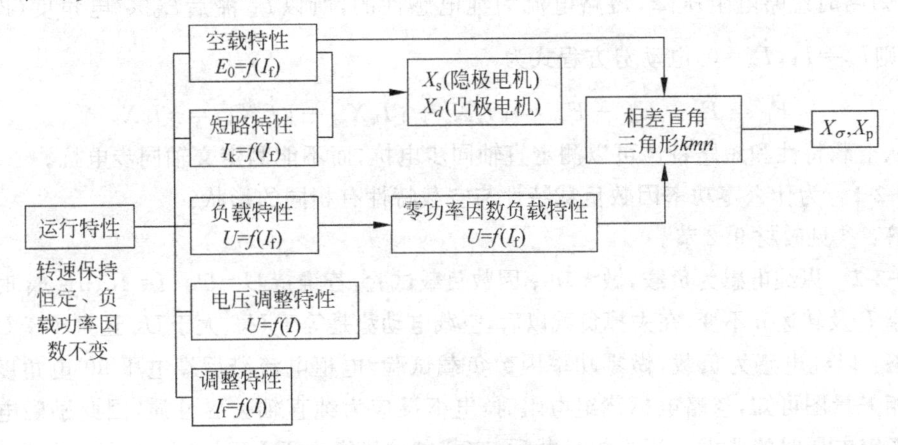

9.2 重点与难点

零功率因数负载特性的特点和利用

对于相同的定子电压，零功率因数负载特性需要的励磁电流比空载特性的要大，原因是：①负载电流在电枢电阻(常忽略)和漏电抗上的压降；②电枢电流产生的电枢反应磁动势的去磁作用。负载特性电枢电流不变，所以这两部分作用不变，使得零功率因数负载特性与空载特性之间始终相差一个直角三角形 *kmn*。直角三角形的两直角边分别对应着漏电抗压降和去磁磁动势。利用零功率因数负载特性和空载特性找到直角三角形 *kmn*，计算出漏电抗压降对应的边长，就可以得到漏电抗(具体方法参见教材)。求取时，运行点电压一般在额定电压附近，否则误差较大。试验测量得到的电抗比漏电抗理论值大，称为保梯电抗。

9.3 练习题解答

9-1-1 同步发电机设计时，将额定电压的运行点确定在比较饱和的区段或者是线性区段，对电机的性能和材料耗费有什么影响？

答：将额定电压的运行点设计在磁路饱和区段，产生额定电压所需的励磁磁动势较大，使励磁绕组用铜量增加，运行时调节电压较困难；如果设计在线性区段，铁心硅钢片的利用率较低，浪费材料，运行时负载变化引起的电压变化较大。

9-1-2 短路特性为什么是一条直线？如果将励磁电流不加限制地增大，该特性是否仍保持为直线？

答：参见教材 9.1 节之 2。如果励磁电流不加限制地增大，那么当磁路出现饱和时，短路特性将不再是直线。

9-1-3 为什么用空载特性和短路特性不能准确测定同步电抗的饱和值？为什么从空载特性和短路特性不能测定交轴同步电抗？

答：在短路的情况下，电枢反应磁动势为直轴去磁性质，合成气隙磁动势很小，电机磁路处于非饱和状态，所以只能测定同步电抗的不饱和值，不能测定饱和值。对于凸极发电机，短路时忽略电阻压降，短路电流为纯电感性的，所以$\dot{I}_k$滞后$\dot{E}_0$90°电角度（即$\psi=90°$），则$\dot{I}_d=\dot{I}_k$，$\dot{I}_q=0$，电动势方程式为

$$\dot{E}_0=\dot{E}_\delta-\dot{E}_{ad}-\dot{E}_{aq}=\mathrm{j}\,\dot{I}_kX_\sigma+\mathrm{j}\,\dot{I}_kX_{ad}+\mathrm{j}\,\dot{I}_qX_{aq}=\mathrm{j}\,\dot{I}_kX_d$$

因此从空载特性和短路特性可以测定直轴同步电抗，而不能测定交轴同步电抗。

9-2-1 为什么零功率因数负载特性与空载特性有相同的形状？

答：参见教材9.2节。

9-2-2 以纯电感为负载，做零功率因数负载试验，若维持$U=U_N$、$I=I_N$、$n=n_N$时的励磁电流I_f及转速n不变，在去掉负载以后，空载电动势是等于U_N、大于U_N还是小于U_N？

答：以纯电感为负载，做零功率因数负载试验，电枢电流滞后端电压90°电角度。由时空相矢量图可知，忽略电枢绕组电阻时，电枢反应为纯直轴去磁性质，因此励磁电流比空载额定电压时的要大。当去掉负载后，空载电动势将大于U_N。

9-2-3 空载特性能否准确反映负载时气隙磁动势与气隙电动势之间的关系？为什么？

答：严格地说，空载特性不能完全反映负载时气隙磁动势与气隙电动势之间的关系，因为气隙磁动势产生气隙磁场都是经过气隙交链定子绕组感应电动势的，但是空载特性描述的是励磁磁动势与定子绕组感应电动势的关系，励磁磁动势不仅产生经过气隙的磁场，而且有不经过气隙的漏磁场，与气隙磁动势的情况不完全相同。但在正常负载工况下，励磁磁动势产生的漏磁场对定子绕组感应电动势的影响不大，所以仍可采用空载特性反映气隙磁动势与气隙电动势之间的关系。

9-3-1 一台同步发电机在下面两种情况下，哪一种电压变化更大：

(1) 在额定运行情况下保持励磁电流不变而卸去全部负载，此时端电压上升的数值；

(2) 在空载额定电压时保持励磁电流不变而加上额定电流的负载，此时端电压下降的数值。

答：额定运行时的励磁电流比空载额定电压时所需的励磁电流大。保持额定运行时的励磁电流不变，卸去全部负载后，较大的励磁电流使磁路更饱和，端电压上升的数值较小；而保持空载额定电压时的励磁电流不变，磁路饱和程度低，加上额定电流的负载时，电压下降的数值较大。

9.4 思考题解答

9-1 表征同步发电机单机对称稳态运行的性能有哪些特性曲线？其变化规律如何？

答：保持转速n_1不变、负载功率因数$\cos\varphi$不变，定子端电压U、负载电流I和励磁电流I_f三者之中保持一个不变，另外两个量之间的关系就是同步发电机单机对称稳态运行的特性。通常有五种基本特性：空载特性，短路特性，负载特性，电压调整特性，调整特性。其变化规律可参见教材。

9-2 测定同步发电机空载特性和短路特性时，将电机的转速由额定转速n_N降低到

$\frac{1}{2}n_N$，对实验结果各有什么影响？对利用空载特性气隙线和短路特性计算得到的 X_d 有什么影响？

答：同步发电机稳态短路时，不计电枢绕组电阻，则$\dot{E}_0=\mathrm{j}\,\dot{I}_k X_d$，即 $E_0=I_k X_d$。当转速降低至$\frac{1}{2}n_N$ 时，由于 $E_0 \propto f \propto n$ 及 $X_d \propto f \propto n$，因此在同样的励磁电流下，E_0 减小一半，X_d 也减少一半，使短路电流 I_k 大小不变。转速减半时，电枢电阻 R 的影响相对额定转速时的要大一些，会使测得的 I_k 值与额定转速下的略有不同，但在 $X_d \gg R$ 时，这种差别是非常小的。

9-3 一台同步发电机因制造的误差使气隙偏大，试问其 X_d 及电压调整率将如何变化？

答：电抗与磁路磁导成正比，气隙偏大，磁路磁导减小，X_d 减小。X_d 小则电枢电流产生的电枢反应的去磁作用弱，因此电压调整率也减小。

9-4 一般同步发电机正常额定负载时的励磁电流和在三相稳态短路中当短路电流为额定值时的励磁电流都已达到空载特性的饱和段，为何在前者中 X_d 取饱和值，而在后者中取不饱和值？

答：三相稳态短路的短路电流为额定值时，励磁电流虽然达到空载特性饱和段，但是短路电流产生的电枢反应是纯去磁作用的，因而励磁磁动势与电枢反应磁动势叠加得到合成气隙磁动势并不大，磁路不饱和，所以 X_d 取不饱和值。正常额定负载时则不同，电枢反应磁动势与励磁磁动势叠加得到的合成磁动势较大，磁路饱和，所以 X_d 取饱和值。

9-5 同步发电机在对称稳态短路时的短路电流为什么不是很大，而在变压器中情况却不一样？

答：同步发电机稳态短路时，短路电流主要由直轴同步电抗 X_d 限制。由于 X_d 值一般较大，即起去磁作用的电枢反应磁动势较大，使合成气隙磁动势较小，气隙电动势很小，所以短路电流不是很大。而在变压器中，短路电流由数值很小的短路阻抗限制，因此额定电压下的稳态短路电流很大。

9-6 同步发电机定子外施的三相对称电压大小不变，在下述的两种情况下，哪一种情况下定子电流比较大：

(1) 取出转子；

(2) 转子以同步转速旋转，但不加励磁电流。

答：取出转子后，电机气隙增大很多，定子三相电流产生的气隙磁通遇到的磁导变得很小，即电枢反应电抗值很小，因此，定子电流要比转子在同步转速下旋转时的大很多。

9-7 有两台隐极同步电机，气隙分别为 δ_1 和 δ_2，且 $\delta_1=2\delta_2$，其他诸如绕组、磁路结构等都完全一样。现对两台电机分别进行短路试验，在同样大小的励磁电流下，哪台电机的短路电流比较大？

答：短路试验时，气隙磁通密度很小，因此可认为磁路是线性的。不计铁心磁阻，则电枢反应电抗 X_a 与气隙大小成反比。在同样的励磁电流下，空载电动势 E_0 也与气隙大小成反比(因为气隙增大一倍，气隙磁导就减小一半，气隙磁通密度就减小一半)。忽略电枢绕组电阻 R，则短路电流 $I_k=\frac{E_0}{X_s}=\frac{E_0}{X_a+X_\sigma}$。如果不计漏电抗 X_σ，则气隙增大一倍时，

E_0 和 X_a 都减小一半，因此 I_k 不变。计及漏电抗 X_σ 时，由于气隙增大后，谐波漏磁通也减少，使与之相应的差漏电抗减少，于是漏电抗 X_σ 也有所减小，但减小的幅度不到一半，因而同步电抗 X_s 减小的幅度也略小于一半，所以气隙大的同步电机的短路电流 I_k 也比气隙小的要略小一些。如果不考虑这部分漏电抗的变化，认为 X_σ 不变，则气隙大的同步电机的短路电流 I_k 也比气隙小的要稍小一些。

9-8 比较一台凸极同步发电机下列参数的大小：X_d、X_q、X_{ad}、X_{aq}、X_σ、X_p。凸极同步发电机稳态短路电流的大小主要取决于其中哪个参数？

答：一般有 $X_d > X_{ad} > X_q > X_{aq} > X_p > X_\sigma$。

凸极同步电机稳态短路电流的大小主要取决于 X_d。

9.5 习题解答

9-1 一台隐极同步发电机的同步电抗 $\underline{X}_s=1.8$，额定功率因数 $\cos\varphi_N=0.87$（滞后）。当励磁电流$\underline{I}_f=1$时，其空载电动势 $\underline{E}_0=1$。不计电枢绕组电阻与漏电抗，忽略铁心磁阻。

(1) 求额定运行时空载电动势相量与电压相量之间的夹角 θ；

(2) 将电机气隙加大一倍，求同步电抗标幺值为多大，产生空载额定电压和三相稳态短路额定电流所需的励磁电流标幺值各为多大？

解：(1) 因 $\cos\varphi_N=0.87$ 滞后，则

$$\sin\varphi_N = 0.493$$

$$\tan\theta = \frac{\underline{I}\,\underline{X}_s\cos\varphi_N}{\underline{U}+\underline{I}\,\underline{X}_s\sin\varphi_N} = \frac{1\times1.8\times0.87}{1+1\times1.8\times0.493} = 0.8297$$

可得 $\theta=39.68°$。

(2) 磁路为线性时，将气隙加大一倍，则气隙磁导减小一半，因此同步电抗减小一半（不计漏电抗和铁心磁阻），即$\underline{X}_s=0.9$。在同样励磁电流下，气隙励磁磁通密度也减小一半，因而空载电动势 $\underline{E}_0$ 也减小一半。已知原来 $\underline{I}_f=1$ 时 $\underline{E}_0=1$，则在气隙加大一倍后，产生空载额定电压$\underline{U}_N=1$ 所需的励磁电流为

$$\underline{I}_{f0} = \frac{\underline{U}_N}{\frac{1}{2}\underline{E}_0}\underline{I}_f = \frac{1}{\frac{1}{2}\times1}\times1 = 2$$

产生额定短路电流时，$\underline{E}'_0=\underline{I}_N\underline{X}_s=1\times0.9=0.9$，所需的励磁电流为

$$\underline{I}_{fk} = \frac{\underline{E}'_0}{\frac{1}{2}\underline{E}_0}\underline{I}_f = \frac{0.9}{\frac{1}{2}\times1}\times1 = 1.8$$

9-2 一台星形联结的同步发电机，额定容量 $S_N=50\text{kV}\cdot\text{A}$，额定电压 $U_N=440\text{V}$，额定频率 $f_N=50\text{Hz}$。该发电机以同步转速旋转时，测得当定子绕组开路端电压为 440V（线电压）时，励磁电流为 7A；做短路试验，当定子电流为额定值时，励磁电流为 5.5A。设磁路线性。求每相同步电抗的实际值和标幺值。

解：阻抗基值为

$$Z_N = \frac{U_N^2}{S_N} = \frac{440^2}{50 \times 10^3} = 3.872\Omega$$

因磁路线性,所以 $I_f=5.5\text{A}$ 时的空载电动势的标幺值为

$$\underline{E}_0 = \frac{5.5}{7}\underline{U}_N = \frac{5.5}{7} \times 1 = 0.7857$$

在 $I_f=5.5\text{A}$ 时短路电流的标幺值$\underline{I}_k=\underline{I}_N=1$,因此$\underline{X}_s=0.7857$。同步电抗的实际值为

$$X_s = \underline{X}_s Z_N = 0.7857 \times 3.872 = 3.042\Omega$$

9-3 一台凸极同步发电机,定子绕组星形联结,额定容量 $S_N=62500\text{kV}\cdot\text{A}$,额定频率 $f_N=50\text{Hz}$,额定功率因数 $\cos\varphi_N=0.8$(滞后),直轴同步电抗 $\underline{X}_d=0.8$,交轴同步电抗 $\underline{X}_q=0.6$,不计电枢绕组电阻 R。试求发电机额定电压调整率 ΔU。

解:由已知得

$$\psi = \arctan\frac{\underline{I}\,\underline{X}_q + \underline{U}\sin\varphi_N}{\underline{I}\,\underline{R} + \underline{U}\cos\varphi_N} = \arctan\frac{1\times 0.6 + 1\times 0.6}{0 + 1\times 0.8} = 56.31^\circ$$

$$\varphi_N = \arccos 0.8 = 36.87^\circ$$

$$\theta = \psi - \varphi_N = 56.31^\circ - 36.87^\circ = 19.44^\circ$$

$$\underline{I}_d = \underline{I}\sin\psi = 1 \times \sin 56.31^\circ = 0.832$$

$$\underline{E}_0 = \underline{I}_d\underline{X}_d + \underline{U}\cos\theta = 0.832 \times 0.8 + 1 \times \cos 19.44^\circ$$

$$= 1.6086$$

则电压调整率为

$$\Delta U = \frac{\underline{E}_0 - \underline{U}_N}{\underline{U}_N} \times 100\% = \frac{1.6086 - 1}{1} \times 100\% = 60.86\%$$

可见,用电动势相量图求出的 ΔU 的误差较大(凸极发电机的 ΔU 一般为 18%~30%)。

9-4 一台水轮发电机数据如下:额定容量 $S_N=8750\text{kV}\cdot\text{A}$,额定电压 $U_N=11\text{kV}$(星形联结),额定功率因数 $\cos\varphi_N=0.8$(滞后)。空载特性数据如下表(E_0 为线电动势):

E_0/V	0	5000	10000	11000	13000	14000	15000
I_f/ A	0	90	186	211	284	346	456

额定电流时零功率因数负载试验数据如下表(U 为线电压):

U/V	9370	9800	10310	10900	11400	11960
I_f/A	345	358	381	410	445	486

三相短路特性数据如下表:

I_k/A	0	115	230	345	460	575
I_f/A	0	34.7	74.0	113.0	152.0	191.0

求保梯电抗 X_p 和直轴同步电抗 X_d 的不饱和值。

解：作出空载特性(线电动势)、额定电流时的零功率因数负载特性(线电压)与三相短路特性曲线，如图 9-1 所示。

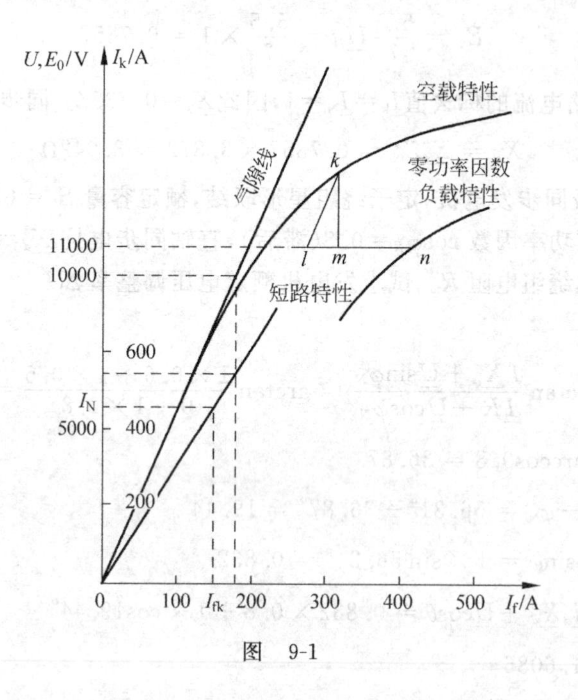

图　9-1

额定电流为

$$I_N = \frac{S_N}{\sqrt{3}U_N} = \frac{8750 \times 10^3}{\sqrt{3} \times 11000} = 459.26\text{A}$$

(1) 从三相短路特性曲线上由 I_N 查得 $I_{fk}=150\text{A}$。在零功率因数负载特性曲线上，从$U=U_N$ 点即点 n 作横坐标轴的平行线，长度等于 I_{fk}，得到点 l，即$\overline{ln}=I_{fk}$。作空载特性的气隙线，过点 l 作气隙线的平行线，交空载特性曲线于 k 点。再过点 k 作 ln 的垂线交之于 m 点，则 km 的长度即为$\sqrt{3}I_N X_p$。从图 9-1 查得$\overline{km}\approx 2500\text{V}$，于是

$$X_p = \frac{\overline{km}}{\sqrt{3}I_N} = \frac{2500}{\sqrt{3} \times 459.26} = 3.143\Omega$$

从气隙上取 $E_0=10000\text{V}$ 点，从短路特性曲线上查得相应 I_f 下的短路电流为 $I_k=545\text{A}$，于是可求得 X_d 的不饱和值为

$$X_d = \frac{E_0/\sqrt{3}}{I_k} = \frac{10000/\sqrt{3}}{545} = 10.59\Omega$$

阻抗的基值为

$$Z_N = \frac{U_N}{\sqrt{3}I_N} = \frac{11000}{\sqrt{3} \times 459.26} = 13.828\Omega$$

于是

$$\underline{X_p} = \frac{X_p}{Z_N} = \frac{3.143}{13.828} = 0.227$$

$$\underline{X}_d = \frac{X_d}{Z_N} = \frac{10.59}{13.828} = 0.766$$

9-5 一台汽轮发电机额定数据如下：额定功率 $P_N = 25000\text{kW}$，额定电压 $U_N = 6300\text{V}$（Y 联结），额定功率因数 $\cos\varphi_N = 0.8$（滞后）。以标幺值表示的特性数据如下：

空载特性（励磁电流基值 $I_{fb} = 164\text{A}$）

$\underline{E}_0$	0	0.60	1.00	1.16	1.25	1.32	1.37
$\underline{I}_f$	0	0.50	1.00	1.50	2.00	2.50	3.00

短路特性

$\underline{I}_k$	0	0.32	0.63	1.00	1.63
$\underline{I}_f$	0	0.52	1.03	1.63	2.66

零功率因数负载特性（负载电流 $I = I_N$）

$\underline{U}$	0.60	0.80	1.00	1.10
$\underline{I}_f$	2.14	2.40	2.88	3.35

求保梯电抗 $\underline{X}_p$ 和直轴同步电抗 $\underline{X}_d$ 的不饱和值，并求其实际值。

解：(1) 作这台电机的空载特性曲线、短路特性曲线和零功率因数负载特性曲线如图 9-2 所示，由零功率因数负载特性上额定电压 $\underline{U}=1$ 的点 n，作出直角三角形 kmn，得到 km 长度为 0.135，所以保梯电抗为 $\underline{X}_p = \dfrac{\underline{I}_N \underline{X}_p}{\underline{I}_N} = \dfrac{0.135}{1} = 0.135$。

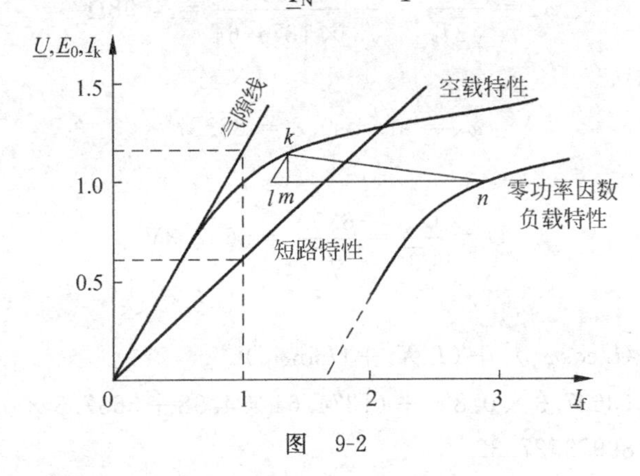

图 9-2

由空载特性气隙线和短路特性上得到励磁电流 $\underline{I}_f = 1$ 时的 $\underline{E}_0 = 1.22$，$\underline{I}_k = 0.61$，所以直轴同步电抗不饱和值为 $\underline{X}_d = \dfrac{\underline{E}_0}{\underline{I}_k} = \dfrac{1.22}{0.61} = 2$。

因为阻抗基值为

$$\frac{U_N}{\sqrt{3} I_N} = \frac{U_N^2}{S_N} = \frac{6300^2 \times 0.8}{25000 \times 10^3} = 1.27\Omega$$

所以它们的实际值分别为

$$X_p = 0.135 \times 1.27 = 0.171\Omega$$

$$X_d = 2 \times 1.27 = 2.54\Omega$$

9-6 一台汽轮发电机，额定功率 $P_N = 12000\text{kW}$，额定电压 $U_N = 6300\text{V}$（星形联结），额定功率因数 $\cos\varphi_N = 0.8$（滞后）。空载试验数据如下（E_0 为线电动势）：

E_0/V	0	4500	5500	6000	6300	6500	7000	7500	8000
I_f/A	0	60	80	92	102	111	130	190	286

短路试验中，当定子电流为额定值时，励磁电流为158A。不计电枢绕组电阻，求：

(1) 同步电抗 X_s 的不饱和值；

(2) 额定励磁电流 I_{fN} 和额定电压调整率 ΔU。

解：额定电流为

$$I_N = \frac{P_N}{\sqrt{3}U_N\cos\varphi_N} = \frac{12000 \times 10^3}{\sqrt{3} \times 6300 \times 0.8} = 1374.64\text{A}$$

(1) 作出短路特性曲线、空载特性曲线及其气隙线，如图9-3所示（纵坐标电压值为线值）。当 $I_f = 158\text{A}$ 时，从短路特性知短路电流为 $I_k = I_N = 1374.64\text{A}$。从图9-3可见，气隙线过 $I'_f = 120\text{A}, E'_0 = 9000\text{V}$ 点，因此在 $I_f = 158\text{A}$ 时的空载电动势为

$$E_0 = \frac{I_f}{I'_f}E'_0 = \frac{158}{120} \times 9000 = 11850\text{V}$$

则

$$X_s = \frac{E_0}{\sqrt{3}I_k} = \frac{11850}{\sqrt{3} \times 1374.64} = 4.98\Omega$$

(2) 额定运行时，

$$\varphi_N = \arccos 0.8 = 36.87°$$

相电压为

$$U = \frac{U_N}{\sqrt{3}} = \frac{6300}{\sqrt{3}} = 3637.3\text{V}$$

则

$$\begin{aligned} E_0^2 &= (U\cos\varphi_N)^2 + (I_N X_s + U\sin\varphi_N)^2 \\ &= (3637.3 \times 0.8)^2 + (1374.64 \times 4.98 + 3637.3 \times 0.6)^2 \\ &= 89973527.32 \end{aligned}$$

于是，$E_0 = 9485.44\text{V}$。线电动势为

$$E_{0L} = \sqrt{3}E_0 = \sqrt{3} \times 9485.44 = 16429.26\text{V}$$

从气隙线上由 E_{0L} 查得所求的励磁电流为

$$I_{fN} = \frac{E_{0L}}{E'_0}I'_f = \frac{16249.26}{9000} \times 120 = 219\text{A}$$

(3) 由 $I_{fN} = 219\text{A}$ 在空载特性曲线上查得线电动势 $E_0 = 7670\text{V}$，则

$$\Delta U = \frac{E_0 - U_N}{U_N} \times 100\% = \frac{7670 - 6300}{6300} \times 100\% = 21.7\%$$

或者，由 $I_{fN}=219\text{A}$ 在空载特性上两点(190A,7500V)与(286A,8000V)间作线性插值，得此励磁电流下的空载线电动势为

$$E_0 = 7500 + \frac{8000 - 7500}{286 - 190} \times (219 - 190) = 7651\text{V}$$

则

$$\Delta U = \frac{E_0 - U_N}{U_N} \times 100\% = \frac{7651 - 6300}{6300} \times 100\% = 21.4\%$$

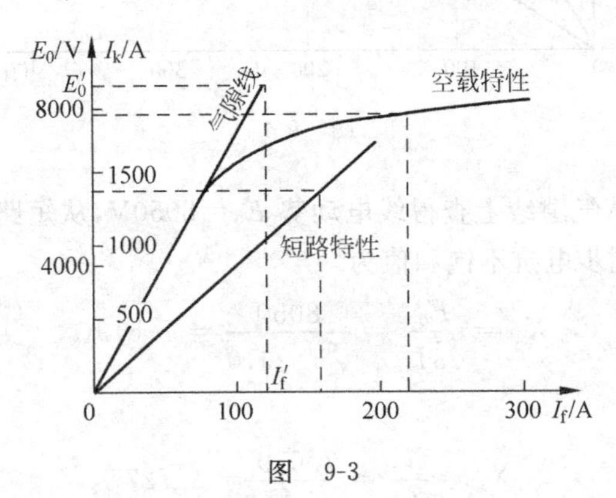

图 9-3

9-7 一台三相汽轮发电机，额定容量 $S_N=25000\text{kV}\cdot\text{A}$，额定电压 $U_N=10.5\text{kV}$(星形联结)，额定功率因数 $\cos\varphi_N=0.8$(滞后)，额定频率 $f_N=50\text{Hz}$。忽略电枢绕组电阻，已知保梯电抗标幺值 $\underline{X}_p=0.18$，转子励磁绕组每极有 75 匝，励磁磁动势波形因数 $k_f=1.06$，每极电枢反应磁动势为 $F_a=11.5I$。空载试验和短路试验数据如下(E_0 为线电动势)：

E_0/kV	6.2	10.5	12.3	13.46	14.1
I_f/A	77.5	155	232	310	388

I_k/A	860	1720
I_f/A	140	280

(1) 求同步电抗 $\underline{X}_s$(不饱和值)；

(2) 保持 I_f 不变，发电机从额定运行到空载运行时，端电压将升高到多少？计算电压调整率。

解：(1) 作出空载特性(纵坐标为线电动势)与短路特性曲线如图 9-4 所示，作出气隙线。

星形联结时，阻抗基值为

$$Z_N = \frac{U_N^2}{S_N} = \frac{(10.5 \times 10^3)^2}{25000 \times 10^3} = 4.41\Omega$$

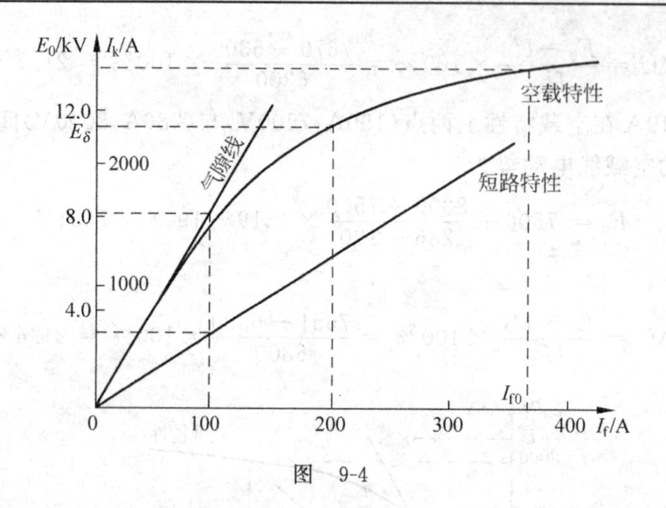

图 9-4

在 $I_f=100$A 时,从气隙线上查得线电动势 $E_0=8050$V,从短路特性曲线上查得短路电流 $I_k=610$A,于是同步电抗不饱和值为

$$X_s=\frac{E_0}{\sqrt{3}I_k}=\frac{8050}{\sqrt{3}\times610}=7.619\Omega$$

其标幺值为

$$\underline{X}_s=\frac{X_s}{Z_N}=\frac{7.619}{4.41}=1.7277$$

(2) 额定电流为

$$I_N=\frac{S_N}{\sqrt{3}U_N}=\frac{25000\times10^3}{\sqrt{3}\times10.5\times10^3}=1374.64\text{A}$$

$\varphi_N=\arccos0.8=36.87°$, $\underline{I}=\underline{I}_N=1$, $\underline{U}=\underline{U}_N=1$ 额定运行时,由图 9-5 所示的时空相矢量图可得

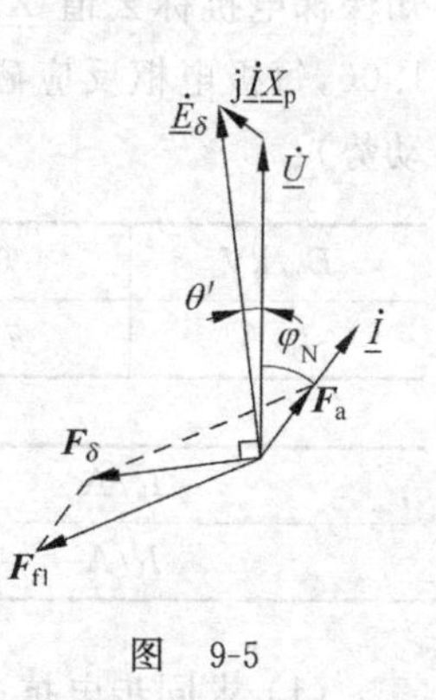

图 9-5

$$\tan(\varphi_N+\theta')=\frac{\underline{I}\,\underline{X}_p+\underline{U}\sin\varphi_N}{\underline{U}\cos\varphi_N}=\frac{1\times0.18+1\times0.6}{1\times0.8}=0.975$$

则有

$$\varphi_N+\theta'=44.27°,\quad \theta'=44.27°-\varphi_N=44.27°-36.87°=7.4°$$

于是

$$\underline{E}_\delta=\frac{\underline{U}\cos\varphi_N}{\cos(\varphi_N+\theta')}=\frac{1\times0.8}{\cos44.27°}=1.1172$$

$$E_\delta=1.1172U_N=1.1172\times10.5=11.73\text{kV(线值)}$$

由 E_δ(线值)查图 9-4 中的空载特性曲线,得相应的励磁电流为 $I_f=200$A。与其等效的正弦分布的每极合成磁动势 $\boldsymbol{F}_\delta$ 的幅值为 $F_\delta=k_fN_fI_f$(N_f 为转子每极绕组匝数),即

$$F_\delta=75\times200\times1.06=15900\text{A}$$

此时,每极电枢反应磁动势的幅值为

$$F_a=11.5I=11.5I_N=11.5\times1374.64=15808.4\text{A}$$

$\boldsymbol{F}_\delta$ 与 $\boldsymbol{F}_a$ 的夹角为

$$90° + \theta' + \varphi_N = 90° + 44.27° = 134.27°$$

则有

$$\begin{aligned} F_{f1}^2 &= F_a^2 + F_\delta^2 - 2F_a F_\delta \cos 134.27° \\ &= 15808.4^2 + 15900^2 - 2 \times 15808.4 \times 15900 \times (-0.698) \\ &= 853605080.32 \end{aligned}$$

即

$$F_{f1} = 29216.52\text{A}$$

相应的励磁电流 I_{f0} 为

$$I_{f0} = \frac{F_{f1}}{k_f N_f} = \frac{29216.52}{1.06 \times 75} = 367.5\text{A}$$

由 I_{f0} 查空载特性曲线，得此励磁电流下空载线动势为 $E_0 = 13.98\text{kV}$，即发电机从额定运行状态到空载状态时，线电压将升高到 13.98kV。因此，

$$\Delta U = \frac{E_0 - U_N}{U_N} \times 100\% = \frac{13.98 - 10.5}{10.5} \times 100\% = 33.14\%$$

9-8 一台三相凸极同步发电机，已知额定功率因数 $\cos\varphi_N = 0.8$（滞后），$\underline{X}_q = 0.6$，$\underline{X}_\sigma = 0.2$，忽略定子绕组电阻。空载试验和短路试验测得的数据如下：

$\underline{E}_0$	0.275	0.55	0.93	0.97	1.0	1.10	1.15	1.20	1.26
$\underline{I}_f$	0.25	0.5	0.9	0.95	1.0	1.2	1.32	1.50	2.0

$\underline{I}_k$	0	1
$\underline{I}_f$	0	0.9

求：

(1) 直轴同步电抗 $\underline{X}_d$（不饱和值）；

(2) 若直轴电枢反应磁动势用转子励磁电流表示为 $\underline{I}_{fad} = 0.8$，求额定励磁电流 $\underline{I}_{fN}$；

(3) 电压调整率 ΔU。

解：根据试验数据作出空载特性曲线和短路特性曲线，如图 9-6 所示。作出气隙线，它经过$\underline{I}_f = 1$、$\underline{E}_0 = 1.105$ 点，即气隙线的斜率为

$$\frac{\underline{E}_0}{\underline{I}_f} = \frac{1.105}{1} = 1.105$$

短路特性曲线的斜率为

$$\frac{\underline{I}_k}{\underline{I}_f} = \frac{1}{0.9} = 1.111$$

(1) 直轴同步电抗不饱和值为

$$\underline{X}_d = \frac{\underline{E}_0}{\underline{I}_k} = \frac{\underline{E}_0 / \underline{I}_f}{\underline{I}_k / \underline{I}_f} = \frac{1.105}{1.111} = 0.9946$$

(2) 额定运行时，$\varphi_N = \arccos 0.8 = 36.87°$，

$$\psi = \arctan\frac{\underline{I}\,\underline{X}_q + \underline{U}\sin\varphi_N}{\underline{U}\cos\varphi_N} = \arctan\frac{1\times0.6+1\times0.6}{1\times0.8} = 56.3^\circ$$

作出布朗戴尔相量图,如图9-7所示,则有

$$\underline{I}_d = \underline{I}\sin\psi = 1\times\sin56.3^\circ = 0.832$$

$$\underline{I}_q = \underline{I}\cos\psi = 1\times\cos56.3^\circ = 0.5548$$

$$\theta = \psi - \varphi_N = 56.3^\circ - 36.87^\circ = 19.43^\circ$$

$$\begin{aligned}\underline{E}_{\delta d} &= \underline{U}\cos\theta + \underline{I}\,\underline{X}_\sigma\sin\psi = \underline{U}\cos\theta + \underline{I}_d\underline{X}_\sigma \\ &= 1\times\cos19.43^\circ + 0.832\times0.2 \\ &= 1.109\end{aligned}$$

从空载特性曲线上由$\underline{E}_{\delta d}$查得直轴合成磁动势用转子励磁电流表示的值为$\underline{I}_{fd}=1.22$。已知直轴电枢反应磁动势用励磁电流表示的值为$\underline{I}_{fad}=0.8$,而直轴电枢反应磁动势是去磁的,所以额定励磁电流为

$$\underline{I}_{fN} = \underline{I}_{fd} + \underline{I}_{fad} = 1.22 + 0.8 = 2.02$$

(3) 由$\underline{I}_{fN}$查空载特性曲线,得空载电动势为$\underline{E}_0=1.26$,则

$$\Delta U = \frac{\underline{E}_0 - \underline{U}_N}{\underline{U}_N}\times100\% = \frac{1.26-1}{1}\times100\% = 26\%$$

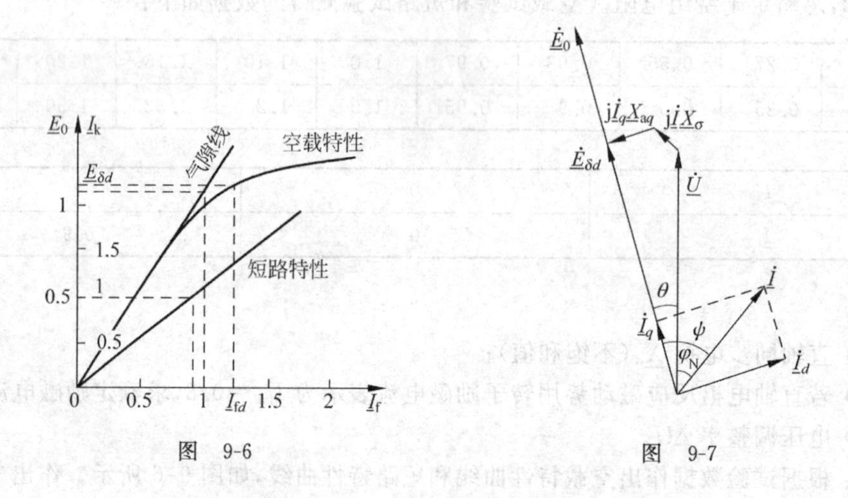

图 9-6　　　　图 9-7

第 10 章　同步发电机的并联运行

10.1　知识结构

10.1.1　主要知识点

1. 同步发电机并联合闸的条件

理想并联合闸条件是：

(1) 发电机的频率与电网的频率相同；

(2) 发电机的电压幅值与电网电压的幅值相同，且电压波形也相同；

(3) 发电机的电压相序与电网电压的相序相同；

(4) 发电机的电压相位与电网电压的相位相同。

可以采用暗灯法和灯光旋转法判断并联合闸的四个条件是否满足，不满足时需要进行调节，具体参阅教材 10.1 节。

2. 转矩和功率平衡关系

(1) 转矩平衡式

按照发电机运行时转矩的实际方向规定各转矩的参考方向时，转矩平衡方程式为

$$T_1 = T + T_0$$

原动机的拖动转矩 T_1 与发电机的电磁转矩 T 及空载转矩 T_0 相平衡。

(2) 功率平衡式

功率平衡方程式为

$$P_1 = P_{em} + p_0$$

$$P_{em} = P_2 + p_{Cu}$$

式中，电磁功率 $P_{em} = T\Omega = mE_\delta I\cos\varphi_i = mE_0 I\cos\psi$，其中 φ_i 为 $\dot{E}_\delta$ 与 $\dot{I}$ 之间的夹角；输出的电功率 $P_2 = mUI\cos\varphi$。电磁功率 P_{em} 既可表示为制动性的电磁转矩吸收的机械功率 $T\Omega$，也可表示为定子绕组中的电功率 $mE_0 I\cos\psi$，说明电机经过电磁感应作用，把机械功率转化为电功率了。

原动机输入功率 P_1 中减去空载损耗 p_0 是电磁功率 P_{em}，电磁功率 P_{em} 减去定子绕组的铜耗 p_{Cu} 是输出功率 P_2。

3. 有功功率调节和功角特性

凸极发电机的功角特性为

$$P_{em}=m\frac{E_0U}{X_d}\sin\theta+mU^2\frac{X_d-X_q}{2X_dX_q}\sin2\theta$$

隐极发电机的功角特性为

$$P_{em}=m\frac{E_0U}{X_s}\sin\theta$$

式中，θ为同步发电机的功角，θ为空载电动势$\dot{E}_0$与相电压$\dot{U}$之间的夹角，也可以看成是产生$\dot{E}_0$的励磁磁动势$\boldsymbol{F}_{f1}$和产生相电压$\dot{U}$的等效合成磁动势$\boldsymbol{F}'_\delta$之间的夹角。

凸极发电机功角特性的第一项为励磁电磁功率，由励磁电流在气隙磁场中受到电磁力而产生。第二项为凸极电磁功率，由于直、交轴磁阻的差异而产生，它与励磁电流无关，但必须有电压U。最大电磁功率发生在$\theta<90°$的地方。

隐极发电机由于直、交轴磁阻相同，不存在凸极电磁功率，只有励磁电磁功率。隐极发电机最大电磁功率出现在$\theta=90°$的地方。

4. 并联运行时的静态稳定

隐极发电机和凸极发电机的转矩功角特性为

隐极发电机

$$T=\frac{P_{em}}{\Omega}=\frac{m}{\Omega}\frac{E_0U}{X_s}\sin\theta$$

凸极发电机

$$T=\frac{P_{em}}{\Omega}=\frac{m}{\Omega}\left[\frac{E_0U}{X_d}\sin\theta+U^2\frac{X_d-X_q}{2X_dX_q}\sin2\theta\right]$$

若$\frac{dT}{d\theta}>0$，同步发电机运行就是稳定的；若$\frac{dT}{d\theta}<0$，则是不稳定的。

5. V形曲线

并联运行的同步发电机在空载和不同负载时，保持负载大小不变，调节励磁电流，发电机出现三种励磁状态：(1)正常励磁状态，无功功率为零；(2)过励磁状态，发出滞后性质的无功功率；(3)欠励磁状态，吸收滞后性质的无功功率。电枢电流和励磁电流的关系呈V形曲线。正常励磁时电枢电流最小，过励磁和欠励磁时，增加了无功电流，电枢电流都增加。有功功率增加，则电枢电流进一步增加。

10.1.2　知识关联图

三相同步发电机并联运行的分析

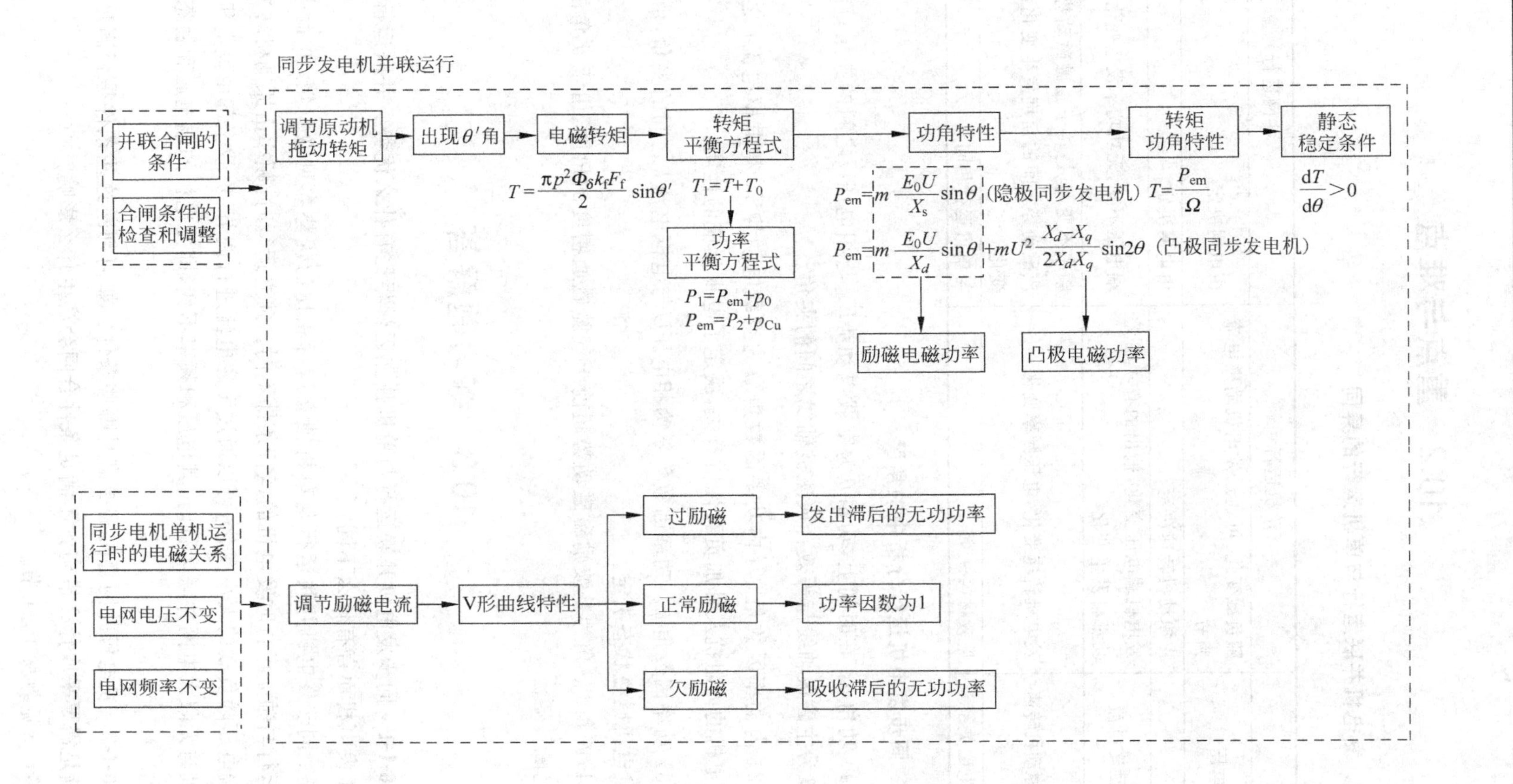
同步发电机并联运行
并联合闸的条件
合闸条件的检查和调整
调节原动机拖动转矩
出现θ'角
电磁转矩
$T=\frac{\pi p^2\Phi_\delta k_f F_f}{2}\sin\theta'$
转矩平衡方程式
$T_1=T+T_0$
功率平衡方程式
$P_1=P_{em}+p_0$
$P_{em}=P_2+p_{Cu}$
功角特性
$P_{em}=m\frac{E_0U}{X_s}\sin\theta$（隐极同步发电机）
$P_{em}=m\frac{E_0U}{X_d}\sin\theta+mU^2\frac{X_d-X_q}{2X_dX_q}\sin2\theta$（凸极同步发电机）
励磁电磁功率
凸极电磁功率
转矩功角特性
$T=\frac{P_{em}}{\Omega}$
静态稳定条件
$\frac{dT}{d\theta}>0$
同步电机单机运行时的电磁关系
电网电压不变
电网频率不变
调节励磁电流
V形曲线特性
过励磁
正常励磁
欠励磁
发出滞后的无功功率
功率因数为1
吸收滞后的无功功率

10.2 重点与难点

1. 发电机并联运行与单机运行的异同

	单机运行	并网运行
端口电压	随负载变化,可通过发电机励磁电流调节	由电网决定
频率	由原动机转速决定	由电网决定
调节励磁电流	发电机端电压变化,输出的有功和无功都将发生变化	端电压不变,无功功率发生变化
调节原动机转速	发电机转速变化,电压频率变化	频率不变,但是转子励磁磁动势与气隙合成磁动势之间的角度发生变化,有功功率变化
内部电磁关系	见教材第9章	与单机运行相同

2. 同步发电机运行分析中的角度

(1) 功角 θ。在时间上,功角 θ 为空载电动势 $\dot{E}_0$ 与相电压 $\dot{U}$ 之间的夹角;在空间上,功角 θ 为主磁极轴线与等效合成磁极轴线之间的夹角。

(2) 内功率因数角 ψ。内功率因数角 ψ 为空载电动势 $\dot{E}_0$ 和电枢电流 $\dot{I}$ 之间的相位差,与电机的内阻抗及外加负载性质有关,决定了电枢反应的性质。

(3) 功率因数角 φ。功率因数角 φ 为相电压 $\dot{U}$ 与电枢电流 $\dot{I}$ 之间的夹角,由负载性质或者发电机励磁状态决定。

(4) θ' 角。θ' 角为基波励磁磁动势超前于气隙磁通密度的角度,由于 θ' 角的出现,产生了电磁转矩。

10.3 练习题解答

10-1-1 同步发电机并联运行与单机独立运行相比有什么优势?并联运行与独立运行对于发电机而言有什么不同?

答:同步发电机并联运行与单机独立运行相比的优势参见教材第10章中的引言。并联运行与独立运行时发电机的运行条件不同。独立运行时,频率由原动机转速决定,发电机端电压随负载的大小变化,可以通过励磁电流进行调节,负载全部由发电机负担。当发电机与无限大电网并联运行时,其电压和频率不变,即发电机的端电压和稳态转速都不会变化。

10-1-2 发电机并网合闸需要满足哪些条件?如何判断这些条件是否满足?这些条件不满足需要采取什么措施?不满足条件合闸会产生什么影响?

答:参见教材10.1节。

10-2-1 同步发电机单机运行给负载供电时，功率因数由什么决定？发电机与电网并联运行时，功率因数由什么决定？

答：功率因数由电压与电流之间的夹角决定。发电机单机运行时，功率因数由负载的性质决定。并联运行时，当有功功率不变时，功率因数由发电机励磁电流决定。

10-2-2 发电机与电网并联稳态运行时，发电机转子的转速由什么决定？加大汽轮机的汽门，是否能改变汽轮发电机的转速？加大汽轮机的汽门后，发电机的运行状况会发生什么变化？

答：发电机与电网并联运行时，电网频率不变，发电机定子电压、电流频率不变，定子电流产生的旋转磁场保持同步转速不变，转子转速与定子旋转磁场保持同步，因此转子转速由电网频率决定。加大汽轮机的汽门，不会改变汽轮发电机的稳态转速，转子仍保持同步旋转。只是代表转子位置的转子励磁磁动势超前气隙合成磁动势的角度增加，使发电机输出的有功功率增加。

10-2-3 同步发电机与电网并联后，有哪些量可以调节，调节后发电机运行状况会如何变化？

答：同步发电机与电网并联后，可以调节的量有原动机的拖动转矩和发电机自身的励磁电流。调节原动机的拖动转矩，可以调节发电机输出的有功功率。调节发电机的励磁电流，可以改变发电机发出的无功功率。

10-2-4 同步发电机并联合闸时，实际中通常使发电机频率略高于电网频率，为什么？

答：同步发电机并网合闸时，发电机的频率略高于电网频率，可以使发电机在并网后向电网输出一些有功功率，减轻其他发电机的负担。反之，则发电机从电网吸收有功功率，会增加电网负担。

10-3-1 与无限大电网并联运行的同步发电机，如何调节其输出的有功功率？调节后，功角如何变化？

答：同步发电机与电网并联运行时，必须通过调节原动机的拖动转矩来调节其输出的有功功率。增加原动机的拖动转矩，功角增加，输出的有功功率增大；反之，则功角减小。

10-3-2 同步发电机的最大电磁转矩与什么电抗有关？

答：隐极同步发电机的最大电磁转矩与同步电抗有关，同步电抗越小，最大电磁转矩越大；凸极同步发电机的最大电磁转矩与直轴和交轴同步电抗有关，直轴同步电抗越小，直轴和交轴的同步电抗相差越大，最大电磁转矩越大。

10-3-3 一台与无限大电网并联运行的同步发电机，当原动机输出转矩保持不变时，发电机输出的有功功率是否不变？要减小发电机的功角，应如何调节？

答：与无限大电网并联运行的同步发电机的输出有功功率由原动机的拖动转矩决定，当原动机输出转矩不变，发电机的输出有功功率不变。增大励磁电流可以使发电机在更小的功角下输出相同的有功功率。

10-3-4 一台与无限大电网并联运行的隐极同步发电机稳定运行在 $\theta=30^\circ$，若因故励磁电流变为零，这台发电机是否还能稳定运行？

答：与无限大电网并联运行的隐极同步发电机，稳定运行在 $\theta=30^\circ$，发电机的电磁转矩与原动机的拖动转矩平衡。励磁电流变为零时，由 $T=\frac{P_{em}}{\Omega}=\frac{mE_0U}{\Omega X_s}\sin\theta$ 可知，此时的电磁转矩为零，原动机的拖动转矩将拖动转子不断加速，使发电机与电网失去同步，不能稳定运行。

10-4-1 与电网并联运行的同步发电机，过励运行时发出什么性质的无功功率？欠励运行时发出什么性质的无功功率？

答：与电网并联运行的同步发电机，过励运行时发出滞后性质的无功功率，欠励运行时发出超前性质的无功功率。

10-4-2 一台并联于无限大电网运行的同步发电机，其电流滞后于电压。若逐渐减小其励磁电流，试问电枢电流如何变化？

答：电流滞后于电压，发电机发出滞后的无功功率，励磁处于过励状态。逐渐减小励磁电流，发出的滞后性质的无功功率逐渐减小，有功功率不变，因此电枢电流逐渐减小，功率因数逐渐升高到1。进一步减小励磁电流，则发电机发出超前性质的无功功率，电枢电流开始增大，功率因数逐渐降低。

10-4-3 如果给出了有功功率和电枢电流，能否由V形曲线知道此时的励磁电流大小？为什么？

答：在V形曲线上，发出滞后和超前的无功功率两种不同工况下的电枢电流可以相同，但相应的励磁电流不同，所以仅给出有功功率和电枢电流，无法知道励磁电流大小。

10-4-4 在得到发电机的V形曲线特性和等功率因数线后，可以直接根据V形曲线确定发电机某一工况下的哪些量？能否直接得到无功功率和功角？

答：得到发电机的V形曲线特性和等功率因数线后，可以直接根据V形曲线确定发电机某一工况下的电枢电流、励磁电流、有功功率和功率因数。无功功率可以通过有功功率和功率因数计算得到，功角无法直接得到。

10.4 思考题解答

10-1 什么是无限大电网？它对并联于其上的同步发电机有什么约束？

答：如果电网的容量比并联在它上面的一台同步发电机的容量大很多，则在对一台发电机进行调节时，电网的状况几乎不受影响。对这台发电机来说，这样的电网就可视为无限大电网。无限大电网对并联于其上的发电机的约束是：电压 U=常数，频率 f=常数。

10-2 运行在无限大电网上的水轮发电机，在失去励磁后能否继续作为同步发电机带轻的有功负载$\left(如\frac{1}{8}P_N\right)$长期运行？

答：由于凸极发电机有凸极电磁动率，所以在失去励磁后，它一般可继续作为同步发电机带较轻的有功负载长期运行。

10-3 并联在无限大电网运行的同步发电机，当保持励磁电流 I_f 不变时，若调节发电机有功功率，其无功功率如何变化？此时$\dot{E}_0$与$\dot{I}$变化的规律是什么？

答：I_f 不变时，E_0 不变。调节有功功率时，功角 θ 就要改变。由于$\dot{E}_0$ 的轨迹是一个圆弧，$\dot{U}$不变，因而 $\mathrm{j}\dot{I}X_s$ 的轨迹也是一个圆弧，则$\dot{I}$的轨迹也是一个圆弧，相应的电动势相量图(以隐极发电机为例)如图 10-1 所示，电流$\dot{I}$的轨迹可由

$$\dot{I}=\frac{\dot{E}_0-\dot{U}}{\mathrm{j}X_s}=\mathrm{j}\frac{\dot{U}}{X_s}-\mathrm{j}\frac{\dot{E}_0}{X_s}$$

求出。从图 10-1 可以看出，随着有功功率的变化，θ 角要变化，随之 φ 角变化，I 变化，$I\cos\varphi$ 变化，$I\sin\varphi$ 也变化。也就是说，无功功率的大小会变化，性质也可能改变。

10-4 并联于无限大电网的隐极同步发电机，调节有功功率但保持无功功率不变，此时功角 θ 及励磁电流 I_f 如何变化，此时电枢电流$\dot{I}$和空载电动势$\dot{E}_0$各按什么轨迹变化(忽略电枢电阻)?

答：调节有功功率 P 时，功角 θ 要随之变化，无功功率 Q 也随之变化，要保持无功功率 Q 不变，就必须同时调节励磁电流 I_f。

不计电枢电阻，要使无功功率 Q 不变，则应有 $I\sin\varphi=$常数，因此电枢电流$\dot{I}$的轨迹是一条平行于$\dot{U}$的直线。$IX_s\sin\varphi$ 也为常数，因此$\dot{E}_0$ 的轨迹是一条与$\dot{U}$垂直的直线，与 $\mathrm{j}\dot{I}X_s$ 的轨迹相同。$\dot{I}$与$\dot{E}_0$ 的变化轨迹如图 10-2 所示。

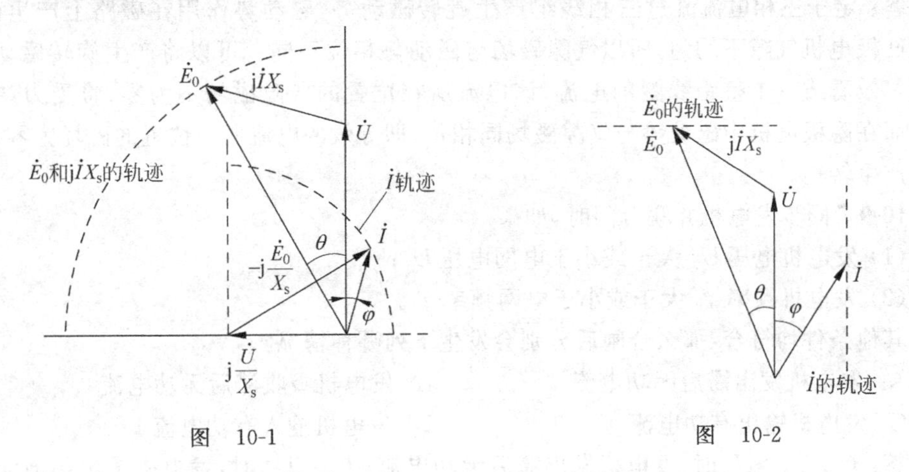

图 10-1　　　　图 10-2

10-5 并联于无限大电网运行的隐极同步发电机，原来发出一定的有功功率和电感性无功功率，若保持有功输出不变，仅调节励磁电流 I_f 使之减小，问$\dot{E}_0$ 和$\dot{I}$各按什么轨迹变化？功角 θ 如何变化？要保持稳定运行，I_f 能否无限减小(忽略电枢电阻)?

答：不计电枢电阻，当保持有功功率 P 不变时，$\frac{E_0U}{X_s}\sin\theta=$常数，即 $E_0\sin\theta=$常数，因此 I_f 变化时，$\dot{E}_0$ 变化的轨迹是一条平行于$\dot{U}$的直线；另一方面，$UI\cos\varphi=$常数，即 $I\cos\varphi=$常数，则$\dot{I}$的变化轨迹是一条垂直于$\dot{U}$的直线。

随着 I_f 的减小，功率因数角 φ 减小。当 $\varphi=0$ 时，无功功率 $Q=0$。进一步减小 I_f，$\dot{I}$就超前于$\dot{U}$，发电机向电网发出电容性无功功率。随着 I_f 的减小，功角 θ 增大。当 I_f 减小使 θ 增大到90°电角度时(对隐极发电机)，发电机已达到静态稳定极限。这是 I_f 可能减小

到的最低限值，超过它，发电机就不能稳定运行。

10-6　一台与电网并联运行的同步发电机，仅输出有功功率，无功功率为零，这时发电机电枢反应的性质是什么？

答：此时 $\sin\varphi=0$，即 $\varphi=0$，$\dot{I}$ 与 $\dot{U}$ 同相，画出时空相矢量图可知，此时电枢反应磁动势性质为直轴去磁磁动势和交轴磁动势。

10-7　为什么并网发电机的无功功率与励磁电流关系密切，无功功率的调节依赖于励磁电流的调节？单机运行的同步发电机情况也是这样吗，有什么异同？

答：无功功率对应的无功电流产生的磁动势是直轴去磁或者增磁性质，直接与励磁磁动势进行叠加得到合成气隙磁动势，所以无功功率与励磁电流关系密切。当无功功率变化时，为维持气隙合成磁场不变，需要对励磁电流进行调节。

发电机单机运行时，功率因数由负载性质决定。无功功率对应的电流产生的磁动势同样是直轴去磁或者增磁性质，将会使电机端电压发生变化。若要维持端电压不变，同样需要调节励磁电流。

10-8　为什么在凸极电机中定子电流和定子磁场能相互作用产生转矩，但是在隐极电机中却不能产生？

答：定子三相电流流过三相绕组产生旋转磁动势，磁动势作用在磁路上产生磁场。由于凸极电机气隙不均匀，所以气隙磁场与磁动势相位不同。可以将产生旋转磁动势的电流等效看成一个整距线圈的电流，该电流所在位置的气隙磁场不为零，将受力产生转矩。而在隐极电机中磁动势与气隙磁场同相位，即等效的电流所在位置的磁场为零，不会受力产生转矩。

10-9　同步发电机并联合闸时，如果

(1) 发电机电压 U_g 大于或小于电网电压 U_s；

(2) 发电机频率 f_g 大于或小于电网频率 f_s。

其他条件均符合，那么合闸后分别会发生下列哪种情况？

A. 发电机发出滞后无功电流　　B. 发电机吸收滞后无功电流

C. 发电机输出有功电流　　D. 发电机输入有功电流

答：(1) $U_g>U_s$ 时，发电机发出滞后无功电流；$U_g<U_s$ 时，发电机发出超前无功电流，即吸收滞后无功电流。

(2) $f_g>f_s$ 时，发电机输出有功电流；$f_g<f_s$ 时，发电机输入有功电流。

10-10　比较下列情况下同步电机的稳定性：

(1) 在过励工况与欠励工况下运行；

(2) 在轻载工况与满载工况运行；

(3) 直接接至电网与通过外部电抗器接至电网。

答：同步电机并联运行时，功角越小，稳定性越好。由功角特性可知：

(1) 过励工况时，电动势大，功角小，所以过励工况稳定性更好。

(2) 轻载时，功角小，所以轻载时稳定性更好。

(3) 通过外部电抗器接至电网时，输出相同的电磁功率，功角较大，所以通过外部电抗器接至电网时稳定性更差。

10.5 习题解答

10-1 一台三相隐极同步电机以同步转速旋转，转子不加励磁，把定子绕组接到三相对称的电源U上，绕组中流过电流为I，忽略电枢绕组电阻。试画出此电机的电动势相量图。说明此时电机是否输出有功功率？发出什么性质的无功功率？

解：转子不加励磁以同步转速旋转时，$E_0=0$。按发电机惯例，不计电枢电阻时，有

$$0=\dot{U}+\mathrm{j}\,\dot{I}X_s$$

即

$$\dot{U}=-\mathrm{j}\,\dot{I}X_s$$

画出电动势相量图，如图10-3所示。可见，$\dot{I}$超前于$\dot{U}90°$，即$\varphi=-90°$。因此发电机输出的有功功率为零，发出的无功功率是电容性的。

10-2 一台11kV、50Hz、4极、星形联结的隐极同步发电机，同步电抗$X_s=12\Omega$，不计电枢绕组电阻，该发电机并联于额定电压的电网运行，输出有功功率3MW，功率因数为0.8(滞后)。

(1) 求每相空载电动势E_0和功角θ；

(2) 如果励磁电流保持不变，求发电机不失去同步时所能产生的最大电磁转矩。

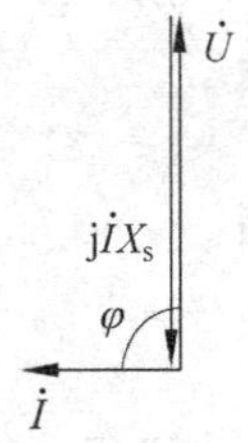

图 10-3

解：(1) **解法一**

已知输出有功功率$P_2=3\text{MW}$，$\cos\varphi=0.8$(滞后)，则$\varphi=36.87°$，相电流为

$$I=\frac{P_2}{\sqrt{3}U_N\cos\varphi}=\frac{3\times10^6}{\sqrt{3}\times11\times10^3\times0.8}=196.82\text{A}$$

相电压为

$$U=\frac{U_N}{\sqrt{3}}=\frac{11\times10^3}{\sqrt{3}}=6350.85\text{V}$$

则

$$\tan\psi=\frac{IX_s+U\sin\varphi}{U\cos\varphi}=\frac{196.82\times12+6350.85\times0.6}{6350.85\times0.8}=1.2149$$

则

$$\psi=50.54°$$

$$\theta=\psi-\varphi=50.54°-36.87°=13.67°$$

$$E_0=\frac{U\cos\varphi}{\cos\psi}=\frac{6350.85\times0.8}{\cos50.54°}=7994.3\text{V}$$

解法二

设$\dot{U}=6350.85\angle0°\text{V}$，则

$$\dot{I}=196.82\angle-36.87°\text{A}$$

$$\dot{E}_0=\dot{U}+\mathrm{j}\,\dot{I}X_s=6350.85+\mathrm{j}196.82\angle-36.87^\circ\times12$$
$$=7994.4\angle13.67^\circ\mathrm{V}$$

即 $E_0=7994.4\mathrm{V},\theta=13.67^\circ$。

(2) $\theta=90^\circ$时有最大电磁转矩为

$$T_{max}=\frac{1}{\Omega}\frac{3E_0U}{X_s}=\frac{p}{2\pi f}\cdot\frac{3E_0U}{X_s}$$
$$=\frac{2}{2\pi\times50}\times\frac{3\times7994.4\times6350.85}{12}=80804.7\mathrm{N\cdot m}$$

10-3 一台汽轮发电机并联于无限大电网,额定运行时功角 $\theta=20^\circ$。现因故障,电网电压降为 $60\%U_N$,假定电网频率仍不变。

(1) 发电机能否继续稳定运行,这时功角 θ 为多大?

(2) 为使功角 θ 不超过 25°,应加大励磁使 E_0 上升为原来的多少倍?

解:(1) 电磁功率不变,由功角特性可知

$$P_{em}=m\frac{E_0U}{X_s}\sin\theta=m\frac{E_0U'}{X_s}\sin\theta'$$

则

$$U\sin\theta=U'\sin\theta'$$

$$\sin\theta'=\frac{U\sin\theta}{U'}=\frac{U\sin20^\circ}{0.6U}=0.57$$

可得

$$\theta'=34.75^\circ$$

发电机能够稳定运行。

(2) 由功角特性表达式可知,

$$E_0U\sin\theta=E'_0U'\sin\theta'$$

则

$$E'_0=\frac{E_0U\sin\theta}{U'\sin\theta'}=\frac{U\sin20^\circ}{0.6U\sin25^\circ}E_0=1.35E_0$$

E_0 应上升为原来的 1.35 倍。

10-4 一台三相汽轮发电机,电枢绕组星形联结,额定容量 $S_N=15000\mathrm{kV\cdot A}$,额定电压 $U_N=6300\mathrm{V}$,忽略电枢绕组电阻,当发电机运行在 $\underline{U}=1,\underline{I}=1,\underline{X}_s=1$、负载功率因数角 $\varphi=30^\circ$(滞后)时,求电机的相电流 I、功角 θ、空载相电动势 E_0、电磁功率 P_{em}。

解:电机的额定相电流为

$$I_{N\phi}=I_N=\frac{S_N}{\sqrt{3}U_N}=\frac{15\times10^6}{\sqrt{3}\times6300}=1374.6\mathrm{A}$$

所求工况时的相电流为

$$I=\underline{I}\cdot I_{N\phi}=1374.6\mathrm{A}$$

相电压为

$$U=\frac{U_N}{\sqrt{3}}=\frac{6300}{\sqrt{3}}=3637.3\mathrm{V}$$

则

$$\tan\psi = \frac{\underline{I}\,\underline{X}_s + \underline{U}\sin\varphi}{\underline{U}\cos\varphi} = \frac{1\times1+1\times0.5}{1\times0.866} = 1.732$$

则

$$\psi = 60^\circ$$

$$\theta = \psi - \varphi = 60^\circ - 30^\circ = 30^\circ$$

$$\underline{E}_0 = \frac{\underline{U}\cos\varphi}{\cos\psi} = \frac{1\times0.866}{\cos60^\circ} = 1.732$$

所以空载相电动势为

$$E_0 = \underline{E}_0 U = 1.732\times3637.2 = 6300\text{V}$$

电磁功率为

$$\underline{P}_{em} = \frac{\underline{E}_0\,\underline{U}}{\underline{X}_s}\sin\theta = \frac{1.732\times1}{1}\sin30^\circ = 0.866$$

$$P_{em} = \underline{P}_{em}S_N = 0.866\times15000\times10^3 = 12990\text{kW}$$

或者

$$P_{em} = P_2 = S_N\cos\varphi = 15000\times10^3\times0.866 = 12990\text{kW}$$

10-5 一台汽轮发电机数据如下：额定容量 $S_N = 31250\text{kV}\cdot\text{A}$，额定电压 $U_N = 10500\text{V}$(星形联结)，额定功率因数 $\cos\varphi_N = 0.8$(滞后)，定子每相同步电抗 $X_s = 7\Omega$(不饱和值)，此发电机并联于无限大电网运行，忽略电枢绕组电阻。

(1) 求发电机额定负载时的功角 θ_N、电磁功率 P_{emN} 及过载能力 k_m；

(2) 若将有功输出减小一半，励磁电流不变，求 θ、P_{em} 和功率因数角 φ，并说明发出无功功率怎样变化；

(3) 在额定运行工况基础上，如果仅将励磁电流加大 10%，求 θ、P_{em} 和功率因数角 φ，其有功功率及无功功率怎样变化？

解：(1) 参照题 10-4 的解法，可求得

$$\theta_N = 35.93^\circ,\quad P_{emN} = 25000\text{kW},\quad k_m = 1.7$$

(2) 励磁电流不变，则 E_0 不变，由(1)的数据可求出相电压与空载电动势为

$$U = \frac{U_N}{\sqrt{3}} = \frac{10500}{\sqrt{3}} = 6062.2\text{V}$$

$$E_{0N} = \frac{P_{emN}X_s}{3U\sin\theta_N} = \frac{25000\times10^3\times7}{3\times6062.2\sin35.93^\circ} = 16398.8\text{V}$$

由于有功功率输出减少一半，因此，

$$P_{em} = \frac{1}{2}P_{emN} = \frac{1}{2}\times25000 = 12500\text{kW}$$

因 $E_0 = E_{0N}$ 不变，则 $\sin\theta$ 须减小一半，即

$$\sin\theta = \frac{1}{2}\sin\theta_N = \frac{1}{2}\times\sin35.93^\circ = 0.29339$$

即有功功率输出减小一半后，$\theta = 17.06^\circ$

$$IX_s = \sqrt{E_0^2 + U^2 - 2E_0U\cos\theta}$$

$$= \sqrt{16398.8^2 + 6062.2^2 - 2\times16398.8\times6062.2\cos17.06^\circ}$$

$$= 10751.4\text{V}$$

则

$$I=\frac{IX_s}{X_s}=\frac{10751.4}{7}=1535.9\text{A}$$

$$\cos\varphi=\frac{P_2}{3UI}=\frac{P_{em}}{3UI}=\frac{12500\times10^3}{3\times6062.2\times1535.9}=0.4475,\quad \varphi=63.42°$$

在(1)中额定运行时的无功功率为

$$Q_N=S_N\sin\varphi_N=31250\times0.6=18750\text{kvar}$$

在(2)中的无功功率为

$$Q=3UI\sin\varphi=3\times6062.2\times1535.9\times\sin63.42°$$
$$=24980.6\text{kvar}$$

可见,无功功率比额定运行时增大了

$$Q-Q_N=24980.6-18750=6230.6\text{kvar}$$

(3) 调节励磁电流时,电磁功率不变,不计电枢电阻,则输出的有功功率不变,即 $P_{em}=P_2=25000\text{kW}$。

励磁电流增大10%后,E_0 便增大10%,即

$$E_0=1.1E_{0N}=1.1\times16398.8=18038.7\text{V}$$

因 P_{em} 不变,则 $E_0\sin\theta=$常数,即

$$E_{0N}\sin\theta_N=E_0\sin\theta$$

则有

$$\sin\theta=\frac{E_{0N}}{E_0}\sin\theta_N=\frac{E_{0N}}{1.1E_{0N}}\sin35.93°=0.53345$$

所以

$$\theta=32.24°$$

又因为

$$IX_s=\sqrt{E_0^2+U^2-2E_0U\cos\theta}$$
$$=\sqrt{18038.7^2+6062.2^2-2\times18038.7\times6062.2\cos32.24°}$$
$$=13310\text{V}$$

故

$$I=\frac{IX_s}{X_s}=\frac{13310}{7}=1901.4\text{A}$$

$$\cos\varphi=\frac{P_2}{3UI}=\frac{25000\times10^3}{3\times6062.2\times1901.4}=0.723$$

则

$$\varphi=43.7°$$

$$Q=3UI\sin\varphi=3\times6062.2\times1901.4\times\sin43.7°$$
$$=23890.7\text{kvar}$$

因此发出的无功功率增大了

$$Q-Q_N=23890.7-18750=5140.7\text{kvar}$$

10-6　一台6000kV·A、2400V、50Hz、星形联结的三相8极凸极同步发电机,并联额定运行时的功率因数为0.9(滞后),电机参数为 $X_d=1\Omega$,$X_q=0.667\Omega$,不计磁路饱和

及电枢绕组电阻。

(1) 求额定运行时的每相空载电动势E_0、基波励磁磁动势与电枢反应磁动势的夹角；

(2) 分别通过电机参数与功角、电压与电流，求额定运行时的电磁转矩，并对结果作比较。

解：(1) 额定运行时，相电压为

$$U=\frac{U_N}{\sqrt{3}}=\frac{2400}{\sqrt{3}}=1385.64\text{V}$$

相电流为

$$I=\frac{S_N}{\sqrt{3}U_N}=\frac{6000\times10^3}{\sqrt{3}\times2400}=1443.38\text{A}$$

因 $\cos\varphi=0.9$ 滞后，则 $\varphi=25.84°$，$\sin\varphi=0.4359$，

$$\tan\psi=\frac{IX_q+U\sin\varphi}{U\cos\varphi}=\frac{1443.38\times0.667+1385.64\times0.4359}{1385.64\times0.9}$$
$$=1.2563$$

则

$$\psi=51.48°$$
$$\theta=\psi-\varphi=51.48°-25.84°=25.64°$$

基波励磁磁动势与电枢反应磁动势的夹角为$90°+\psi=90°+51.48°=141.48°$，

$$I_d=I\sin\psi=1443.38\times\sin51.48°=1129.29\text{A}$$
$$E_0=U\cos\theta+I_dX_d$$
$$=1385.64\cos25.64°+1129.29\times1$$
$$=2378.5\text{V}$$

(2) $\Omega=\frac{2\pi f}{p}=\frac{2\pi\times50}{4}=78.54\text{rad/s}$

$$T=\frac{mU}{\Omega}\left[\frac{E_0}{X_d}\sin\theta+U\frac{X_d-X_q}{2X_dX_q}\sin2\theta\right]$$
$$=\frac{3\times1385.64}{78.54}\left[\frac{2378.5}{1}\times\sin25.64°+\frac{1385.64\times(1-0.667)}{2\times1\times0.667}\times\sin(2\times25.64°)\right]$$
$$=68757\text{N}\cdot\text{m}$$

或

$$P_{em}=P_2=S_N\cos\varphi=6000\times0.9=5400\text{kW}$$
$$T=\frac{P_{em}}{\Omega}=\frac{5400\times10^3}{78.54}=68755\text{N}\cdot\text{m}$$

可见，两种方法计算出的结果是一致的，但是后者要简单得多。

10-7 一台与无限大电网并联的三相6极同步发电机，定子绕组星形联结，额定容量$S_N=100\text{kV}\cdot\text{A}$，额定电压$U_N=2300\text{V}$，频率为60Hz。定子绕组每相同步电抗$X_s=64.4\Omega$，忽略电枢绕组电阻，已知电枢电流为零时，励磁电流为23A，此时发电机的输入功率为3.75kW。设磁路线性。求：

(1) 当发电机发出额定电流，功率因数$\cos\varphi=0.9$(滞后)时所需励磁电流，以及发电

机的输入功率；

(2) 当发电机线电流为15A，且励磁电流为20A时，发电机的电磁转矩T。

解：空载时，发电机的输入功率等于空载损耗p_0，$p_0=3.75\text{kW}$。

(1) 空载时，

$$I_{f0}=23\text{A}$$

$$E_0=U=\frac{U_N}{\sqrt{3}}=\frac{2300}{\sqrt{3}}=1327.9\text{V}$$

额定运行时，电枢电流为

$$I_N=\frac{S_N}{\sqrt{3}U_N}=\frac{100\times10^3}{\sqrt{3}\times2300}=25.1\text{A}$$

$$\varphi=\arccos0.9=25.84°,\quad \sin\varphi=0.4359$$

空载相电动势为

$$\begin{aligned}E_0'&=\sqrt{U^2+(I_NX_s)^2-2UI_NX_s\cos(90°+\varphi)}\\&=\sqrt{1327.9^2+(25.1\times64.4)^2+2\times1327.9\times25.1\times64.4\sin25.84°}\\&=2499.46\text{V}\end{aligned}$$

由于磁路线性，因此所需的励磁电流为

$$I_f=\frac{E_0'I_{f0}}{E_0}=\frac{2499.46}{1327.9}\times23=43.3\text{A}$$

不计电枢电阻时，输入功率为

$$\begin{aligned}P_1&=P_{em}+p_0=P_2+p_0=S_N\cos\varphi+p_0\\&=100\times0.9+3.75=93.75\text{kW}\end{aligned}$$

(2) $I_f'=20\text{A}$时，空载电动势变为

$$E_0''=\frac{I_f'}{I_{f0}}E_0=\frac{20}{23}\times1327.9=1154.7\text{V}$$

输出每相电流为$I=15\text{A}$时，$IX_s=15\times64.4=966\text{V}$，则

$$\begin{aligned}\cos\theta&=\frac{(E_0'')^2+U^2-(IX_s)^2}{2E_0''U}=\frac{1154.7^2+1327.9^2-966^2}{2\times1154.7\times1327.9}\\&=0.70549\end{aligned}$$

于是

$$\theta=45.13°,\quad \sin\theta=0.7087$$

$$\Omega=\frac{2\pi f}{p}=\frac{2\pi\times60}{3}=125.66\text{rad/s}$$

$$\begin{aligned}T&=\frac{3}{\Omega}\frac{E_0U}{X_s}\sin\theta=\frac{3}{125.66}\times\frac{1154.7\times1327.9}{64.4}\times0.7087\\&=402.84\text{N}\cdot\text{m}\end{aligned}$$

10-8 一台水轮发电机数据如下：额定功率$P_N=50000\text{kW}$，额定电压$U_N=13800\text{V}$（星形联结），额定功率因数$\cos\varphi_N=0.8$（滞后），$\underline{X}_d=1$，$\underline{X}_q=0.6$，假设空载特性为直线，忽略电枢绕组电阻，不计空载损耗。发电机并联于无限大电网运行。

(1) 求输出功率为10000kW，$\cos\varphi=1$时发电机的励磁电流$\underline{I}_f$及功角θ；

(2) 保持此输入有功功率不变,逐渐减小励磁电流直到零,此时发电机能否稳定运行? θ、定子电流 I 和 $\cos\varphi$ 各为多少?

解:额定电流为

$$I_N = \frac{P_N}{\sqrt{3}U_N\cos\varphi_N} = \frac{50000\times10^3}{\sqrt{3}\times13800\times0.8} = 2615\text{A}$$

输出功率为 10000kW 时电枢电流为

$$I = \frac{P}{\sqrt{3}U_N\cos\varphi} = \frac{10000\times10^3}{\sqrt{3}\times13800\times1} = 418.4\text{A}$$

电枢电流标幺值为

$$\underline{I} = \frac{I}{I_N} = \frac{418.4}{2615} = 0.16$$

由凸极同步电机相量图可知

$$\tan\psi = \frac{\underline{I}\,\underline{X}_q + \underline{U}\sin\varphi}{\underline{U}\cos\varphi} = \frac{0.16\times0.6+1\times0}{1\times1} = 0.096$$

则

$$\psi = 5.48^\circ$$

$$\theta = \psi - \varphi = 5.48^\circ - 0^\circ = 5.48^\circ$$

$$\underline{E}_0 = \underline{U}\cos\theta + \underline{I}_d\underline{X}_d = 1\times\cos5.48^\circ + 0.16\times1\times\sin5.48^\circ = 1.01$$

励磁电流标幺值为

$$\underline{I}_f = 1.01$$

(2) 电磁功率标幺值为

$$\underline{P}_{em} = \frac{P_{em}}{P_N/\cos\varphi_N} = \frac{10000}{50000/0.8} = 0.16$$

励磁电流减小为零,则

$$\underline{P}_{em} = \frac{\underline{E}_0\underline{U}}{\underline{X}_d}\sin\theta + \underline{U}^2\frac{\underline{X}_d - \underline{X}_q}{2\underline{X}_d\underline{X}_q}\sin2\theta = \underline{U}^2\frac{\underline{X}_d - \underline{X}_q}{2\underline{X}_d\underline{X}_q}\sin2\theta$$

有功功率不变,即电磁功率不变,则有

$$\underline{U}^2\frac{\underline{X}_d - \underline{X}_q}{2\underline{X}_d\underline{X}_q}\sin2\theta = \frac{1-0.6}{2\times1\times0.6}\sin2\theta = 0.16$$

则

$$\theta = 14.34^\circ$$

由于 $\theta=14.34^\circ<45^\circ$,发电机能稳定运行。此时的相量图如图 10-4 所示。由图可知,

$$\underline{I}_d\underline{X}_d = \underline{U}\cos\theta$$

$$\underline{I}_d=\frac{\underline{U}\cos\theta}{\underline{X}_d}=\frac{1\times\cos 14.34^\circ}{1}=0.969$$

$$\underline{I}_q=\frac{\underline{U}\sin\theta}{\underline{X}_q}=\frac{1\times\sin 14.34^\circ}{0.6}=0.413$$

$$\underline{I}=\sqrt{\underline{I}_d^2+\underline{I}_q^2}=\sqrt{0.969^2+0.413^2}=1.053$$

电枢电流为

$$I=\underline{I}\cdot I_{\mathrm{N}}=1.053\times 2615=2754\mathrm{A}$$

$$\cos\varphi=\frac{P_{\mathrm{em}}}{\sqrt{3}U_{\mathrm{N}}I}=\frac{10000\times 10^3}{\sqrt{3}\times 13800\times 2754}=0.1519$$

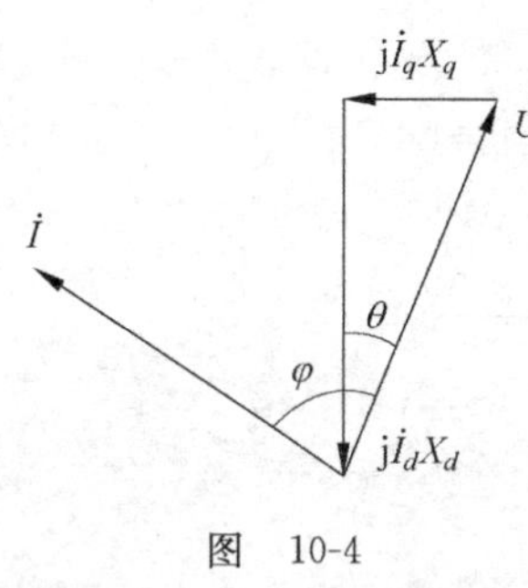

图 10-4

10-9 两台相同的隐极同步发电机并联运行。定子均为星形联结，同步电抗均为$\underline{X}_{\mathrm{s}}=1$，忽略定子电阻$R$。两台发电机共同对一个功率因数为$\cos\varphi=0.8$(滞后)的负载供电，运行时要求系统维持额定电压$\underline{U}=1$，额定频率$f=50\mathrm{Hz}$，维持负载电流$\underline{I}=1$(负载与电机的额定电流相同)，并要求其中一台电机担负负载所需的有功功率，第二台担负其无功功率。设磁路线性。求：

(1) 每台电机的功角θ及空载电动势$\underline{E}_0$；

(2) 两台电机励磁电流之比。

解：(1) $\varphi=\arccos 0.8=36.87^\circ$。

设$\dot{\underline{U}}=\underline{U}\angle 0^\circ=1\angle 0^\circ$，则负载电流$\dot{\underline{I}}=\underline{I}\angle-\varphi=1\angle-36.87^\circ$。因发电机1、2分别负担有功和无功负载，则发电机1、2的电枢电流分别为

$$\underline{I}_1=\underline{I}\cos\varphi=1\times 0.8=0.8$$

$$\underline{I}_2=\underline{I}\sin\varphi=1\times 0.6=0.6$$

分别作出发电机1、2的电动势相量图，如图10-5(a)、(b)所示，则可得发电机1的空载电动势和功角分别为

$$\underline{E}_{01}=\sqrt{\underline{U}^2+(\underline{I}_1\,\underline{X}_{\mathrm{s}})^2}=\sqrt{1^2+(0.8\times 1)^2}=1.28$$

$$\theta_1=\arctan\frac{\underline{I}_1\,\underline{X}_{\mathrm{s}}}{\underline{U}}=\arctan\frac{0.8\times 1}{1}=38.66^\circ$$

发电机2的空载电动势和功角分别为

$$\underline{E}_{02}=\underline{U}+\underline{I}_2\,\underline{X}_{\mathrm{s}}=1+0.6\times 1=1.6$$

$$\theta_2=0$$

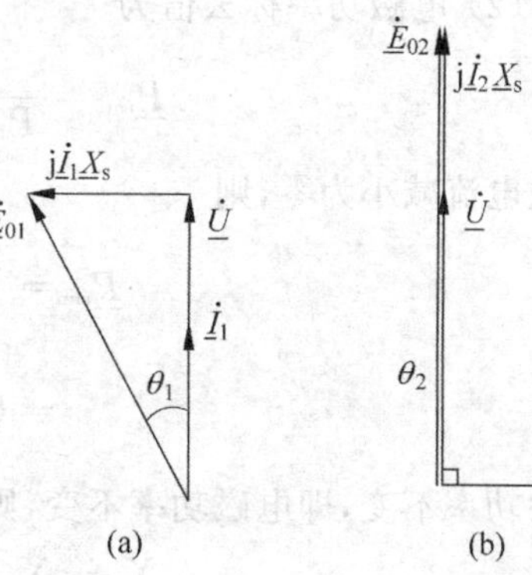

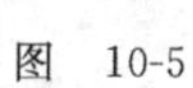
图 10-5

(2) 因磁路线性，所以发电机1、2的励磁电流之比就等于它们的空载电动势之比，即

$$\frac{I_{\mathrm{f1}}}{I_{\mathrm{f2}}}=\frac{E_{01}}{E_{02}}=\frac{\underline{E}_{01}}{\underline{E}_{02}}=\frac{1.28}{1.6}=0.8$$

10-10 一台隐极同步发电机并联于无限大电网运行，已知 $\underline{U}=1,\underline{I}=1,\underline{X}_s=1,\cos\varphi=\frac{\sqrt{3}}{2}$（滞后），忽略定子绕组电阻。现调节原动机使有功输出增加一倍，同时调节励磁电流使其增加 20%。

(1) 画出调节后的电动势相量图；

(2) 说明发出的无功功率是增加了还是减小了？

解：(1) 原来有功功率和电磁功率为

$$\underline{P}_2=\underline{P}_{em}=\underline{U}\,\underline{I}\cos\varphi=1\times1\times\frac{\sqrt{3}}{2}=0.866$$

$$\varphi=\arccos\frac{\sqrt{3}}{2}=30^\circ$$

而 $\underline{I}\,\underline{X}_s=1\times1=1,\underline{U}=1$，画出此时的电动势相量图，如图 10-6 中虚线所示。可以看出

$$\theta=30^\circ,\quad \underline{E}_0=2\underline{U}\cos\theta=\sqrt{3}$$

现在有功功率增加一倍、励磁电流增加 20%，则有功功率和电磁功率变为

$$\underline{P}'_2=\underline{P}'_{em}=2\underline{P}_2=\frac{\sqrt{3}}{2}\times2=1.732$$

空载电动势变为

$$\underline{E}'_0=1.2\underline{E}_0=1.2\times\sqrt{3}=2.078$$

且应有

$$2\frac{\underline{E}_0\underline{U}}{\underline{X}_s}\sin\theta=\frac{\underline{E}'_0\underline{U}}{\underline{X}_s}\sin\theta'$$

即

$$\sin\theta'=\frac{2\underline{E}_0}{\underline{E}'_0}\sin\theta=\frac{2}{1.2}\sin30^\circ=0.8333$$

$$\theta'=56.44^\circ$$

作出此时的电动势相量图，如图 10-6 中实线所示。可求出有功增加后的电枢电流 I'：

$$\begin{aligned}\underline{I}'\underline{X}_s&=\sqrt{(\underline{E}'_0)^2+\underline{U}^2-2\underline{E}'\underline{U}\cos\theta'}\\&=\sqrt{2.078^2+1^2-2\times2.078\times1\times\cos56.44^\circ}\\&=1.738\end{aligned}$$

则

$$\underline{I}'=\frac{\underline{I}'\underline{X}_s}{\underline{X}_s}=\frac{1.738}{1}=1.738$$

由 $2\underline{U}\,\underline{I}\cos\varphi=\underline{U}\,\underline{I}'\cos\varphi'$ 可求得

$$\cos\varphi'=\frac{2\underline{I}\cos\varphi}{\underline{I}'}=\frac{2\times1}{1.738}\times\frac{\sqrt{3}}{2}=0.9966$$

则 $\varphi'=4.74^\circ$。

(2) 无功功率的变化可由 $\underline{I}'\sin\varphi'$ 与 $\underline{I}\sin\varphi$ 相比较而得知：

$$\underline{I}'\sin\varphi'=1.738\times\sin4.74^\circ=0.1436$$

$$\underline{I}\sin\varphi = 1 \times \sin 30° = 0.5$$

所以，无功功率减小。

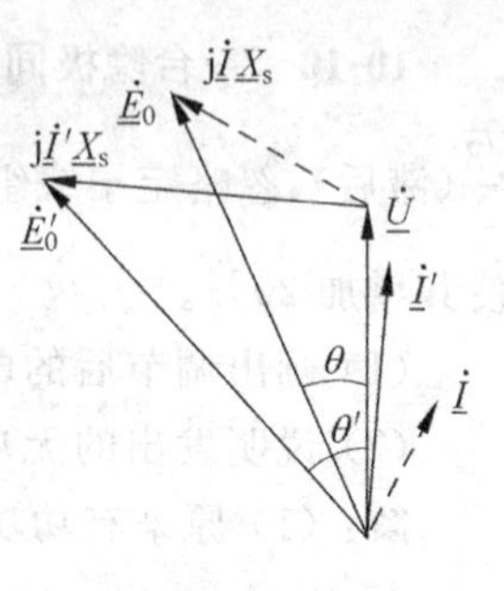

图　10-6

10-11　一台三相汽轮发电机的空载试验和短路试验都在半同步转速下进行。已知空载试验的数据 $\underline{I}_f=1.0$，$\underline{E}_0=0.5$；短路试验数据 $\underline{I}_f=1.0$，$\underline{I}_k=1.0$。忽略定子电阻，设磁路线性。当发电机与无限大电网并联运行时，求：

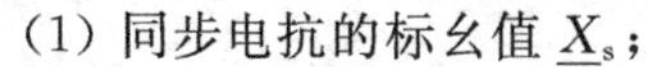

(1) 同步电抗的标幺值 $\underline{X}_s$；

(2) 同步转速下 $\underline{I}=1$、$\cos\varphi=\frac{\sqrt{3}}{2}$（滞后）时的 θ 角。

解：(1) 将半同步转速下的空载、短路试验数据换算为同步转速下的数据，有

空载特性：$\underline{I}_f=1$，$\underline{E}_0=1$

短路特性：$\underline{I}_f=1$，$\underline{I}_k=1$

因此

$$\underline{X}_s = \frac{\underline{E}_0}{\underline{I}_k} = \frac{1}{1} = 1$$

(2) $$\tan\theta=\frac{\underline{I}\,\underline{X}_s\cos\varphi}{\underline{U}+\underline{I}\,\underline{X}_s\sin\varphi}=\frac{1\times1\times\frac{\sqrt{3}}{2}}{1+1\times1\times0.5}=\frac{\sqrt{3}}{3}$$

则 $\theta=30°$。

10-12　有两台额定功率各为 10000kW、$p=1$ 的汽轮发电机并联运行，已知它们原动机的调速特性分别如图 10-7 中曲线 1、2 所示。忽略两台发电机的空载损耗和电枢绕组电阻。

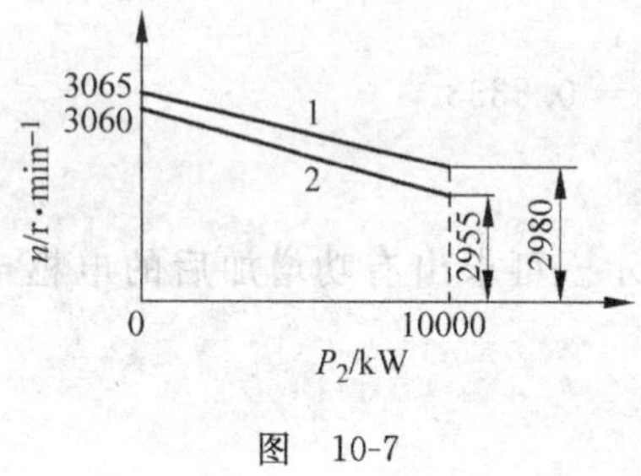

图　10-7

(1) 当总负载为 15000kW 时，每台电机各担负多少功率？电网的频率是多少？

(2) 如果调整第 1 台发电机的调速器，使它的调速特性可以上下移动（但斜率不变），直至两台电机都输出 7500kW，这时电网的频率是多少？

解：(1) 两台原动机的调速特性可表达为

$$n_1 = 3065 + \frac{2980-3065}{10000}P_{21} = 3065 - 0.0085P_{21}$$

$$n_2 = 3060 + \frac{2955-3060}{10000}P_{22} = 3060 - 0.0105P_{22}$$

式中，n_1，n_2 分别为发电机 1，2 的转速，单位为 r/min；P_{21}，P_{22} 分别为原动机 1、2 的输出功率，单位为 kW，不计电枢电阻及空载损耗时，就分别是发电机 1、2 输出的有功功率。

当总负载为 15000kW，即 $P_{21}+P_{22}=15000$ 时，$n_1=n_2$，因而由上面的调速特性表达式可得

$$3065 - 0.0085P_{21} = 3060 - 0.0105P_{22}$$

联立求解可得有功功率和转速为

$$P_{21} = 8552.63\text{kW}, \quad P_{22} = 6447.37\text{kW}$$

$$n_1 = n_2 = 2992.3\text{r/min}$$

则电网频率为

$$f = \frac{pn_1}{60} = \frac{1 \times 2992.3}{60} = 49.87\text{Hz}$$

(2) 两台发电机都输出7500kW时，$P_{21}=P_{22}=7500\text{kW}$，则

$$n_2 = 3060 - 0.0105P_{22} = 3060 - 0.0105 \times 7500 = 2981.25\text{r/min}$$

则电网频率为

$$f = \frac{pn_2}{60} = \frac{1 \times 2981.25}{60} = 49.69\text{Hz}$$

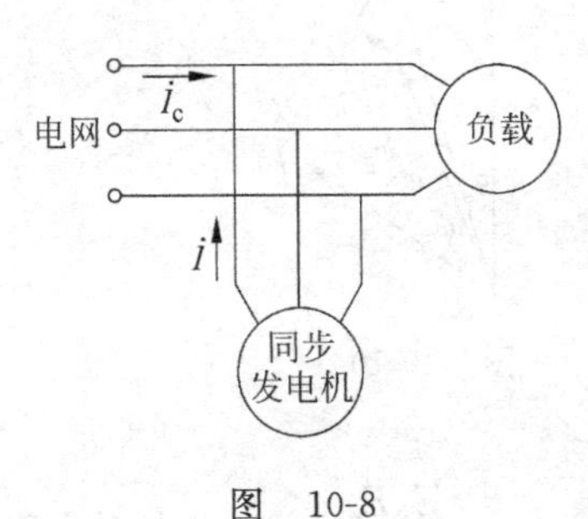

图 10-8

10-13 一台三相对称负载与电网以及一台同步发电机并联，如图10-8所示，已知电网线电压为220V，线路电流 $I_c=50\text{A}$，功率因数 $\cos\varphi_c=0.8$(滞后)；发电机输出电流 $I=40\text{A}$，功率因数为0.6(滞后)。

(1) 求负载的功率因数；

(2) 调节同步发电机的励磁电流，使发电机的功率因数等于负载的功率因数，此时发电机输出的电流 I 为多少？此时从电网吸收的电流 I_c 为多少？

解：(1) 设电网相电压 $\dot{U}=U\angle 0°\text{V}$，由于线路的功率因数 $\cos\varphi_c=0.8$ 滞后，则 $\varphi_c=36.87°$，于是 $\dot{I}_c=50\angle -36.87°\text{A}$。已知发电机功率因数 $\cos\varphi=0.6$ 滞后，则 $\varphi=53.13°$，$\dot{I}=40\angle -53.13°\text{A}$。

设负载电流 $\dot{I}_L$ 参考方向为从线路向负载，则

$$\begin{aligned}\dot{I}_L &= \dot{I}_c + \dot{I} = 50\angle -36.87° + 40\angle -53.13° \\ &= 89.11\angle -44.09°\text{A}\end{aligned}$$

因此负载的功率因数为

$$\cos\varphi_L = \cos 44.09° = 0.72$$

(2) 调节励磁电流，使 $\cos\varphi=\cos\varphi_L$ 时，有功功率不变，即 $I\cos\varphi=$ 常数。设电枢电流变为 I'，则有

$$I\cos\varphi = I'\cos\varphi_L$$

则

$$I' = \frac{\cos\varphi}{\cos\varphi_L}I = \frac{0.6}{0.72} \times 40 = 33.33\text{A}$$

此时电网电流为

$$I_c = I_L - I' = 89.11 - 33.33 = 55.78\text{A}$$

10-14 凸极同步发电机与电网并联，如将发电机励磁电流减为零，发电机是否还有电磁功率？画出此时的电动势相量图，推导其功角特性。

解：励磁电流减为零时，$E_0=0$。不计电枢绕组电阻，发电机的电压方程式为

$$\dot{U}+\mathrm{j}\dot{I}_dX_d+\mathrm{j}\dot{I}_qX_q=0$$

画出电动势相量,如图 10-9 所示。由图可知存在功角 θ,可输出凸极电磁功率

$$P_{\mathrm{em}}=mU^2\frac{X_d-X_q}{2X_dX_q}\sin 2\theta$$

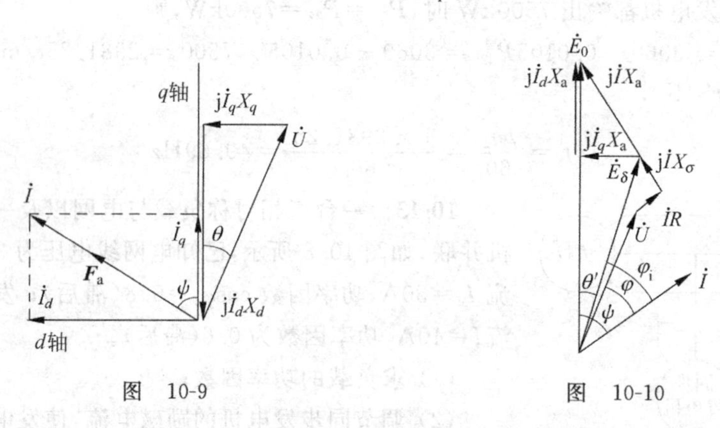

图 10-9　　　　图 10-10

10-15 试证明隐极同步发电机的电磁功率也可写成 $P_{\mathrm{em}}=m\dfrac{E_0E_\delta}{X_a}\sin\theta'$,式中 θ' 为$\dot{E}_0$ 与$\dot{E}_\delta$之间的夹角。

解:由图 10-10 所示相量图可知,

$$\begin{aligned}P_{\mathrm{em}}&=mE_\delta I\cos\varphi_i\\&=mE_\delta I\cos(\psi-\theta')\\&=mE_\delta I\cos\psi\cos\theta'+mE_\delta I\sin\psi\sin\theta'\\&=mE_\delta I_q\cos\theta'+mE_\delta I_d\sin\theta'\end{aligned}$$

因为

$$I_qX_a=E_\delta\sin\theta'$$
$$I_dX_a=E_0-E_\delta\cos\theta'$$

所以

$$\begin{aligned}P_{\mathrm{em}}&=mE_\delta\frac{E_\delta\sin\theta'}{X_a}\cos\theta'+mE_\delta\frac{E_0-E_\delta\cos\theta'}{X_a}\sin\theta'\\&=m\frac{E_0E_\delta}{X_a}\sin\theta'\end{aligned}$$

10-16 试推导凸极同步电机无功功率的功角特性。

解:无功功率为

$$\begin{aligned}Q&=mUI\sin\varphi=mUI\sin(\psi-\theta)\\&=mUI\sin\psi\cos\theta-mUI\cos\psi\sin\theta\end{aligned}$$

因为

$$I_qX_q=U\sin\theta,\quad I_dX_d=E_0-U\cos\theta$$

所以,无功功率的功角特性为

$$Q = mU\frac{E_0 - U\cos\theta}{X_d}\cos\theta - mU\frac{U\sin\theta}{X_q}\sin\theta$$

$$= m\frac{E_0U}{X_d}\cos\theta - m\frac{U^2\cos^2\theta}{X_d} - m\frac{U^2\sin^2\theta}{X_q}$$

$$= m\frac{E_0U}{X_d}\cos\theta - m\frac{U^2}{X_d}\cdot\frac{1}{2}(1+\cos2\theta) - m\frac{U^2}{X_q}\cdot\frac{1}{2}(1-\cos2\theta)$$

$$= m\frac{E_0U}{X_d}\cos\theta + m\frac{U^2(X_d - X_q)}{2X_dX_q}\cos2\theta - m\frac{U^2(X_d + X_q)}{2X_dX_q}$$

10-17 由两台同轴的同步发电机组成变频机组，定子绕组分别接到 50Hz 与 60Hz 的两个无限大电网上，这两台电机定、转子相对位置如图 10-11 所示，其中一台电机定子可以移动。

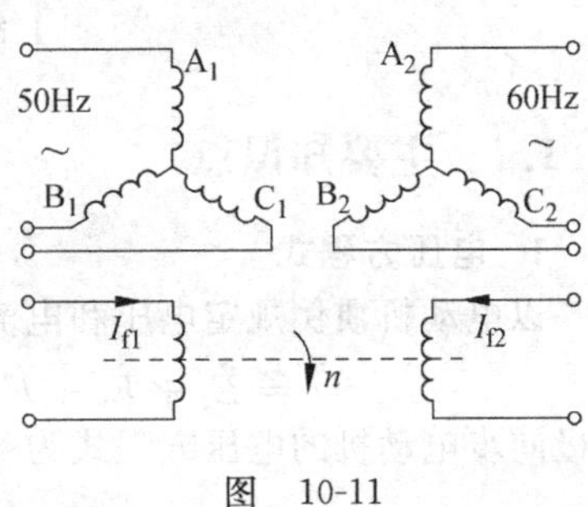

图 10-11

(1) 此机组可能运行的转速是多少？两台电机的极数各为多少？

(2) 要从 50Hz 电网向 60Hz 电网输出有功功率，应如何调节？仅调节两台发电机的励磁电流可以吗？

解：(1) 两台同步电机同轴联结，转速相同，但频率不同，因此它们的极数必须不同。由

$$n_1 = \frac{60f_1}{p_1} = n_2 = \frac{60f_2}{p_2}$$

得

$$\frac{p_1}{p_2} = \frac{f_1}{f_2} = \frac{50}{60} = \frac{5}{6}$$

由此可得两台电机可能的极对数为

$$p_1 = 5k,\quad p_2 = 6k\quad (k = 1,2,3,\cdots)$$

最少的极对数为 $p_1=5$，$p_2=6(k=1)$。可能运行的转速为

$$n = \frac{60f_1}{p_1} = \frac{60\times50}{5k} = \frac{600}{k}\text{r/min}$$

当 $p_1=5$，$p_2=6$(即 $k=1$ 时)，$n=600\text{r/min}$。

(2) 若不考虑电机的损耗，则两台电机既没有原动机，也没有负载，功角为 0，所以既不能发出有功功率，也不能吸收有功功率。因此，仅靠调节两台电机的励磁电流，是不能由 50Hz 电网向 60Hz 电网输出有功功率的。

要从 50Hz 电网向 60Hz 电网输出有功功率，则 60Hz 电机应作为发电机运行，而 50Hz 电机应运行在电动机状态，作为 60Hz 电机的原动机。50Hz 电机要输出机械功率，必须产生功角 θ 才行。如果 50Hz 电机的定子是可移动的，则可借助外力使它的定子顺其转子转向移开一个角度，使转子磁场轴线滞后于定子合成磁场轴线，该电机就运行于电动机状态。维持这种状态，50Hz 电机就能拖动 60Hz 电机向电网送出有功功率。

第11章 同步电动机

11.1 知识结构

11.1.1 主要知识点

1. 电压方程式

以电动机惯例规定电压和电流的参考方向时，隐极同步电动机的电压方程式为

$$\dot{U}=\dot{E}_0+\dot{E}_a+\dot{E}_\sigma+\dot{I}R=\dot{E}_0+\dot{I}(R+jX_s)=\dot{E}_0+\dot{I}Z_s$$

凸极同步电动机的电压方程式为

$$\dot{U}=\dot{E}_0+\dot{I}R+j\dot{I}_dX_d+j\dot{I}_qX_q$$

2. 转矩和功率平衡关系

(1) 转矩平衡式

按照电动机运行时转矩的实际方向规定各转矩的参考方向时，转矩平衡方程式为

$$T=T_2+T_0$$

电磁转矩 T 是拖动转矩，与机械负载转矩 T_2 和空载转矩 T_0 平衡。

(2) 转矩平衡式

功率平衡方程式为

$$P_1=P_{em}+p_{Cu},\quad P_{em}-p_0=P_2$$

同步电动机从电源吸收的电功率 P_1 减去定子绕组的铜耗 p_{Cu}，即为电磁功率 P_{em}。电磁功率 P_{em} 减去空载损耗 p_0，等于电机轴上输出的机械功率 P_2。

3. 有功功率和无功功率的调节

功角 θ 以电压 $\dot{U}$ 超前电动势 $\dot{E}_0$ 为正，隐极同步电动机的功角特性公式为

$$P_{em}=m\frac{E_0U}{X_s}\sin\theta$$

凸极同步电动机的功角特性公式为

$$P_{em}=m\frac{E_0U}{X_d}\sin\theta+mU^2\frac{X_d-X_q}{2X_dX_q}\sin2\theta$$

保持电动机的负载转矩不变，调节励磁电流，发电机出现三种励磁状态：①正常励磁状态，$\cos\varphi=1$，电枢电流 I 最小；②过励磁状态，吸收超前性质的无功功率；③欠励磁状态，吸收滞后性质的无功功率。正常励磁状态电枢电流最小，过励磁状态和欠励磁状态，电枢电流都增大。

4. 同步电动机的起动

同步电动机的起动方法有：①辅助动力起动；②变频起动；③异步起动。

11.1.2 知识关联图

同步电动机的分析

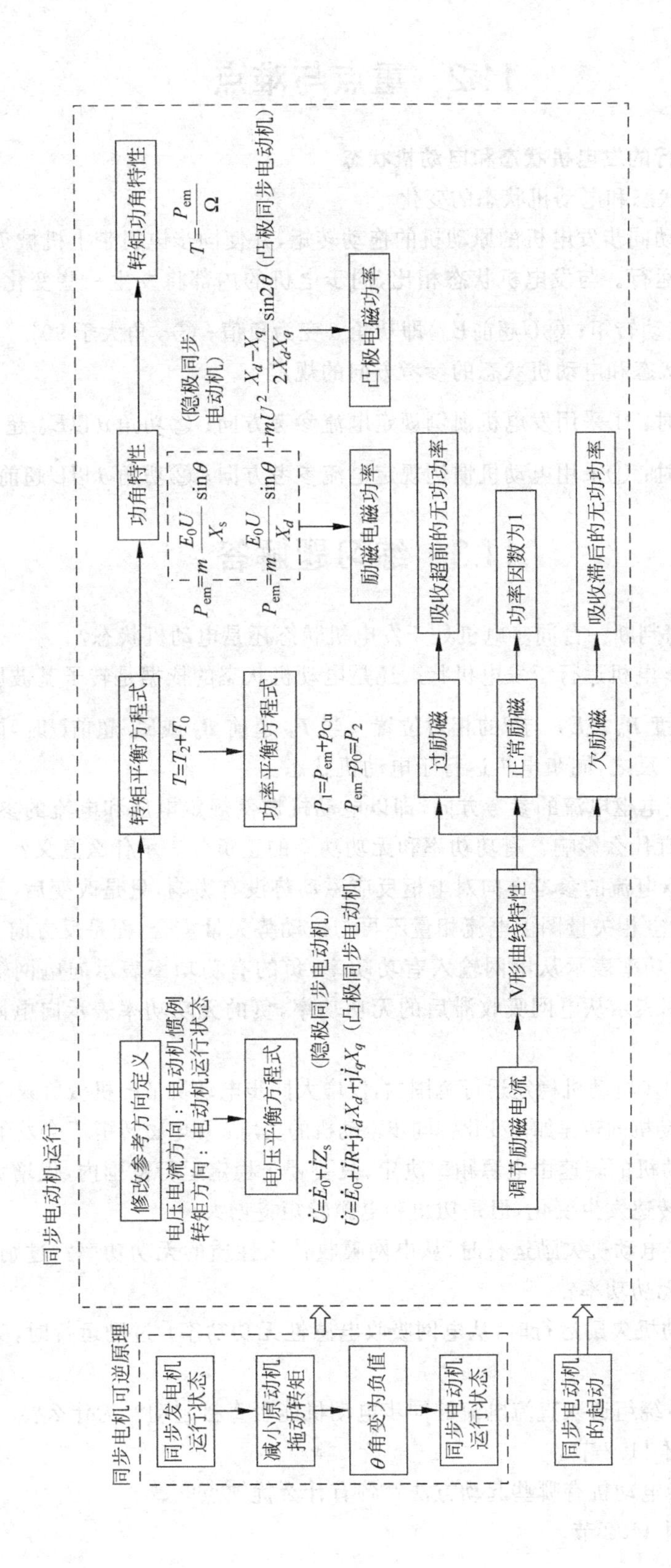
同步电机可逆原理
同步发电机运行状态
减小原动机拖动转矩
θ角变为负值
同步电动机运行状态
同步电动机的起动
同步电动机运行
修改参考方向定义
电压电流方向：电动机惯例
转矩方向：电动机运行状态
电压平衡方程式
$\dot{U}=\dot{E}_0+\dot{I}Z_s$ （隐极同步电动机）
$\dot{U}=\dot{E}_0+\dot{I}R+\mathrm{j}\dot{I}_dX_d+\mathrm{j}\dot{I}_qX_q$ （凸极同步电动机）
转矩平衡方程式
$T=T_2+T_0$
功率平衡方程式
$P_1=P_{em}+p_{Cu}$
$P_{em}-p_0=P_2$
功角特性
$P_{em}=m\frac{E_0U}{X_s}\sin\theta$ （隐极同步电动机）
$P_{em}=m\frac{E_0U}{X_d}\sin\theta+mU^2\frac{X_d-X_q}{2X_dX_q}\sin2\theta$ （凸极同步电动机）
励磁电磁功率
凸极电磁功率
转矩功角特性
$T=\frac{P_{em}}{\Omega}$
调节励磁电流
V形曲线特性
过励磁
正常励磁
欠励磁
吸收超前的无功功率
功率因数为1
吸收滞后的无功功率

11.2 重点与难点

同步电机运行的发电机状态和电动机状态

(1) 发电机状态和电动机状态的变化

不断减小拖动同步发电机的原动机的拖动转矩，并使同步电机带上机械负载，同步电机将作为电动机运行。与发电机状态相比，同步电机的内部将发生一些变化：①电磁转矩变为负值，为拖动转矩；②$\dot{U}$超前$\dot{E}_0$，即功角θ变为负值；③φ角大于90°。

(2) 发电机状态和电动机状态的参考方向的规定

发电机状态时：①采用发电机惯例规定电流参考方向；②功角θ以$\dot{E}_0$超前$\dot{U}$为正。

电动机状态时：①采用电动机惯例规定电流参考方向；②功角θ以$\dot{U}$超前$\dot{E}_0$为正。

11.3 练习题解答

11-1-1 如何判断一台同步电机处于发电机状态还是电动机状态?

答：决定同步电机运行于发电机状态还是电动机状态的依据是转子基波励磁磁动势$\boldsymbol{F}_{f1}$与气隙磁通密度$\boldsymbol{B}_\delta$或$\dot{E}_0$与$\dot{U}$的相对位置。当$\boldsymbol{F}_{f1}$超前$\boldsymbol{B}_\delta$或$\dot{E}_0$超前$\dot{U}$时，同步电机运行于发电机状态；反之，同步电机运行于电动机状态。

11-1-2 改变电枢电流的参考方向，即以电动机惯例规定电压和电流的参考方向，对电枢反应磁动势有什么影响？有功功率和无功功率的正负各表示什么意义?

答：改变电枢电流的参考方向对电枢反应磁动势没有影响，只是改变后，正电流产生负磁动势，即在时空相矢量图上电流相量不再与磁动势矢量重合，而是反方向。改变参考方向后，正的有功功率表示从电网输入有功功率，负的有功功率表示向电网输出有功功率；正的无功功率表示从电网吸收滞后的无功功率，负的无功功率表示向电网发出滞后的无功功率。

11-1-3 在同步电动机稳定运行范围内，仅增大同步电动机带的机械负载，其他条件不变，稳定后同步电动机的转速如何变化？同步电动机的功角θ和电磁转矩T会发生什么变化?

答：同步电动机的转速由电源频率决定，只要处于稳定运行范围内，仅增大机械负载不会使电动机的转速发生变化，但是功角和电磁转矩将增大。

11-1-4 同步电动机欠励运行时，从电网吸收什么性质的无功功率？过励时，从电网吸收什么性质的无功功率?

答：同步电动机欠励运行时，从电网吸收电感性无功功率；过励运行时，吸收电容性无功功率。

11-2-1 励磁绕组通入直流电流的同步电动机能否直接起动？为什么?

答：参见教材11.2节。

11-2-2 同步电动机有哪些起动方法？各有什么优缺点?

答：参见教材11.2节。

11.4 思考题解答

11-1 为什么当 $\cos\varphi$ 滞后时,电枢反应在发电机状态为去磁作用,而在电动机状态为增磁作用?

答:因为在发电机和电动机中,电流 $\dot{I}$ 的参考方向规定得正好相反,如图 11-1(a)、(b)所示。在发电机中,正的 $\dot{I}$ 产生正的电枢反应磁动势 $\boldsymbol{F}_a$;而在电动机中,正的 $\dot{I}$ 产生负的电枢反应磁动势 $\boldsymbol{F}_a$(参见第 8 章习题 8-6 的解答)。因此,当 $\cos\varphi$ 为滞后即 $\dot{I}$ 滞后于 $\dot{U}$ 时,在发电机中 $\boldsymbol{F}_a$ 起去磁作用,在电动机中 $\boldsymbol{F}_a$ 则起增磁作用,相应的时空相矢量图分别如图 11-1(c)、(d)所示。

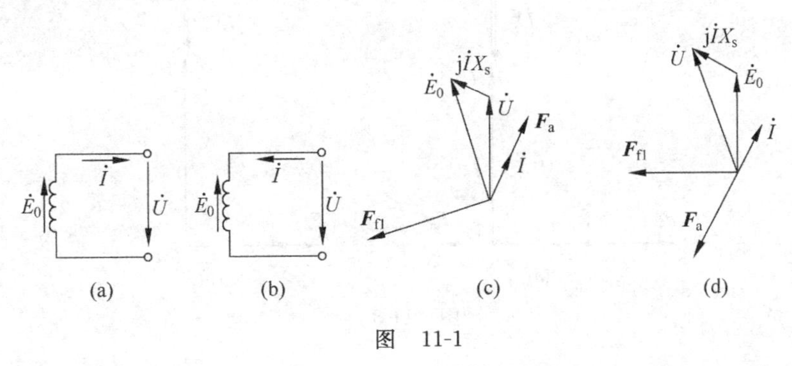

图 11-1

11-2 同步电动机带额定负载时功率因数为 1,若保持励磁电流不变,而负载降为零时,功率因数是否会改变?

答:可通过隐极电动机的电动势相量图进行分析,如图 11-2 所示。当 I_f 不变时,$\dot{E}_0$ 的轨迹是一个圆弧。额定运行时,$\cos\varphi=1$,$\dot{I}$ 与 $\dot{U}$ 同相,这时 $\dot{E}_0$ 滞后 $\dot{U}$ 一个功角 θ。当负载降为零时,不计空载转矩 T_0,则 $\theta=0$,$\dot{E}_0$ 变为与 $\dot{U}$ 同相的 $\dot{E}_0'$,相应地,$\dot{I}$ 就要变为超前于 $\dot{U}$ 90°的 $\dot{I}'$,此时功率因数变为 $\cos\varphi'=0$,同步电动机从电网吸收电容性无功功率。

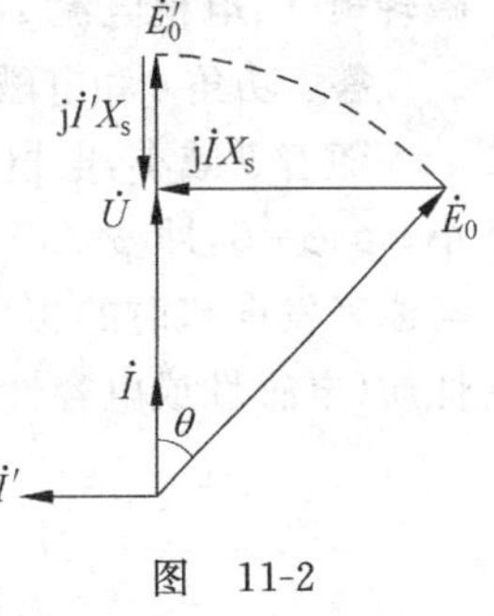

图 11-2

11-3 为什么磁阻同步电动机必须做成凸极式的才行?它建立磁场所需的励磁电流由谁提供?它是否还具有改善电网功率因数的优点?能否单独作发电机供给电阻或电感负载?为什么?

答:磁阻同步电动机运行时需要有凸极电磁转矩 $T=\dfrac{mU^2}{\Omega}\cdot\dfrac{X_d-X_q}{2X_dX_q}\sin2\theta$,这要求 $X_d\neq X_q$,因此电动机必须做成凸极式的。磁阻同步电动机建立磁场所需的励磁电流由电网供给,即它必须从电网吸收电感性无功功率。由于励磁无法调节,因此其功率因数始终为滞后的,不具有改善电网功率因数的优点。因为不能自己励磁,所以它不能单独发电供给电阻或电感负载。

11-4 如果已知同步电动机的空载特性及短路特性，且在由无限大电网供电情况下可能去掉全部负载，试说明如何测定其零功率因数负载特性，以求保梯电抗，并用必要的相量图说明之。

答：并联于$U=U_N$的无限大电网上的同步电动机的负载全部去掉后，功角$\theta=0$(不计T_0)，$\dot{E}_0$与$\dot{U}$同相，$\cos\varphi=0$。这时，只要调节励磁电流I_f使$E_0>U$，就可使其向电网发出电感性无功功率，时空相矢量图如图 11-3(a)所示。此时，电动机励磁处于过励状态，电枢反应为纯直轴去磁的，气隙电动势$E_\delta=U+IX_p$，如图 11-3(b)所示。调节I_f使$I=I_N$，就可以像同步发电机时一样，测出零功率因数负载特性在$U=U_N$，$I=I_N$时的一点，用同步发电机求保梯电抗X_p的同样方法，即可求出同步电动机的X_p值。

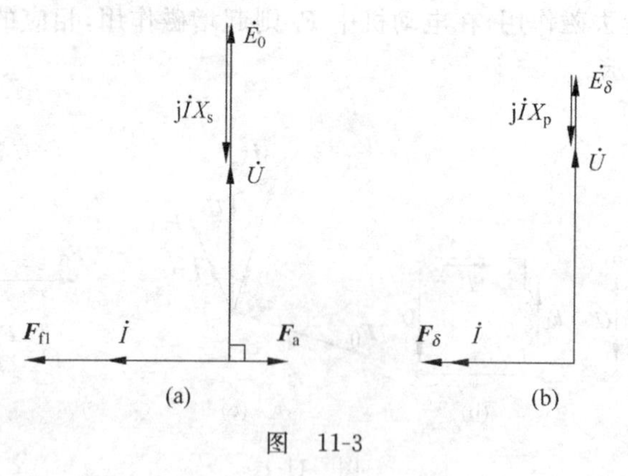

图 11-3

11-5 一台同步电动机，按电动机惯例，定子电流滞后电压。今不断增加其励磁电流，则此电动机的功率因数将怎样变化？

答：随着励磁电流的增加，功率因数(滞后)先增大，增大到 1 后再变为超前并减小。

11-6 并联于电网上运行的同步电机，从发电机状态变为电动机状态时，其功角θ、电磁转矩T、电枢电流I及功率因数$\cos\varphi$各会发生怎样的变化？

答：功角θ和电磁转矩T先都逐渐减小，减为零后，再随负载增加而反向逐渐增大。

随着θ减小，电枢电流I和功率因数$\cos\varphi$的值也减小。当θ减至零时，I的值达到最小，$\cos\varphi=0$，即$\varphi=90°$。之后，随着θ反向增大，I和$\cos\varphi$的大小又都增大，但$\cos\varphi$符号与原来发电机时的相反，即仍采用发电机惯例时，有$\varphi>90°$，而向电网发出的无功功率的性质(电感性或电容性)未变。

11.5 习题解答

11-1 分别按电动机惯例与发电机惯例画出同步电机在下列运行工况下的电动势相量图：

(1) 发出有功功率，发出电感性无功功率；

(2) 发出有功功率，发出电容性无功功率；

(3) 吸收有功功率，发出电感性无功功率；

(4) 吸收有功功率，发出电容性无功功率。

解：以隐极同步电机为例进行分析。

按发电机惯例，有$\dot{E}_0=\dot{U}+\mathrm{j}\dot{I}X_s$；按电动机惯例，则有$\dot{U}=\dot{E}_0+\mathrm{j}\dot{I}X_s$。在画电动势相量图时，关键在于确定$\theta$与$\varphi$角是正还是负。将发电机和电动机惯例中有功功率$P$、无功功率$Q$，以及$\theta$、$\varphi$角的正负关系归纳如表11-1所示。由于$P=mUI\cos\varphi$，所以$|\varphi|$是否大于90°取决于$P$是正还是负：$P>0$时，$|\varphi|<90°$；$P<0$时，$90°<|\varphi|<180°$。

根据以上关系，不难画出题中各种运行工况下的电动势相量图。

表 11-1

正负关系 \ 运行工况 惯例	发出有功功率		吸收有功功率		发出电感性无功功率（吸收电容性无功功率）	发出电容性无功功率（吸收电感性无功功率）
发电机惯例	$\dot{E}_0$ 超前 $\dot{U}$	$P>0$ $\theta>0$	$\dot{E}_0$ 滞后 $\dot{U}$	$P<0$ $\theta<0$	$Q>0,\varphi>0$ $\dot{I}$滞后$\dot{U}$	$Q<0,\varphi<0$ $\dot{I}$超前$\dot{U}$
电动机惯例		$P<0$ $\theta<0$		$P>0$ $\theta>0$	$Q<0,\varphi<0$ $\dot{I}$超前$\dot{U}$	$Q>0,\varphi>0$ $\dot{I}$滞后$\dot{U}$

(1) 发出有功功率，发出电感性无功功率时，按发电机惯例，有$P>0$，$\theta>0$（$\dot{E}_0$超前于$\dot{U}$）以及$Q>0$，$0<\varphi<90°$（$\dot{I}$滞后于$\dot{U}$）。画出电动势相量图，如图11-4(a)所示。

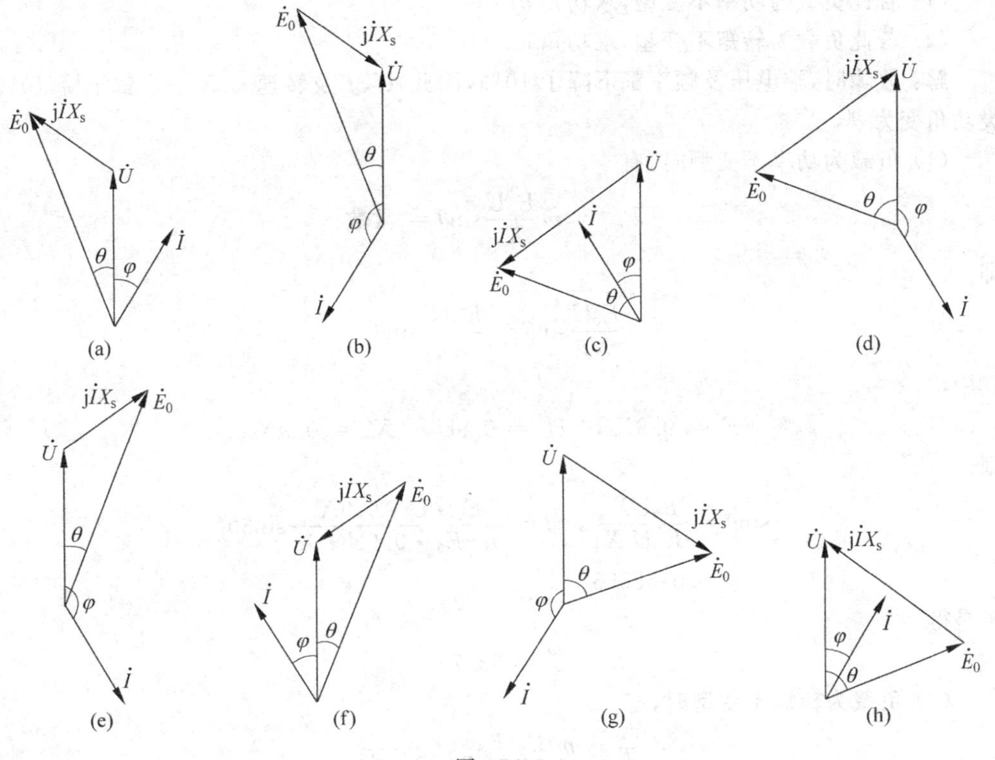

图 11-4

按电动机惯例，有 $P<0,\theta<0(\dot{E}_0$ 超前于$\dot{U})$及 $Q<0,\varphi<0(\dot{I}$ 超前于$\dot{U})$且$90°<|\varphi|<180°$。画出电动势相量图，如图 11-4(b)所示。

同理可作出(2)～(4)各运行工况下的电动势相量图。

(2) 发出有功功率，发出电容性无功功率时，发电机、电动机惯例下的电动势相量图分别如图 11-4(c)、(d)所示。

(3) 吸收有功功率，发出电感性无功功率时，发电机、电动机惯例下的电动势相量图分别如图 11-4(e)、(f)所示。

(4) 吸收有功功率，发出电容性无功功率时，发电机、电动机惯例下的电动势相量图分别如图 11-4(g)、(h)所示。

11-2 已知一台同步电机的电压、电流相量图，如图 11-5 所示。

(1) 若该相量图是按发电机惯例画出的，试判断该电机是运行在发电机状态还是电动机状态，其励磁状态是过励还是欠励；

(2) 如该相量图是按电动机惯例画出的，重新回答(1)中的问题。

解：(1) 因为 $UI\cos\varphi<0$，所以运行在电动机状态。因 $UI\sin\varphi>0$，故发出电感性无功功率，励磁状态为过励。

(2) 因为 $UI\cos\varphi<0$，所以运行在发电机状态。因 $UI\sin\varphi>0$，故吸收电感性无功功率，励磁状态为欠励。

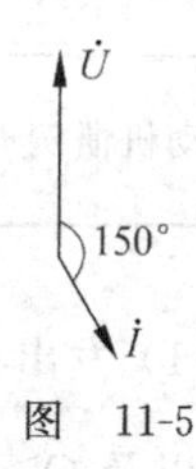

图 11-5

11-3 一台同步电动机供给一个负载，在额定频率及额定电压下其功角为 30°。现因电网发生故障，它的端电压及频率都下降了 10%。

(1) 若此负载为功率不变型，求功角 θ；

(2) 若此负载为转矩不变型，求功角 θ。

解：故障时，端电压及频率都下降了 10%，因此，U、f 及转速 n、X_s、E_0 都下降 10%。设功角变为 θ'。

(1) 负载为功率不变型时，有

$$P_{em}=m\frac{E_0U}{X_s}\sin\theta=\text{常数}$$

即

$$\frac{E_0U}{X_s}\sin\theta=\frac{E'_0U'}{X'_s}\sin\theta'$$

其中，

$$E'_0=0.9E_0,\quad U'=0.9U,\quad X'_s=0.9X_s$$

则

$$\sin\theta'=\frac{E_0UX'_s}{E'_0U'X_s}\sin\theta=\frac{E_0\cdot U\cdot 0.9X_s}{0.9E_0\cdot 0.9U\cdot X_s}\sin30°$$
$$=0.55556$$

于是得

$$\theta'=33.75°$$

(2) 负载为转矩不变型时，有

$$T=\frac{m}{\Omega}\frac{E_0U}{X_s}\sin\theta=\text{常数}$$

即
$$\frac{1}{\Omega}\frac{E_0U}{X_s}\sin\theta=\frac{1}{\Omega'}\frac{E'_0U'}{X'_s}\sin\theta'$$
其中，$\Omega'=0.9\Omega$。显然有 $\theta'=\theta=30°$。

11-4 一台三相同步电动机的数据如下：额定功率 $P_N=2000\text{kW}$，额定电压 $U_N=3000\text{V}$（星形联结），额定功率因数 $\cos\varphi_N=0.9$（超前），额定效率 $\eta_N=80\%$，同步电抗 $X_s=1.5\Omega$，忽略定子电阻。当电动机的电流为额定值，$\cos\varphi=1$ 时，励磁电流为 5A。如功率改变，电流变为 $0.9I_N$，$\cos\varphi=0.8$（超前），求此时的励磁电流（设空载特性为一直线）。

解：额定电流为
$$I_N=\frac{P_N}{\sqrt{3}U_N\cos\varphi_N\eta_N}=\frac{2000\times10^3}{\sqrt{3}\times3000\times0.9\times0.8}=534.6\text{A}$$

设电压为$\dot{U}=\frac{U_N}{\sqrt{3}}\angle0°=1732.1\angle0°$，则功率改变前电流为$\dot{I}=534.6\angle0°$，由电压平衡方程式得
$$\dot{E}_0=\dot{U}-\text{j}\dot{I}X_s=1732.1\angle0°-\text{j}1.5\times534.6\angle0°=1908.7\angle-24.8°$$

当功率改变时，电流超前电压 $\varphi=\arccos0.8=36.9°$，电流相量为 $\dot{I}'=0.9\times534.6\angle36.9°$，同样由电压平衡方程式可得
$$\begin{aligned}\dot{E}'_0&=\dot{U}-\text{j}\dot{I}'X_s=1732.1\angle0°-\text{j}1.5\times0.9\times534.6\angle36.9°\\&=2165.4-\text{j}577.1=2241.0\angle-14.9°\end{aligned}$$

由于空载特性为直线，所以
$$I'_f=\frac{E'_0}{E_0}I_f=\frac{2241.0}{1908.7}\times5=5.87\text{A}$$

11-5 一台三相同步电动机，$U_N=440\text{V}$（星形联结），$I_N=26.3\text{A}$。

(1) 设 $X_d=X_q=6.06\Omega$，忽略电枢绕组电阻 R，当电磁功率为恒定的 15kW 时，求对应于相电动势 $E_0=220$、250、300、400V 时的功角 θ；

(2) 设 $X_d=6.06\Omega$，$X_q=3.43\Omega$，求(1)中 θ 对应的电磁功率 P_{em}；

(3) 分别用(1)、(2)两种条件，求 $E_0=194\text{V}$ 及 $E_0=400\text{V}$ 时静稳定极限对应的功角及最大电磁功率。

解：(1) 当 $R=0$，$X_d=X_q=X_s=6.06\Omega$ 时，
$$P_{em}=3\frac{E_0U}{X_s}\sin\theta=15\text{kW}$$

则
$$\sin\theta=\frac{P_{em}X_s}{3E_0U}=\frac{P_{em}X_s}{\sqrt{3}E_0U_N}=\frac{15000\times6.06}{\sqrt{3}\times440E_0}=\frac{119.28}{E_0}$$

于是得结果如下表：

E_0/V	220	250	300	400
$\sin\theta$	0.5422	0.4771	0.3976	0.2982
θ/(°)	32.83	28.50	23.43	17.35

(2) $R=0, X_d=6.06\Omega, X_q=3.43\Omega$ 时,

$$\begin{aligned}P_{em} &= 3\frac{E_0U}{X_d}\sin\theta + 3U^2\frac{X_d-X_q}{2X_dX_q}\sin2\theta \\ &= 3\frac{E_0U}{X_d}\sin\theta + U_N^2\frac{X_d-X_q}{2X_dX_q}\sin2\theta \\ &= 15000+440^2\times\frac{6.06-3.43}{2\times6.06\times3.43}\sin2\theta \\ &= 15000+12248\sin2\theta\end{aligned}$$

于是得结果如下表:

$\theta/(^\circ)$	32.83	28.50	23.43	17.35
P_{em}/W	26159	25272	23937	21973

(3) 在(1)条件下:当 $\theta=90^\circ$时,有

$$P_{em,max}=3\frac{E_0U}{X_s}=\frac{\sqrt{3}E_0U_N}{X_s}=\frac{\sqrt{3}\times440E_0}{6.06}=125.76E_0$$

因此,$E_0=194\mathrm{V}$ 时,$P_{em,max}=24397\mathrm{W}$;

$E_0=400\mathrm{V}$ 时,$P_{em,max}=50304\mathrm{W}$。

在(2)的条件下:首先确定产生 $P_{em,max}$ 的 θ 角。

$$\begin{aligned}P_{em} &= 3\frac{E_0U}{X_d}\sin\theta+3U^2\frac{X_d-X_q}{2X_dX_q}\sin2\theta \\ &= \frac{\sqrt{3}E_0U_N}{X_d}\sin\theta+U_N^2\frac{X_d-X_q}{2X_dX_q}\sin2\theta\end{aligned}$$

令 $$\frac{dP_{em}}{d\theta}=\frac{\sqrt{3}E_0U_N}{X_d}\cos\theta+\frac{U_N^2(X_d-X_q)}{X_dX_q}\cos2\theta=0$$

整理可得

$$2\cos^2\theta+\frac{E_0}{194.78}\cos\theta-1=0 \tag{11-1}$$

而

$$\begin{aligned}P_{em} &= \frac{\sqrt{3}\times440E_0}{6.06}\sin\theta+440^2\times\frac{6.06-3.43}{2\times6.06\times3.43}\sin2\theta \\ &= 125.76E_0\sin\theta+12247.98\sin2\theta\end{aligned} \tag{11-2}$$

当 E_0 已知时,由式(11-1)可求出产生 $P_{em,max}$ 的 θ 角,代入式(11-2)中,即可得到 $P_{em,max}$。结果如下表:

E_0/V	194	400
$\theta/(^\circ)$	60	68.9
$P_{em,max}/\mathrm{W}$	31736	55159

11-6 一台6kV、星形联结的三相隐极同步电动机，同步电抗 $X_s=16\Omega$。保持产生空载端电压为5kV时的励磁电流不变，忽略空载损耗和电枢绕组电阻，试画出电动机的负载从0增大到800kW时电枢电流相量$\dot{I}$的轨迹，并求其间功率因数的最大值。

解：空载时，不计空载损耗，则功角$\theta=0$。按电动机惯例画出电动势相量图（各量为$\dot{U}$、$\dot{I}$、$\dot{E}_0$、$\mathrm{j}\dot{I}X_s$），如图11-6所示。此时$\dot{I}$滞后$\dot{U}$ 90°，电枢电流的大小为

$$I=\frac{U-E_0}{X_s}=\frac{U_N-E_{0L}}{\sqrt{3}X_s}=\frac{6000-5000}{\sqrt{3}\times 16}=36\text{A}$$

当负载为$P_2=800$kW时，不计空载损耗，则$P_{em}=P_2=800$kW。由功角特性可得此时的功角θ，即

$$\sin\theta=\frac{P_{em}X_s}{3E_0U}=\frac{P_{em}X_s}{E_{0L}U_N}=\frac{800\times 10^3\times 16}{5000\times 6000}=0.42667$$

则$\theta=25.26°$。

定性地画出此时的电动势相量图，如图11-6所示（各量为$\dot{U}$、$\dot{I}'$、$\dot{E}'_0$、$\mathrm{j}\dot{I}'X_s$），可见，此时电枢电流$\dot{I}'$滞后于$\dot{U}$。由余弦定理有

$$\begin{aligned}(I'X_s)^2&=E_0^2+U^2-2E_0U\cos\theta\\&=\left(\frac{5000}{\sqrt{3}}\right)^2+\left(\frac{6000}{\sqrt{3}}\right)^2-2\left(\frac{5000}{\sqrt{3}}\right)\left(\frac{6000}{\sqrt{3}}\right)\cos 25.26°\\&=2245154.26\end{aligned}$$

则

$$I'=\frac{I'X_s}{X_s}=\frac{\sqrt{2245154.26}}{16}=\frac{1498.38}{16}=93.65\text{A}$$

由$\dfrac{E_0}{\sin(90°-\varphi)}=\dfrac{I'X_s}{\sin\theta}$，可得

$$\cos\varphi=\frac{E_0\sin\theta}{I'X_s}=\frac{\dfrac{5000}{\sqrt{3}}\sin 25.26°}{93.65\times 16}=0.8221$$

$$\varphi=34.7°$$

由电动势方程式可得

$$\dot{I}=\frac{\dot{U}-\dot{E}_0}{\mathrm{j}X_s}=-\mathrm{j}\frac{\dot{U}}{X_s}+\mathrm{j}\frac{\dot{E}_0}{X_s}$$

可见，一个位置和大小都不变且滞后于$\dot{U}$ 90°的相量$-\mathrm{j}\dfrac{\dot{U}}{X_s}$，一个大小不变（$I_f$不变时）、位置随$\dot{E}_0$（即随$\theta$角）而变且超前于$\dot{E}_0$ 90°的相量$\mathrm{j}\dfrac{\dot{E}_0}{X_s}$，这两个相量之和为$\dot{I}$，因此$\dot{I}$的轨迹是一个圆弧，其圆心在$\dfrac{U}{X_s}$处，半径为$\dfrac{E_0}{X_s}$，如图11-6所示。由于$\theta$最大值为90°，因此$\dot{E}_0$的轨迹最大只有$\dfrac{1}{4}$圆周。根据$U$和$E_0$的值及$\theta$角，可确定出$\dot{I}$的轨迹的范围。

从图11-6可见，在负载从0增至800kW的过程中，功角θ随负载的增加而从0增大

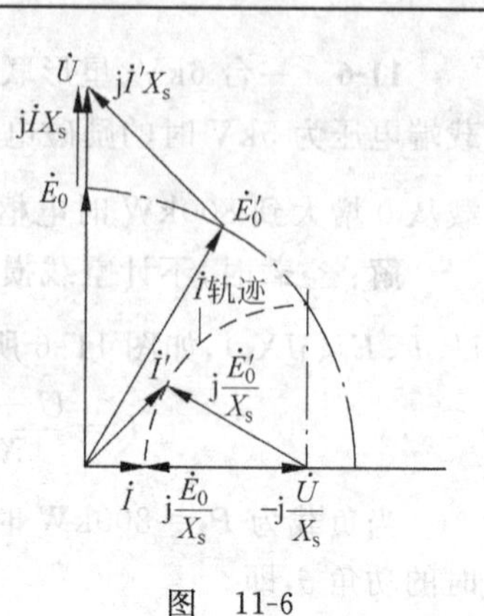

图 11-6

至25.56°，$\dot{E}_0$ 沿一圆弧移动，相应地 I 的值变大，同时$\dot{I}$与$\dot{U}$的夹角 φ 从空载时的90°($\cos\varphi=0$)逐渐减小，因此功率因数 $\cos\varphi$ 提高。从相量图可以看出，如果相量 $\mathrm{j}\dot{I}X_s$ 与$\dot{E}_0$ 轨迹的圆弧相切，即$\dot{I}$与 $\mathrm{j}\frac{\dot{E}_0}{X_s}$ 垂直，或者说$\dot{E}_0$ 与$\dot{I}$同相位时，φ 角最小，$\cos\varphi$ 达到最大值，此时

$$(\cos\varphi)_{\max}=\frac{E_0}{U}=\frac{5000/\sqrt{3}}{6000/\sqrt{3}}=0.8333$$

从上面的计算结果可知，当负载增大到 800kW 时，$\cos\varphi$ 尚未达到可能的最大值$(\cos\varphi)_{\max}$。因此，在负载从 0 增至 800kW 的过程中，最大功率因数为上面求出的 0.8221。

11-7 某工厂使用多台异步电动机，总的输出功率为 3000kW，平均效率为 80%，功率因数为 0.75(滞后)，该工厂电源电压为 6000V。由于生产需要增加一台同步电动机，当这台同步电动机的功率因数为 0.8(超前)时，已将全厂的功率因数调整到 1，求此电动机承担的视在功率和有功功率。

解：异步电机总的输入功率为

$$P_{1\mathrm{A}}=\frac{P_{2\mathrm{A}}}{\eta_{\mathrm{A}}}=\frac{3000}{0.8}=3750\mathrm{kW}$$

异步电动机的总容量为

$$S_{\mathrm{A}}=\frac{P_{1\mathrm{A}}}{\cos\varphi_{\mathrm{A}}}=\frac{3750}{0.75}=5000\mathrm{kV\cdot A}$$

异步电动机吸收的总无功功率为

$$Q_{\mathrm{A}}=S_{\mathrm{A}}\sin\varphi_{\mathrm{A}}=5000\times0.6614=3307.2\mathrm{kvar}$$

当全厂功率因数调为 1 时，异步电动机吸收的总无功功率就完全由同步电动机提供，因此同步电动机发出的电感性无功功率为

$$Q_{\mathrm{S}}=Q_{\mathrm{A}}=3307.2\mathrm{kvar}$$

已知同步电动机的功率因数为 $\cos\varphi_{\mathrm{S}}=0.8$ 超前，则同步电动机的视在功率为

$$S_{\mathrm{S}}=\frac{Q_{\mathrm{S}}}{\sin\varphi_{\mathrm{S}}}=\frac{3307.2}{0.6}=5512\mathrm{kV\cdot A}$$

同步电动机承担的有功功率为

$$P_{\mathrm{S}}=S_{\mathrm{S}}\cos\varphi_{\mathrm{S}}=5512\times0.8=4409.6\mathrm{kW}$$

11-8 一个 1000kW，$\cos\varphi=0.5$(滞后)的电感性负载，原由一台同步发电机单独供电，现为改善功率因数，在负载端并联了一台不带机械负载的同步电动机。

(1) 求发电机单独供给此负载时所需的容量；

(2) 如利用同步电动机来完全补偿无功功率，则同步电动机的容量与发电机的容量各为多少？

(3) 如只把发电机的 $\cos\varphi$ 由 0.5(滞后)提高到 0.8(滞后)，则此时同步电动机与发电机的容量又各为多少？

(4) 如果提高发电机的 $\cos\varphi$ 到 0.9(滞后)与 1,同步电动机与发电机的容量又分别为多少?并与(3)比较其总容量。

解:(1) 负载的视在功率为

$$S_L = \frac{P_L}{\cos\varphi_L} = \frac{1000}{0.5} = 2000\text{kV}\cdot\text{A}$$

没有电动机时,该视在功率完全由发电机负担,因此发电机容量需为 2000kV·A。

(2) 电动机完全补偿无功功率时,电动机承担全部无功功率,发电机只需承担有功功率,因此,发电机的容量为 1000kV·A,电动机的容量为

$$S_L\sin\varphi_L = 2000\times\frac{\sqrt{3}}{2} = 1732\ \text{kV}\cdot\text{A}$$

(3) 发电机的功率因数 $\cos\varphi_G$ 提高到 0.8 时,$\sin\varphi_G=0.6$,因发电机的容量应为

$$S_G = \frac{P_L}{\cos\varphi_G} = \frac{1000}{0.8} = 1250\text{kV}\cdot\text{A}$$

发电机承担的无功功率为

$$Q_G = S_G\sin\varphi_G = 1250\times 0.6 = 750\text{kvar}$$

则电动机的容量应为

$$1732 - 750 = 982\text{kV}\cdot\text{A}$$

(4) 发电机的功率因数提高到 0.9 时,$\sin\varphi_G=0.4359$,此时发电机的容量应为

$$S_G = \frac{P_L}{\cos\varphi_G} = \frac{1000}{0.9} = 1111.1\text{kV}\cdot\text{A}$$

发电机承担的无功功率为

$$Q_G = S_G\sin\varphi_G = 1111.1\times 0.4359 = 484.3\text{kvar}$$

则电动机的容量应为

$$1732 - 484.3 = 1247.7\text{kV}\cdot\text{A}$$

当发电机的功率因数提高到 $\cos\varphi=1$ 时,这相当于(2)情况,即发电机的容量为 $S_G=1000\text{kV}\cdot\text{A}$,电动机容量为 1250kV·A。

总结发电机功率因数 $\cos\varphi_G=0.5$ 至 1 的几种情况如下表:

发电机功率因数 $\cos\varphi_G$	0.5	0.8	0.9	1.0
发电机容量 S_G/kV·A	2000	1250	1111.1	1000
电动机容量/kV·A	0	982	1247.7	1732
设备总容量/kV·A	2000	2232	2358.8	2732

可见,随着 $\cos\varphi_G$ 的提高,设备总容量增加。

11-9 一台同步电动机在额定电压下运行,从电网吸收功率因数为 0.8 超前的额定电流,其同步电抗的标幺值 $\underline{X}_d=0.8$,$\underline{X}_q=0.5$。

(1) 求空载电动势标幺值 $\underline{E}_0$ 和功角 θ;

(2) 这台电动机的励磁状态是过励还是欠励?

(3) 若此时电机失去励磁,电机能否继续稳定运行?

解法一

(1) 由于从电网吸收功率因数为 $\cos\varphi=0.8$ 超前的额定电流,因此按电动机惯例,可

画出电动势相量图如图11-7所示。在下面的计算中，θ、φ都用绝对值，则

$$\varphi = \arccos 0.8 = 36.87°$$

$$\tan\psi = \tan(\theta+\varphi) = \frac{\underline{U}\sin\varphi + \underline{I}\,\underline{X}_q}{\underline{U}\cos\varphi}$$

$$= \frac{1\times 0.6 + 1\times 0.5}{1\times 0.8} = 1.375$$

$$\psi = 53.97°$$

$$\theta = \psi - \varphi = 53.97° - 36.87° = 17.1°$$

$$\underline{I}_d = \underline{I}\sin\psi = 1\times\sin 53.97° = 0.8087$$

$$\underline{E}_0 = \underline{U}\cos\theta + \underline{I}_d\underline{X}_d = 1\times\cos 17.1° + 0.8087\times 0.8$$

$$= 1.6$$

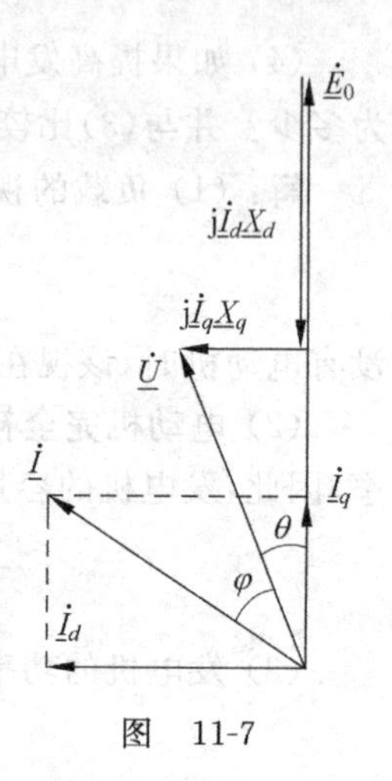

图 11-7

(2) 正常励磁状态时，

$$\varphi = \arccos 1 = 0°$$

$$\tan\psi = \tan(\theta+\varphi) = \frac{\underline{U}\sin\varphi + \underline{I}\,\underline{X}_q}{\underline{U}\cos\varphi}$$

$$= \frac{1\times 0 + 1\times 0.5}{1\times 1} = 0.5$$

$$\psi = 26.57°$$

$$\theta = \psi - \varphi = 26.57° - 0° = 26.57°$$

$$\underline{I}_d = \underline{I}\sin\psi = 1\times\sin 26.57° = 0.447$$

$$\underline{E}_0 = \underline{U}\cos\theta + \underline{I}_d\underline{X}_d = 1\times\cos 26.57° + 0.447\times 0.8$$

$$= 1.252$$

由于(1)的空载电动势大于(2)表示的正常励磁状态的空载电动势，所以电动机的励磁状态是过励。

(3) 凸极同步电机在失去励磁时，存在凸极电磁功率，若最大凸极电磁功率大于失去励磁前的电磁功率，则电动机能够稳定运行。

失去励磁前的电磁功率为

$$\underline{P}_{\mathrm{em}} = \underline{U}\,\underline{I}\cos\varphi = 1\times 1\times 0.8 = 0.8$$

失去励磁后的电磁功率为

$$\underline{P}'_{\mathrm{em}} = \underline{U}^2\frac{\underline{X}_d - \underline{X}_q}{2\underline{X}_d\underline{X}_q}\sin 2\theta$$

$$= 1^2\times\frac{0.8-0.5}{2\times 0.8\times 0.5}\sin 2\theta$$

$$= \frac{3}{8}\sin 2\theta$$

其最大电磁功率为 $\underline{P}'_{\mathrm{em,max}} = 0.375$，不能稳定运行。

解法二

(1) 设$\dot{\underline{U}} = \underline{U}\angle 0° = 1\angle 0°$，因 $\cos\varphi = 0.8$ 超前，$|\varphi| = \arccos 0.8 = 36.87°$，则按电动机

惯例，$\dot{I}$超前于$\dot{U}$，有$\underline{I}=\underline{I}\angle 36.87°=1\angle 36.87°$，于是，

$$\begin{aligned}\dot{\underline{E}}_q &= \dot{\underline{U}} - \mathrm{j}\underline{IX}_q = 1 - \mathrm{j}1\angle 36.87° \times 0.5 \\ &= 1.36\angle -17.1°\end{aligned}$$

$\dot{E}_0$滞后于$\dot{U}$的角度(即功角)$\theta=17.1°$，则

$$\begin{aligned}\psi &= \theta + \varphi = 17.1° + 36.87° = 53.97° \\ \underline{I}_d &= \underline{I}\sin\psi = 1 \times \sin 53.97° = 0.8087 \\ \underline{E}_0 &= \underline{E}_q + \underline{I}_d(\underline{X}_d - \underline{X}_q) = 1.36 + 0.8087 \times (0.8 - 0.5) \\ &= 1.6\end{aligned}$$

(2) $\cos\varphi=1$时，仍设$\underline{\dot{U}}=\underline{U}\angle 0°=1\angle 0°$，则有$\underline{\dot{I}}=\underline{I}\angle 0°=1\angle 0°$，于是，

$$\begin{aligned}\dot{\underline{E}}_q &= \dot{\underline{U}} - \mathrm{j}\underline{IX}_q = 1 - \mathrm{j}1\angle 0° \times 0.5 \\ &= 1.118\angle -26.57°\end{aligned}$$

$\dot{E}_0$滞后于$\dot{U}$的角度即功角$\theta=25.67°$，则

$$\begin{aligned}\psi &= \theta + \varphi = 25.67° + 0° = 25.67° \\ \underline{I}_d &= \underline{I}\sin\psi = 1 \times \sin 25.67° = 0.447 \\ \underline{E}_0 &= \underline{E}_q + \underline{I}_d(\underline{X}_d - \underline{X}_q) = 1.118 + 0.447 \times (0.8 - 0.5) \\ &= 1.252\end{aligned}$$

由于(1)的空载电动势大于(2)表示的正常励磁状态的空载电动势，所以电动机的励磁状态为过励。

(3)与前面解法相同。

11-10 已知一台同步电动机的额定电压$U_N=380$V(星形联结)，额定电流$I_N=20$A，额定功率因数$\cos\varphi_N=0.8$(超前)，同步电抗$X_s=10\Omega$，忽略定子电阻。该电机在额定工况下运行。

(1) 画出电动势相量图，求空载电动势E_0与功角θ；

(2) 求电磁功率P_{em}。

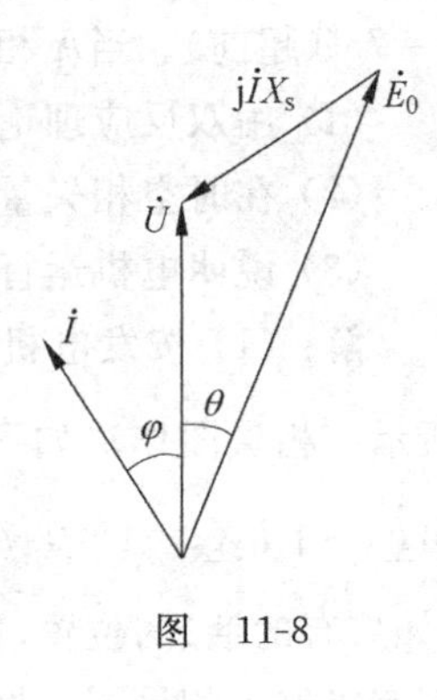

图 11-8

解：(1) 按电动机惯例画出电动势相量图如图11-8所示，

$$\tan\theta = \frac{IX_s\cos\varphi}{U + IX_s\,|\sin\varphi|} = \frac{20 \times 10 \times 0.8}{\dfrac{380}{\sqrt{3}} + 20 \times 10 \times 0.6} = 0.4714$$

则

$$\theta = 25.24°$$

$$E_0 = \frac{IX_s\cos\varphi}{\sin\theta} = \frac{20 \times 10 \times 0.8}{\sin 25.24°} = 375.2\mathrm{V}$$

(2) 忽略定子电阻时，输入电功率等于电磁功率，即

$$P_{em} = mUI\cos\varphi = \sqrt{3} \times 380 \times 20 \times 0.8 = 10.5\mathrm{kW}$$

11-11 一台三相隐极同步电动机，额定电压$U_N=380$V(星形联结)。当功角$\theta=30°$时，电磁功率$P_{em}=16$kW，同步电抗$X_s=5\Omega$，忽略定子电阻。

(1) 画出电动势相量图；

(2) 求此时的空载电动势 E_0；

(3) 保持(2)中励磁电流不变，求最大电磁功率；

(4) 求电机吸收的无功功率。

解：(1) 电动势相量图如图 11-8 所示。

(2) $E_0=\dfrac{P_{em}X_s}{3U\sin\theta}=\dfrac{P_{em}X_s}{\sqrt{3}U_N\sin\theta}=\dfrac{16\times10^3\times5}{\sqrt{3}\times380\times\sin 30^\circ}=243\text{V}$

(3) $P_{em,max}=3\dfrac{E_0U}{X_s}=\dfrac{\sqrt{3}E_0U_N}{X_s}=\dfrac{\sqrt{3}\times243\times380}{5}=32\text{kW}$

(4) 由相量图可得

$$IX_s=\sqrt{U^2+E_0^2-2UE_0\cos\theta}=\sqrt{\frac{380^2}{3}+243^2-2\times\frac{380}{\sqrt{3}}\times243\cos 30^\circ}$$

$$=121.8\text{V}$$

$$I=\frac{121.8}{X_s}=\frac{121.8}{5}=24.36\text{A}$$

$$\varphi=\arccos\frac{P_{em}}{\sqrt{3}UI}=\arccos\frac{16000}{\sqrt{3}\times380\times24.36}=3.69^\circ(\text{超前})$$

吸收的无功功率为

$$Q=\sqrt{3}UI\sin(-\varphi)=\sqrt{3}\times380\times24.36\sin(-3.69^\circ)=-1.03\text{kvar}$$

11-12 一台三相凸极同步电机，转子不励磁，以同步转速旋转，定子绕组接在对称的电源上。每相电压 $\underline{U}=1$，电流 $\underline{I}=1$，$\underline{X}_d=1.23$，$\underline{X}_q=0.707$，忽略定子电阻，功率因数角 $\varphi=75^\circ$(超前)。当A相电压为正的最大值时，求解下列问题：

(1) 用双反应理论画出此时的电动势相量图(按发电机惯例)；

(2) 在时空相矢量图上标出转子位置、电枢反应磁动势 $\boldsymbol{F}_a$ 的位置；

(3) 说明电机运行在发电机状态还是电动机状态。

解：(1) 按发电机惯例，作出电动势相量图，如图 11-9 所示。相量图作法如下：先作出$\dot{\underline{U}}$，然后由 $\varphi=75^\circ$(超前)作出$\dot{\underline{I}}$。由 $\underline{I}\,\underline{X}_q=1\times0.707=0.707$ 作出 $\text{j}\,\dot{\underline{I}}\,\underline{X}_q$ 相量，定出$\dot{E}_0$(如果有的话)的位置，即 q 轴的位置，然后可作出$\dot{\underline{I}}_d$、$\dot{\underline{I}}_q$，进而完成整个相量图。根据已知条件，有

$$\tan\psi=\frac{\underline{I}\,\underline{X}_q+\underline{U}\sin\varphi}{\underline{U}\cos\varphi}=\frac{1\times0.707+1\times\sin(-75^\circ)}{1\times\cos(-75^\circ)}=-1$$

则 $\psi=-45^\circ$，负值说明$\dot{I}$超前于$\dot{E}_0$(如果有的话)。因此，$\theta=\psi-\varphi=-45^\circ-(-75^\circ)=30^\circ$。

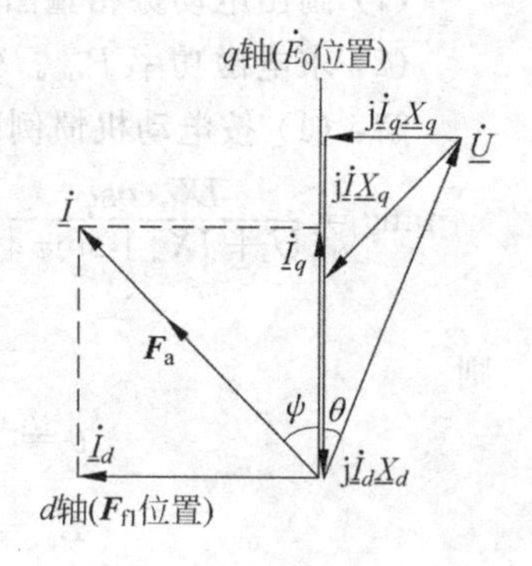

图 11-9

(2) 转子位置，以 $\boldsymbol{F}_{f1}$ 位置(如果有励磁)或 d，q 轴表示，如图 11-9 所示。在时空相矢量图中 $\boldsymbol{F}_a$ 应与$\dot{I}$重合(按发电机惯例)，由此可在图中作出 $\boldsymbol{F}_a$。

(3) 由于$\dot{E}_0$位置超前于$\dot{U}$,因此该同步电机工作在发电机状态。

11-13 已知一台三相同步电动机额定功率 $P_N=2000\text{kW}$,额定电压 $U_N=3000\text{V}$(星形联结),额定功率因数 $\cos\varphi_N=0.85$(超前),额定效率 $\eta_N=95\%$,极对数 $p=3$,定子每相电阻 $R=0.1\Omega$。求:

(1) 额定运行时定子输入的电功率 P_{1N};

(2) 额定电流 I_N;

(3) 额定电磁功率 P_{emN};

(4) 额定电磁转矩 T_N。

解:(1) $P_{1N}=\dfrac{P_N}{\eta_N}=\dfrac{2000}{0.95}=2105.3\text{kW}$

(2) $I_N=\dfrac{P_{1N}}{\sqrt{3}U_N\cos\varphi_N}=\dfrac{2105.3\times10^3}{\sqrt{3}\times3000\times0.85}=476.7\text{A}$

(3) $P_{emN}=P_{1N}-3I_N^2R=2105.3\times10^3-3\times476.7^2\times0.1$

$=2037.1\text{kW}$

(4) $\Omega_N=\dfrac{2\pi f}{p}=\dfrac{2\pi\times50}{3}=104.72\text{rad/s}$

$T_N=\dfrac{P_{emN}}{\Omega_N}=\dfrac{2037.1\times10^3}{104.72}=19453\text{N}\cdot\text{m}$

11-14 一台隐极同步电机并联在无限大电网上,原运行在发电机状态,$\underline{U}=1$,$\underline{I}=0.8$,$\underline{X}_s=1.25$,$\cos\varphi=0.866$(滞后)。现保持励磁电流不变,将原动机的输入功率逐步减小为零,然后逐步增加轴上所带的机械负载,使电机成为电动机运行,最后使轴上输出的机械功率大小和原发电机状态时的输入功率相同。忽略电枢绕组电阻和电机的空载损耗。

(1) 用相应的参考方向惯例,画出原来发电机运行及最后电动机运行两种情况下的电动势相量图,并求出它们的功角;

(2) 分析有功功率变化过程中,电机的功率因数、电枢电流大小如何变化。

解:(1) 先画发电机状态相量图。从 $\cos\varphi=0.866$(滞后)可得 $\varphi=30°$(滞后),$\underline{I}\,\underline{X}_s=0.8\times1.25=1$。由发电机惯例的方程式$\dot{E}_0=\dot{U}+\text{j}\,\dot{I}\,X_s$ 可画出相量图,如图 11-10(a)所示,可得$\underline{E}_0=\sqrt{3}$,$\theta=30°$。

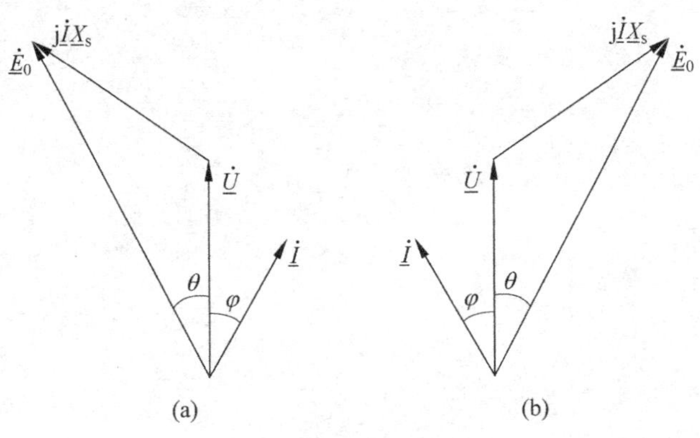

图 11-10

再作电动机运行状态相量图。已知电动机轴上输出机械功率等于发电机轴上输入的机械功率，忽略空载损耗及电阻，则电动机电枢端输入的电功率等于发电机电枢端输出的电功率，两种情况下电磁功率也相等。由于电机的励磁电流未变，因此电枢空载电动势E_0大小不变，功角θ大小也不变，仅是从原来的$\dot{E}_0$超前$\dot{U}$变为$\dot{E}_0$滞后$\dot{U}$。所以可由电动机惯例的方程式$\dot{U}=\dot{E}_0+\mathrm{j}\,\dot{I}X_s$画出电动机运行状态的相量图，如图11-10(b)所示，可得$\underline{I}=0.8$。由$\mathrm{j}\,\dot{I}X_s$可作出$\dot{I}$超前$\dot{U}$，$\varphi=30°$(超前)，θ仍为$30°$。

(2) 在电机从发电机状态逐步变为电机状态的过程中，从相量图可以看到，开始时随着发电机有功功率的减小，θ角减小，电机的功率因数$\cos\varphi$也逐步减小。当电机输出的有功功率为零时，$\cos\varphi$为零，以后变为电动机运行。随着有功功率增大，θ角又逐步增大，$\cos\varphi$也逐步增大。

分析电枢电流I的变化，只需分析IX_s的变化。发电机运行时，随有功功率减小，θ减小，IX_s减小，I减小。电机输出有功功率为零时I最小。后变为电动机运行，随有功功率增加，θ增加，IX_s增大，I增大。

第 12 章　同步电机的不对称运行

12.1 知 识 结 构

12.1.1 主要知识点

1. 三相不对称量与三相对称分量之间的变换

三相不对称电流$\dot{I}_A$、$\dot{I}_B$、$\dot{I}_C$，可以由三组三相对称分量组成：正序分量$\dot{I}_A^+$、$\dot{I}_B^+$、$\dot{I}_C^+$，负序分量$\dot{I}_A^-$、$\dot{I}_B^-$、$\dot{I}_C^-$和零序分量$\dot{I}_A^0$、$\dot{I}_B^0$、$\dot{I}_C^0$，即

$$\dot{I}_A = \dot{I}_A^+ + \dot{I}_A^- + \dot{I}_A^0$$

$$\dot{I}_B = \dot{I}_B^+ + \dot{I}_B^- + \dot{I}_B^0 = a^2\dot{I}_A^+ + a\dot{I}_A^- + \dot{I}_A^0$$

$$\dot{I}_C = \dot{I}_C^+ + \dot{I}_C^- + \dot{I}_C^0 = a\dot{I}_A^+ + a^2\dot{I}_A^- + \dot{I}_A^0$$

式中，a 为算子，$a=\mathrm{e}^{\mathrm{j}\frac{2}{3}\pi}=-\frac{1}{2}+\mathrm{j}\frac{\sqrt{3}}{2}$。

相反地，由三相不对称量$\dot{I}_A$、$\dot{I}_B$、$\dot{I}_C$，可以得到三组对称量，

$$\dot{I}_A^+ = \frac{1}{3}(\dot{I}_A + a\dot{I}_B + a^2\dot{I}_C)$$

$$\dot{I}_A^- = \frac{1}{3}(\dot{I}_A + a^2\dot{I}_B + a\dot{I}_C)$$

$$\dot{I}_A^0 = \frac{1}{3}(\dot{I}_A + \dot{I}_B + \dot{I}_C)$$

同样可以对电动势和电压进行变换。

2. 同步发电机各相序的基本方程式和等效电路

(1) A 相的正序电压方程式为

$$\dot{U}_A^+ = \dot{E}_A^+ - \dot{I}_A^+ Z_1 = \dot{E}_A^+ - \dot{I}_A^+(R_1 + \mathrm{j}X_1)$$

式中，R_1 为定子绕组每相正序电阻；X_1 为定子绕组每相的正序电抗；Z_1 为定子绕组每相的正序阻抗；$\dot{E}_A^+ = \dot{E}_A$ 为空载电动势。相应的正序等效电路如图 12-1(a)所示。

(2) A 相的负序电压方程式为

$$\dot{U}_A^- = -\dot{I}_A^- Z_2 = -\dot{I}_A^-(R_2 + \mathrm{j}X_2)$$

式中，Z_2 为定子绕组每相负序阻抗；R_2、X_2 分别为定子绕组每相负序电阻和负序电抗。

相应的负序等效电路如图 12-1(b)所示。

(3) A 相的零序电压方程式为

$$\dot{U}_A^0 = -\dot{I}_A^0 Z_0 = -\dot{I}_A^0 (R_0 + jX_0)$$

式中，Z_0 为定子绕组每相零序阻抗；R_0、X_0 分别为定子绕组每相零序电阻和零序电抗。相应的零序等效电路如图 12-1(c)所示。

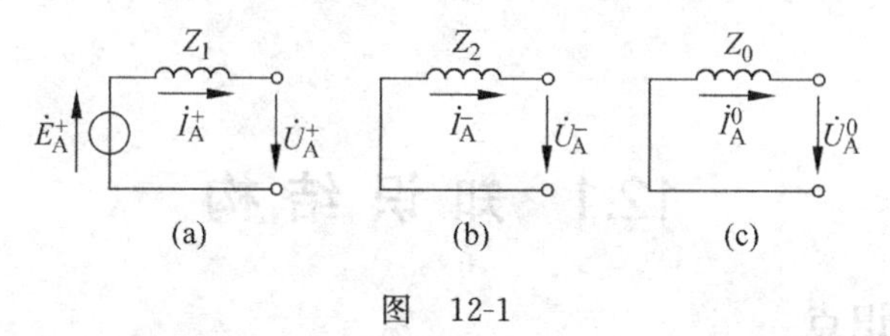

图 12-1

3. 对称分量法分析不对称稳态运行的步骤

运用对称分量法，分析同步发电机不对称稳态运行的步骤为：

(1) 根据发电机运行条件，确定实际的三相电动势、端口电压和电流的约束条件；

(2) 将三相的电动势、电压、电流约束转换为各相序的电动势、电压和电流的约束；

(3) 将各相序电动势、电压和电流的约束代入各相序的电压方程式中，形成以 A 相的各相序量为变量的方程式或者建立等效的电路；

(4) 求解 A 相各相序的方程式；

(5) 将各相序的电压、电流变换为实际的三相电压、电流。

12.1.2 知识关联图

同步电机的不对称运行分析

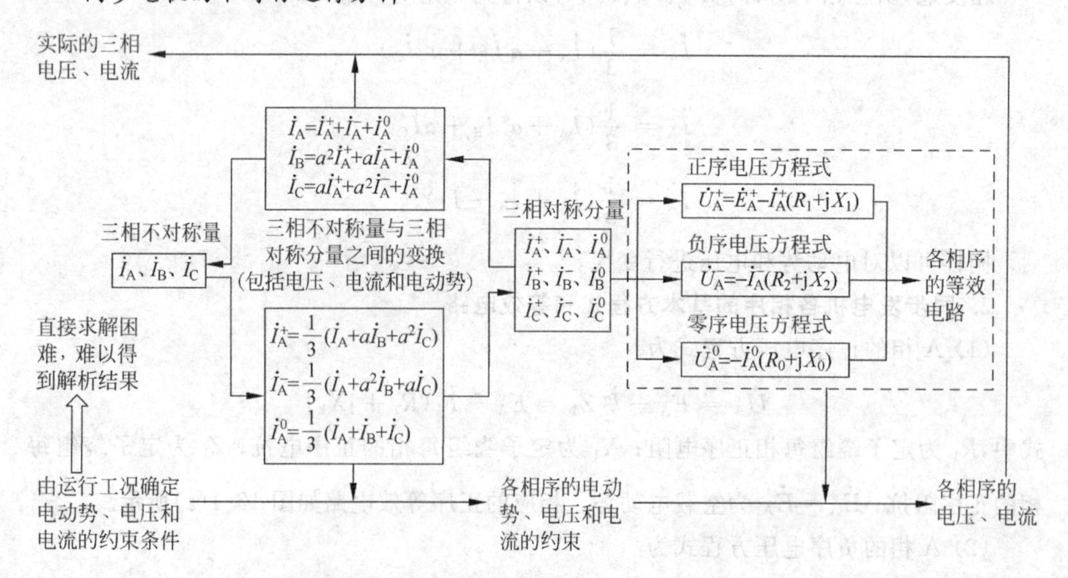

12.2 重点与难点

1. 各相序的参数

各相序参数都包括电阻和电抗两部分。各相序的电阻一般较小,可忽略不计。各相序的电抗物理上表示各相序感应电动势与电流之间的比值(电流流过三相定子绕组产生磁动势,磁动势产生磁场,在定子绕组中感应电动势),包括与主磁路对应的电抗和与漏磁路对应的漏电抗。各相序电抗因磁动势性质不同而不同。

(1) 正序电抗

正序电抗为

$$X_1 = X_s = X_a + X_\sigma$$

正序电抗 X_1 就是同步电抗,反映三相正序对称电流流过三相对称定子绕组产生的磁场在定子绕组中感应电动势的过程。

(2) 负序电抗

负序电流产生的磁动势的旋转方向与正序电流产生的磁动势相反,与转子之间的相对运动速度是同步转速的两倍,在转子励磁绕组和阻尼绕组中都要感应电动势而产生电流,这些电流产生的磁动势,对定子负序电流产生的磁动势产生作用。可以参照变压器的等效电路来分析,电枢反应电抗相当于变压器中的励磁电抗 X_m,转子绕组相当于变压器的二次绕组。

① 转子只有励磁绕组而没有阻尼绕组时,直轴、交轴负序电抗分别为

$$X_{2d} = X_\sigma + \frac{1}{\dfrac{1}{X_{ad}} + \dfrac{1}{X_f}}, \quad X_{2q} = X_\sigma + X_{aq}$$

式中,X_f 为折合到定子绕组的励磁绕组漏电抗。

② 转子上不仅有励磁绕组,而且有阻尼绕组时,直轴、交轴负序电抗分别为

$$X_{2d} = X_\sigma + \frac{1}{\dfrac{1}{X_{ad}} + \dfrac{1}{X_f} + \dfrac{1}{X_{Kd}}}, \quad X_{2q} = X_\sigma + \frac{1}{\dfrac{1}{X_{aq}} + \dfrac{1}{X_{Kq}}}$$

式中,X_{Kd}、X_{Kq} 分别为折合到定子绕组的直轴、交轴阻尼绕组漏电抗。

可近似认为负序电抗是直轴和交轴负序电抗的平均值,即

$$X_2 = \frac{X_{2d} + X_{2q}}{2}$$

负序电抗与转子绕组的漏电抗关系密切,主要决定于漏电抗。一般同步发电机中,汽轮发电机的负序电抗标幺值 $\underline{X}_2 \approx 0.15$；无阻尼绕组的水轮发电机,$\underline{X}_2 \approx 0.40$；有阻尼绕组的水轮发电机,$\underline{X}_2 \approx 0.25$。

(3) 零序电抗

零序电抗 X_0 为漏电抗性质,但其对应的漏磁通情况与正序电流产生的漏磁通不同,与绕组节距有关。一般零序电抗比正序漏电抗小,即 $X_0 < X_\sigma$,其标幺值约在 0.05～0.14 之间。

12.3 练习题解答

12-1-1 为什么要采用对称分量法？它能给发电机不对称运行分析带来什么好处？

答：采用对称分量法将不对称量变换为对称量后，各相序的分量仍是对称的，因此只需要像三相对称稳态运行分析时那样，对不同相序取三相中的一相进行分析即可，分析更为简单清晰，否则分析难以得到解析结果。

12-1-2 对称分量法的理论基础是什么？应用时有什么限制条件？

答：对称分量法的理论基础是叠加定理，对称分量法只能研究线性系统，而无法解决磁路饱和时的问题。

12-1-3 正序、负序、零序电抗的大小关系如何？为什么会产生这样的差别？

答：电枢电流正序、负序和零序分量产生的磁动势性质不同，产生的磁场不同，导致感应电动势也不同，因此反映这一过程的正序、负序和零序电抗的大小也不同。电枢电流正序分量产生的磁动势与转子转速相同，不会在转子绕组中感应电动势。正序电抗相当于稳态时的同步电抗，数值最大。负序分量产生磁动势转向与转子转向相反，将在转子绕组中感应电动势，产生电流，转子绕组的存在对负序磁场具有削弱作用，所以负序电抗数值较小。零序分量产生的磁动势不产生经过气隙的磁场，只产生漏磁场，具有漏电抗的性质，其值最小。

12-1-4 有无阻尼绕组对正序、负序、零序电抗会产生什么影响？为什么？

答：电枢电流正序分量产生的磁动势与转子转速相同，不会在转子绕组中感应电动势，因此转子有无阻尼绕组对正序电抗不产生影响。但负序分量产生磁动势转向与转子转向相反，将在转子绕组中感应电动势，产生电流，阻尼绕组对负序磁场具有削弱作用，即有阻尼绕组时负序电抗减小；无阻尼绕组则对负序磁场的削弱作用减小，即负序电抗增大。零序分量产生的磁动势不产生经过气隙的磁场，只产生漏磁场，所以有无阻尼绕组对零序电抗也不产生影响。

12-1-5 励磁绕组开路会对正序、负序、零序电抗产生什么影响？为什么？

答：电枢电流正序分量产生的磁动势与转子转速相同，不会在转子绕组中感应电动势，因此转子励磁绕组对正序电抗不产生影响。负序分量产生磁动势转向与转子转向相反，将在转子绕组中感应电动势，励磁绕组开路则不会产生电流，对负序磁场的削弱作用减小，即负序电抗增大。零序分量产生的磁动势不产生经过气隙的磁场，只产生漏磁场，所以励磁绕组开路对零序电抗也不产生影响。

12-1-6 在一台同步电机中，转子绕组对正序旋转磁场起什么作用？对负序旋转磁场起什么作用？为什么正序电抗就是同步电抗？为什么负序电抗要比正序电抗小得多？

答：由于正序旋转磁场与转子同步旋转，相对静止，不会在转子绕组中感应电动势，因此转子绕组对正序旋转磁场不产生影响。这一过程与同步电抗表示的过程相同，所以正序电抗就是同步电抗。负序旋转磁场转向与转子转向相反，相对转速为同步转速的两倍，将在转子绕组中感应电动势，产生电流，对负序磁场起削弱作用，所以负序电抗数值小。

12-2-1 用对称分量法对发电机不对称运行进行分析的步骤如何？试以发电机出线端两线对中点短路为例进行详细说明。

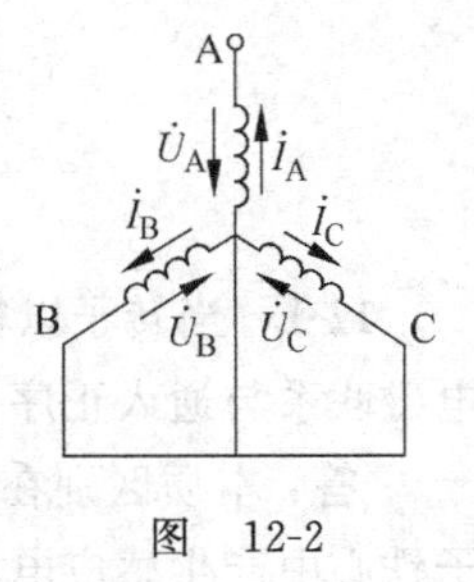

图 12-2

答：以发电机出线端两线对中点短路为例，发电机 B、C 两端对中点短路，A 相开路，如图 12-2 所示。用对称分量法对同步发电机不对称运行进行分析的步骤如下：

(1) 三相电动势、端口电压和电流的约束条件为

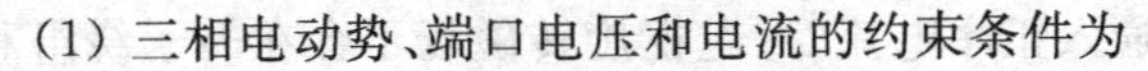

$$\dot{I}_A = 0, \quad \dot{U}_B = \dot{U}_C = 0$$

(2) 将三相的电动势、电压、电流约束转换为各相序的电动势、电压和电流的约束。各相序电压约束为

$$\dot{U}_A^+ = \frac{1}{3}(\dot{U}_A + a\dot{U}_B + a^2\dot{U}_C) = \frac{1}{3}\dot{U}_A$$

$$\dot{U}_A^- = \frac{1}{3}(\dot{U}_A + a^2\dot{U}_B + a\dot{U}_C) = \frac{1}{3}\dot{U}_A$$

$$\dot{U}_A^0 = \frac{1}{3}(\dot{U}_A + \dot{U}_B + \dot{U}_C) = \frac{1}{3}\dot{U}_A$$

即

$$\dot{U}_A^+ = \dot{U}_A^- = \dot{U}_A^0 = \frac{1}{3}\dot{U}_A$$

各相序电流约束为

$$\dot{I}_A = \dot{I}_A^+ + \dot{I}_A^- + \dot{I}_A^0 = 0$$

电动势约束为

$$\dot{E}_A^+ = \dot{E}_A, \quad \dot{E}_A^- = 0, \quad \dot{E}_A^0 = 0$$

(3) 将各相序电动势、电压和电流的约束代入各相序的电压方程式中，以 A 相的各相序量为变量，求解各相序的电压方程式，可得

$$\dot{I}_A^+ = \frac{\dot{E}_A(Z_2 + Z_0)}{Z_1Z_2 + Z_1Z_0 + Z_2Z_0}$$

进一步可求得

$$\dot{U}_A^+ = \dot{U}_A^- = \dot{U}_A^0 = \dot{E}_A - \dot{I}_A^+ Z_1 = \frac{\dot{E}_A Z_2 Z_0}{Z_1Z_2 + Z_1Z_0 + Z_2Z_0}$$

$$\dot{I}_A^- = -\frac{\dot{U}_A^-}{Z_2} = -\frac{\dot{E}_A Z_0}{Z_1Z_2 + Z_1Z_0 + Z_2Z_0}$$

$$\dot{I}_A^0 = -\frac{\dot{U}_A^0}{Z_0} = -\frac{\dot{E}_A Z_2}{Z_1Z_2 + Z_1Z_0 + Z_2Z_0}$$

(4) 将各相序的电压、电流变换为实际的三相电压、电流，可求得

$$\dot{U}_A = 3\dot{U}_A^+ = \frac{3\dot{E}_A Z_2 Z_0}{Z_1Z_2 + Z_1Z_0 + Z_2Z_0}$$

$$\dot{I}_B = \frac{\dot{E}_A}{Z_1Z_2 + Z_1Z_0 + Z_2Z_0}[(a^2-1)Z_2 + (a^2-a)Z_0]$$

$$\dot{I}_C = \frac{\dot{E}_A}{Z_1Z_2 + Z_1Z_0 + Z_2Z_0}[(a-1)Z_2 + (a-a^2)Z_0]$$

12.4 思考题解答

12-1 当转子以额定转速旋转时，定子通入负序电流后，定子绕组与转子绕组之间的电磁联系与通入正序电流时有何本质区别？

答：本质区别在于：定子绕组通入正序电流时，电枢旋转磁场不会在转子绕组和转子铁心中产生感应电流，转子绕组对电枢正序磁场相当于开路；而在定子绕组通入负序电流时，电枢旋转磁场会在转子绕组和转子铁心中产生感应电流，这些电流反过来又产生反磁动势，对电枢负序磁场起去磁作用，也就是说，这时定、转子绕组间出现了变压器作用，转子绕组对负序电枢磁场相当于变压器短路的二次绕组。

12-2 负序电抗 X_2 的物理意义是什么？它与有无阻尼绕组有什么关系？

答：同步电机转子以同步转速正向旋转，励磁绕组短路，电枢绕组通以额定频率的正弦负序电流时，负序电枢电流遇到的阻抗就是负序阻抗 Z_2，

$$Z_2 = R_2 + jX_2$$

式中，R_2 为负序电阻，其值很小，一般忽略不计；X_2 为负序电抗。

负序电枢电流产生的负序电枢反应旋转磁场是一个以同步转速反转的磁场，以两倍同步转速切割转子及转子绕组，在转子绕组和转子铁心中产生两倍基波频率的感应电动势和电流；而这些电流都产生反磁动势，起着削弱负序电枢磁场的作用，使气隙中的合成负序磁场减弱，在电枢绕组中感应的负序电动势减小。从电枢绕组的角度看，如同其负序磁场所经磁路的磁导小，因而相应的电抗，即负序电抗 X_2 就小。反映负序对称电枢电流产生负序磁场进而在电枢绕组中感应负序电动势的大小的参数就是负序电抗 X_2。

气隙合成负序旋转磁场的强弱受转子绕组中两倍基波频率的感应电流的影响，从而影响到 X_2 的大小，所以转子有、无阻尼绕组时 X_2 的大小是不同的。转子有阻尼绕组时，阻尼绕组中的感应电流要对产生它的电枢负序磁场起削弱作用，因此，X_2 值要比无阻尼绕组时的小。

12-3 有两台同步发电机，定子的材料、尺寸、结构都一样，但转子所用材料不同，一个转子的磁极用钢板叠成，另一个为由整体钢件构成的实心磁极。问哪台电机的负序电抗要小些？

答：在同样的电枢负序电流作用下，实心磁极中感应的电流比叠片磁极的要大，因此对电枢负序磁场产生的反磁动势就大，电枢负序磁场被削弱得多。因此实心磁极同步电机的负序电抗要小些。

12-4 一台同步电机定子加恒定的三相对称交流低电压，在气隙里产生正转的旋转磁场。已知转子上有阻尼绕组，忽略定子绕组电阻。试比较下述3个电流的大小。

(1) 转子以同步转速正转，励磁绕组短路，测得的定子电流为 I_1；

(2) 转子以同步转速反转，励磁绕组短路，测得的定子电流为 I_2；

(3) 转子以同步转速反转，励磁绕组开路，测得的定子电流为 I_3。

答：$I_1 < I_3 < I_2$。

12-5 若一台同步电机定子采用分布、短距、双层绕组，它的零序电抗为 X_0，定子漏

电抗为 X_σ，试比较 X_0 与 X_σ 的大小。

答：$X_0 < X_\sigma$。

12-6 负序电流对发电机有哪些不利的影响？

答：负序电流产生负序磁场，对发电机有如下不利的影响：

(1) 在励磁绕组及阻尼绕组中产生两倍电网频率的感应电流，引起附加损耗。

(2) 在转子本体中产生涡流，引起转子发热，一方面增加了损耗，另一方面影响转子绕组的散热并危及绝缘；涡流较大时，可能烧毁它所流经的护环与转子本体的搭接处。

(3) 励磁绕组中感应的两倍电网频率的交变电流给励磁机的换向增加了困难。

(4) 负序磁场与正序磁场相互作用，在电机转子上产生交变的转矩，该转矩同时作用于定、转子上，引起两倍电网频率的振动和噪声。

12-7 为何单相同步发电机通常都在转子上装有较强的阻尼绕组？

答：单相同步发电机定子绕组为不对称的单相绕组；对于非同步转速旋转的磁场，转子励磁绕组也是一个单相绕组。在负载运行时，单相定子电流所产生的脉振磁场可以分解为两个幅值相等、转向相反的正、负序旋转磁场，负序磁场在转子绕组产生感应电流，这个感应电流产生的脉振磁场也可以分解为两个大小相等、转向相反的旋转磁场。以此类推，定子电压和电流中除了基波外，还有一系列奇次谐波；相应地，转子励磁绕组电流中，不仅有直流励磁电流，还有一系列偶次谐波。为了改善负载运行时的电动势波形，减小谐波电流引起的附加损耗，单相同步发电机通常在转子上都装有电阻和漏电抗都很小的阻尼绕组。通过阻尼绕组中感应电流产生的反磁动势的去磁作用，大大削弱气隙中各个非同步转速或非正向旋转的磁场，使定子电压和电流波形基本上为正弦。

12.5 习题解答

12-1 一台同步发电机采用星形联结，三相电流不对称，$I_A = I_N$，$I_B = I_C = 0.8I_N$，试用对称分量法求出负序电流。

解：设 $\dot{I}_A = I_N\angle 0°$，则 $\dot{I}_B = 0.8I_N\angle -120°$，$\dot{I}_C = 0.8I_N\angle 120°$，于是，

$$\begin{aligned}
\dot{I}_A^- &= \frac{1}{3}(\dot{I}_A + a^2\dot{I}_B + a\dot{I}_C) \\
&= \frac{1}{3}(I_N + e^{-j120°} \times 0.8I_N\angle -120° + e^{j120°} \times 0.8I_N\angle 120°) \\
&= \frac{I_N}{3}(1 + 0.8e^{j120°} + 0.8e^{j240°}) \\
&= \frac{I_N}{3}\left[1 + 0.8 \times \left(-\frac{1}{2} + j\frac{\sqrt{3}}{2}\right) + 0.8 \times \left(-\frac{1}{2} - j\frac{\sqrt{3}}{2}\right)\right] \\
&= \frac{I_N}{15}
\end{aligned}$$

则

$$\dot{I}_B^- = a\dot{I}_A^- = \frac{I_N}{15}\angle 120°$$

$$\dot{I}_C^- = a^2 \dot{I}_A^- = \frac{I_N}{15}\angle -120°$$

12-2 一台两相电机，两相绕组在空间上相差 90°电角度，匝数相等。已知两相电流分别为$\dot{I}_A$及$\dot{I}_B$($I_A \neq I_B$，二者之间的相位差也不等于 90°)。试用对称分量法求出 A 相的正序电流与负序电流的大小。

解：设正序为 B 相滞后于 A 相 90°，即

$$\dot{I}_B^+ = \dot{I}_A^+\angle -90° = -\mathrm{j}\,\dot{I}_A^+,\quad \dot{I}_B^- = \dot{I}_A^-\angle 90° = \mathrm{j}\,\dot{I}_A^-$$

可将两相系统分解为对称分量，即

$$\dot{I}_A = \dot{I}_A^+ + \dot{I}_A^-$$

$$\dot{I}_B = \dot{I}_B^+ + \dot{I}_B^- = -\mathrm{j}\,\dot{I}_A^+ + \mathrm{j}\,\dot{I}_A^-$$

解之，得

$$\dot{I}_A^+ = \frac{1}{2}(\dot{I}_A + \mathrm{j}\,\dot{I}_B)$$

$$\dot{I}_A^- = \frac{1}{2}(\dot{I}_A - \mathrm{j}\,\dot{I}_B)$$

12-3 一台三相同步发电机采用星形联结，B、C 两相开路，在 A 相与中点间接入一个单相负载，阻抗大小为 Z_L。试用对称分量法求出通过单相负载的电流$\dot{I}$的计算公式。设同步发电机的空载电动势$\dot{E}_A$与正序阻抗 Z_1、负序阻抗 Z_2、零序阻抗 Z_0 均已知。

解：由已知条件可得

$$\dot{I}_A = \dot{I},\quad \dot{I}_B = \dot{I}_C = 0$$

则

$$\dot{I}_A^+ = \frac{1}{3}(\dot{I}_A + a\,\dot{I}_B + a^2\,\dot{I}_C) = \frac{1}{3}\,\dot{I}$$

$$\dot{I}_A^- = \frac{1}{3}(\dot{I}_A + a^2\,\dot{I}_B + a\,\dot{I}_C) = \frac{1}{3}\,\dot{I}$$

$$\dot{I}_A^0 = \frac{1}{3}(\dot{I}_A + \dot{I}_B + \dot{I}_C) = \frac{1}{3}\,\dot{I}$$

即

$$\dot{I}_A^+ = \dot{I}_A^- = \dot{I}_A^0 = \frac{1}{3}\,\dot{I}$$

由题意可知负载 Z_L 的电压方程式为

$$\dot{U}_A = \dot{I}Z_L = 3\,\dot{I}_A^+ Z_L$$

于是可得如图 12-3 所示的等效电路。由图可得

$$\dot{I} = 3\,\dot{I}_A^+ = \frac{3\,\dot{E}_A}{Z_1 + Z_2 + Z_0 + 3Z_L}$$

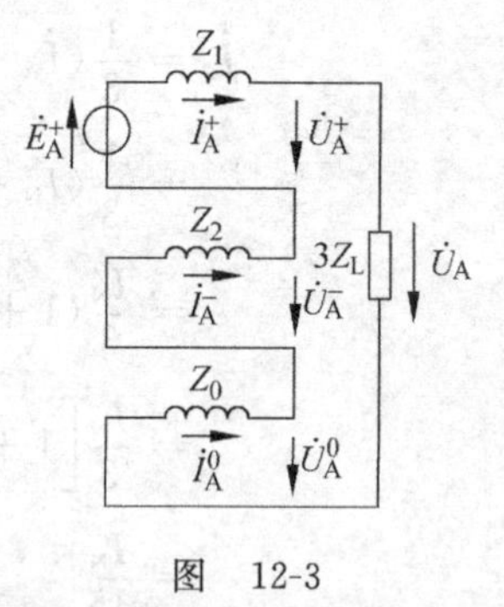

图 12-3

12-4 用对称分量法分别求出同步发电机在下列三种情况下的等效电路：

(1) 两相短路；

(2) 两相对中点短路；

(3) 一相对中点短路。设短路均发生在发电机的出线端。

解：(1)、(2)、(3)的等效电路分别如图 12-4(a)、(b)、(c)所示。

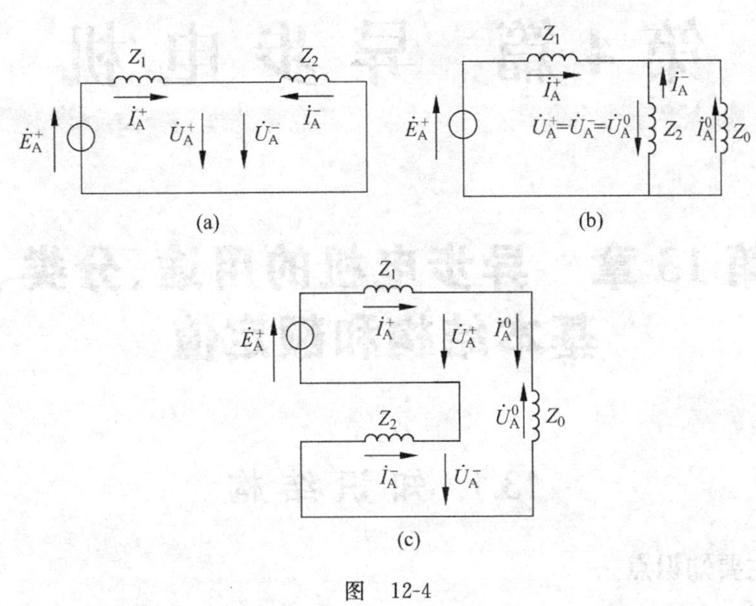

图 12-4

12-5 一台同步发电机的参数为 $\underline{X}_1=1.55$，$\underline{X}_2=0.215$，$\underline{X}_0=0.054$。设空载电压为额定电压，求发生下述短路故障时的稳态短路电流（忽略定子绕组电阻）：

(1) 三相短路；

(2) 二线之间短路；

(3) 一线对中点短路。

解：(1) 三相短路电流

$$\underline{I}_{k3}=\frac{\underline{E}_A}{\underline{X}_1}=\frac{1}{1.55}=0.645$$

(2) 二线之间短路时的短路电流

$$\underline{I}_{k2}=\frac{\sqrt{3}\underline{E}_A}{\underline{X}_1+\underline{X}_2}=\frac{\sqrt{3}}{1.55+0.215}=0.981$$

(3) 一线对中点短路时的短路电流

$$\underline{I}_{k1}=\frac{3\underline{E}_A}{\underline{X}_1+\underline{X}_2+\underline{X}_0}=\frac{3}{1.55+0.215+0.054}=1.649$$

由此可见，几种故障情况下的稳态短路电流相比较是 $\underline{I}_{k1}>\underline{I}_{k2}>\underline{I}_{k3}$，本例中 $\frac{\underline{I}_{k2}}{\underline{I}_{k3}}=1.52$，$\frac{\underline{I}_{k1}}{\underline{I}_{k3}}=2.56$。一相对中点短路的电流是最危险的。

第4篇　异步电机

第13章　异步电机的用途、分类、基本结构和额定值

13.1　知识结构

13.1.1　主要知识点

1. 三相异步电机的主要结构

主要包括定子、转子两部分，定、转子之间是气隙。定、转子均由导电的绕组和导磁的铁心构成，铁心由有齿槽的冲片叠压而成。气隙长度对电机性能有重要影响。

转子分为笼型和绕线两类。二者以转子绕组型式来区分。

2. 三相异步电机的用途、分类

三相异步电动机主要用作电动机，拖动多种机械负载，应用范围非常广泛。

主要分类方法：按转子绕组型式(笼型和绕线转子)和按定子绕组相数。

3. 三相异步电动机的主要额定值

包括：额定功率、额定电压、额定电流、额定频率、额定转速、额定功率因数、额定效率等。

13.1.2　知识关联图

三相异步电动机的结构与主要额定值

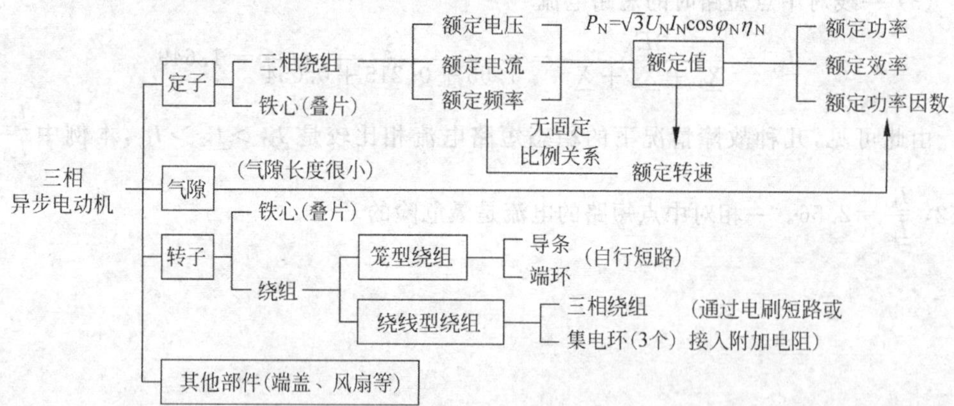

13.2 重点与难点

1. 三相异步电机的特点

异步电机是一种转速与电源频率没有固定比例关系的交流电机。

(1) 结构特点

异步电机的定子与典型的同步电机定子类似，特点主要体现在转子上，而转子的特点则集中体现在其绕组型式上。转子绕组有笼型和绕线型两种，应掌握它们的结构特点：笼型绕组是通过铸铝制成的自行短路的对称绕组；绕线型绕组是用铜导线制成的三相对称绕组，通过集电环与电刷引出后，可直接短路或串接附加电阻后形成闭合回路，也可与三相交流变频电源相联。

此外，异步电机的气隙长度通常很小(比同容量的同步电机要小很多)，以减小励磁电流，提高功率因数。

(2) 主要优缺点

异步电动机(笼型)结构简单、制造容易、成本低廉、坚固耐用、维护方便，并具有适用于多种机械负载的工作特性。其主要缺点是运行时需从电网吸收滞后性无功功率来建立气隙磁场，使电网功率因数降低。

2. 三相异步电动机的额定值

关于三相异步电动机的额定值，应注意以下几点：①额定电压 U_N、额定电流 I_N 分别指额定工况下定子三相绕组的线电压和线电流。②额定功率 P_N 指额定工况下转轴向机械负载输出的机械功率。③电动机运行于额定工况时，定子侧的电压、电流、频率、功率因数，转子输出功率、转速以及电机效率都等于其额定值。④主要额定值间的关系为 $P_N=\sqrt{3}U_N I_N\cos\varphi_N\eta_N$。

13.3 练习题解答

13-1-1 异步电机与同步电机的基本差别是什么？

答：同步电机稳态运行时的转速是同步转速 n_1，它与定子频率 f_1 有恒定的比例关系，即 $n_1=60f_1/p$(p 为极对数)；而异步电机稳态运行时的转速与其定子频率 f_1 没有这样的恒定比例关系。这是两类电机的基本差别。

13-1-2 异步电动机的转子有哪两种类型？各有何特点？

答：异步电动机的转子有绕线转子和笼型转子两种。

三相绕线转子上布置与定子绕组类似的三相对称交流绕组，可联结成星形或三角形。三相绕组的引出线分别接到安装在转轴上彼此绝缘的三个集电环上，再用固定在定子上的三组电刷引出到接线端子上，可以自行短路，也可以接三相附加电阻后再短路。串接电阻的目的是改善电动机的起动性能或调节转速。

笼型转子上放置笼型绕组，其构成与一般的交流绕组很不相同：在转子铁心上均匀开槽并在每个槽中放置一根导条，在铁心两端分别用一个端环将所有导条都连接起来，从而形成一个自行短路的多相对称绕组。

13-2-1 三相异步电动机的额定功率 P_N 与额定电压 U_N、额定电流 I_N 等有什么关系？

答：$P_N=\sqrt{3}U_N I_N\cos\varphi_N\eta_N$，其中 $\cos\varphi_N$ 是额定功率因数，η_N 是额定效率。

13-2-2 怎样从异步电动机的额定值求出其额定运行时的输出转矩？

答：额定输出转矩 T_{2N} 可由额定功率 P_N 和额定转速 n_N 求得，即 $T_{2N}=\dfrac{60P_N}{2\pi n_N}$，其中 T_{2N}、P_N、n_N 的单位分别为 N·m、W 和 r/min。当 P_N 的单位改用 kW 时，该式可写成 $T_{2N}=9550\dfrac{P_N}{n_N}$。

13.4 思考题解答

13-1 异步电动机有哪些主要部件？它们各起什么作用？

答：异步电机的主要部件是静止的定子和旋转的转子，定子和转子之间是气隙。此外还有端盖、轴承、风扇等部件。

定子由定子铁心、定子绕组和机座构成。定子铁心一方面是电机磁路的一部分，起导磁作用；另一方面，其内壁开槽，槽内嵌放定子绕组，起着固定定子绕组的作用。定子绕组是电机电路的一部分，接交流电源时，流过交流电流，既产生旋转磁场，又在交变的磁场中感应电动势，从而从电源输入电功率，通过电磁感应作用传递给转子绕组。机座起支撑电动机的作用。

转子由转子铁心、转子绕组和转轴构成。转子铁心也是电机磁路的一部分，起导磁作用；同时，其外壁开槽，槽内嵌放转子绕组，起着固定转子绕组的作用。转子绕组也是电机电路的一部分。只要转子转速的大小或方向与气隙磁场的不同，转子绕组中就会感应产生电动势和电流，该电流与气隙磁场相互作用，产生电磁转矩，从而使传递到转子绕组的电功率转换为转轴输出的机械功率。转轴起固定和支撑转子铁心的作用。

13-2 异步电动机的气隙比同容量的同步电动机的大还是小？为什么？

答：异步电动机的气隙比同容量的同步电动机的要小。因为异步电动机的励磁电流由三相交流电源（或电网）提供，如果气隙大，则磁导小，产生一定的气隙磁通所需的励磁电流就大。由于励磁电流基本上是无功电流，因此，励磁电流大就使电动机的功率因数降低，使电源或电网的无功功率负担增加。为了减小励磁电流、提高功率因数，异步电动机应采用较小的气隙。异步电动机的功率因数总是滞后的，而同步电动机的励磁电流由独立的直流电源提供，可以通过调节励磁电流来改变其功率因数的大小和性质。

13-3 为什么异步电机的定子铁心和转子铁心都要用硅钢片制成？

答：异步电机运行时，气隙旋转磁场与定、转子铁心间都有相对运动，定、转子铁心中的磁通都是交变的。为了减小铁耗，定、转子铁心都要用硅钢片制成。

13.5 习题解答

13-1 我国生产的一台型号为Y630-4的Y系列中型高压三相异步电动机，额定功率$P_N=2800kW$，额定电压$U_N=6kV$(星形联结)，额定效率$\eta_N=96.8\%$，额定功率因数$\cos\varphi_N=0.9$，额定转速$n_N=1491r/min$，求该电动机的额定电流I_N和额定输出转矩T_{2N}。

解：
$$I_N=\frac{P_N}{\sqrt{3}U_N\cos\varphi_N\eta_N}=\frac{2800}{\sqrt{3}\times6\times0.9\times0.968}=309.3A$$

$$T_{2N}=\frac{P_N}{2\pi n_N/60}=\frac{60P_N}{2\pi n_N}=\frac{60\times2800\times10^3}{2\pi\times1491}=17933\ N\cdot m$$

13-2 我国生产的一台型号为Y132M1-6的Y系列中小型三相笼型异步电动机，额定电压$U_N=380V$(三角形联结)，额定效率$\eta_N=84\%$，额定功率因数$\cos\varphi_N=0.77$，额定转速$n_N=960r/min$，额定输入功率$P_{1N}=4.762kW$，求该电动机额定运行时的输出功率和定子相电流。

解：额定运行时的输出功率即为额定功率P_N，定子相电流等于额定相电流$I_{N\phi}$，可得

$$P_N=P_{1N}\eta_N=4.762\times0.84=4kW$$

$$I_{N\phi}=\frac{P_{1N}}{3U_{N\phi}\cos\varphi_N}=\frac{P_{1N}}{3U_N\cos\varphi_N}=\frac{4.762\times10^3}{3\times380\times0.77}=5.425A$$

第 14 章　三相异步电机的运行原理

14.1　知识结构

14.1.1　主要知识点

1. 三相异步电动机的基本工作原理

对于转子绕组短路的异步电机：①定子三相对称绕组通以频率为 f_1 的三相对称电流，产生转速为同步转速 $n_1=\dfrac{60f_1}{p}$ 的基波旋转磁场（p 为极对数）；②转子绕组切割该磁场，产生感应电动势和电流；③转子载流导体在磁场中受到电磁力作用，产生电磁转矩；④电磁转矩使转子以转速 n 与旋转磁场同方向旋转，且 $n<n_1$（否则不能产生拖动性电磁转矩）。

2. 转差率

(1) 定义

同步转速 n_1 和转子转速 n 之差与同步转速 n_1 的比值，即 $s=\dfrac{n_1-n}{n_1}$。

(2) 转差率 s 与电机运行状态的对应关系

对于转子绕组短路（或通过附加电阻短路）的三相异步电机，可用转差率 s 表示其运行状态：①电动机状态，$0<s<1$；②发电机状态，$s<0$；③电制动状态，$s>1$。

(3) 转速 n 用转差率 s 表示：$n=(1-s)\,n_1=(1-s)\dfrac{60f_1}{p}$。

3. 三相异步电机的电磁关系

(1) 转子频率与转子基波磁动势转速

① 转子频率 f_2：因气隙磁场相对转子的转速为 $n_1-n=sn_1$，故 $f_2=sf_1$。

② 转子基波磁动势 $\boldsymbol{F}_2$ 的转速：因转子电流频率为 f_2，故 $\boldsymbol{F}_2$ 相对转子的转速为 $n_2=\dfrac{60f_2}{p}=sn_1$，相对定子的转速为 $n_2+n=n_1$。

(2) 定、转子基波磁动势关系，主磁通，励磁电流

定、转子基波磁动势 $\boldsymbol{F}_1$、$\boldsymbol{F}_2$ 在空间总是保持相对静止，共同产生气隙磁场。这是异步电机在任何转速下都产生平均电磁转矩，实现机电能量转换的前提。基波励磁磁动势 $\boldsymbol{F}_0=\boldsymbol{F}_1+\boldsymbol{F}_2$，即磁动势平衡方程式为 $\boldsymbol{F}_1=\boldsymbol{F}_0+(-\boldsymbol{F}_2)$。它表明了转子相电流 $\dot{I}_{2s}$（与负载大小有关）对定子相电流 $\dot{I}_1$ 的影响，即定子相电流 I_1 随转子相电流 I_{2s} 的增大而增大，这

也反映了定子侧电功率与转子侧机械功率之间的平衡关系。

$\boldsymbol{F}_0$ 产生基波气隙磁通密度 $\boldsymbol{B}_\delta$（转速为 n_1），与 $\boldsymbol{B}_\delta$ 相应的主磁通大小即每极磁通量为 Φ_m。产生 $\boldsymbol{F}_0$ 的定子每相励磁电流为 $\dot{I}_0$。

(3) 定、转子感应电动势

$\boldsymbol{B}_\delta$ 在定、转子一相绕组中分别感应频率为 f_1、f_2 的电动势 $\dot{E}_1$、$\dot{E}_{2s}$。$E_1=4.44f_1N_1k_{dp1}\Phi_m$，$E_{2s}=4.44f_2N_2k_{dp2}\Phi_m$（$N_1k_{dp1}$、$N_2k_{dp2}$ 分别为定、转子绕组每相有效匝数）。

$\boldsymbol{F}_1$、$\boldsymbol{F}_2$ 分别产生定、转子漏磁通，在定、转子一相绕组中分别感应漏磁电动势 $\dot{E}_{\sigma1}$、$\dot{E}_{\sigma2s}$。

(4) 定、转子电压方程式（一相）

① 参考方向规定：磁路中，磁动势、磁通密度和磁通的参考方向都是从定子到转子的方向；电路中，定子采用电动机惯例，转子采用发电机惯例；电流与磁动势、电动势与磁通的参考方向分别满足右手螺旋定则。

② 将电动势用电路参数表示：

$$\dot{E}_{\sigma1}=-\mathrm{j}\,\dot{I}_1X_{\sigma1},\quad \dot{E}_{\sigma2s}=-\mathrm{j}\,\dot{I}_{2s}X_{\sigma2s},\quad \dot{E}_1=-\dot{I}_0Z_m=-\dot{I}_0(R_m+\mathrm{j}X_m)$$

其中，$X_{\sigma1}$、$X_{\sigma2s}$ 分别为定、转子绕组漏电抗；R_m、X_m、Z_m 分别为励磁电阻、励磁电抗和励磁阻抗。

③ 电压方程式（转子绕组短路时）

定子：$\dot{U}_1=-\dot{E}_1+\dot{I}_1(R_1+\mathrm{j}X_{\sigma1})$；转子：$\dot{E}_{2s}=\dot{I}_{2s}(R_2+\mathrm{j}X_{\sigma2s})$。

4. 折合算法与等效电路

(1) 折合算法

① 折合原则：保持转子磁动势 $\boldsymbol{F}_2$（幅值与空间相位）不变。

② 折合方法

频率折合：用静止的转子等效替代以转差率 s 旋转的转子，使转子频率和定子频率相同。

绕组折合：使转子绕组的相数 m_2、有效匝数 $N_{dp2}k_{dp2}$ 分别和定子绕组的相数 m_1、有效匝数 $N_{dp1}k_{dp1}$ 相同。

③ 折合关系

	频率折合 ($f_2\to f_1$)		绕组折合 ($m_2, N_2k_{dp2}\to m_1, N_1k_{dp1}$)	
$\dot{I}_{2s}$	$I_2=I_{2s}$	$\dot{I}_2$	$I_2'=I_2/k_i$	$\dot{I}_2'$
$\dot{E}_{2s}$	E_{2s}/s	$\dot{E}_2$	$E_2'=k_eE_2$	$\dot{E}_2'=\dot{E}_1$
R_2	R_2/s	$\frac{R_2}{s}$	$R_2'=k_ek_iR_2$	$\frac{R_2'}{s}$
$X_{\sigma2s}$	$X_{\sigma2s}/s$	$X_{\sigma2}$	$X_{\sigma2}'=k_ek_iX_{\sigma2}$	$X_{\sigma2}'$

电压变比 $k_e=\frac{N_1k_{dp1}}{N_2k_{dp2}}$

电流变比 $k_i=\frac{m_1N_1k_{dp1}}{m_2N_2k_{dp2}}$

折合中，F_2 不变，转子功率因数角(阻抗角) $\varphi_2=\arctan\dfrac{X'_{\sigma 2}}{R'_2/s}=\arctan\dfrac{X_{\sigma 2}}{R_2/s}=\arctan\dfrac{X_{\sigma 2s}}{R_2}$不变。折合后，磁动势平衡关系简化为电流关系$\dot{I}_1+\dot{I}'_2=\dot{I}_0$。

笼型绕组：极对数 p 自动与定子的相等；$m_2=Q_2$(转子槽数)，$N_2=1/2$，$k_{dp2}=1$。

(2) 基本方程式，T 型等效电路，相量图

频率折合和绕组折合后，可得到基本方程式和相应的 T 型等效电路、相量图(参见教材)。

14.1.2 知识关联图

三相异步电动机的电磁关系

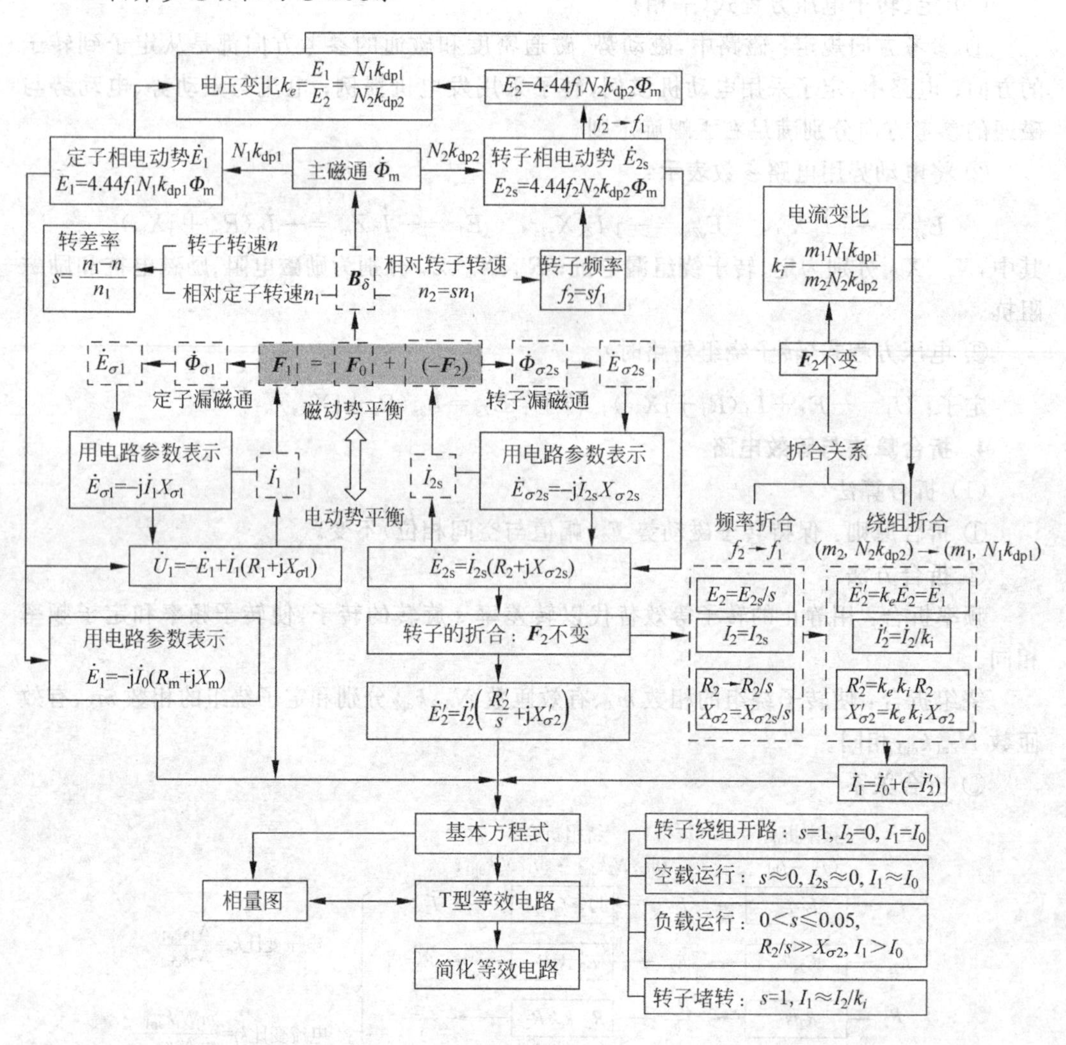

14.2 重点与难点

本章是异步电机一篇的核心，所有内容都属重要内容。三相异步电机的电磁关系与变压器的电磁关系在形式上有相似之处，分析方法也有一些类似的地方，但二者的物理本质是不同的，学习中可进行联系比较。本章中应特别注意理解掌握以下几个问题。

1. 频率折合

频率折合的基础是转子磁动势 $\boldsymbol{F}_2$ 相对定子的转速总是同步转速 n_1，与转子的转速 n 及频率 f_2 无关。因此，可在保持 $\boldsymbol{F}_2$ 不变，从而定、转子间电磁作用关系不变的条件下，将转子频率 f_2 等效变换为任意值。为了得到定、转子间有电路联系的等效电路，需要使 f_2 与定子频率 f_1 相等，相应地，转子转速应等于定子转速，即转子应是静止的。

频率折合后，转子的电量和转子回路阻抗参数都是折合到转子静止时的等效值。转子频率由实际值 f_2 变为 f_1，因此，转子电流由实际值$\dot{I}_{2s}$变为$\dot{I}_2$，$I_2=I_{2s}$（因 F_2 不变，故大小不变，仅频率变化）；转子相电动势由实际值$\dot{E}_{2s}$变为$\dot{E}_2$，$E_2=E_{2s}/s$（因频率变化，主磁通 Φ_m 不变，故大小也变化）；转子漏电抗由实际值 $X_{\sigma 2s}$变为 $X_{\sigma 2}$，$X_{\sigma 2}=X_{\sigma 2s}/s$（频率变化使大小变化）；同时，每相回路中增加一个附加电阻$\dfrac{1-s}{s}R_2$，以表征转子本应具有的机械功率。由此可得到频率折合后的转子一相等效电路（或电压方程式）。

2. 等效电路及其参数

(1) 等效电路

三相异步电机的 T 型等效电路在形式上与变压器的相似，二者的区别是：变压器的二次侧接交流负载，而异步电机转子侧所接的是表示机械功率的等效电阻。变压器一、二次侧的频率、相数、绕组因数（均可看做集中整距绕组）相等，不存在折合问题，为了得到等效电路，只需要对绕组匝数进行折合；而异步电机转子频率与定子的不同，转子的相数、绕组因数、绕组匝数也会与定子的不同，所以，在建立等效电路时，首先要进行频率折合，使定、转子频率相等，再进行绕组相数和有效匝数的折合。

在等效电路中，所有电量和参数都是一相的。定子侧的各量和参数是其实际值，而转子侧的电量和参数都是折合值。在用等效电路求出了转子相电动势、相电流的折合值后，可依次利用绕组折合和频率折合关系，求得其在转子旋转时的实际值。

(2) 等效电路中的参数

三相异步电机 T 型等效电路中的参数可分为漏阻抗和励磁阻抗两类，这与变压器的情况类似。① 定、转子每相绕组的漏电抗 $X_{\sigma 1}$、$X_{\sigma 2}$分别表征定、转子各相电流共同产生的漏磁通在定、转子一相绕组中产生的电动势的大小。三相异步电机正常运行时，漏磁路通常是线性的，因此可将 $X_{\sigma 1}$、$X_{\sigma 2}$ 视为常数。②励磁阻抗 $Z_m=R_m+jX_m$，其中，励磁电抗 X_m 是与主磁通 Φ_m 相对应的每相等效电抗，反映三相励磁电流所产生的交变主磁通对一相电路的电磁作用能力，与铁心磁路的磁导密切相关；励磁电阻 R_m 是表征铁耗的每相等效电阻。由于铁心磁路通常是饱和的，因此 R_m 和 X_m 都随主磁通 Φ_m 或磁路饱和程度的变化而变化。这一特点与变压器中的相同。异步电机正常运行时(从空载到额定负载),定子电压为额定值,主磁通 Φ_m 基本不变,因此 R_m、X_m 可视为常数。

三相异步电动机定、转子漏阻抗的标幺值都比较小,如果在定子施加额定电压下将转子堵转,定、转子电流都会很大,一般是其额定电流的 5～7 倍。在电动机刚开始起动时也有类似的情况。此时,由于定、转子电流非常大,定、转子漏磁路也会饱和,因此 $X_{\sigma1}$、$X_{\sigma2}$ 的数值比正常运行时的小(电机学中通常忽略这种变化)。

(3) 关于近似等效电路和简化等效电路

三相异步电机的近似等效电路和简化等效电路与变压器的不同。与变压器相比,异步电机的漏电抗较大,而励磁电抗较小(励磁电流较大),因此,异步电机的等效电路中通常不能忽略励磁阻抗。在把励磁阻抗支路前移形成并联电路从而得到近似等效电路和简化等效电路时,励磁阻抗支路中还要串入定子漏阻抗,并对阻抗参数进行修正。

3. 主磁通 Φ_m 的大小

主磁通 Φ_m 是由励磁磁动势 $\boldsymbol{F}_0$ 或者说励磁电流 $\dot{I}_0$(三相)产生的,但由于主磁通在定子绕组中产生的相电动势 $\dot{E}_1$ 和定子相电压 $\dot{U}_1$ 存在电路上的平衡关系,即 $\dot{U}_1=-\dot{E}_1+\dot{I}_1(R_1+jX_{\sigma1})$,因此,$\Phi_m$ 的大小主要取决于 U_1,这与变压器中的情况是相似的。

定子电阻 R_1 和漏电抗 $X_{\sigma1}$ 通常都较小,因此在正常稳态运行(从空载到额定负载运行)和转子绕组开路时,即当定子电流 I_1 不超过其额定值时,漏阻抗压降 $I_1|Z_1|$ 相对 U_1 而言都比较小,即 $U_1\approx E_1$。所以,仍可像在变压器中那样,利用 $U_1\approx E_1\propto f_1N_1\Phi_m$ 来定性分析当 U_1、f_1、N_1 变化时 Φ_m、主磁路饱和程度以及励磁电流 I_0 的变化情况。

对于一台三相异步电动机,当定子电压 U_1、频率 f_1 一定时,主磁通 Φ_m 的大小受定子电流 I_1 的影响。随着机械负载的增大,转子电流 I_{2s} 增大,使 I_1 增大,Φ_m 略有减小。当转子堵转时(可看做因负载过大而使转子无法旋转),定、转子电流都很大,$I_1|Z_1|$ 很大,使 E_1 和与之成正比的 Φ_m 都降低至正常运行时的一半左右。

在用等效电路计算时,应注意区分不同运行工况下的主磁通 Φ_m 及其产生的电动势 E_1、E_2 的大小差异。例如,不能用正常运行时 Φ_m 产生的 E_1、E_2 来计算堵转时的情况。对以某一转差率 s 旋转的转子进行频率折合时,Φ_m 应保持为此工况下的值不变,这时才有 $E_{2s}=sE_2$;如果用其他工况下 Φ_m 产生的 E_2 值来计算此时的 E_{2s},就会得到错误的结果。类似地,在计算以某一转差率 s 负载运行的工况时,如果已知定子漏阻抗并据此能够求出 E_1,就不能直接用转子绕组开路或空载时的 E_1 来计算。

顺便要指出的是:电动机空载运行时,转子是旋转的,但转轴上不带任何机械负载。绝不能认为此时转子不转。这点必须明确。

14.3　练习题解答

14-1-1　在三相异步电机的时空相矢量图上,为什么励磁电流 $\dot{I}_0$ 和励磁磁动势 $\boldsymbol{F}_0$ 在同一位置上?如何确定电动势 $\dot{E}_1$、$\dot{E}_2$ 的位置?

答：(1) 三相异步电机的时空相矢量图是按照有关惯例(参见思考题 8-2)画出的。在此惯例下，当把时间相量图的$+j$轴($+j_1$和$+j_2$轴总是重合的)与空间矢量图的$+A_1$轴重合在一起时，定子A相励磁电流$\dot{I}_0$与$+j$轴相差的时间电角度等于三相电流产生的励磁磁动势矢量$\boldsymbol{F}_0$与$+A_1$轴相距的空间电角度，因此$\dot{I}_0$与$\boldsymbol{F}_0$在同一位置上。

(2) 计及铁耗时，气隙磁通密度矢量$\boldsymbol{B}_\delta$滞后产生它的励磁磁动势矢量$\boldsymbol{F}_0$一个小的空间电角度。在时空相矢量图上，当把$+A_1$、$+A_2$轴与$+j$轴重合在一起时，$\boldsymbol{B}_\delta$在定、转子A相绕组中产生的感应电动势$\dot{E}_1$、$\dot{E}_2$分别滞后$\boldsymbol{B}_\delta 90°$电角度。

14-1-2 试比较三相异步电机定子施加电压、转子绕组开路时的电磁关系与三相变压器空载运行时的电磁关系有何异同，二者的等效电路有何异同？

答：在三相变压器中，励磁磁动势、主磁通都是随时间变化的一相的量，不需考虑其空间分布情况，Φ_m是一相主磁通的最大值。而在三相异步电机中，励磁磁动势是定子三相励磁电流共同产生的合成旋转磁动势，它不仅是时间函数，而且是空间函数；主磁通Φ_m则是励磁磁动势产生的气隙每极磁通量。

二者的分析方法是类似的，都是将励磁磁动势产生的磁通分为主磁通和漏磁通。主磁通在变压器一、二次绕组中或异步电机定、转子一相绕组中都感应电动势，都用相量$\dot{E}_1$、$\dot{E}_2$表示；漏磁通仅在变压器一次绕组或在异步电机定子一相绕组中感应漏磁电动势$\dot{E}_{\sigma1}$，该电动势都可看做励磁电流$\dot{I}_0$在漏电抗$X_{\sigma1}$上产生的电压降，即$\dot{E}_{\sigma1}=-j\dot{I}_0X_{\sigma1}$。所不同的是：在变压器中，$X_{\sigma1}$对应于一相电流产生的一相漏磁通；而在异步电机中，漏磁通是三相电流产生的。二者的一相电压方程式均为$\dot{U}_1=-\dot{E}_1+\dot{I}_0(R_1+jX_{\sigma1})$，因此，二者的等效电路的形式是相同的。

14-1-3 三相异步电机定子施加电压、转子堵转时，转子电流的相序如何确定？其频率是多少？转子电流产生的磁动势的性质是怎样的？其转向、转速如何？

答：在转子三相绕组空间相对位置一定的情况下，转子电流的相序与转子感应电动势的相序相同，取决于气隙磁通密度$\boldsymbol{B}_\delta$或励磁磁动势$\boldsymbol{F}_0$相对转子的转向。若定子三相电流的相序为正序($A_1-B_1-C_1$)，则$\boldsymbol{F}_0$的转向为$+A_1\to+B_1\to+C_1$，于是转子三相电流的相序为正序($A_2-B_2-C_2$)。转子电流的频率f_2等于转子感应电动势的频率，取决于$\boldsymbol{F}_0$相对转子的转速n_2。转子堵转时，$n_2=n_1$，因此$f_2=f_1$。堵转时，转子电流产生的合成基波磁动势是一个旋转磁动势，其转向和转速均与$\boldsymbol{F}_0$的相同。

14-1-4 三相异步电动机定子接三相电源，转子绕组开路和转子堵转时，定子电流为什么不一样大？

答：转子绕组开路时，定子电流是励磁电流I_0，其值较小。转子堵转时，短路的转子绕组中的电流产生磁动势$\boldsymbol{F}_2$，相应地，定子磁动势中出现与之平衡的分量($-\boldsymbol{F}_2$)，使$\boldsymbol{F}_1$的数值增大，即满足磁动势平衡关系$\boldsymbol{F}_1+\boldsymbol{F}_2=\boldsymbol{F}_0$。因此，定子电流$I_1$要比$I_0$大。

14-1-5 三相异步电机转子堵转时，为什么要把转子侧的量折合到定子侧？折合的原则是什么？转子电动势E_2、电流I_2和参数R_2、$X_{\sigma2}$的折合关系是怎样的？

答：为了得到等效电路，需要把转子侧的量折合到定子侧。折合的原则是保持转子磁动势$\boldsymbol{F}_2$不变。折合关系是：$E'_2=k_eE_2=E_1$，$I'_2=I_2/k_i$，$R'_2=k_ek_iR_2$，$X'_{\sigma2}=k_ek_iX_{\sigma2}$。

14-1-6 一台三相、4极、50Hz的绕线转子异步电机，电压变比 $k_e=10$，转子每相电阻 $R_2=0.02\Omega$，转子不转时每相漏电抗 $X_{\sigma2}=0.08\Omega$。当转子堵转、定子相电动势 $E_1=200$V 时，求转子每相电动势 E_2、相电流 I_2 以及转子功率因数 $\cos\varphi_2$。

解：

$$E_2=\frac{E_1}{k_e}=\frac{200}{10}=20\text{V}$$

$$I_2=\frac{E_2}{\sqrt{R_2^2+X_{\sigma2}^2}}=\frac{20}{\sqrt{0.02^2+0.08^2}}=242.5\text{A}$$

$$\cos\varphi_2=\frac{R_2}{\sqrt{R_2^2+X_{\sigma2}^2}}=\frac{0.02}{\sqrt{0.02^2+0.08^2}}=0.2425$$

14-1-7 三相异步电动机定子接三相电源、转子堵转时，是否产生电磁转矩？如果产生电磁转矩，如何确定其方向？

答：堵转时，气隙旋转磁场相对转子绕组运动，在转子绕组中产生电动势和电流。转子电流与气隙磁场相互作用，产生电磁转矩。根据右手定则，可以确定转子电流的方向；再利用左手定则，就可判断出电磁转矩的方向与气隙旋转磁场的转向相同。此时，转子是由于被堵住而不能旋转起来。

14-2-1 三相异步电动机定子绕组通电产生的旋转磁场的转速与电动机的极对数有何关系？为什么异步电动机运行时转子转速总低于同步转速？

答：定子绕组通电产生的旋转磁场的转速为同步转速 n_1，其大小由电源频率 f_1 与电机极对数 p 决定，即 $n_1=60f_1/p$。

异步电机运行于电动机状态时，转子转速 n 总是低于同步转速 n_1，以产生与转子转向相同方向的电磁转矩 T。否则，如果 $n=n_1$，则转子绕组与气隙磁场间没有相对运动，转子绕组电动势和电流为零，因而 $T=0$，无法拖动转子旋转。如果 $n>n_1$，则产生制动性质的电磁转矩，此时电机不是运行于电动机状态，而是发电机状态。

14-2-2 什么是转差率？如何计算转差率？对于转子绕组短路的异步电机，如何根据转差率的数值来判断它的三种运行状态？三种运行状态下电功率和机械功率的流向分别是怎样的？

答：转差率 s 是同步转速 n_1 和转子转速 n 之差与同步转速 n_1 的比值，其计算公式为 $s=\dfrac{n_1-n}{n_1}$。当 n 与 n_1 反向时，n 应取负值。

对于转子绕组短路的异步电机：①当 $0<n<n_1$ 时，代入转差率公式，可得 $0<s<1$，电机运行于电动机状态，定子输入电功率，转子输出机械功率；②当 $n>n_1$ 时，可得 $s<0$，电机运行于发电机状态，转子输入机械功率，定子输出电功率；③当转子转向与同步转速的方向相反，即 $n_1>0$，$n<0$ 时，可得 $s>1$，电机运行于电制动状态，定子输入电功率，转子输入机械功率，二者都转换为电机中的损耗。

14-2-3 三相异步电机的极对数 p、定子频率 f_1、转子频率 f_2、转差率 s、同步转速 n_1、转速 n、转子磁动势 $\boldsymbol{F}_2$ 相对转子的转速 n_2 之间是互相关联的。试填满下表中的空格（转速的负号表示转子转向与气隙旋转磁场转向相反）。

p	f_1/Hz	f_2/Hz	s	n_1/r·min^{-1}	n/r·min^{-1}	n_2/r·min^{-1}
1	50		0.03			
2	50				1350	
3	50		1			
4			−0.2	750		
5				600	−500	
	60	3		1800		

答：需使用的计算公式为：$n_1=60f_1/p$，$f_2=sf_1$，$n=(1-s)n_1$，$n_2=n_1-n=sn_1$。结果如下表。

p	f_1/Hz	f_2/Hz	s	n_1/r·min^{-1}	n/r·min^{-1}	n_2/r·min^{-1}
1	50	1.5	0.03	3000	2910	90
2	50	5	0.1	1500	1350	150
3	50	50	1	1000	0	1000
4	50	10	−0.2	750	900	−150
5	50	91.67	1.833	600	−500	1100
2	60	3	0.05	1800	1710	90

14-2-4 试简单证明三相异步电机转子磁动势 $\boldsymbol{F}_2$ 相对定子的转速为同步转速 n_1。

答：转子转速为 n 时，气隙磁场相对转子的转速为 n_1-n，转子绕组中产生的电流的频率为 $f_2=\dfrac{p(n_1-n)}{60}=\dfrac{pn_1}{60}\dfrac{n_1-n}{n_1}=sf_1$，所产生的 $\boldsymbol{F}_2$ 相对转子的转速为 $n_2=sn_1$，所以 $\boldsymbol{F}_2$ 相对定子的转速为 $n_2+n=sn_1+n=\dfrac{n_1-n}{n_1}n_1+n=n_1$。

14-2-5 说明异步电机频率折合的意义。折合后，转子侧的哪些量发生了变化，哪些量没有变化？分别对相电动势、相电流、等效阻抗、转子电流频率、转子基波磁动势予以说明。

答：频率折合是用一个静止的转子来等效替代实际上旋转的转子，从而使转子电路频率由 f_2 变为与定子频率 f_1 相同，以便得到等效电路。这种等效是对定子侧而言的。

为了保证转子对定子的电磁作用关系不变，在频率折合时，应保持转子基波磁动势 $\boldsymbol{F}_2$ 不变。因此，转子相电流大小应不变，即 $I_2=I_{2s}$；转子功率因数角 φ_2 也应不变。折合后，转子频率则由 f_2 变为 $f_1=f_2/s$，相电动势由 E_{2s} 变为 $E_2=\dfrac{E_{2s}}{s}$；等效阻抗由 $(R_2+\mathrm{j}X_{\sigma 2s})$ 变为 $\left(\dfrac{R_2}{s}+\mathrm{j}X_{\sigma 2}\right)$，其中 $X_{\sigma 2}=\dfrac{X_{\sigma 2s}}{s}$，因此 $\varphi_2=\arctan\dfrac{X_{\sigma 2}}{R_2/s}=\arctan\dfrac{X_{\sigma 2s}}{R_2}$ 保持不变。

14-2-6 说明三相异步电机转子绕组折合的意义。折合后，转子侧的哪些量发生了变化，哪些量没有变化？分别对相电动势、相电流、等效阻抗、功率因数角、转子基波磁动势予以说明。

答：绕组折合是用一套与定子绕组（相数为 m_1、有效匝数为 N_1k_{dp1}）完全相同的等效转子绕组来替代实际的转子绕组（相数为 m_2、有效匝数为 N_2k_{dp2}），以便得到等效电路。

这种等效也是对定子侧而言的。

为了保证转子对定子的电磁作用关系不变，从而电机的功率关系不变，在绕组折合时，应保持转子基波磁动势 $\boldsymbol{F}_2$ 不变。由于转子绕组有效匝数改变，因此，转子相电流应从 I_2 变为 $I'_2=\frac{m_2N_2k_{\text{dp2}}}{m_1N_1k_{\text{dp1}}}I_2=\frac{1}{k_i}I_2$；相电动势由 E_2 变为 $E'_2=\frac{N_1k_{\text{dp1}}}{N_2k_{\text{dp2}}}E_2=k_eE_2$；等效阻抗由 $\frac{R_2}{s}+\text{j}X_{\sigma2}$ 变为 $\frac{R'_2}{s}+\text{j}X'_{\sigma2}=k_ek_i\left(\frac{R_2}{s}+\text{j}X_{\sigma2}\right)$；转子频率和功率因数角 φ_2 不变。

14-2-7　三相异步电机定、转子绕组在电路上没有直接联系，但在基本方程式中却有关系式 $\dot{I}_1+\dot{I}'_2=\dot{I}_0$，试说明它的含义。

答：关系式 $\dot{I}_1+\dot{I}'_2=\dot{I}_0$ 是通过绕组折合而得到的等效的电流关系，它实质上表达的是定、转子磁动势平衡关系 $\boldsymbol{F}_1+\boldsymbol{F}_2=\boldsymbol{F}_0$，只是由于把转子绕组替换成了与定子绕组相同的等效绕组，磁动势平衡关系才转换为电流平衡关系。

14-2-8　三相异步电动机的T型等效电路与三相变压器的有何异同？三相异步电动机等效电路中的参数 R_1、$X_{\sigma1}$、R_{m}、X_{m}、R'_2、$X'_{\sigma2}$、$\frac{1-s}{s}R'_2$ 分别代表什么意义？

答：二者的主要相同点是：(1)形式一样。(2)变压器一次侧和异步电机定子侧的参数都是其一相的实际值，而变压器二次侧和异步电机转子侧的参数都是其一相的折合值。

二者的不同点主要是：(1)变压器中采用的折合只有绕组匝数折合，而不需频率折合(因为一、二次侧频率相同)，而在异步电机中，不仅需要绕组有效匝数的折合，而且要进行绕组相数和频率的折合，且首先要进行频率折合。(2)在变压器的T型等效电路中，表示负载大小的参数是折合后的负载阻抗，它可以是电阻性、电感性或电容性的，只要将实际负载阻抗乘上变比的平方，便可用等效电路计算该负载下的运行特性。三相异步电动机稳态运行时，旋转的转子具有机械功率，与机械负载相对应。由于机械功率是有功功率，所以在等效电路中只能用电阻来等效表示，而不可能是电感性的或电容性的。该等效电阻就是转子电路中的附加电阻 $\frac{1-s}{s}R'_2$，它消耗的电功率(三相之和)等于转子的机械功率。该电阻的大小与转差率 s 有关，反映了异步电动机的机械功率随转速变化的特性。

参数 R_1、$X_{\sigma1}$ 分别是定子一相的电阻和漏电抗，R'_2、$X'_{\sigma2}$ 分别是转子一相的电阻和漏电抗的折合值，$X_{\sigma1}$、$X'_{\sigma2}$ 分别与定、转子漏磁通相对应；R_{m} 是励磁电阻，是表征铁耗的等效参数；X_{m} 是励磁电抗，是与主磁通相对应的等效参数；$\frac{1-s}{s}R'_2$ 是表征转子机械功率的等效电阻。

14-2-9　普通三相异步电动机空载电流标幺值和额定转差率的数值范围是什么？

答：一般 $\underline{I}_0=0.2\sim0.5$，$s_{\text{N}}=0.005\sim0.05$。通常功率越大，$\underline{I}_0$ 和 s_{N} 越小。

14-2-10　异步电动机和变压器在外施额定电压时的空载电流标幺值哪个大？为什么？

答：在额定电压下，变压器的空载电流标幺值通常不到0.1，异步电动机的空载电流基本上是励磁电流，其标幺值通常为0.2～0.5。异步电动机的空载电流标幺值比变压器的大，是由于电动机定、转子间有气隙，磁路的磁导较小，而变压器磁路中没有气隙，磁导大,因此,相对于变压器而言,异步电动机所需的励磁磁动势大,即励磁电流大,因此空载电流大。

14-2-11 一台三相异步电动机,定子施加频率为50Hz的额定电压。

(1) 如果将定子每相有效匝数减少,则每极磁通量Φ_m将________;

(2) 如果将气隙长度加大,则电机空载电流将________;

(3) 如果定子电压大小不变,但频率变为60Hz,则励磁电抗的变化趋势为________,励磁电流的变化趋势为________。

答:(1)增大;(2)增大;(3)增大,减小。

14-2-12 绕线转子异步电机转子绕组的相数、极对数总是设计得与定子绕组的相同。笼型异步电机转子绕组的相数、极对数又是如何确定的?与导条的数量有关吗?

答:笼型异步电机转子绕组的相数等于导条数;转子极对数始终等于定子绕组的极对数,与导条数量无关。

14.4 思考题解答

14-1 三相异步电动机的主磁通指什么磁通?它是由各相电流分别产生的各相磁通,还是由三相电流共同产生的?等效电路中的哪个电抗参数与之对应?该参数本身是一相的还是三相的值?它与同步电动机的哪个参数相对应?它与变压器的励磁电抗是完全相同的概念吗?

答:三相异步电动机的主磁通是指合成基波旋转磁动势产生的通过气隙的基波磁通。空载时,转子电流近似为零,主磁通基本上是由定子三相电流共同产生的;负载时,主磁通是由定子三相合成基波磁动势和转子合成基波磁动势共同产生的。

等效电路中的励磁电抗X_m与主磁通相对应。X_m本身是一相的值,它与同步电动机的电枢反应电抗X_a相对应,与变压器中励磁电抗的概念不完全相同。变压器中的励磁电抗对应于一相励磁电流所产生的一相主磁通。

14-2 三相异步电动机的主磁通在定、转子绕组中感应电动势的大小、相序、相位与什么有关?主磁通在定子A相绕组和转子a相绕组中感应电动势的相位关系是固定不变的吗?这与变压器一相的一、二次绕组感应电动势间的关系有何不同?

答:三相异步电动机的主磁通在定子绕组中感应电动势的大小取决于定子外施电压U_1、频率f_1以及转差率s(或转速n)的大小,其相序取决于气隙旋转磁场的转向(定子三相绕组轴线的位置关系一定时),相位取决于转差率s。主磁通在转子绕组中感应电动势的大小、相序、相位都与转差率s有关。

主磁通在定子A相绕组和转子a相绕组中感应电动势的相位关系不是固定不变的。因为定子静止而转子旋转,定、转子相电动势的频率分别为f_1和$f_2=sf_1$,所以二者不可能有固定的相位关系。变压器一、二次绕组相电动势的相位关系是固定不变的。

14-3 一台已经制成的三相异步电动机,其主磁通的大小与哪些因素有关?当外施电压大小变化时,其励磁电抗和励磁电流大小将如何变化?为什么?

答:(1) 因为$U_1 \approx E_1 = 4.44 f_1 N_1 k_{dp1} \Phi_m$,对一台已经制成的电机,$N_1 k_{dp1}$一定,所以

主磁通 Φ_m 的大小取决于相电压 U_1 及其频率 f_1 的大小。此外,由于$\dot{U}_1=-\dot{E}_1+\dot{I}_1Z_1$,因此 Φ_m 大小还与定子电流 I_1 的大小有关,即与负载大小有关。

(2) 当外施电压 U_1 大小变化时,主磁通 Φ_m 大小随之变化。若 U_1 升高,则 Φ_m 增大,所需的励磁磁动势 F_0 增加,因而励磁电流 I_0 增大;由于磁路饱和程度随 Φ_m 的增大而提高,磁导减小,因此励磁电抗 X_m 减小。反之,若 U_1 降低,则 Φ_m 和 I_0 减小,X_m 增大。在 f_1 一定时,由于 $F_0\propto I_0$ 及 $U_1\approx E_1\propto\Phi_m$,因此 I_0 大小随 U_1 变化的关系基本上就是 F_0 随 Φ_m 变化的关系,即电机的磁化特性。

14-4 当主磁通大小确定之后,三相异步电动机的励磁电流大小与什么有关?有人说:根据任意两台同容量异步电动机励磁电流的大小,便可比较其主磁通的大小,此话对吗?为什么?

答:(1) 主磁通 Φ_m 是励磁磁动势产生的,其大小取决于定子相电压 U_1、频率 f_1 和定子绕组有效匝数 N_1k_{dp1},即 $U_1\approx4.44f_1N_1k_{dp1}\Phi_m$。在根据这些因素确定了 Φ_m 的大小之后,可求得所需的励磁磁动势 F_0 和励磁电流 I_0 的大小。由于 $F_0\propto I_0$,磁通=磁动势×磁导,因此,在 Φ_m 大小一定时,所需的 F_0 和 I_0 的大小取决于主磁路的磁导 Λ_m。Λ_m 的大小主要取决于气隙的大小,气隙越大,Λ_m 越小,所需的 F_0 和 I_0 就越大。所以,异步电机通常采用很小的气隙,以减小励磁电流。此外,铁心磁路的饱和程度也对 I_0 有影响。为了减小 I_0,应选择适当的铁心磁路尺寸,避免铁心磁路过于饱和。

(2) 在主磁通相同时,气隙大小不同,励磁电流 I_0 的大小就不同,即大小不同的励磁电流可以产生相同的主磁通。所以,根据励磁电流的大小便可比较其主磁通的大小,此话是不对的。

14-5 三相异步电机的定、转子漏磁通分别是由哪些电流产生的?其定子漏电抗与三相同步电机中的哪个参数相对应?与三相变压器的一次绕组漏电抗是完全相同的概念吗?为什么?

答:三相异步电机的定、转子漏磁通分别是由定、转子电流产生的。三相异步电机的定子漏电抗 $X_{\sigma1}$ 与三相同步电机中的电枢绕组漏电抗 X_σ 相对应,它与三相变压器一次绕组漏电抗不是完全相同的概念。因为异步电机的结构与变压器不同,异步电机的定子漏电抗可分为槽漏电抗、端部漏电抗和差漏电抗(谐波漏电抗),而变压器的一次绕组漏电抗是不能这样划分的,因为并不存在这些漏电抗。此外,三相异步电机的定子漏电抗是三相定子电流产生的漏磁通在一相绕组中感应的漏磁电动势与一相电流的比值,而三相变压器的一次绕组漏电抗是一相一次电流产生的漏磁通在该相绕组中感应的漏磁电动势与该相电流的比值。

14-6 三相异步电动机每相转子电路中的感应电动势、漏电抗、感应电流与电动势间夹角的大小,与转差率分别有何关系?对三相绕线转子异步电动机,若通过集电环在转子绕组回路中串接电抗器,其电抗值会随转子转速而改变吗?为什么?

答:三相异步电动机每相转子电路中的感应电动势 E_{2s}、漏电抗 $X_{\sigma2s}$、感应电流与电动势间夹角 φ_2 与转差率 s 的关系分别为:$E_{2s}=sE_2$,$X_{\sigma2s}=sX_{\sigma2}$,$\tan\varphi_2=\frac{X_{\sigma2s}}{R_2}=\frac{sX_{\sigma2}}{R_2}=\frac{X_{\sigma2}}{R_2/s}$。

当异步电动机的转速改变时，转子绕组回路的频率会相应地改变。由于电抗大小与频率成正比，因此转子回路中串接的电抗器的电抗值会随之变化。

14-7 三相异步电动机的定、转子相电动势，定、转子相电流，励磁电流，定、转子磁链，气隙磁通密度，定、转子基波磁动势以及励磁磁动势等物理量中，哪些是时间相量，哪些是空间矢量？在画电机的时空相矢量图时，定、转子磁链以及定、转子电动势分别与气隙磁通密度有什么关系？定、转子电流及励磁电流与定、转子磁动势及励磁磁动势有何关系？为什么存在这样的关系？

答： 三相异步电动机的定、转子相电动势，定、转子相电流，励磁电流以及定、转子磁链是时间相量，气隙磁通密度，定、转子基波磁动势以及励磁磁动势是空间矢量。

在画电机的时空相矢量图时，定、转子磁链相量$\dot{\Psi}_1$、$\dot{\Psi}_2$与气隙磁通密度矢量$\boldsymbol{B}_\delta$重合，定、转子电动势相量$\dot{E}_1$、$\dot{E}_2$都滞后矢量$\boldsymbol{B}_\delta$ 90°。这是因为，在画时空相矢量图时，将定、转子A相绕组轴线$+A_1$、$+A_2$和时间参考轴+j重合在一起，当矢量$\boldsymbol{B}_\delta$位于$+A_1$轴时，定子A相磁链达到正最大值，则相量$\dot{\Psi}_1$应位于+j轴上；由于$+A_1$轴与+j轴重合，因此$\dot{\Psi}_1$与$\boldsymbol{B}_\delta$重合。同理，$\dot{\Psi}_2$也与$\boldsymbol{B}_\delta$重合。按照所规定的磁通与电动势的参考方向(符合右手螺旋定则)，$\dot{E}_1$、$\dot{E}_2$应分别滞后$\dot{\Psi}_1$、$\dot{\Psi}_2$ 90°，因此，$\dot{E}_1$、$\dot{E}_2$都滞后$\boldsymbol{B}_\delta$ 90°。

在画电机的时空相矢量图时，定、转子电流相量$\dot{I}_1$、$\dot{I}_2$及励磁电流相量$\dot{I}_0$分别与定、转子磁动势矢量$\boldsymbol{F}_1$、$\boldsymbol{F}_2$及励磁磁动势矢量$\boldsymbol{F}_0$重合。这是因为：当定子A相电流达到正最大值，即$\dot{I}_1$位于+j轴时，定子三相合成旋转磁动势的正幅值位于$+A_1$轴，即矢量$\boldsymbol{F}_1$位于$+A_1$轴上，而$+A_1$轴与+j轴是重合的，所以$\dot{I}_1$与$\boldsymbol{F}_1$重合。同理，$\dot{I}_2$与$\boldsymbol{F}_2$重合，$\dot{I}_0$与$\boldsymbol{F}_0$重合。

14-8 异步电动机定、转子电路的频率不同，为什么可以把定、转子的时空相矢量图重合在一起？时空相矢量图中转子各量是表示它们的实际大小吗？

答： 因为转子各量经过频率折合后，其频率已经与定子的相同，所以可以把定、转子的时空相矢量图重合在一起。时空相矢量图中，转子各量表示它们的经过折合的大小，并不是其实际大小。

14-9 三相异步电机的转子磁动势是如何产生的？它相对转子的转向、转速与转子自身的转向、转速有何关系？相对于定子的转向、转速呢？由此说明频率折合是否可行？是否适用于异步电机的任何运行状态？

答： 三相异步电机的转子磁动势是由转子三相(或多相)对称绕组感应的三相(或多相)对称电流产生的基波旋转磁动势，可以用空间矢量$\boldsymbol{F}_2$表示。

(1) 转子磁动势$\boldsymbol{F}_2$相对转子的转向由转子感应电流的相序决定。当转子转速n与同步转速n_1同向且$n<n_1$(电动机状态)，或者n与n_1的方向相反时(电制动状态)，转子电流相序与定子电流相序相同，$\boldsymbol{F}_2$相对转子的转向就与定子磁动势$\boldsymbol{F}_1$的转向一致。当n与n_1同向且$n>n_1$时(发电机状态)，转子电流相序与定子电流相序相反，$\boldsymbol{F}_2$相对转子的转向就与$\boldsymbol{F}_1$的转向相反。

(2) 转子磁动势 $\boldsymbol{F}_2$ 相对转子的转速 n_2 由转子电流频率决定。当转速为 n，即转差率为 s 时，转子电流频率 $f_2=sf_1$，因此 $n_2=\frac{60f_2}{p}=sn_1$（p 为电机极对数）。

(3) 转子磁动势 $\boldsymbol{F}_2$ 相对定子的转速为其相对转子的转速 n_2 与转子转速 n 之和。由于 $n_2=sn_1$，因此 $\boldsymbol{F}_2$ 相对定子的转速为 $sn_1+n=\frac{n_1-n}{n_1}n_1+n=n_1$。这说明转子磁动势 $\boldsymbol{F}_2$ 相对定子的转向始终与定子磁动势 $\boldsymbol{F}_1$ 的相同，转速始终为同步转速 n_1。

(4) 转子与定子之间没有电的联系，转子对定子的作用是通过转子磁动势 $\boldsymbol{F}_2$ 实现的。从以上分析可知，不论转子转速是多少，转子频率是多大，$\boldsymbol{F}_2$ 始终与 $\boldsymbol{F}_1$ 保持相对静止。因此，可将转速为 n、转差率为 s、频率为 sf_1 的实际转子用一个不转的（$n=0,s=1$）、频率为 f_1 的转子来等效替代，只要保证转子磁动势 $\boldsymbol{F}_2$ 的幅值和空间相位（相对于气隙磁通密度 $\boldsymbol{B}_\delta$）不变即可。这就是转子的频率折合，它在异步电机的任何转速下都适用，即适用于异步电机的各种运行状态。

14-10　试比较异步电机与变压器在折合的目的、原则、内容和结果上的异同。

答：(1) 折合的目的都是为了得到一个等效电路来表示它们的电磁关系。在变压器中，利用等效电路可以计算二次电压调整率等；在异步电机中，利用等效电路可以计算其运行特性和性能。

(2) 折合的原则都是保持被折合一侧的磁动势不变。在变压器中，通常是保持二次侧磁动势不变；在异步电机中，则是保持转子磁动势不变。

(3) 折合的内容，对于变压器而言，是绕组匝数的折合；对于异步电机而言，除了绕组折合（包括有效匝数和相数的折合）以外，还有频率折合。

(4) 折合的结果都是T型等效电路。不同之处是：变压器负载端所接的是折合后的负载阻抗 Z'_L，而异步电机负载端所接的是代表机械功率的附加电阻 $\frac{1-s}{s}R'_2$。

14-11　三相异步电动机在空载运行、额定负载运行和堵转运行三种情况下的等效电路有什么不同？当定子外施电压一定时，三种情况下的定、转子电流，定、转子电动势以及定、转子功率因数的大小有什么不同？

答：三种情况下等效电路中的附加电阻 $\frac{1-s}{s}R'_2$ 不同。在空载运行时，转速 n 很接近同步转速 n_1，转差率 $s\approx0$，该附加电阻近似为 ∞；在额定运行时，若取 $s_N=0.05$，则该附加电阻值为 $19R'_2$；在堵转运行时，$s=1$，该附加电阻值为0。

当定子外施电压一定时，三种情况下的定、转子电流 I_1、I_{2s}，定、转子电动势 E_1、E_{2s} 以及定、转子功率因数 $\cos\varphi_1$、$\cos\varphi_2$ 的比较如下表所示。

运行工况	I_1	I_{2s}	E_1	$E_{2s}=sE_2$	$\cos\varphi_1$	$\cos\varphi_2$
空载	最小	最小（≈0）	最大	最小	最低	最高（≈1）
额定	较大	较大	较大（接近空载时）	较小	最高	较高
堵转	最大	最大	最小（约为空载时的1/2）	最大	较低	最低

14-12 三相异步电动机定子施加额定电压，当负载变化时(从空载到额定负载)，主磁通和定、转子漏磁通是否变化？等效电路中的参数 $X_{\sigma1}$、$X'_{\sigma2}$、R_m、X_m 是否变化？主磁通在正常运行和转子堵转时是否同样大？约相差多少？

答：(1) 从空载到额定负载，定、转子电流变化较大，因此定、转子漏磁通有很大变化。由于漏磁路主要由空气组成，通常是线性磁路，因此参数 $X_{\sigma1}$、$X'_{\sigma2}$ 均为常数。

(2) 从空载到额定负载，虽然定子漏阻抗压降 $I_1|Z_1|$ 变化较大，但相对于 U_1 而言仍然是很小的，因此主磁通 $\Phi_m \propto E_1 \approx U_1$，是基本不变的。与主磁路相对应的参数 R_m、X_m 也基本不变，可以视为常数。更准确地说，额定负载时与空载时相比，由于 $I_1|Z_1|$ 增大，使 E_1 和 Φ_m 有所减小，磁路饱和程度略有降低，R_m、X_m 略为增大。

(3) Φ_m 在正常运行和转子堵转时不一样大，堵转时 Φ_m 约为正常运行时的 1/2。

以上情况都与变压器中的类似。

提示：以上两题对三相异步电动机在空载、额定负载和堵转运行三种情况下的定、转子电流，定、转子电动势，定、转子功率因数，主磁通，等效电路及其参数等进行了比较。应通过对这三种工况的相似和不同之处的比较总结，加深对电磁关系的理解。

14-13 异步电机运行时，为什么总要从电源吸收滞后性的无功电流，或者说定子功率因数 $\cos\varphi_1$ 总小于 1？为什么异步电机的气隙很小？

答：这是因为：一方面，异步电机需要励磁电流来产生主磁通，相应的参数为励磁电抗 X_m，因此要从电源吸收滞后的无功电流；另一方面，与定、转子漏磁通相对应的参数是定、转子漏电抗 $X_{\sigma1}$、$X_{\sigma2}$，它们也要从电源吸收滞后的无功电流。所以，异步电机运行时总要从电源吸收滞后性的无功电流，以满足这三个电抗的需要。

由于异步电机的励磁电流基本上是滞后性的无功电流，因此，为了提高功率因数，励磁电流应尽可能小。为此，应尽量减小气隙，以增加主磁路的磁导，从而减小产生一定的主磁通所需的励磁电流。所以，异步电机的气隙通常很小。

14-14 绕线转子异步电机定子施加三相对称电压，将转子上两个集电环并联后，在这两个集电环与第三个集电环之间施加直流电压，问此电机能否运行？是作为同步电机运行，还是作为异步电机运行？

答：此时，转子为直流电流励磁。如果转子三相绕组是星形联结，则直流磁动势的幅值位置就在与第三个集电环相联的一相绕组的轴线上。这时，电机已变成一台隐极同步电机，可以在同步转速下运行。

14-15 一台三相绕线转子异步电机。

(1) 转子三相绕组短路，定子通以频率为 f_1 的三相对称交流电，产生相对定子以同步转速 n_1 逆时针旋转的基波磁场，试确定转子的转向；

(2) 定子三相绕组短路，转子绕组通以频率为 f_2 的三相对称交流电，产生相对转子以同步转速 n_2 逆时针旋转的基波磁场，试确定转子的转向；

(3) 如果向定子绕组通入频率为 f_1 的三相对称交流电，产生的基波磁场相对定子以同步转速 n_1 逆时针旋转，同时向转子绕组通入频率为 f_2、相序相反的三相对称交流电，产生的基波旋转磁场相对转子的转速为 n_2，试确定转子的转向和转速 n。

答：(1) 转子以转速 n 与基波磁场同向(逆时针)旋转，转差率为 $s=(n_1-n)/n_1$。

(2) 转子电流产生的基波旋转磁场在定子绕组中感应电流，产生的作用于定子上的电磁转矩企图使定子随着磁场同向旋转。但是定子固定不能旋转，电磁转矩会使转子以转速 n 向顺时针方向旋转。此时，气隙磁场相对定子逆时针旋转的转速为 $n_2-|n|$，$n_2>|n|$，因此转差率 s 的计算方法与(1)中的类似，即 $s=(n_2-|n|)/n_2$。

(3) 定、转子绕组同时通电时，定、转子基波磁动势仍须保持相对静止，否则无法产生平均电磁转矩。由于定子基波磁场相对定子以同步转速 n_1 逆时针旋转，转子绕组通入负序电流而产生的基波旋转磁场相对转子以转速 n_2 顺时针旋转，因此，转子必须以转速 n_1+n_2 逆时针旋转，才能使定、转子基波磁场都以同步转速 n_1 相对定子逆时针旋转。绕线转子异步电机在这种定、转子绕组双边馈电的情况下，只要定、转子绕组通电的频率和相序一定，其转速就是一定的，与负载大小无关。

14.5 习题解答

14-1　一台三相异步电动机，转子绕组开路。在 $t=0$ 时，定、转子绕组轴线 $+A_1$、$+A_2$ 及气隙磁通密度矢量 $\boldsymbol{B}_\delta$ 在空间的位置如图14-1所示。试分别对图示的(a)、(b)两种情况，在相量图上画出 $\dot{\Psi}_1$、$\dot{\Psi}_2$ 及 $\dot{E}_1$、$\dot{E}_2$ 的位置。

解：(a) 由于 $\boldsymbol{B}_\delta$ 与 $+A_1$ 轴重合，因此定子A相磁链此时达到正最大值，$\dot{\Psi}_1$ 与 $+\mathrm{j}$ 轴重合（$+\mathrm{j}_1$ 轴和 $+\mathrm{j}_2$ 轴合二为一）。由于 $+A_2$ 轴超前 $+A_1$ 轴 30°，因此 $\boldsymbol{B}_\delta$ 再转过 30°空间电角度时，转子A相磁链才达到正最大值。所以，$\dot{\Psi}_2$ 滞后 $\dot{\Psi}_1$ 30°，$\dot{E}_1$ 滞后 $\dot{\Psi}_1$ 90°，$\dot{E}_2$ 滞后 $\dot{\Psi}_2$ 90°。相量图如图14-2(a)所示。

(b) 由于 $\boldsymbol{B}_\delta$ 与 $+A_2$ 轴重合，因此 $\dot{\Psi}_2$ 与 $+\mathrm{j}$ 轴重合。由于 $+A_1$ 轴超前 $+A_2$ 轴 90°，因此 $\dot{\Psi}_1$ 滞后 $\dot{\Psi}_2$ 90°。$\dot{E}_1$、$\dot{E}_2$ 分别滞后 $\dot{\Psi}_1$、$\dot{\Psi}_2$ 90°。相量图如图14-2(b)所示。

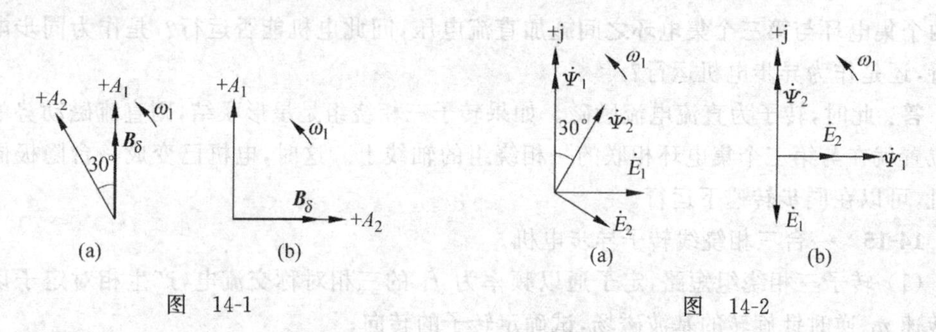

图　14-1　　　　图　14-2

14-2　一台三相异步电动机，转子堵转，转子阻抗角 $\varphi_2=60°$。在图14-3(a)、(b)所示的两种情况下，分别在相量图上画出 $\dot{\Psi}_2$ 及 $\dot{E}_2$、$\dot{I}_2$ 的位置，在空间矢量图上画出转子磁动势矢量 $\boldsymbol{F}_2$ 的位置。

解：(a) 将时间参考轴 $+\mathrm{j}$ 和空间参考轴 $+A_2$ 重合，则 $\dot{\Psi}_2$ 与 $\boldsymbol{B}_\delta$ 重合。$\dot{E}_2$ 滞后 $\dot{\Psi}_2$ 90°，$\dot{I}_2$ 滞后 $\dot{E}_2$ φ_2 角，$\varphi_2=60°$。当转子A相电流达到正最大值，即 $\dot{I}_2$ 位于 $+\mathrm{j}$ 轴时，转

子合成基波磁动势的正幅值将位于转子 A 相相轴上，即矢量 $\boldsymbol{F}_2$ 将位于 $+A_2$ 轴上，因此，$\boldsymbol{F}_2$ 与 $\dot{I}_2$ 重合。作出时空相矢量图，如图 14-4(a)所示。

(b)与(a)情况类似。时空相矢量图如图 14-4(b)所示。

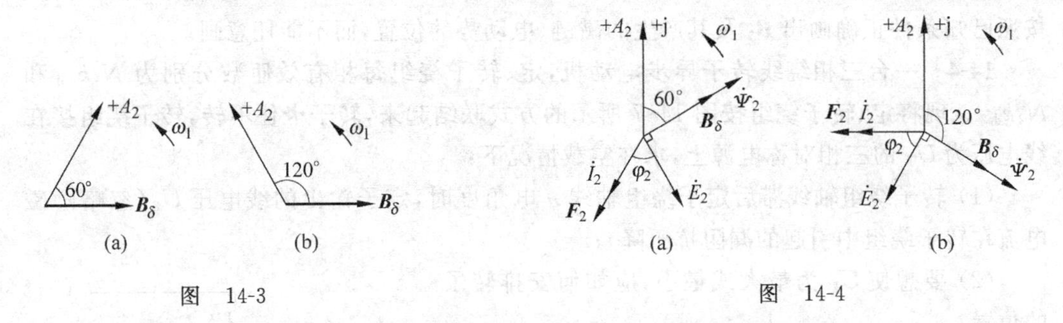

图 14-3　　　　图 14-4

14-3　一台三相绕线转子异步电机，转子堵转，定子绕组接在三相对称的电源上。已知定子漏阻抗为 $Z_1=R_1+\mathrm{j}X_{\sigma1}$，转子漏阻抗 $Z_2=R_2+\mathrm{j}X_{\sigma2}$，转子阻抗角 $\varphi_2=45°$。在转子位置分别如图 14-5(a)、(b)所示的两种情况下：

(1) 画出 $\boldsymbol{B}_\delta$ 转至 $\alpha_1=-60°$ 位置时定、转子的时空相矢量图；

(2) 如果图 14-5(a)、(b)中定、转子绕组轴线重合，时空相矢量图又是什么样的？

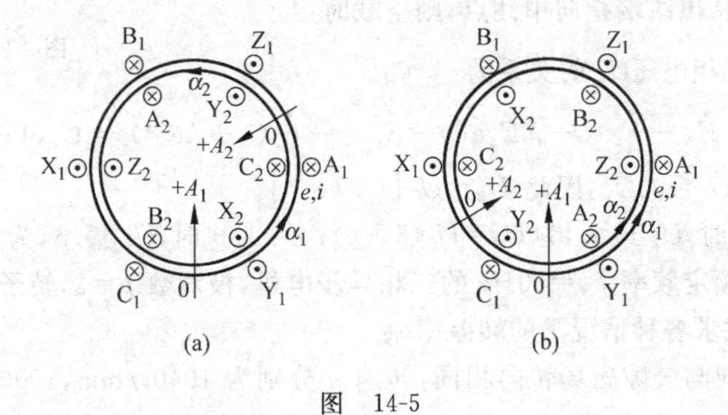

图 14-5

解：(1) 根据图 14-5(a)、(b)以及已知的 $\boldsymbol{B}_\delta$ 位置，可画出时空相矢量图，分别如图 14-6(a)、(b)所示。

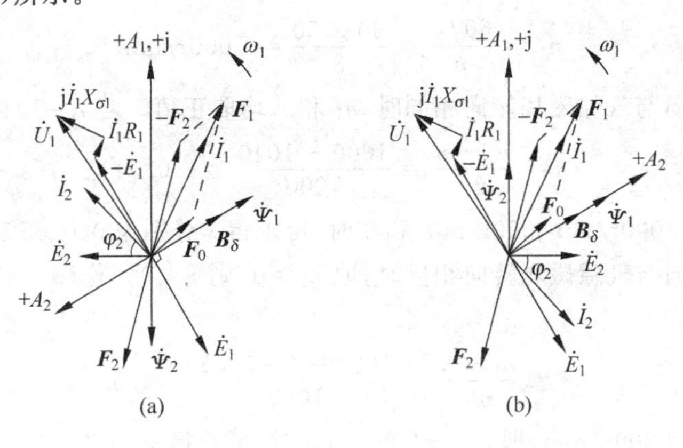

图 14-6

(2) 定、转子绕组轴线重合时，图14-6中的$+A_2$轴和$+A_1$轴重合，相应地，$\dot{\Psi}_2$与$\dot{\Psi}_1$同相，都与$\boldsymbol{B}_\delta$重合；$\dot{E}_2$与$\dot{E}_1$同相，都滞后$\boldsymbol{B}_\delta 90°$；$\dot{I}_2$与$\boldsymbol{F}_2$重合。时空相矢量图从略。

提示：以上三题中都给定了$\boldsymbol{B}_\delta$的瞬时位置，在这种情况下，在作时空相矢量图时，应按照已知条件正确画出$\boldsymbol{B}_\delta$及其产生的磁链、电动势的位置，而不能任意画。

14-4　一台三相绕线转子异步电动机，定、转子绕组每相有效匝数分别为$N_1 k_{dp1}$和$N_2 k_{dp2}$。现将定、转子绕组按图14-7所示的方式联结起来，转子卡住不转，转子绕组接在线电压为U_1的三相对称电源上，求在空载情况下：

(1) 转子绕组轴线滞后定子绕组轴线α电角度时，定子输出的线电压U_2（忽略励磁电流在转子绕组中引起的漏阻抗压降）；

(2) 要想使U_2为最大或最小，应如何安排转子的位置？

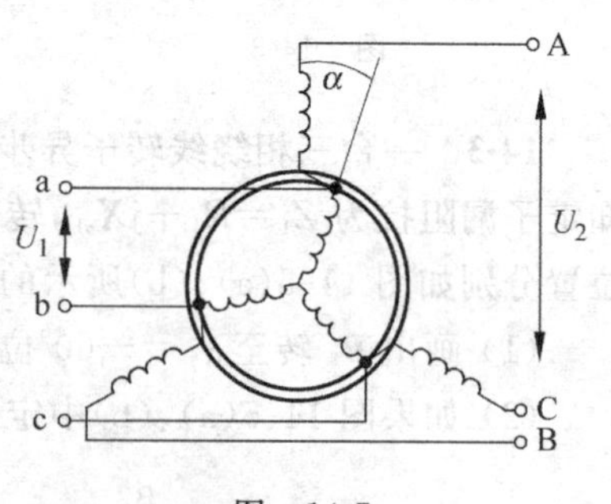

图　14-7

解：(1) 设$k=N_1 k_{dp1}/N_2 k_{dp2}$。由图所示的转子位置可知，当气隙磁场逆时针旋转时，定子相电动势$\dot{E}_A$滞后转子相电动势$\dot{E}_a$的角度为α，即$\dot{E}_A = k\dot{E}_a e^{-j\alpha}$。不计漏阻抗压降，规定相电压和相电动势的参考方向均为从出线端指向中性点，则空载时定子相电压$\dot{U}_A$和转子相电压$\dot{U}_a$的关系为

$$\dot{U}_A = -\dot{E}_A - \dot{E}_a = -k\dot{E}_a e^{-j\alpha} - \dot{E}_a = -\dot{E}_a(1+ke^{-j\alpha}) = \dot{U}_a(1+ke^{-j\alpha})$$

由于$U_2=\sqrt{3}U_A$，$U_1=\sqrt{3}U_a$，因此，$U_2=U_1|1+ke^{-j\alpha}|$。

(2) 当$\alpha=0$时，U_2最大，为$U_2=U_1(1+k)$；$\alpha=180°$时，U_2最小，为$U_2=U_1|1-k|$。

14-5　一台额定频率$f_N=50$Hz的三相异步电机，极对数$p=3$，转子转向及转速n有下列几种情况，试求各种情况下的转差率s：

(1) 转子转向与气隙磁场转向相同，转速n分别为1040r/min，1000r/min，950r/min和0；

(2) 转子转向与气隙磁场转向相反，转速n分别为500r/min，200r/min。

解：同步转速

$$n_1 = \frac{60f_N}{p} = \frac{60\times 50}{3} = 1000\text{r/min}$$

(1) 转子转向与气隙磁场转向相同时，n_1和n均取正值。若$n=1040$r/min，则

$$s = \frac{n_1 - n}{n_1} = \frac{1000-1040}{1000} = -0.04$$

同理，当$n=1000$r/min、950r/min和0时，可求得s分别为0、0.05和1。

(2) 转子转向与气隙磁场转向相反时，取$n_1>0$，则$n<0$。若$|n|=500$r/min，即$n=-500$r/min，则

$$s = \frac{n_1 - n}{n_1} = \frac{1000-(-500)}{1000} = 1.5$$

同理，当$|n|=200$r/min，即$n=-200$r/min时，可求得$s=1.2$。

14-6 一台三相异步电动机在额定运行时,转子电路的实际量为转差率 s、相电流 I_{2s}、相电动势 E_{2s}、电阻 R_2、漏电抗 $X_{\sigma 2s}$。已知定、转子电压变比为 k_e,电流变比为 k_i。

(1) 对转子绕组进行频率折合(折合到不转的转子),这时转子每相电动势、电流为多大? 转子每相电阻、电抗为多大? 转子每相回路的阻抗角为多大?

(2) 在频率折合的基础上,再将转子绕组折合到定子绕组的有效匝数、相数,这时转子每相电动势、电流为多大? 转子每相电阻、电抗为多大? 转子每相回路的阻抗角为多大?

解:(1) 经频率折合后,转子相电流 $I_2=I_{2s}$,即大小不变;转子相电动势变为 $E_2=E_{2s}/s$;转子每相回路电阻变为 R_2/s,漏电抗变为 $X_{\sigma 2}=X_{\sigma 2s}/s$;转子每相回路的阻抗角 $\varphi_2=\arctan\dfrac{X_{\sigma 2s}}{R_2}$,保持不变。

(2) 经绕组折合后,转子相电动势变为 $E'_2=k_eE_2=k_eE_{2s}/s$,相电流变为 $I'_2=I_2/k_i=I_{2s}/k_i$,转子每相回路的电阻变为 $R'_2/s=k_ek_iR_2/s$,漏电抗变为 $X'_{\sigma 2}=k_ek_iX_{\sigma 2}=k_ek_iX_{\sigma 2s}/s$,转子每相回路的阻抗角仍为 φ_2。

14-7 一台三相绕线转子异步电机,定、转子绕组均为星形联结,额定电压 $U_N=380V$,额定电流 $I_N=35A$,定、转子每相串联匝数和基波绕组因数为 $N_1=320$,$k_{dp1}=0.945$,$N_2=170$,$k_{dp2}=0.93$。求:

(1) 这台电机的电压变比 k_e 和电流变比 k_i;

(2) 若转子绕组开路,定子施加额定电压,求转子相电动势 E_2;

(3) 若转子堵转,定子接电源,当使定子电流为额定值时,求转子相电流 I_2(忽略励磁电流)。

解:(1) $k_e=\dfrac{N_1k_{dp1}}{N_2k_{dp2}}=\dfrac{320\times 0.945}{170\times 0.93}=1.913$

$$k_i=\frac{m_1N_1k_{dp1}}{m_2N_2k_{dp2}}=\frac{3\times 320\times 0.945}{3\times 170\times 0.93}=1.913$$

(2) 定子相电压 $U_1=U_N/\sqrt{3}=380/\sqrt{3}=220V$。若不计定子漏阻抗,则 $E'_2=E_1=U_1$,于是

$$E_2=E'_2/k_e=U_1/k_e=220/1.913=115V$$

(3) 忽略励磁电流时,$I'_2=I_1$,则

$$I_2=k_iI'_2=k_iI_1=k_iI_N=1.913\times 35=66.96A$$

14-8 一台三相绕线转子异步电机,定、转子绕组均为星形联结,额定电压 $U_N=380V$,当定子施加额定电压、转子绕组开路时,集电环上电压为 254V。已知定、转子参数为 $R_1=0.044\Omega$,$X_{\sigma 1}=0.54\Omega$,$R_2=0.027\Omega$,$X_{\sigma 2}=0.24\Omega$,忽略励磁电流,求:

(1) 该电机的电压变比 k_e 和电流变比 k_i;

(2) 定子施加额定电压、转子堵转时的转子相电流。

解:(1) $k_e=k_i=\dfrac{E_1}{E_2}\approx\dfrac{U_{1N\phi}}{U_2}=\dfrac{U_N/\sqrt{3}}{U_2}=\dfrac{380/\sqrt{3}}{254/\sqrt{3}}=1.496$

(2) 不计励磁电流,用等效电路计算转子相电流 I_2。

$$R'_2 = k_e k_i R_2 = 1.496^2 \times 0.027 = 0.06043\Omega$$

$$X'_{\sigma 2} = k_e k_i X_{\sigma 2} = 1.496^2 \times 0.24 = 0.5371\Omega$$

$$I'_2 = \frac{U_{1N\phi}}{\sqrt{(R_1 + R'_2)^2 + (X_{\sigma 1} + X'_{\sigma 2})^2}}$$

$$= \frac{380/\sqrt{3}}{\sqrt{(0.044 + 0.06043)^2 + (0.54 + 0.5371)^2}} = 202.7\text{A}$$

$$I_2 = k_i I'_2 = 1.496 \times 202.7 = 303.2\text{A}$$

提示：本题第(1)问，在求电压变比 k_e 时，忽略了转子绕组开路时的定子漏阻抗压降。第(2)问求的是堵转时的转子电流，由于堵转时的主磁通与转子开路时的有较大差别，即两种情况下的 E_2 值不同，因此不能直接用转子绕组开路时的集电环电压来计算 I_2，否则会得出 $I_2 = \dfrac{E_2}{\sqrt{R_2^2 + X_{\sigma 2}^2}} = \dfrac{254/\sqrt{3}}{\sqrt{0.027^2 + 0.24^2}} = 607.2\text{A}$ 的错误结果。

14-9　一台三相6极绕线转子异步电机，额定转速 $n_N = 980\text{r/min}$。当定子施加频率为50Hz的额定电压、转子绕组开路时，转子每相感应电动势为110V。已知转子堵转时的参数为 $R_2 = 0.1\Omega$，$X_{\sigma 2} = 0.5\Omega$，忽略定子漏阻抗的影响，求该电机额定运行时转子的相电动势 E_{2s}、相电流 I_{2s} 及其频率 f_2。

解：

$$n_1 = \frac{60 f_1}{p} = \frac{60 \times 50}{3} = 1000\text{r/min}$$

$$s_N = \frac{n_1 - n_N}{n_1} = \frac{1000 - 980}{1000} = 0.02$$

$$f_2 = s_N f_1 = 0.02 \times 50 = 1\text{Hz}$$

$$E_{2s} = s_N E_2 = 0.02 \times 110 = 2.2\text{V}$$

$$I_{2s} = \frac{E_{2s}}{\sqrt{R_2^2 + X_{\sigma 2s}^2}} = \frac{E_{2s}}{\sqrt{R_2^2 + (s_N X_{\sigma 2})^2}} = \frac{2.2}{\sqrt{0.1^2 + (0.02 \times 0.5)^2}}$$

$$= 21.89\text{A}$$

提示：本题之所以用转子绕组开路时的转子相电动势(=110V)来求额定运行时的 E_{2s}、I_{2s}，是因为题目中有"忽略定子漏阻抗的影响"这一假定条件。不计定子漏阻抗时，在任何情况下都有 $E'_2 = E_1 = U_1$，即在 U_1 一定时，E_2 的大小不变。

14-10　一台三相4极异步电动机的数据如下：额定电压 $U_N = 380\text{V}$，额定转速 $n_N = 1440\text{r/min}$，定子绕组为D联结，定、转子漏阻抗为 $Z_1 = Z'_2 = (0.4 + \text{j}2)\Omega$，励磁阻抗为 $Z_m = (4.6 + \text{j}48)\Omega$。

(1) 求额定转差率 s_N；

(2) 用T型等效电路求额定运行时的定子电流 I_{1N}、转子电流 I'_2、励磁电流 I_0 和功率因数 $\cos\varphi_N$。

解：(1) $n_1 = 1500\text{r/min}$，$s_N = \dfrac{n_1 - n_N}{n_1} = \dfrac{1500 - 1440}{1500} = 0.04$

(2) T型等效电路中转子回路每相阻抗为

$$Z'_r = \frac{R'_2}{s_N} + jX'_{\sigma 2} = \frac{0.4}{0.04} + j2 = 10 + j2 = 10.2\angle 11.31^\circ \Omega$$

$$Z_m = 4.6 + j48 = 48.22\angle 84.53^\circ \Omega$$

Z'_r 与励磁阻抗 Z_m 的并联阻抗为

$$\frac{Z'_r Z_m}{Z'_r + Z_m} = \frac{10.2\angle 11.31^\circ \times 48.22\angle 84.53^\circ}{10 + j2 + 4.6 + j48} = 9.443\angle 22.12^\circ$$

$$= (8.748 + j3.556)\Omega$$

从定子侧看的总阻抗为

$$Z = Z_1 + \frac{Z'_r Z_m}{Z'_r + Z_m} = 0.4 + j2 + 8.748 + j3.556 = 9.148 + j5.556 = 10.7\angle 31.27^\circ \Omega$$

以定子相电压为参考相量，即$\dot{U}_1 = U_N\angle 0^\circ = 380\angle 0^\circ V$，则定子相电流为

$$\dot{I}_1 = \frac{\dot{U}_1}{Z} = \frac{380\angle 0^\circ}{10.7\angle 31.27^\circ} = 35.51\angle -31.27^\circ A$$

定子额定电流(线电流)为

$$I_{1N} = \sqrt{3} I_1 = \sqrt{3} \times 35.51 = 61.51A$$

定子相电动势和转子相电动势折合值为

$$E_1 = E'_2 = |-\dot{U}_1 + \dot{I}_1 Z_1| = |-380 + 35.51\angle -31.27^\circ \times (0.4 + j2)| = 335.3V$$

转子相电流折合值和每相励磁电流分别为

$$I'_2 = \frac{E'_2}{|Z'_r|} = \frac{335.3}{10.2} = 32.87A, \quad I_0 = \frac{E_1}{|Z_m|} = \frac{335.3}{48.22} = 6.954A$$

额定功率因数为

$$\cos\varphi_N = \cos 31.27^\circ = 0.8547 \quad (\text{滞后})$$

14-11 上题中的三相异步电动机，试用简化等效电路计算定子额定电流 I_{1N} 和额定功率因数 $\cos\varphi_N$，并与上题的计算结果进行比较。

解：仍以定子相电压为参考相量，即$\dot{U}_1 = 380\angle 0^\circ V$，则

$$\dot{I}'_2 = \frac{-\dot{U}_1}{\left(R_1 + \frac{R'_2}{s_N}\right) + j(X_{\sigma 1} + X'_{\sigma 2})} = \frac{-380}{\left(0.4 + \frac{0.4}{0.04}\right) + j(2 + 2)} = -34.1\angle -21.04^\circ A$$

$$\dot{I}'_0 = \frac{\dot{U}_1}{(R_1 + R_m) + j(X_{\sigma 1} + X_m)} = \frac{380}{(0.4 + 4.6) + j(2 + 48)} = 7.562\angle -84.29^\circ A$$

$$\dot{I}_1 = \dot{I}'_0 - \dot{I}'_2 = 7.562\angle -84.29^\circ + 34.1\angle -21.04^\circ = 38.11\angle -31.25^\circ A$$

$$I_{1N} = \sqrt{3} I_1 = \sqrt{3} \times 38.11 = 66.01A$$

$$\cos\varphi_N = \cos 31.25^\circ = 0.8549 \ (\text{滞后})$$

可见，两种方法求得的 $\cos\varphi_N$ 一致，但简化等效电路求得的 I_{1N} 值要偏大一些。

14-12 若异步电机转子电阻 R_2 不是常数，而是频率的函数，假设 $R_2 = \sqrt{s} R_a$（R_a 为已知常数），求频率折合后的转子每相等效阻抗。

解：频率折合后的转子每相等效阻抗应为$\left(\frac{\sqrt{s}}{s} R_a + jX_{\sigma 2}\right)$。

14-13 一台三相绕线转子异步电机，定子绕组接在三相对称电源上。今用一台原动机拖动此异步电机转子，使其转速 n 超过同步转速 n_1，且 n 与 n_1 转向相同。已知定子漏阻抗 $Z_1=R_1+\mathrm{j}X_{\sigma1}$，转子不转时漏阻抗 $Z_2=R_2+\mathrm{j}X_{\sigma2}$。

(1) 求气隙磁通密度 $\boldsymbol{B}_\delta$ 在定、转子绕组中感应电动势的频率和定、转子绕组感应电动势的相序；

(2) 画出转子的时空相矢量图；

(3) 把转子基波磁动势矢量 $\boldsymbol{F}_2$ 画在定子的空间矢量图上，作出定子的时空相矢量图；

(4) 作用在转子上的电磁转矩是拖动转矩还是制动转矩？

(5) 分析电磁功率的流动方向，并据此判断电机的运行状态。

解：(1) 设气隙磁通密度 $\boldsymbol{B}_\delta$ 以同步转速 n_1 相对定子沿逆时针方向旋转，则 $\boldsymbol{B}_\delta$ 在定子三相绕组中感应电动势的频率为 $f_1=\dfrac{pn_1}{60}$（p 为极对数），相序为正序。由于 $n>n_1$，因此 $\boldsymbol{B}_\delta$ 相对转子绕组沿顺时针方向旋转，则转子三相绕组感应电动势的相序与定子的相反，即为负序。$\boldsymbol{B}_\delta$ 在转子绕组中感应电动势的频率为 $f_2=|s|f_1$，其中转差率 $s=\dfrac{n_1-n}{n_1}<0$。

(2) 转子的时空相矢量图如图14-8(a)所示。画图时，应注意此时转子电动势的相序与定子的相反(负序)，因此各矢量和相量在图中都沿顺时针方向旋转。由于 $+A_2$ 轴与 $+\mathrm{j}$ 轴重合，因此 $\dot{\Psi}_2$ 与 $\boldsymbol{B}_\delta$ 重合，$\dot{E}_{2s}$ 滞后 $\dot{\Psi}_2$ $90°$，$\dot{I}_{2s}$ 滞后 $\dot{E}_{2s}$ 的角度为 $\varphi_2=\arctan(sX_{\sigma2}/R_2)$，$\boldsymbol{F}_2$ 与 $\dot{I}_{2s}$ 重合，$\omega_2=2\pi f_2$。

(3) 定子的时空相矢量图如图14-8(b)所示(采用电动机惯例)。作图步骤是：

① 将 $+A_1$ 轴与 $+\mathrm{j}$ 轴重合，画矢量 $\boldsymbol{B}_\delta$。为了方便，将 $\boldsymbol{B}_\delta$ 画在水平位置。$\boldsymbol{B}_\delta$ 相对定子即相对 $+A_1$ 轴以同步电转速 $\omega_1=2\pi f_1$ 旋转。

② 根据转子时空相矢量图中 $\boldsymbol{F}_2$ 与 $\boldsymbol{B}_\delta$ 的相对位置关系，可在图中画出 $\boldsymbol{F}_2$。$\boldsymbol{F}_2$ 与 $\boldsymbol{B}_\delta$ 的空间相对位置取决于 φ_2，是不变的；二者相对转子旋转的电角速度为 $\omega_2=s\omega_1$，相对定子旋转的电角速度为 ω_1。

③ 画励磁磁动势矢量 $\boldsymbol{F}_0$。考虑铁耗时，$\boldsymbol{F}_0$ 超前 $\boldsymbol{B}_\delta$ 一个小的角度。

④ 根据 $\boldsymbol{F}_1=\boldsymbol{F}_0-\boldsymbol{F}_2$，画出定子磁动势矢量 $\boldsymbol{F}_1$。至此，定子空间矢量图已完成。

⑤ 画时间相量 $\dot{E}_1$ 和 $\dot{I}_1$、$\dot{I}_0$。其中，$\dot{E}_1$ 滞后 $\boldsymbol{B}_\delta 90°$；$\dot{I}_1$、$\dot{I}_0$ 分别与 $\boldsymbol{F}_1$、$\boldsymbol{F}_0$ 重合。

⑥ 根据 $\dot{U}_1=-\dot{E}_1+\dot{I}_1(R_1+\mathrm{j}X_{\sigma1})$，画出 $\dot{U}_1$。至此，定子时间相量图完成。

(4) $\boldsymbol{B}_\delta$ 对转子的作用即对转子磁动势 $\boldsymbol{F}_2$ 的作用，是试图使 $\boldsymbol{F}_2$ 和 $\boldsymbol{B}_\delta$ 方向一致。从矢量图可知，产生的电磁转矩是顺时针方向，与转子转向相反，是制动转矩。

(5) 电磁功率 P_{em} 为 $\dot{E}'_2$ 与 $\dot{I}'_2$ 的点积，即 $P_{em}=\dot{E}'_2\cdot\dot{I}'_2=\dot{E}_1\cdot\dot{I}'_2$。在时空相矢量图中画出与 $\boldsymbol{F}_2$ 重合的 $\dot{I}'_2$，可见 $\dot{E}_1$ 与 $\dot{I}'_2$ 间的夹角大于 $90°$，因此点积为负值，说明 P_{em} 实际上是从转子传递到定子。这与运行于电动机状态时正好相反，即电机此时运行于发电机状态。同时，从相量图可看到，$\dot{I}_1$ 滞后 $\dot{U}_1$ 的角度大于 $90°$，因此定子输入的有功功率为负值，即实际上定子输出电功率，与发电机状态相符合。

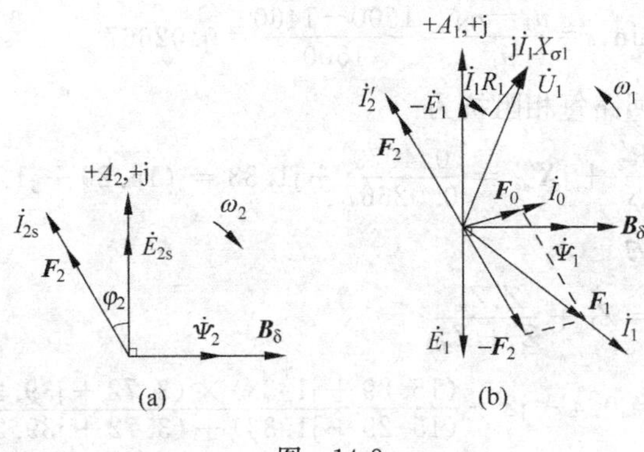

图 14-8

14-14 一台三相笼型异步电动机的数据如下：$P_N=10\text{kW}$，$f_1=50\text{Hz}$，$2p=4$，$U_N=220\text{V}/380\text{V}$（D/Y 联结），定子绕组每相串联匝数 $N_1=114$，基波绕组因数 $k_{dp1}=0.902$，$R_1=0.488\Omega$，$X_{\sigma1}=1.2\Omega$，$R_m=3.72\Omega$，$X_m=39.2\Omega$，转子槽数 $Q_2=42$，每根导条包括端环部分的电阻 $R_2=0.135\times10^{-3}\Omega$，漏电抗 $X_{\sigma2}=0.44\times10^{-3}\Omega$。

(1) 画出该电动机的等效电路，并标明各参数的数值；

(2) 计算空载时的相电流（可认为 $s\approx0$）；

(3) 当定子施加额定电压，$n=1460\text{r/min}$ 时，定子相电流是多少？

解：(1) $m_2=Q_2=42$，$N_2=\dfrac{1}{2}$，$k_{dp2}=1$，则有

$$k_e=\frac{N_1k_{dp1}}{N_2k_{dp2}}=\frac{114\times0.902}{\frac{1}{2}\times1}=205.7$$

$$k_i=\frac{m_1N_1k_{dp1}}{m_2N_2k_{dp2}}=\frac{3\times114\times0.902}{42\times\frac{1}{2}\times1}=14.69$$

$$R'_2=k_ek_iR_2=205.7\times14.69\times0.135\times10^{-3}=0.4079\Omega$$

$$X'_{\sigma2}=k_ek_iX_{\sigma2}=205.7\times14.69\times0.44\times10^{-3}=1.33\Omega$$

折合到定子侧的一相等效电路及其参数值如图 14-9 所示。

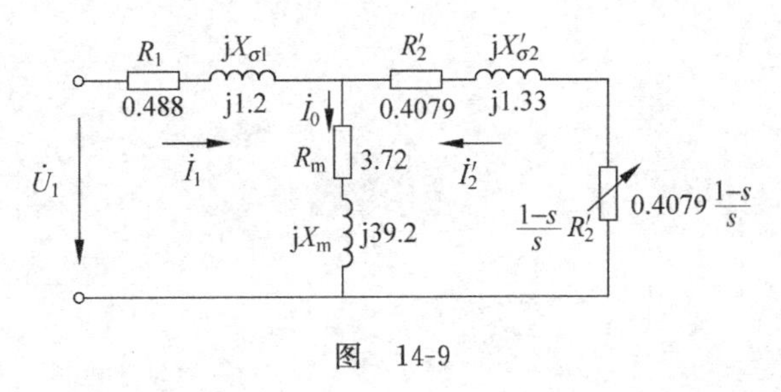

图 14-9

(2) $s\approx0$ 时，空载相电流 I_0 为

$$I_0=\frac{U_1}{|(R_1+R_m)+\text{j}(X_{\sigma1}+X_m)|}=\frac{220}{|(0.488+3.72)+\text{j}(1.2+39.2)|}=5.416\text{A}$$

(3) $n_1=1500\text{r/min}, s=\dfrac{n_1-n_N}{n_1}=\dfrac{1500-1460}{1500}=0.02667$

T 型等效电路中转子回路每相阻抗为

$$Z'_r=\frac{R'_2}{s}+jX'_{\sigma 2}=\frac{0.4079}{0.02667}+j1.33=(15.29+j1.33)\Omega$$

从定子侧看的总阻抗为

$$\begin{aligned}Z&=Z_1+\frac{Z'_r Z_m}{Z'_r+Z_m}\\&=0.4+j2+\frac{(15.29+j1.33)\times(3.72+j39.2)}{(15.29+j1.33)+(3.72+j39.2)}\\&=14.79\angle 31.08^\circ\Omega\end{aligned}$$

定子相电流为

$$I_1=\frac{U_1}{|Z|}=\frac{220}{14.79}=14.87\text{A}$$

第 15 章　三相异步电动机的功率、转矩和运行特性

15.1　知 识 结 构

15.1.1　主要知识点

1. 三相异步电动机的功率与转矩关系

(1) 三相异步电动机的损耗及其产生原因

① 不变损耗：铁耗 p_{Fe}，机械损耗 p_m。

② 可变损耗：定子铜耗 p_{Cu1}，转子铜耗 p_{Cu2}，附加损耗 p_{ad}。

(2) 功率平衡关系

① 功率平衡方程式与功率流程图

$$P_1 = P_{em} + p_{Cu1} + p_{Fe}, \quad P_{em} = P_m + p_{Cu2}, \quad P_m = P_2 + p_m + p_{ad}$$

其中，P_1 为输入功率，P_{em} 为电磁功率，P_m 为机械功率，P_2 为输出功率。

② 功率表达式(用等效电路中的量与参数表示，m_1 为定子相数)

$$P_1 = m_1 U_1 I_1 \cos\varphi_1, \quad P_{em} = m_1 I_2'^2 \frac{R'_2}{s} = m_1 E'_2 I'_2 \cos\varphi_2, \quad P_m = m_1 I_2'^2 \frac{1-s}{s} R'_2,$$

$$p_{Cu1} = m_1 I_1^2 R_1, \quad p_{Cu2} = m_1 I_2'^2 R'_2 = m_2 I_2^2 R_2, \quad p_{Fe} = m_1 I_0^2 R_m$$

注意：式中的电压、电动势、电流均为相值。

③ 转子侧功率关系

$$P_{em} : P_m : p_{Cu2} = 1 : (1-s) : s。$$

(3) 转矩平衡关系

$$T = T_2 + T_0$$

(4) 功率与转矩的关系

$$T = \frac{P_{em}}{\Omega_1} = \frac{P_m}{\Omega}, \quad T_2 = \frac{P_2}{\Omega}, \quad T_0 = \frac{p_m + p_{ad}}{\Omega}$$

其中，$\Omega_1 = \frac{2\pi n_1}{60} = \frac{2\pi f_1}{p}$，$\Omega = \frac{2\pi n}{60} = (1-s)\Omega_1$。

2. 三相异步电动机的机械特性

(1) 机械特性的一般表达式

$$T = C_T \Phi_m I_2 \cos\varphi_2$$

此式主要用于定性分析电磁转矩的变化趋势。

(2) 机械特性的参数表达式

$$T=\frac{3pU_1^2\frac{R'_2}{s}}{2\pi f_1\left[\left(R_1+c\frac{R'_2}{s}\right)^2+(X_{\sigma1}+cX'_{\sigma2})^2\right]}$$

该式主要用于定量计算(已知参数和运行条件时)。

(3) 固有机械特性与人为机械特性

① 固有机械特性 $T=f(s)$曲线的基本特点。其中,过载能力 k_m 和堵转转矩倍数 k_{st}、堵转电流倍数 k_{si}都是三相异步电动机的重要性能指标。

② 堵转转矩 T_s、最大转矩 T_m、临界转差率 s_m 与定子电压、频率及参数的关系。根据这些关系,可在固有机械特性的基础上得到人为机械特性。

3. 三相异步电动机的工作特性

工作特性:在额定电压和额定频率下,n、T、I_1、$\cos\varphi_1$、$\eta=f(P_2)$的特性。应理解并学会定性分析各量随 P_2 变化的趋势。

异步电动机应尽量运行于额定或接近额定的工况,以使其 $\cos\varphi_1$ 和 η 较高;不宜在空载或轻载工况下长期运行。

4. 三相异步电动机参数的测定

两个试验:堵转试验,空载试验。试验目的、试验方法和参数计算参见教材。

15.1.2　知识关联图

三相异步电动机的功率、转矩关系与运行特性

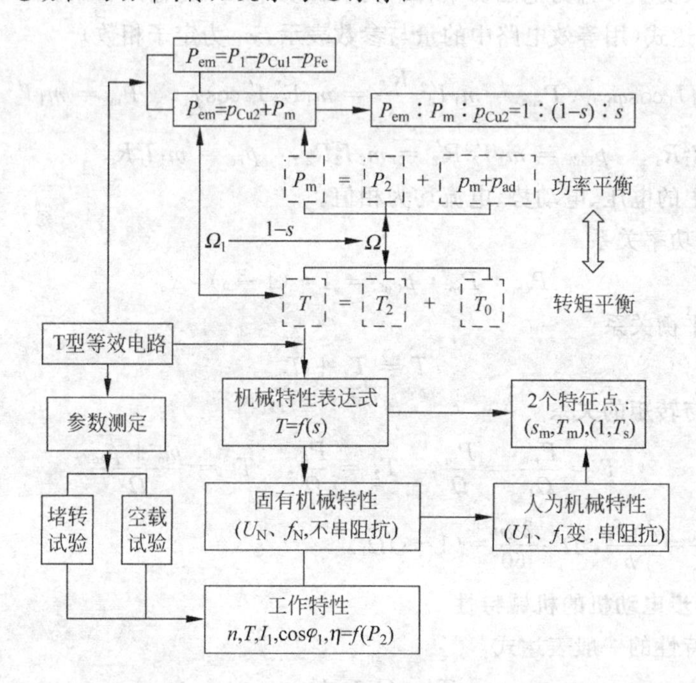

15.2 重点与难点

1. 功率与转矩关系

(1) 应深入理解和牢固掌握：三相异步电动机的功率平衡关系、转矩平衡关系以及功率与转矩间的对应关系；输入功率 P_1、电磁功率 P_{em}、机械功率 P_m和定、转子铜耗 p_{Cu1}、p_{Cu2}以及铁耗 p_{Fe}与 T 型等效电路中有关物理量和参数的联系及其表达式。

(2) 应能灵活应用以下重要关系式进行定性分析和定量计算：

$$P_{em}=T\Omega_1=m_1I_2'^2\frac{R_2'}{s}=m_1E_2'I_2'\cos\varphi_2=m_2E_2I_2\cos\varphi_2$$

$$P_m=T\Omega=(1-s)P_{em}=m_1I_2'^2\frac{1-s}{s}R_2',\quad p_{Cu2}=m_1I_2'^2R_2'=m_2I_2^2R_2=sP_{em}$$

2. 机械特性

机械特性是异步电动机最重要的特性，是分析电机运行性能的重要依据。应牢固掌握电磁转矩 T 与电机内部物理量 Φ_m、I_2、$\cos\varphi_2$ 的关系($T=C_T\Phi_mI_2\cos\varphi_2$)，电磁转矩 T 与转差率 s 的关系(固有机械特性)，电磁转矩 T 与电机运行条件(U_1、f_1)以及电机参数的关系(人为机械特性)。这些关系对于分析电机的稳态运行、起动、调速等工况下的性能以及运行稳定性都是很重要的。

(1) 机械特性的特点

机械特性 $T=f(s)$曲线以堵转点$(1,T_s)$和最大转矩点(s_m,T_m)为主要特征点，只要能够确定这两个点的位置，就可以基本确定曲线 $T=f(s)$的形状。因此，应掌握堵转转矩 T_s、最大转矩 T_m 和临界转差率 s_m 随定子电压 U_1、定子频率 f_1 和参数(主要是 R_2、$X_{\sigma1}$、$X_{\sigma2}$)变化的规律，这样就能在已知固有机械特性的条件下定性地得到人为机械特性。

可利用人为机械特性来定性分析电动机运行条件或参数变化后转速的变化情况。

(2) 几个重要结论

① 堵转转矩 T_s、最大转矩 T_m 与电压 U_1 的平方成正比，与频率 f_1 成反比；

② 漏电抗$(X_{\sigma1}+X'_{\sigma2})$增大，$T_s$、$T_m$ 都减小；

③ T_m 与转子电阻 R_2 无关，临界转差率 s_m 与 R_2 成正比；

④ 适当增大 R_2，可使 T_s 增大，但 R_2 过大时 T_s 反而减小。

注意：R_2 应理解为转子一相回路的总电阻(包括绕组电阻和附加电阻)。

3. 负载变化引起的各物理量变化情况

应学会利用有关物理概念或机械特性来定性分析三相异步电动机在运行条件变化时转速、电流等物理量的变化情况。下面对负载变化这一最基本的情况予以分析说明。

首先应明确：三相异步电动机定子施加额定电压运行时，转速 n 或转差率 s 的变化取决于转矩平衡关系。以负载增大为例，当异步电动机的机械负载增大，即制动性的负载转矩增加时，转速 n 降低，即转差率 s 增大。之后的相关变化情况分析如下：

在正常负载范围内(从空载到额定负载)，虽然转子漏电抗 $X_{\sigma2s}$和转子功率因数角(阻抗角)φ_2 都随 s 增大而增大，但由于转差率 s 很小(通常不超过 0.05)，转子频率 f_2 很低，

因此 $R_2 \gg X_{\sigma 2s}$，转子回路基本上呈电阻性质，转子漏阻抗 $|R_2+jX_{\sigma 2s}|$ 值基本不变，转子功率因数 $\cos\varphi_2 \approx 1$ 且变化很小；同时，定子电压 U_1 一定时（频率 f_1 一定），主磁通 Φ_m 基本不变。所以，s 增大引起转子电动势 E_{2s} 增加（因 $E_{2s}=sE_2$，$E_2 \propto f_1\Phi_m$），使转子电流 I_{2s} 增大（因 $I_{2s}=I_2=E_{2s}/|R_2+jX_{\sigma 2s}|$），即转子电流有功分量增大。这一方面使电磁转矩 T 增大（因 $T=C_T\Phi_m I_2\cos\varphi_2$），从而与增大了的负载转矩在降低了的转速下实现新的平衡；另一方面，根据磁动势平衡关系可知，定子电流有功分量会随转子有功电流的增加而增大，因此电动机定子输入电功率增加，从而实现了新的功率平衡。

以上分析说明，三相异步电动机正常负载稳态运行时，定、转子电流的大小取决于转差率 s，转差率 s 的大小则取决于机械负载转矩。

15.3　练习题解答

15-1-1　三相异步电动机运行时，内部有哪些损耗？当电动机从空载到额定负载运行时，这些损耗中的哪些基本不变？哪些是随负载变化的？

答：一般的三相异步电动机正常运行时，内部损耗有：定子绕组铜耗、转子绕组铜耗、定子铁耗、机械损耗和附加损耗。当电动机从空载到额定负载运行时，由于主磁通大小基本不变，因此铁耗基本不变；由于转速变化很小，因此机械损耗基本不变；其他损耗则随负载变化而变化。

15-1-2　三相异步电动机铭牌上的额定功率指的是什么功率？额定运行时的电磁功率、机械功率和转子铜耗间有何数量关系？当定子接电源、转子堵转时，电动机是否还有电磁功率、机械功率或电磁转矩？

答：三相异步电动机铭牌上的额定功率指的是在额定工况下转轴输出的机械功率。额定运行时，电磁功率 P_{em}、机械功率 P_m 和转子铜耗 p_{Cu2} 间的数量关系为

$$P_{em} : P_m : p_{Cu2} = 1 : (1-s) : s$$

转子堵转时，由于转速 $n=0$，因此 $P_m=0$。但电机有电磁功率，$P_{em}=p_{Cu2}$；也有电磁转矩 T，$T=P_{em}/\Omega_1$，即堵转转矩（$\Omega_1=2\pi n/60$，为同步机械角速度）。

15-1-3　为什么三相异步电动机正常运行时的转差率一般都很小？

答：由于转子铜耗 $p_{Cu2}=sP_{em}$，因此当电磁功率 P_{em} 一定时，s 越大，则 p_{Cu2} 越大，机械功率 $P_m=P_{em}-p_{Cu2}$ 越小，电动机效率越低。所以，为了减小损耗、提高效率，三相异步电动机正常运行时的转差率一般都很小。

15-1-4　一台三相异步电机运行时，转差率为0.03，输入功率为60kW，定子总损耗 $p_{Fe}+p_{Cu1}=1\text{kW}$。求该电机的电磁功率、机械功率和转子铜耗。

解：电磁功率　$P_{em}=P_1-(p_{Fe}+p_{Cu1})=60-1=59\text{kW}$

机械功率　$P_m=(1-s)P_{em}=(1-0.03)\times 59=57.23\text{kW}$

转子铜耗　$p_{Cu2}=sP_{em}=0.03\times 59=1.77\text{kW}$

15-2-1　一台三相 p 对极异步电动机接在额定频率为 f_1 的电网上稳态运行时，电磁功率为 P_{em}，机械功率为 P_m，输出功率为 P_2，转速为 n，则此时其电磁转矩 $T=$ ________ 或 ________，输出转矩 $T_2=$ ________，空载转矩 $T_0=$ ________，转子铜耗 $p_{Cu2}=$ ________。

答：$T=\frac{pP_{em}}{2\pi f_1}$或$\frac{60P_m}{2\pi n}$，$T_2=\frac{60P_2}{2\pi n}$，$T_0=\frac{60(P_m-P_2)}{2\pi n}$，$p_{Cu2}=P_{em}-P_m$。

15-2-2 一台原设计在50Hz电源上运行的三相异步电动机，现改用在电压相同、频率为60Hz的电网上，问该电动机的堵转转矩、堵转电流和最大转矩如何变化？

答：因频率升高，故堵转转矩、堵转电流和最大转矩都减小。

15-2-3 一台三相异步电动机，如果(1)转子电阻加倍，(2)定子电阻加倍，(3)定、转子漏电抗加倍，分别对最大转矩和堵转时的电磁转矩有什么影响？

答：(1) 若转子电阻加倍，则最大转矩不变，堵转时的电磁转矩增大。

(2) 若定子电阻加倍，则最大转矩和堵转时的电磁转矩都减小。

(3) 若定、转子漏电抗加倍，则最大转矩和堵转时的电磁转矩都明显减小。

15-2-4 已知三相异步电动机的固有机械特性，应怎样画出降低定子电压后的人为机械特性？

答：降低定子电压后，最大转矩减小，与最大转矩相对应的临界转差率不变，堵转时的电磁转矩减小，据此可画出人为机械特性。

15-3-1 三相异步电动机工作特性中的转速调整特性$n=f(P_2)$和电磁转矩特性$T=f(P_2)$，也可以分别改用转差率特性$s=f(P_2)$和输出转矩特性$T_2=f(P_2)$来表示。$s=f(P_2)$和$T_2=f(P_2)$曲线的变化规律分别是怎样的？

答：当同步转速n_1一定时，转差率s随转速n的变化而变化，二者间存在线性关系，即$s=1-n/n_1$。P_2增大，n降低，s增大；从空载到额定负载，n和s都变化较小。因此，$s=f(P_2)$是一条略为上翘的曲线。

输出转矩$T_2=T-T_0$。从空载到额定负载，空载转矩T_0基本不变，因此，$T_2=f(P_2)$是一条过原点、与$T=f(P_2)$变化规律相同、基本上等间距的曲线。

15-3-2 三相异步电动机稳态运行时，若转子功率因数$\cos\varphi_2$高，定子功率因数$\cos\varphi_1$是否一定高？为什么？反之，$\cos\varphi_2$低时，$\cos\varphi_1$也一定低吗？

答：本题实际上是要分析三相异步电动机不同工况下定、转子功率因数的变化情况。

三相异步电动机定子施加额定电压，在空载运行时，因$s\approx0$，故$\cos\varphi_2$很高($\cos\varphi_2\approx1$)，但由于$I_{2s}\approx0$，因此定子电流基本上是励磁所需的电感性无功电流，$\cos\varphi_1$很低。随着负载增大，转差率s逐渐增大，$\cos\varphi_2$逐渐降低，$\cos\varphi_1$迅速升高。这是由于I_{2s}(主要是有功电流分量)增大较多的缘故。与空载时相比，额定负载时$\cos\varphi_2$有所减小，但$\cos\varphi_1$升高到额定值。当负载进一步增大，使$\cos\varphi_2$降低较多时，$\cos\varphi_1$又会随之降低。在堵转时(转子不串附加电阻)，$\cos\varphi_2$较低，$\cos\varphi_1$也较低(三种情况下定、转子功率因数的比较参见思考题14-11的解答)。总之，从变化趋势上看，$\cos\varphi_2$升高或降低时，$\cos\varphi_1$不一定随之升高或降低；而从数值大小上看，$\cos\varphi_2$高时$\cos\varphi_1$不一定高，$\cos\varphi_2$低时$\cos\varphi_1$通常也低。

15-3-3 什么是三相异步电动机的不变损耗和可变损耗？不变损耗是不会变化的吗？

答：三相异步电动机的铁耗p_{Fe}和机械损耗p_m统称为不变损耗，定、转子铜耗p_{Cu1}、p_{Cu2}和附加损耗p_{ad}统称为可变损耗。

不变损耗也是会变化的。当异步电动机的负载在正常范围内变化时(从空载到额定负载)，主磁通的大小和转速都有一些变化，因此 p_{Fe} 和 p_m 也有很小的变化。如果定子电压改变或转速有较大变化，则 p_{Fe} 和 p_m 会发生较大的变化。之所以称其为不变损耗，是针对异步电动机在额定电压下正常运行的工况而言的。此时，p_{Fe} 和 p_m 虽然也变化，但变化很小，相对于随负载变化而大幅变化的其他损耗来说，可看做是不变的。

15-4-1 三相异步电动机在额定电压下堵转和空载运行时，分别主要有哪些损耗？哪些损耗通常可以忽略不计？

答：三相异步电动机在额定电压下堵转运行时，主磁通 Φ_m 约减至额定运行时的一半，因此铁耗 p_{Fe} 约减为额定运行时的1/4；而定、转子电流分别约增大为额定时的5～7倍，定、转子铜耗增大至额定时的几十倍；机械损耗 $p_m=0$，附加损耗 p_{ad} 较小。所以，此时的主要损耗是定、转子铜耗。相对而言，其他损耗可以忽略不计。

三相异步电动机在额定电压下空载运行时，铁耗 p_{Fe}、机械损耗 p_m 都与额定运行时的基本相同；定子电流约为其额定值的20%～50%，即定子铜耗 p_{Cu1} 一般在额定时的1/4以下；转子铜耗 $p_{Cu2}\approx 0$，附加损耗 p_{ad} 很小。所以，此时的主要损耗是铁耗 p_{Fe}、机械损耗 p_m 和定子铜耗 p_{Cu1}。相对而言，p_{Cu2} 和 p_{ad} 可以忽略不计。

15-4-2 在进行三相异步电动机的空载试验时，把定子电压降低，若使转速发生明显变化，则与转速没有明显变化时相比，电动机哪些量的大小也发生了明显变化？

答：转速发生明显变化，即转速明显降低后，转差率 s 明显增大，使转子电动势 E_{2s} 增大，导致转子电流 I_{2s} 明显增大，从而定子电流 I_1 也明显增大。

15.4 思考题解答

15-1 三相异步电动机定子铁耗和转子铁耗的大小与什么有关？只要定子电压不变，定子铁耗和转子铁耗的大小就基本不变吗？

答：定子铁耗和转子铁耗的大小都与其铁心中的磁通密度和频率有关。三相异步电动机在额定电压下正常运行(转速不低于额定转速 n_N)时，由于定子频率不变，主磁通大小基本不变，因此定子铁耗基本不变。由于此时转子频率很低，因此转子铁耗通常忽略不计。电机在额定电压下运行时，如果转速较低，例如转速被调节得较低或者处于过载、堵转等非正常运行状况时，则由于主磁通大小或者转子频率发生了较大变化，因此定子铁耗或转子铁耗会发生较大的变化。

15-2 如果某异步电机的转子电阻 R_2 不是常数，而是频率的函数，设 $R_2=\sqrt{s}\,R$(R 为已知常数)，试找出该电机的电磁功率、机械功率和转子铜耗之间的关系。

答：经频率折合和绕组折合后，转子一相回路阻抗为 $\frac{\sqrt{s}R'}{s}+\mathrm{j}X'_{\sigma2}$，转子相电流为 $\dot{I}'_2=\dot{E}'_2\Big/\left(\frac{\sqrt{s}R'}{s}+\mathrm{j}X'_{\sigma2}\right)$。电磁功率 $P_{em}=m_1I'^2_2R'\frac{\sqrt{s}}{s}$，转子铜耗 $p_{Cu2}=m_1I'^2_2R'\sqrt{s}$，所以 $p_{Cu2}=sP_{em}$。机械功率 $P_m=P_{em}-p_{Cu2}=(1-s)P_{em}$，即此时电磁功率、机械功率和转子铜耗之间的关系与 R_2 是常数时的相同。

15-3 一台三相绕线转子异步电机与一台同步电机同轴联结，两台电机的定子都接到 50Hz 的电源上，从异步电机的集电环上引出三相电作为电源输出。两台电机定子接到电源的相序未知，若(a)异步电机为 4 极，同步电机为 8 极；(b)异步电机为 8 极，同步电机为 4 极。

(1) 求异步电机转子输出三相电流的频率，其相序是否与定子的相序相同?

(2) 分析异步电机中电磁功率的传递方向。

解：(1) 异步电机的同步转速 n_1 由其极数决定，采用 4 极时 $n_1=1500\text{r/min}$，采用 8 极时 $n_1=750\text{r/min}$。由于两台电机同轴相联，因此异步电机转子转速 n 的大小等于同步电机的同步转速。由于两台电机定子的相序未知，因此 n 与 n_1 可能同向，也可能反向。这样，当同步电机为 4 极时，$n=1500\text{r/min}$(n 与 n_1 同向)或 -1500r/min(n 与 n_1 反向)；为 8 极时，$n=750\text{r/min}$ 或 -750r/min。由 n_1、n 的值可求得转差率 s，转子电流频率 $f_2=sf_1$。$s>0$ 和 $s<0$ 时，转子电流相序分别与定子的相同和相反。

(2) 异步电机的电磁功率 $P_{em}=p_{Cu2}/s$。若 $s>0$，则电磁功率传递方向为从定子到转子；若$s<0$，则电磁功率从转子传递到定子。此外，机械功率 $P_m=(1-s)P_{em}$，$P_m>0$ 和 $P_m<0$ 时，机械功率分别为从转轴输出和输入。

以上不同情况的分析结果归纳如下表所示。

极　数	$n_1/(\text{r}\cdot\text{min}^{-1})$	$n/(\text{r}\cdot\text{min}^{-1})$	s	f_2/Hz	转子相序	P_{em} 方向	P_m
异步电机为 4 同步电机为 8	1500	750	0.5	25	与定子相同	定子→转子	>0
		-750	1.5	75	与定子相同	定子→转子	<0
异步电机为 8 同步电机为 4	750	1500	-1	50	与定子相反	转子→定子	<0
		-1500	3	150	与定子相同	定子→转子	<0

15-4 三相异步电动机产生电磁转矩的原因是什么? 从转子侧看，电磁转矩与电机内部的哪些量有关? 当定子外施电压和转差率不变时，电机的电磁转矩是否也不会改变? 是不是电机轴上的机械负载转矩越大，转差率就越大?

答：异步电动机产生电磁转矩的原因是载流导体在磁场中受到电磁力作用。从转子侧看，电磁转矩 T 与主磁通 Φ_m、转子相电流 I_2 以及转子功率因数 $\cos\varphi_2$ 成正比。

定子电压 U_1 和转差率 s 不变时(f_1 一定)，Φ_m、I_2 和 $\cos\varphi_2$ 都一定，电磁转矩 T 不变。

电压 U_1 一定时，电动机的负载转矩 T_L 越大，s 就越大。s 增大使转子电流 I_2 增大，从而 T 增大，与 T_L 相平衡。

15-5 试利用公式 $T=C_T\Phi_m I_2\cos\varphi_2$，对三相异步电动机 T-s 曲线的大致形状做出定性的解释。

答：先分别讨论 Φ_m、I_2、$\cos\varphi_2$ 随转差率 s 的变化情况，再总结出 T 与 s 的关系。

(1) 主磁通 Φ_m。当定子相电压 U_1 一定时，从空载到额定负载，s 很小且变化不大，定子相电动势 E_1 接近 U_1，因此 Φ_m 基本不变。随着 s 增大，定子电流 I_1 将增大，定子漏阻抗压降 $I_1|Z_1|$ 也随之增大，使 E_1 与 U_1 之差增大，Φ_m 减小。在堵转时($s=1$)，Φ_m 约减小到额定时的一半。

(2) 转子电流 I_2。转子相电流 $I_{2s}=\dfrac{E_{2s}}{\sqrt{R_2^2+X_{\sigma 2s}^2}}=I_2$。其中，转子每相电阻 R_2 是常

数，转子相电动势 E_{2s} 和每相漏电抗 $X_{\sigma 2s}$ 均与 s 成正比，E_{2s} 还与 Φ_m 成正比。当 s 很小时，转子频率 f_2 很低，$R_2 \gg X_{\sigma 2s}$，转子漏阻抗中 R_2 起主导作用，$\sqrt{R_2^2+X_{\sigma 2s}^2} \approx R_2$，且 Φ_m 基本不变，因此 I_2 随 s 的增大近似成正比增加。当 s 增大很多时，f_2 增大，$X_{\sigma 2s}$ 起主导作用，同时 Φ_m 趋于减小，因此 I_2 随 s 增大而增大的幅度减小，二者呈非线性关系。

(3) 转子功率因数 $\cos\varphi_2$。当 s 很小时，由于 $R_2 \gg X_{\sigma 2s}$，因此 $\cos\varphi_2 = \dfrac{R_2}{\sqrt{R_2^2+X_{\sigma 2s}^2}} \approx 1$。当 s 增大很多时，$X_{\sigma 2s}$ 增大，使 $\cos\varphi_2$ 减小。

由以上分析可见：当 s 很小时，由于 Φ_m 基本不变，$\cos\varphi_2 \approx 1$，I_2 近似与 s 成正比，因此 T 基本上与 s 成正比；当 s 较大时，Φ_m 和 $\cos\varphi_2$ 都减少得较多，I_2 增加得较少，因此 T 反而会随 s 的增加而减小。这说明，T 与 s 是非线性关系，T-s 曲线的大致形状是：T 先随 s 增大而近似成正比增大，在某一 s 值下有最大值，在此之后，T 随 s 的增大而减小。

15-6　三相异步电动机的定、转子绕组间没有电路联结，为什么负载转矩改变，定子电流会变化？

答：三相异步电动机的负载转矩在额定值以内变化时，主磁通 Φ_m 基本不变，因此，励磁磁动势 F_0 基本不变。当负载转矩增大时，电动机转速 n 降低，转差率 s 增大，转子绕组相对气隙磁场运动的速度增大，转子感应电动势 E_{2s} 和电流 I_{2s} 随之增大，转子磁动势 $\boldsymbol{F}_2$ 增大。根据磁动势平衡关系 $\boldsymbol{F}_1=\boldsymbol{F}_0+(-\boldsymbol{F}_2)$，可知 $\boldsymbol{F}_1$ 会随负载分量 $(-\boldsymbol{F}_2)$ 幅值的增大而增大，即定子电流 I_1 增大。通过磁动势平衡关系，尽管定、转子绕组间没有电路联结，定子电流也会随负载的变化而变化，定子输入电功率也相应地变化。

15-7　三相异步电动机堵转时的定子电流、电磁转矩与外施电压大小有什么关系？为什么电磁转矩随外施电压的平方而变化？

答：三相异步电动机堵转时的定子电流与定子外施电压成正比，堵转时的电磁转矩与外施电压大小的平方成正比。

电磁转矩与主磁通 Φ_m、转子相电流 I_2 及转子功率因数成正比。由于 Φ_m、I_2 都与电压成正比，因此电磁转矩与电压的平方成正比。换个角度看，电磁转矩等于电磁功率 P_{em} 除以同步机械角速度 Ω_1，而 P_{em} 与电压的平方成正比，所以电磁转矩与电压的平方成正比。

15-8　三相异步电动机能否拖动超过其额定电磁转矩的机械负载？三相异步电动机能否在最大转矩下长期运行？为什么？

答：三相异步电动机的最大转矩都大于其额定电磁转矩，因此，电动机能拖动超过其额定电磁转矩的机械负载。但是，额定电磁转矩是根据电动机长期连续运行温升的限制来确定的，负载转矩超过额定电磁转矩时，定、转子电流会超过其额定值，使电机损耗超过额定运行时的值，容易造成电机过热甚至因此而损坏。所以，通常只允许负载转矩短时超过额定值。

三相异步电动机不能在最大转矩下长期运行，因为：一方面，定、转子电流超过其额定值较多，电机可能因损耗过大而毁坏；另一方面，最大转矩处是电动机稳定运行的临界点，负载稍有增加，电动机就会减速直至停转。

15-9　对于三相绕线转子异步电动机，在转子回路串接电阻可以改善转子功率因数

$\cos\varphi_2$($\cos\varphi_2$ 增大),从而使堵转时的电磁转矩增加。对于三相笼型异步电动机,如果把电阻串接在定子回路中以改善功率因数,堵转时的电磁转矩能否提高?为什么?

答:笼型异步电动机定子回路串接电阻,会减小堵转时的定、转子电流和主磁通 Φ_m,而此时 $\cos\varphi_2$ 不变,因此,会使堵转时的电磁转矩减小(因 $T=C_T\Phi_m I_2\cos\varphi_2$)。

15-10 如图 15-1 所示,三相异步电动机的机械特性与恒转矩负载的机械特性(转矩大小不随转速变化)交于 A、B 两点(T_L 等于额定电磁转矩 T_N),与风机负载的机械特性(转矩近似与转速的平方成正比)交于 C 点。不计空载转矩,试问:在 A、B、C 三点中,电动机能在哪些点稳定运行?能在哪些点长期稳定运行?

答:在 B、C 点可以稳定运行,但仅在 B 点可以长期稳定运行。在 C 点,电磁转矩已超过其额定值,且转差率很大,这使定、转子铜耗比额定时增大很多。电动机长期运行在此工况下,可能会因过热而损坏。

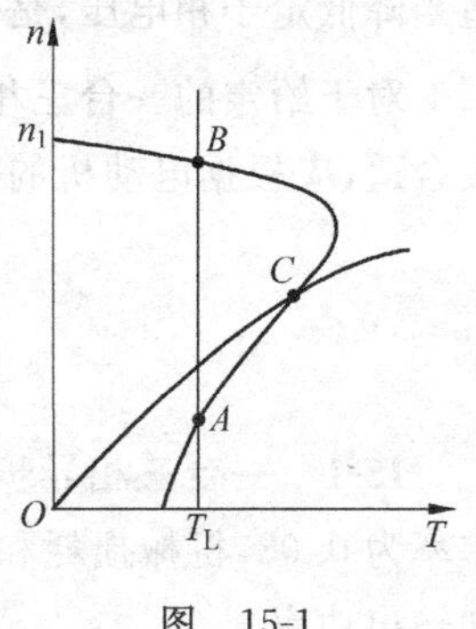

图 15-1

15-11 三相异步电动机运行时,若负载转矩不变而电源电压下降 10%,对电动机的同步转速 n_1、转速 n、主磁通 Φ_m、转子电流 I_{2s}、转子功率因数 $\cos\varphi_2$、定子电流 I_1、堵转时的电磁转矩、最大转矩 T_m 等有何影响?如果电动机的负载转矩为额定值,长期在低电压下运行,会有什么后果?

答:同步转速 $n_1=60f_1/p$,不受电源电压大小影响。电源电压降低时,主磁通 Φ_m 随之减小,使电磁转矩 T 减小,而负载转矩 T_L 未变,因此转子减速(即转速 n 降低),转差率 s 增大,转子功率因数 $\cos\varphi_2$ 下降。由于 T_L 不变,因此稳态时的电磁转矩 T 也不能变。因 $T=C_T\Phi_m I_2\cos\varphi_2$,而 Φ_m 和 $\cos\varphi_2$ 都减小,所以稳态时转子电流 $I_{2s}=I_2$ 要增大;相应地,定子电流 I_1 增大。由于电压降低 10%,因此堵转时的电磁转矩和最大转矩 T_m 都降至正常值的 81%。

如果电动机的负载转矩为额定值,则在额定电压下运行时定、转子电流均为额定值。若电动机长期在低电压下运行,则定、转子电流就会长期超过额定值,这会缩短电机的使用寿命,甚至会因过热而损坏电机。

提示:也可以利用定子电压降低后的人为机械特性来分析转差率 s 的变化情况。

15-12 三相异步电动机的性能指标主要有哪些?为什么电动机不宜在额定电压下长期欠载运行?

答:三相异步电动机的性能指标主要有额定效率、额定功率因数、最大转矩倍数(过载能力)、堵转转矩倍数和堵转电流倍数等。

三相异步电动机的效率和功率因数都随负载变化而变化。在负载大小等于或接近额定值时,效率和功率因数都较高。在额定电压下轻载运行时,输出有功功率小,虽然定、转子电流较小,铜耗较小,但是铁耗和机械损耗基本不变,相对较大,因此电动机的效率较低。另一方面,由于主磁通大小基本不变,励磁电流大小就基本不变,因此,轻载时定子电流的有功分量较小,无功分量相对较大,功率因数较低。因为轻载运行时的效率和功率因数都很低,运行经济性差,所以电机不宜在额定电压下长期欠载运行。

15-13 一台正常运行时为 D 联结的三相笼型异步电动机,拖动 20%额定负载连续运行时，有人建议将该电动机改成Y联结(电源电压不变)，这是否可行？会对电动机性能有何影响？

答：如上题解答中所述，三相异步电动机在额定电压下长期轻载运行是不经济的。如果把电动机改成Y联结，则定子相电压变为原来的$1/\sqrt{3}$，定子励磁电流(主要是无功电流)和铁耗都大幅减小。由于主磁通减小，负载大小不变，因此转子电流增大。相应地，定子有功电流增加，定、转子铜耗增加。于是，与D联结时相比，定子功率因数提高，效率因铁耗的减小、铜耗的增大也会提高(铜耗的增加量小于铁耗的减小量时)。所以，在轻载时适当降低定子相电压，是一种节能和经济运行的可行方法。

对于给定的一台三相异步电动机，在20%额定负载下将相电压降至原来的$1/\sqrt{3}$是否最合适，应根据电动机的数据进行具体的分析。

15.5 习题解答

15-1 一台三相异步电动机额定运行时，输入功率为3600W，转子铜耗为100W，转差率为0.03，机械损耗和附加损耗共为100W。求该电动机此时的电磁功率、定子总损耗和输出功率。

解：已知转子铜耗$p_{Cu2}=100W$，转差率$s=0.03$，则电磁功率为

$$P_{em}=p_{Cu2}/s=100/0.03=3333W$$

由于额定输入功率$P_{1N}=3600W$，因此定子总损耗，即定子铜耗p_{Cu1}和铁耗p_{Fe}之和为

$$p_{Cu1}+p_{Fe}=P_{1N}-P_{em}=3600-3333=267W$$

已知机械损耗p_m和附加损耗p_{ad}共为100W，因此，输出功率为

$$P_2=(1-s)P_{em}-(p_m+p_{ad})=(1-0.03)\times 3333-100=3133W$$

15-2 一台三相6极异步电机，额定电压为380V(Y联结)，额定频率为50Hz，额定功率为28kW，额定转速为950r/min，额定功率因数为0.88。额定运行时，定子铜耗和铁耗共为2.2kW，机械损耗为1.1kW，忽略附加损耗。求该电机额定运行时的转差率、转子电流频率、转子铜耗、效率及定子电流。

解：同步转速 $n_1=\dfrac{60f_1}{p}=\dfrac{60\times 50}{3}=1000r/min$

额定转差率 $s_N=\dfrac{n_1-n_N}{n_1}=\dfrac{1000-950}{1000}=0.05$

转子频率 $f_2=s_Nf_1=0.05\times 50=2.5Hz$

机械功率 $P_m=P_2+p_m=P_N+p_m=28+1.1=29.1kW$

电磁功率 $P_{em}=\dfrac{P_m}{1-s_N}=\dfrac{29.1}{1-0.05}=30.63kW$

转子铜耗 $p_{Cu2}=s_NP_{em}=0.05\times 30.63=1.532kW$

输入功率 $P_1=P_{em}+(p_{Cu1}+p_{Fe})=30.63+2.2=32.83kW$

额定效率 $\eta_N=\dfrac{P_2}{P_1}=\dfrac{28}{32.83}=85.29\%$

定子电流 $I_1=\frac{P_1}{\sqrt{3}U_N\cos\varphi_N}=\frac{32.83\times10^3}{\sqrt{3}\times380\times0.88}=56.68A$

15-3　一台三相异步电动机的数据为：$P_N=17kW$，$U_N=380V$（D联结），4极，$f_1=50Hz$。额定运行时，定子铜耗 $p_{Cu1}=700W$，转子铜耗 $p_{Cu2}=500W$，铁耗 $p_{Fe}=450W$，机械损耗 $p_m=150W$，附加损耗 $p_{ad}=200W$。求该电动机额定运行时的转速 n_N、负载转矩（输出转矩）T_2、空载转矩 T_0 和电磁转矩 T。

解：电磁功率　$P_{em}=P_2+p_{Cu2}+p_m+p_{ad}=17000+500+150+200=17850W$

额定转差率　$s_N=p_{Cu2}/P_{em}=500/17850=0.02801$

同步转速　$n_1=60f_1/p=60\times50/2=1500r/min$

额定转速　$n_N=(1-s_N)n_1=(1-0.02801)\times1500=1458r/min$

输出转矩　$T_2=9550\frac{P_2}{n_N}=9550\times\frac{17}{1458}=111.4N\cdot m$

空载转矩　$T_0=9550\frac{p_m+p_{ad}}{n_N}=9550\times\frac{0.15+0.2}{1458}=2.293N\cdot m$

电磁转矩　$T=T_2+T_0=111.4+2.293=113.7N\cdot m$

或 $T=9550\frac{P_{em}}{n_1}=9550\times\frac{17.85}{1500}=113.6N\cdot m$

15-4　一台三相4极绕线转子异步电机，定、转子绕组均为Y联结，额定频率 $f_N=50Hz$，额定功率 $P_N=14kW$，转子电阻 $R_2=0.01\Omega$。额定运行时，转差率 $s_N=0.05$，机械损耗 $p_m=0.7kW$。今在转子每相回路中串接附加电阻 $R_s=R_2(1-s_N)/s_N=0.19\Omega$，并把转子卡住不转，忽略附加损耗。求：

(1) 主磁通 Φ_m，定、转子磁动势 $\boldsymbol{F}_1$、$\boldsymbol{F}_2$ 的大小及相对位置与额定运行时相比有无变化；

(2) 此时的电磁功率、转子铜耗、输出功率和电磁转矩。

解：(1) 把转子卡住不转，并在转子每相回路中串接附加电阻 $R_s=R_2(1-s_N)/s_N$，这实际上就是异步电机的频率折合，即用一个不转的转子来等效替代以额定转差率 s_N 旋转的转子。因此，Φ_m 和 $\boldsymbol{F}_1$、$\boldsymbol{F}_2$ 的大小及相对位置与额定运行时相比都没有变化。

(2) 按转子旋转时的情况，可求出电磁功率为

$$P_{em}=\frac{P_m}{1-s_N}=\frac{P_2+p_m}{1-s_N}=\frac{14+0.7}{1-0.05}=15.47kW$$

转子卡住不转时，输出功率　　$P_2=0$

机械功率　　$P_m=0$

转子绕组的铜耗

$$p_{Cu2}=s_NP_{em}=0.05\times15.47=0.7735kW$$

转子附加电阻的铜耗

$$p_{CuR}=(1-s_N)P_{em}=(1-0.05)\times15.47=14.7kW$$

电磁转矩

$$T=9550\frac{P_{em}}{n_1}=9550\times\frac{15.47}{1500}=98.49N\cdot m$$

15-5　一台三相50Hz异步电动机，额定值为：$P_N=60kW$，$n_N=1440r/min$，$U_N=$

380V(Y 联结),$I_N=130$A。已知额定运行时,电动机的输出转矩为电磁转矩的 96%,铁耗 $p_{Fe}=2.3$kW,定、转子铜耗相等。求额定运行时的电磁功率、效率和功率因数。

解:由 $n_N=1440$r/min 和 $f_1=50$Hz,可知 $n_1=1500$r/min($p=2$)。

由 $T_{2N}=0.96T_N$ 得

$$P_N=T_{2N}\Omega_N=0.96T_N\Omega_N=0.96P_m$$

$$s_N=\frac{n_1-n_N}{n_1}=\frac{1500-1440}{1500}=0.04$$

$$P_{em}=\frac{P_m}{1-s_N}=\frac{P_N}{0.96(1-s_N)}=\frac{60}{0.96\times(1-0.04)}=65.1\text{kW}$$

$$p_{Cu1}=p_{Cu2}=s_NP_{em}=0.04\times 65.1=2.604\text{kW}$$

$$P_{1N}=P_{em}+p_{Cu1}+p_{Fe}=65.10+2.604+2.3=70.0\text{kW}$$

$$\eta_N=\frac{P_N}{P_{1N}}=\frac{60}{70}=85.71\%$$

$$\cos\varphi_{1N}=\frac{P_{1N}}{\sqrt{3}U_NI_N}=\frac{70\times 10^3}{\sqrt{3}\times 380\times 130}=0.8181$$

电磁功率的另一种求法:

$$T_{2N}=9550\frac{P_N}{n_N}=9550\times\frac{60}{1440}=397.9\text{N}\cdot\text{m}$$

$$T_N=\frac{T_{2N}}{0.96}=\frac{397.9}{0.96}=414.5\text{N}\cdot\text{m}$$

$$P_{em}=\frac{T_Nn_1}{9550}=\frac{414.5\times 1500}{9550}=65.1\text{kW}$$

15-6　一台三相 6 极笼型异步电动机,定子绕组为 Y 联结,额定电压 $U_N=380$V,额定转速 $n_N=957$r/min,电源频率 $f_1=50$Hz,定子电阻 $R_1=2.08\Omega$,定子漏电抗 $X_{\sigma1}=3.12\Omega$,转子电阻、漏电抗的折合值分别为 $R'_2=1.53\Omega$,$X'_{\sigma2}=4.25\Omega$。求:

(1) 额定电磁转矩、最大转矩、临界转差率和过载能力;

(2) 堵转转矩及堵转转矩倍数。

解:同步转速 $n_1=1000$r/min,额定转差率为

$$s_N=\frac{n_1-n_N}{n_1}=\frac{1000-957}{1000}=0.043$$

定子额定相电压为

$$U_1=U_N/\sqrt{3}=380/\sqrt{3}=220\text{V}$$

(1) 额定电磁转矩为

$$T_N=\frac{3pU_1^2\frac{R'_2}{s_N}}{2\pi f_1\left[\left(R_1+\frac{R'_2}{s_N}\right)^2+(X_{\sigma1}+X'_{\sigma2})^2\right]}$$

$$=\frac{3\times 3\times 220^2\times\frac{1.53}{0.043}}{2\pi\times 50\times\left[\left(2.08+\frac{1.53}{0.043}\right)^2+(3.12+4.25)^2\right]}$$

$$=33.5\text{N}\cdot\text{m}$$

最大转矩为

$$T_{m}=\frac{3pU_1^2}{4\pi f_1\left[R_1+\sqrt{R_1^2+(X_{\sigma1}+X'_{\sigma2})^2}\right]}$$
$$=\frac{3\times3\times220^2}{4\pi\times50\times\left[2.08+\sqrt{2.08^2+(3.12+4.25)^2}\right]}$$
$$=71.19\text{N}\cdot\text{m}$$

临界转差率为

$$s_m=\frac{R'_2}{\sqrt{R_1^2+(X_{\sigma1}+X'_{\sigma2})^2}}=\frac{1.53}{\sqrt{2.08^2+(3.12+4.25)^2}}=0.1998$$

过载能力为

$$k_m=T_m/T_N=71.19/33.5=2.125$$

(2) 堵转转矩为

$$T_s=\frac{3pU_1^2R'_2}{2\pi f_1[(R_1+R'_2)^2+(X_{\sigma1}+X'_{\sigma2})^2]}$$
$$=\frac{3\times3\times220^2\times1.53}{2\pi\times50\times[(2.08+1.53)^2+(3.12+4.25)^2]}$$
$$=31.5\text{N}\cdot\text{m}$$

堵转转矩倍数为

$$k_m=T_s/T_N=31.5/33.5=0.9403$$

15-7 一台三相4极绕线转子异步电动机，$f_1=50\text{Hz}$，$P_N=150\text{kW}$，$U_N=380\text{V}$(Y联结)。额定负载时，转子铜耗 $p_{Cu2}=2210\text{W}$，机械损耗 $p_m=2640\text{W}$，附加损耗 $p_{ad}=1000\text{W}$。已知该电动机的参数为：$R_1=R'_2=0.012\Omega$，$X_{\sigma1}=X'_{\sigma2}=0.06\Omega$，忽略励磁电流，求：

(1) 额定运行时的电磁功率、转差率、转速和电磁转矩；

(2) 产生最大转矩的临界转差率、堵转转矩和堵转电流；

(3) 定子每相串接电抗 $X=0.1\Omega$ 后，堵转时的电磁转矩和定子电流；

(4) 转子每相回路串接电阻 $R'_s=0.1\Omega$(折合到定子侧的值)后，堵转时的电磁转矩和定子电流；

(5) 要使堵转时的电磁转矩为最大，应在转子每相回路中串接多大的电阻(折合到定子侧的值)。

解：(1) $P_{em}=P_N+p_m+p_{ad}+p_{Cu2}=150000+2640+1000+2210=155850\text{W}$

$s_N=p_{Cu2}/P_{em}=2210/155850=0.01418$

$n_N=(1-s_N)n_1=(1-0.01418)\times1500=1479\text{r/min}$

$$T_N=9.55\frac{P_{em}}{n_1}=9.55\times\frac{155850}{1500}=992.2\text{N}\cdot\text{m}$$

(2) $$s_m=\frac{R'_2}{\sqrt{R_1^2+(X_{\sigma1}+X'_{\sigma2})^2}}=\frac{0.012}{\sqrt{0.012^2+(0.06+0.06)^2}}=0.0995$$

$$T_s=\frac{3pU_1^2R'_2}{2\pi f_1[(R_1+R'_2)^2+(X_{\sigma1}+X'_{\sigma2})^2]}=\frac{3\times2\times220^2\times0.012}{2\pi\times50\times[(2\times0.012)^2+(2\times0.06)^2]}$$
$$=740.7\text{N}\cdot\text{m}$$

$$I_{\mathrm{s}}=\frac{U_1}{\sqrt{(R_1+R'_2)^2+(X_{\sigma1}+X'_{\sigma2})^2}}=\frac{220}{\sqrt{(2\times0.012)^2+(2\times0.06)^2}}=1798\mathrm{A}$$

(3) 定子每相串接电抗 $X=0.1\Omega$ 后，堵转时的电磁转矩和定子电流分别为

$$\begin{aligned}T_{\mathrm{s1}}&=\frac{3pU_1^2R'_2}{2\pi f_1[(R_1+R'_2)^2+(X+X_{\sigma1}+X'_{\sigma2})^2]}\\&=\frac{3\times2\times220^2\times0.012}{2\pi\times50\times[(2\times0.012)^2+(0.1+2\times0.06)^2]}\\&=226.5\mathrm{N\cdot m}\end{aligned}$$

$$\begin{aligned}I_{\mathrm{s1}}&=\frac{U_1}{\sqrt{(R_1+R'_2)^2+(X+X_{\sigma1}+X'_{\sigma2})^2}}\\&=\frac{220}{\sqrt{(2\times0.012)^2+(0.1+2\times0.06)^2}}\\&=994.1\mathrm{A}\end{aligned}$$

(4) 转子每相回路串接电阻 $R'_{\mathrm{s}}=0.1\Omega$ 后，堵转时的电磁转矩和定子电流分别为

$$\begin{aligned}T_{\mathrm{s2}}&=\frac{3pU_1^2(R'_2+R'_{\mathrm{s}})}{2\pi f_1[(R_1+R'_2+R'_{\mathrm{s}})^2+(X_{\sigma1}+X'_{\sigma2})^2]}\\&=\frac{3\times2\times220^2\times(0.012+0.1)}{2\pi\times50\times[(2\times0.012+0.1)^2+(2\times0.06)^2]}\\&=3477\mathrm{N\cdot m}\end{aligned}$$

$$\begin{aligned}I_{\mathrm{s2}}&=\frac{U_1}{\sqrt{(R_1+R'_2+R'_{\mathrm{s}})^2+(X_{\sigma1}+X'_{\sigma2})^2}}\\&=\frac{220}{\sqrt{(2\times0.012+0.1)^2+(2\times0.06)^2}}\\&=1275\mathrm{A}\end{aligned}$$

(5) 要使堵转时的电磁转矩为最大，则应在转子每相回路中串接电阻 R'（折合到定子侧的值），使临界转差率 $s'_{\mathrm{m}}=1$。由于 $\frac{s'_{\mathrm{m}}}{s_{\mathrm{m}}}=\frac{R'_2+R'}{R'_2}$，因此

$$R'=\left(\frac{s'_{\mathrm{m}}}{s_{\mathrm{m}}}-1\right)R'_2=\left(\frac{1}{0.0995}-1\right)\times0.012=0.1086\Omega$$

15-8　一台三相4极异步电动机，额定数据为：$P_{\mathrm{N}}=10\mathrm{kW}$，$U_{\mathrm{N}}=380\mathrm{V}$，$I_{\mathrm{N}}=19.8\mathrm{A}$。定子绕组为Y联结，$R_1=0.5\Omega$。空载试验数据为：$U_0=380\mathrm{V}$，$P_0=425\mathrm{W}$，$I_0=5.4\mathrm{A}$，机械损耗 $p_{\mathrm{m}}=80\mathrm{W}$；堵转试验数据为：$U_{\mathrm{k}}=120\mathrm{V}$，$P_{\mathrm{k}}=920\mathrm{W}$，$I_{\mathrm{k}}=18.1\mathrm{A}$。忽略空载附加损耗，认为 $X_{\sigma1}=X'_{\sigma2}$，求该电动机的参数 R'_2、$X_{\sigma1}$、$X'_{\sigma2}$、R_{m} 和 X_{m}。

解：先通过堵转试验数据求 R'_2、$X_{\sigma1}$、$X'_{\sigma2}$，

$$|Z_{\mathrm{k}}|=\frac{U_{\mathrm{k}\phi}}{I_{\mathrm{k}\phi}}=\frac{U_{\mathrm{k}}/\sqrt{3}}{I_{\mathrm{k}}}=\frac{120/\sqrt{3}}{18.1}=3.828\Omega$$

$$R_{\mathrm{k}}=\frac{P_{\mathrm{k}\phi}}{I_{\mathrm{k}\phi}^2}=\frac{P_{\mathrm{k}}}{3I_{\mathrm{k}}^2}=\frac{920}{3\times18.1^2}=0.9361\Omega$$

$$X_{\mathrm{k}}=\sqrt{|Z_{\mathrm{k}}|^2-R_{\mathrm{k}}^2}=\sqrt{3.828^2-0.9631^2}=3.705\Omega$$

$$R'_2 = R_k - R_1 = 0.9361 - 0.5 = 0.4361\Omega$$

$$X_{\sigma1} = X'_{\sigma2} = X_k/2 = 3.705/2 = 1.853\Omega$$

再通过空载试验数据求 R_m 和 X_m，

$$|Z_0| = \frac{U_{0\phi}}{I_{0\phi}} = \frac{U_0/\sqrt{3}}{I_0} = \frac{380/\sqrt{3}}{5.4} = 40.63\Omega$$

$$R_0 = \frac{P_0 - p_m}{3I_{0\phi}^2} = \frac{P_0 - p_m}{3I_0^2} = \frac{425 - 80}{3 \times 5.4^2} = 3.944\Omega$$

$$X_0 = \sqrt{|Z_0|^2 - R_0^2} = \sqrt{40.63^2 - 3.944^2} = 40.44\Omega$$

$$R_m = R_0 - R_1 = 3.944 - 0.5 = 3.444\Omega$$

$$X_m = X_0 - X_{\sigma1} = 40.44 - 1.853 = 38.59\Omega$$

第16章 三相异步电动机的起动、调速和制动

16.1 知识结构

16.1.1 主要知识点

1. 三相异步电动机的起动

(1) 全压起动存在的问题与原因：堵转电流 I_s 很大(因 $|Z_k|$ 较小)，但堵转转矩 T_s 不是很大(因 $s=1$ 时 Φ_m 和 $\cos\varphi_2$ 较小)。

(2) 三相笼型异步电动机的降压起动方法：电抗器起动、星-三角起动、自耦变压器起动(三种方法的简单比较参见教材表16-2)和软起动。

(3) 三相绕线转子异步电动机的起动方法：转子串接电阻或频敏变阻器起动。

2. 三相异步电动机的调速

(1) 三相异步电动机调速的基本途径：根据转速公式 $n=(1-s)n_1$ 可知，调速的基本途径有：① 改变同步转速 n_1；② 改变转差率 s。

(2) 改变 n_1 的方法：根据 $n_1=\dfrac{60f_1}{p}$，有变频调速和变极调速。

(3) 改变 s 的方法：主要有调压调速，绕线转子异步电动机转子串接电阻调速和串级调速、双馈调速。

3. 三相异步电动机的电制动

(1) 反接制动：使转子转向与气隙磁场转向相反，即 $s>1$。可通过改变电源相序，或者利用负载转矩使电动机反转来实现。

(2) 回馈制动：使转速 $n>n_1$，将电能回馈到电网。可通过降低 n_1 或增大 n 来实现。

(3) 能耗制动：制动时，把定子绕组从交流电源断开后通入直流电流。

16.1.2 知识关联图

三相异步电动机的起动、调速与电制动

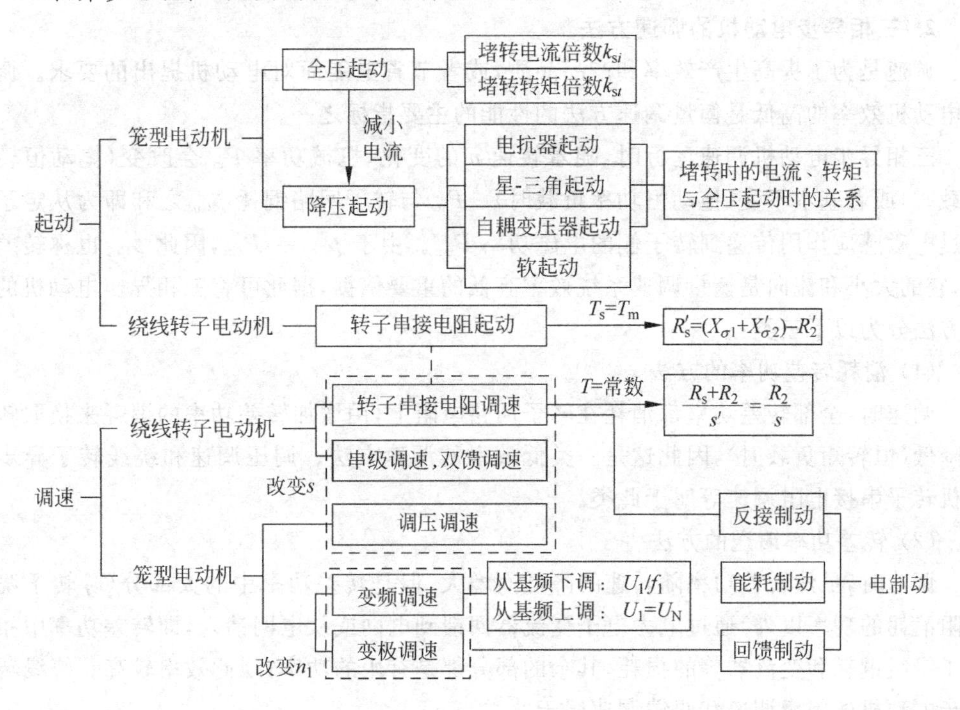

16.2 重点与难点

1. 三相异步电动机起动问题的解决方法

(1) 三相异步电动机起动中存在的主要问题是堵转电流大，但堵转转矩不够大。因此，选择起动方法的出发点是限制堵转时的电流。性能良好的起动方法应兼顾限制起动电流和保证足够的起动转矩这两方面的要求。

(2) 笼型异步电动机的起动方法有全压起动和降压起动两类。只要供电电源容量允许，应优先选择全压起动。在电源容量不足够大时，应采用降压起动方法以限制起动电流。但定子电压降低后，堵转时的电磁转矩也随之减小，因此降压起动只适用于空载或轻载起动的场合。传统的降压起动主要有电抗器起动、星-三角起动和自耦变压器起动，软起动则是当前应用逐渐增多的一种新方法。星-三角起动只适用于正常运行时定子绕组为三角形联结的电动机。采用自耦变压器起动时，与电抗器起动相比，可在堵转时电网电流减小程度相同的情况下获得较大的起动转矩。采用软起动则可以对起动电流和起动转矩的变化规律进行良好的控制。

(3) 三相绕线转子异步电动机因转子可以串入电阻，因而具有良好的起动性能。在转子回路中串入适当大小的起动电阻，可以同时提高转子功率因数和主磁通，从而既减小堵转电流又增大堵转转矩。当起动电阻 $R'_s=(X_{\sigma1}+X'_{\sigma2})-R'_2$ 时，可使 $T_s=T_m$。

(4) 对于三相笼型异步电动机，转子可采用深槽或双笼结构，利用趋肤效应来达到减小堵转电流并增大堵转转矩的目的。但深槽和双笼异步电动机在正常稳态运行时的功率因数和最大转矩都比一般电机的稍低，且转子结构比较复杂，机械强度较低。

2. 三相异步电动机的调速方法

调速是为了提高生产效率和产品品质，或者节省电能而对电动机提出的要求。调速时电动机效率的高低是衡量调速方法的性能的主要指标之一。

三相异步电动机调速运行时，随着转速 n 的变化，机械功率 P_m 会改变(拖动恒转矩负载时)或者基本不变(拖动恒功率负载时)。P_m 与转子回路铜耗 p_{Cu2} 之和即为从定子侧通过电磁感应作用传递到转子侧的电磁功率 P_{em}。由于 $p_{Cu2}=sP_{em}$，因此 p_{Cu2} 也称转差功率，它的大小和流向是衡量调速系统效率高低的重要依据，据此可将三相异步电动机的调速方法分为以下三类：

(1) 消耗转差功率的方法

调速时，全部转差功率都消耗在转子回路电阻上，用增加转差功率的消耗来换取转速的降低(恒转矩负载时)，因此这是一类低效率的调速方法。调压调速和绕线转子异步电动机转子串接电阻调速等属于此类。

(2) 转差功率馈送的方法

调速时，虽然转差功率随转速的降低而增大，但是转差功率中的大部分(除转子绕组电阻消耗的功率以外)通过电力电子变流器回馈到电网或从电网馈入，即转差功率中扣除转子绕组铜耗和变流器等的损耗，其余的部分都是有用的功率，因此效率较高。绕线转子异步电动机的串级调速和双馈调速属于此类。

(3) 转差功率基本不变的方法

转差功率中只有转子绕组铜耗，且在不同的转速下，转差率 s 都较小，且转差功率基本保持不变，因此这是一类高效率的调速方法。变极调速和变频调速属于此类。变频调速是上述各种调速方法中性能最好的。

变频调速中，当从基频向下调节时，为了不使磁路过于饱和，应同时降低定子电压 U_1，例如，在带恒转矩负载时，通常按照保持 U_1/f_1(或 E_1/f_1)恒定的规律来调节 U_1。此时，基频以下的各机械特性在最大转矩以下的部分基本上是平行的直线。

关于转差功率基本保持不变，可作如下的推导：

根据机械特性的参数表达式[参见教材中式(15-14)，并近似认为 $c=1$]，可得

$$T=\frac{3pU_1^2 sR'_2}{2\pi f_1[(sR_1+R'_2)^2+s^2(X_{\sigma1}+X'_{\sigma2})^2]}$$

$$=\frac{3p}{2\pi}\left(\frac{U_1}{f_1}\right)^2\frac{sf_1R'_2}{[(sR_1+R'_2)^2+s^2(X_{\sigma1}+X'_{\sigma2})^2]}$$

在 s 很小时，忽略分母中与 s 有关的项，则有

$$T\approx\frac{3p}{2\pi}\left(\frac{U_1}{f_1}\right)^2\frac{sf_1}{R'_2}$$

因此，在拖动恒转矩负载，即电磁转矩 T 一定时，如果保持 U_1/f_1 不变，则 sf_1 基本不变。又由于转差功率 $sP_{em}=sT\Omega_1=sT\cdot2\pi f_1/p\propto sf_1$，所以转差功率基本不变。

本节中，应重点掌握三相绕线转子异步电动机在恒转矩负载下转子串接电阻调速时的主要关系，即：①$\frac{R_2}{s}=\frac{R_2+R_s}{s'}$（$s$、$s'$分别是串入电阻$R_s$前、后的转差率）；②转子功率因数$\cos\varphi_2$、主磁通$\Phi_m$和定、转子电流$I_1$、$I_2$等均不变。

16.3 练习题解答

16-1-1 三相笼型异步电动机全压起动时，为什么堵转电流很大，而堵转转矩却不大？

答：在额定电压下堵转时，气隙旋转磁场相对转子以同步转速旋转，在转子绕组中感应较大的电动势，由于此时转子回路阻抗值很小，因此产生的转子电流很大，相应地，定子电流即堵转电流也很大。此时，主磁通Φ_m减至额定时的一半左右，转子功率因数$\cos\varphi_2$也很低，因此，尽管电流很大，但产生的堵转转矩并不很大。

16-1-2 采用电抗器起动、星-三角起动和自耦变压器起动这几种降压起动方法时，与全压起动时相比，堵转时的电磁转矩和电网线电流会有什么变化？

答：参见教材表16-2。

16-2-1 笼型异步电动机和绕线转子异步电动机各有哪些调速方法？这些方法的依据各是什么？各有何特点？

答：笼型异步电动机的调速方法主要有调压调速、变极调速和变频调速。绕线转子异步电动机的调速方法主要有转子串接电阻调速和串级调速（或双馈调速）。

调压调速是利用异步电动机的机械特性随定子电压变化而变化的特点，通过改变定子电压，使电动机的机械特性与负载的机械特性的交点改变，从而得到不同的转差率，达到调速目的。这种调速方法适用于风机水泵类负载，不适用于恒转矩负载。需要注意的是，当负载转矩已达到额定值时，如果再降低电压，转差率就会增大，使定、转子电流超过额定值，长期在此工况下运行，会缩短电机使用寿命，甚至损坏电机。

变极调速是通过改变定子绕组的极对数来改变同步转速，从而达到调速目的。这种调速方法是有级调速，即转速只能一级一级地改变，不能平滑调节。通常采用笼型异步电动机，因为它的转子绕组能自动与定子极对数保持一致。

变频调速是利用变频电源来改变定子电压的频率和大小，从而改变同步转速，达到调速目的。以电机的额定频率为基频，当从基频向下调节频率f_1时，须同时调节定子电压U_1，使U_1/f_1按照一定规律变化（例如保持U_1/f_1为常数），以保证主磁通不超过其额定值。当从基频向上调节频率时，只能保持U_1为额定值不变，这样主磁通就会随频率的升高而减小，因此是一种弱磁调速方法。变频调速的主要优点是调速范围大，机械特性硬，起动转矩大，并可无级调速，因此是性能最好的调速方法。

绕线转子异步电动机转子串接电阻调速，是利用电动机机械特性随转子回路电阻变化而变化的特点，通过改变转子串接电阻值来达到调速目的。当拖动恒转矩负载时，转差率s与转子回路总电阻R_2成正比变化，即$R_2/s=$常数。该方法适用于恒转矩负载。此时，电磁功率不变，输出功率随转速降低而减小，减小的这部分功率消耗在转子回路外串的电阻上，因此该方法的效率较低(特别是在低速下)。为了克服这一缺点，用电力电子变流器来替代外串电阻，或者把原来消耗在外串电阻上的电能回馈到电网，这就是串级调速；或者在转子回路中串入与转子频率相同的附加交流电动势，此时定、转子绕组都接交流电源，因而称为双馈调速。其具体方法请参见有关文献。

16-2-2 一台三相绕线转子异步电动机，负载转矩和空载转矩不变，若在转子每相回路中串接一个附加电阻 R_s，其大小等于转子绕组电阻 R_2，则电动机的转差率将如何变化?

答：由于负载转矩和空载转矩不变，因此电磁转矩不变。若未串电阻时的转差率为 s，串电阻后的转差率为 s'，则有 $\frac{R_2}{s}=\frac{R_2+R_s}{s'}=\frac{2R_2}{s'}$，即 $s'=2s$。

16-2-3 一台三相4极绕线转子异步电动机，频率 $f_1=50\text{Hz}$，额定转速 $n_N=1485\ \text{r/min}$。已知转子每相电阻 $R_2=0.02\Omega$，若电源电压和频率不变，电机的电磁转矩不变，那么需要在转子每相串接多大的电阻，才能使转速降至1050r/min?

解：$n_1=1500\text{r/min}, s_N=\frac{n_1-n_N}{n_1}=\frac{1500-1485}{1500}=0.01$

每相串接电阻 R_s 时的转差率为

$$s=\frac{n_1-n}{n_1}=\frac{1500-1050}{1500}=0.3$$

由于电磁转矩不变，因此有 $\frac{R_2+R_s}{s}=\frac{R_2}{s_N}$，即

$$R_s=\left(\frac{s}{s_N}-1\right)R_2=\left(\frac{0.3}{0.01}-1\right)\times 0.02=0.58\Omega$$

16-3-1 分别说明反接制动、回馈制动和能耗制动所需的条件。

答：反接制动要求气隙磁场的转向与转子转向相反，为此需要改变电源相序或者依靠机械负载使转子反转。回馈制动要求电机转速 n 超过同步转速 n_1，为此需要降低同步转速 n_1 或者依靠机械负载使转子加速，以使 $n>n_1$。能耗制动时，需要把定子绕组从交流电源断开，同时在定子绕组中通入直流电流。

16-3-2 试分析三相异步电动机反接制动时的功率平衡关系。

答：反接制动时，转子转速 n 与同步转速 n_1 的方向相反，转差率 $s>1$。此时，电磁功率 $P_{em}>0$，说明电机定子从电源输入的电功率大部分通过气隙传递到转子；机械功率 $P_m=(1-s)P_{em}<0$，说明电机从轴上输入机械功率。传递到转子的电磁功率 P_{em} 和机械功率 P_m 全部成为消耗在转子回路电阻上的转子铜耗。因此，电机只能短时运行于反接制动工况，否则会使转子发热严重。

16.4 思考题解答

16-1 三相异步电动机的堵转电流与外施电压、电机所带负载是否有关？关系如何？是否堵转电流越大，堵转转矩也越大？负载转矩的大小会对电动机起动产生什么影响？

答：堵转电流与外施电压成正比，与负载大小无关。若电机参数不变，则堵转电流越

大,堵转转矩也越大。负载转矩大小影响起动时间的长短。

16-2 判断以下各种说法是否正确:

(1) 额定运行时定子绕组为Y联结的三相异步电动机,不能采用星-三角起动。

(2) 三相笼型异步电动机全压起动时,堵转电流很大,为了避免起动中因过大的电流而烧毁电动机,轻载时需要采用降压起动方法。

(3) 电动机拖动的负载越大,电流就越大,因此,三相异步电动机只要是空载,就都可以全压起动。

(4) 三相绕线转子异步电动机,若在定子回路中串接电阻或电抗,则堵转时的电磁转矩和电流都会减小;若在转子回路中串接电阻或电抗,则都可以增大堵转时的电磁转矩和减小堵转时的电流。

答:(1) 正确。

(2) 不正确。降压起动的主要目的是减小起动电流,使供电变压器输出电压不致因过大的电流而下降太多。全压起动时,堵转电流虽然很大,但是短时的,只要每小时起动次数不是过多,就不会导致电机烧毁。

(3) 不正确。能否全压起动主要取决于供电变压器容量是否足够大,堵转电流大小与负载大小无关。

(4) 不正确。在转子回路中串接电抗不能增大堵转时的电磁转矩。

16-3 试分析和比较三相绕线转子异步电动机在转子串接电阻和不串接电阻起动时的Φ_m、I_2、$\cos\varphi_2$、I_1有何不同。转子串接电阻起动时,为什么堵转电流不大但堵转转矩却很大?是否串接的电阻越大,堵转转矩也越大?

答:在定子电压一定时,若转子回路串入电阻,则堵转时的转子回路阻抗增大,定、转子电流I_1、I_2减小,定子相电动势E_1增大,与之成正比的主磁通Φ_m增大;同时,转子功率因数$\cos\varphi_2$明显提高。由于电磁转矩$T=C_T\Phi_m I_2\cos\varphi_2$,因此,通常情况下堵转转矩会增大。所以说,转子串接电阻起动时,堵转电流不大但堵转转矩却很大。

但是,$\cos\varphi_2$最大值为1,当串入的电阻使$\cos\varphi_2$接近1时,$\cos\varphi_2$就基本不变。受定子电压的制约,Φ_m也不会一直增大下去。相反,增大串入的电阻,会使I_1、I_2明显减小。当Φ_m增大的幅度低于I_2减小的幅度时,堵转转矩反而会减小。所以,并非串接的电阻越大堵转转矩也越大。

16-4 为什么深槽和双笼异步电动机能减小堵转电流同时增大堵转转矩,而且效率并不低?

答:深槽和双笼异步电动机在堵转时,由于转子频率较高,转子导条存在明显的趋肤效应,转子电流在导条的表面流过,相当于导条截面积变小,电阻增大。这等效于转子回路串接了电阻,因而使堵转电流减小、堵转转矩增大。起动之后正常运行时,转子频率很低,几乎没有趋肤效应,转子电流流过整个导条截面积,转子电阻变为较小的值,转子铜耗较小,运行效率较高。

16-5 两台同样的三相笼型异步电动机拖动一个负载,起动时将它们的定子绕组串联后接至电网,起动完毕再改为并联。试分析这种起动方式对电动机堵转时的定子电流和电磁转矩的影响。

答:两台电动机串联起动时,每台电动机的定子电压减至全压起动时的1/2,因此在堵转时，每台电机的电磁转矩减至全压起动时的1/4，每台电机的定子电流减小为全压起动时的1/2，电网供给的电流则减小为两台电机并联全压起动时的1/4。

16-6 变频调速中，当变频器输出频率从额定频率降低时，其输出电压应如何变化？为什么？

答：当变频器输出频率 f_1 从额定频率降低时，其输出电压 U_1 应随之降低。在拖动恒转矩负载时，通常希望保持主磁通 Φ_m 为额定值不变或基本不变，由于定子相电动势 $E_1 \propto f_1 \Phi_m$，因此需要在降低电压时保持 E_1/f_1＝常数，或者 U_1/f_1＝常数。当拖动风机水泵类负载时，由于随 f_1 的降低输出功率迅速减小(功率约与 f_1^3 成正比)，因此，为了减小铁耗、提高效率，可以让 U_1 比保持 U_1/f_1＝常数时更低一些。

16-7 试分析三相绕线转子异步电动机转子串接电阻调速时，电动机内部发生的物理过程。如果在转子每相回路中不串入电阻，而是接入与转子相电动势的频率、相位都相同的外加对称电动势，则电动机的转速将如何变化？

答：设负载转矩 T_L 不变(不计空载转矩 T_0)，稳态运行时，电磁转矩 $T=T_L$，主磁通 Φ_m 基本不变。当转子回路突然串入电阻时，转速降低的物理过程是：由于转子回路阻抗增大，因而转子电流 I_{2s}减小，使 T 减小。由于 $T<T_L$，因此转子开始减速，转差率 s 增大。s 增大使转子相电动势 E_{2s}增大，相电流 I_{2s} 增大，因此 T 增大，直到 $T=T_L$ 时，到达新的稳态，I_{2s}等于串电阻前的值，转速 n 不再降低。

再分析转子接入外加对称电动势的情况。仍设负载转矩 T_L 不变，电动机以转差率 s 稳态运行时，转子相电动势 $E_{2s}=sE_2$。当每相回路中突然接入与转子相电动势的频率、相位都相同，大小为 E_{ad}的对称电动势时，由于转速不会立即变化，因而 E_{2s}仍不变，转子回路电动势就增大为 $E_{2s}+E_{ad}$。这使转子电流 I_{2s} 增大，电磁转矩 T 增大，因而转子开始加速。转子加速后，s 减小，E_{2s}减小，I_{2s}减小，使大于 T_L 的 T 开始减小。到转差率减至 s'，$s'E_2+E_{ad}$等于原来以转差率 s 稳态运行时的 E_{2s}时，I_{2s}等于原来的值，T 重新与 T_L 达到平衡，电机就在新的转差率 s'下稳态运行。此时 $s'<s$，即电机转速升高。这实际上就是前面提及的双馈调速时的情况(参见练习题16-2-1)，改变转子外加电动势的大小或相位(与转子相电动势同相或反相)，便可调节电机转速。

16-8 一台三相笼型异步电动机，转子绕组是插铜条的，损坏后改为铸铝的。如果该电动机运行在额定电压下，仍旧拖动原来额定负载转矩大小的恒转矩负载运行，那么与原来各额定值相比，电动机的转速 n、定子电流 I_1、转子电流 I_2、定子功率因数 $\cos\varphi_1$、输入功率 P_1、输出功率 P_2 将怎样变化？

答：铸铝的电阻率大于铜条的电阻率，因此改为铸铝导条后，转子电阻 R_2 增大。这样在拖动原来的恒转矩额定负载运行时，与原来相比，相当于转子回路串接了电阻。因此，电动机的转速 n 降低，输出功率 P_2 随之减小，而定子电流 I_1、转子电流 I_2、定子功率因数 $\cos\varphi_1$ 和输入功率 P_1 都不变。

16.5 习题解答

16-1 一台三相4极异步电动机，定子绕组为三角形联结，$P_N=28\text{kW}$，$U_N=380\text{V}$，$\eta_N=90\%$，$\cos\varphi_N=0.88$，堵转电流倍数 $k_{si}=5.6$。若采用星-三角起动，求堵转时的定子

电流。

解：额定电流为

$$I_{1N}=\frac{P_N}{\sqrt{3}U_N\cos\varphi_N\cdot\eta_N}=\frac{28\times10^3}{\sqrt{3}\times380\times0.88\times0.9}=53.71\text{A}$$

采用全压起动，堵转时的定子电流为

$$I_s=k_{si}I_{1N}=5.6\times53.71=300.8\text{A}$$

采用星-三角起动，堵转时的定子电流为

$$I'_s=\frac{1}{3}I_s=\frac{1}{3}\times300.8=100.3\text{A}$$

16-2 一台三相笼型异步电动机，采用自耦变压器起动。已知自耦变压器的变比为2，从高压侧看入的短路阻抗实际值等于异步电动机从定子侧看入的短路阻抗实际值。忽略励磁电流，并认为两个短路阻抗的阻抗角相等，求堵转时的电磁转矩、定子电流、电网线电流分别是全压起动下的多少倍？

解：自耦变压器的变比 $k_A=2$，短路阻抗为 Z_k。二次侧的负载阻抗为电动机的短路阻抗，即等于 Z_k。因此，从其一次侧看入的总阻抗为 Z_k 加上电动机短路阻抗的折合值即 $k_A^2Z_k=4Z_k$。设自耦变压器一次相电压为 U_1，则其二次相电压折合值为

$$U'_2=\frac{4Z_k}{Z_k+4Z_k}U_1=\frac{4}{5}U_1$$

因此自耦变压器的二次相电压，即异步电动机的定子相电压为

$$U_2=\frac{U'_2}{k_A}=\frac{1}{k_A}\frac{4}{5}U_1=\frac{1}{2}\times\frac{4}{5}U_1=0.4U_1$$

所以，电动机堵转时的电磁转矩为全压起动时的 $0.4^2=0.16$ 倍，定子电流为全压起动时的 0.4 倍，电网线电流是全压起动时的 $0.4/2=0.2$ 倍。

16-3 一台三相笼型异步电动机的额定值为：$P_N=60\text{kW}$，$U_N=380\text{V}$（星形联结），$I_N=136\text{A}$，堵转转矩倍数 $k_{st}=1.1$，堵转电流倍数 $k_{si}=6.5$。供电变压器要求起动电流不超过 500A。

(1) 电动机空载，采用电抗器起动，求每相串接的电抗最小值；

(2) 电动机拖动 $T_L=0.3T_N$ 的恒转矩负载时，是否可以采用电抗器起动？若可以，计算每相串接的电抗值的范围是多少？

解：(1) 全压起动时的堵转电流为

$$I_s=k_{si}I_N=6.5\times136=884\text{A}$$

采用电抗器起动，堵转时允许的最大电流 I'_s 与 I_s 的比值为

$$K=I'_s/I_s=500/884=0.5656$$

不计电动机定、转子电阻，则电动机短路电抗为

$$X_k=\frac{U_N}{\sqrt{3}I_s}=\frac{380}{\sqrt{3}\times884}=0.2482\Omega$$

设每相串接的电抗为 X，由于 $\frac{I'_s}{I_s}=\frac{X_k}{X_k+X}=K$，因此，$X$ 的最小值应为

$$X=\frac{1-K}{K}X_k=\frac{1-0.5656}{0.5656}\times0.2482=0.1906\Omega$$

(2) 拖动 $T_L=0.3T_N$ 的恒转矩负载时，正常起动所要求的堵转转矩最小值为

$$T_{s1}=1.1T_L=1.1\times 0.3T_N=0.33T_N$$

若采用电抗器起动，则堵转时需要的最小电磁转矩与全压起动时的堵转转矩之比为

$$K_1^2=\frac{T_{s1}}{T_s}=\frac{0.33T_N}{k_{st}T_N}=\frac{0.33}{k_{st}}=\frac{0.33}{1.1}=0.3$$

因此，堵转时需要的最小电流与全压起动时的堵转电流的比值为

$$\frac{I'_{s1}}{I_s}=K_1=\sqrt{0.3}=0.5477$$

即堵转时的最小电流应为

$$I'_{s1}=K_1I_s=0.5477\times 884=484.2\text{A}$$

由于 $I'_{s1}<500\text{A}$，因此可以采用电抗器起动。每相串接电抗的最大值为

$$X_1=\frac{1-K_1}{K_1}X_k=\frac{1-0.5477}{0.5477}\times 0.2482=0.205\Omega$$

每相串接电抗的最小值为 $X=0.1906\Omega$。在此电抗值下，堵转时的电磁转矩为

$$T'_s=K^2k_{st}T_N=0.5656^2\times 1.1T_N=0.3519T_N>T_{s1}$$

所以，电抗值的范围为 $0.1906\sim 0.205\Omega$。

提示：一般情况下，正常起动所需的堵转转矩至少为 $1.1T_L$（T_L 为负载转矩）。

16-4　一台三相 4 极绕线转子异步电动机，$P_N=155\text{kW}$，$I_N=294\text{A}$，$U_N=380\text{V}$（星形联结），电压、电流变比 $k_e=k_i=2$，参数为 $R_1=R'_2=0.012\Omega$，$X_{\sigma1}=X'_{\sigma2}=0.06\Omega$，忽略励磁电流。现采用转子串接电阻起动，要求堵转时的电流不超过 $3I_N$，求转子每相中应串接的起动电阻和堵转时的电磁转矩。

解：堵转时允许的最大电流为

$$I_s=3I_N=3\times 294=882\text{A}$$

起动所要求的最小阻抗为

$$|Z_s|=\frac{U_N}{\sqrt{3}I_s}=\frac{380}{\sqrt{3}\times 882}=0.2487\Omega$$

其中电阻应为

$$R_s=\sqrt{|Z_s|^2-(X_{\sigma1}+X'_{\sigma2})^2}=\sqrt{0.2487^2-(2\times 0.06)^2}=0.2178\Omega$$

则转子每相应串接的最小起动电阻的折合值为

$$R'=R_s-R_1-R'_2=0.2178-0.012-0.012=0.1938\Omega$$

其实际值为

$$R=R'/k_ek_i=0.1938/4=0.04845\Omega$$

堵转时的电磁转矩为

$$\begin{aligned}T_s&=\frac{3pU_1^2(R'_2+R')}{2\pi f_1[(R_1+R'_2+R')^2+(X_{\sigma1}+X'_{\sigma2})^2]}\\&=\frac{3\times 2\times 220^2\times(0.012+0.1938)}{2\pi\times 50\times[(2\times 0.012+0.1938)^2+(2\times 0.06)^2]}\\&=3076\text{N}\cdot\text{m}\end{aligned}$$

16-5　上题的电动机，若采用自耦变压器起动，对堵转时的电流要求不变。

(1) 自耦变压器应在何处抽头?

(2) 求堵转时的电磁转矩。

解:(1) 为满足起动时同样的电流要求,需要与上题中相同的阻抗$|Z_s|=0.2487\Omega$。

电动机的短路阻抗为

$$|Z_k|=\sqrt{(R_1+R'_2)^2+(X_{\sigma1}+X'_{\sigma2})^2}=\sqrt{(2\times0.012)^2+(2\times0.06)^2}=0.1224\Omega$$

设自耦变压器的变比为k_A,则应有$|Z_s|=k_A^2|Z_k|$,即

$$k_A=\sqrt{|Z_s|/|Z_k|}=\sqrt{0.2487/0.1224}=1.425$$

因此,自耦变压器应在$1/k_A=1/1.425=70\%$处抽头。

(2) 堵转时的电磁转矩为

$$T_s=\frac{3pU_1^2R'_2}{2\pi f_1[(R_1+R'_2)^2+(X_{\sigma1}+X'_{\sigma2})^2]}$$

$$=\frac{3\times2\times(0.7\times220)^2\times0.012}{2\pi\times50\times[(2\times0.012)^2+(2\times0.06)^2]}$$

$$=362.9\text{N}\cdot\text{m}$$

16-6 一台三相绕线转子异步电动机,转子绕组为星形联结,转子每相电阻$R_2=0.16\Omega$,已知额定运行时转子电流为50A,转速为1440r/min。现将转速降为1300r/min,求转子每相应串接多大的电阻(假定电磁转矩不变)?降速运行时电动机的电磁功率是多少?

解:由$n_N=1440\text{r/min}$,可推知$n_1=1500\text{r/min}$。

$$s_N=\frac{n_1-n_N}{n_1}=\frac{1500-1440}{1500}=0.04$$

$$s=\frac{n_1-n}{n_1}=\frac{1500-1300}{1500}=0.1333$$

设每相串接的电阻为R_s,由于电磁转矩不变,因此有$\frac{R_2+R_s}{s}=\frac{R_2}{s_N}$,即

$$R_s=\left(\frac{s}{s_N}-1\right)R_2=\left(\frac{0.1333}{0.04}-1\right)\times0.16=0.3732\Omega$$

因电磁转矩不变,故电磁功率不变,降速运行时的电磁功率等于额定运行时的电磁功率P_{em},即

$$P_{em}=3I_2^2\frac{R_2}{s_N}=3\times50^2\times\frac{0.16}{0.04}=30\text{kW}$$

16-7 一台三相4极绕线转子异步电动机,转子绕组为星形联结,转子每相电阻$R_2=0.05\Omega$,通过绞车拖动一重物升降,如图16-1所示。已知绞车半径$r=0.2$m,重物质量为$m=50$kg,忽略机械摩擦转矩。当重物上升时,电机转速为1440r/min。今要使电机以转速750r/min把重物下放,问转子每相需串接多大的附加电阻R_s?附加电阻需有多大的电流容量?并证明:在重物下降时,转子铜耗p_{Cu2}等于来自定子的电磁功率P_{em}与重物所做的机械功率P_m之和。

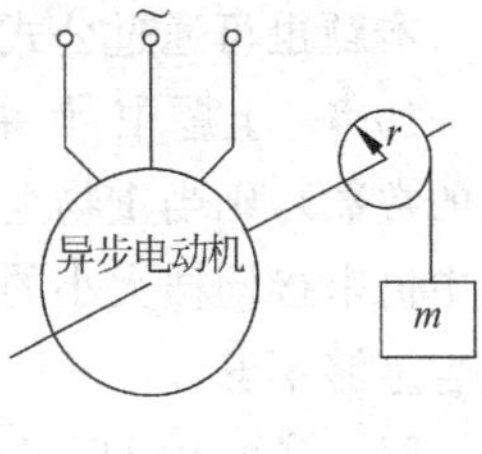

图 16-1

解:提升重物时,由$n=1440\text{r/min}$,可知$n_1=1500\text{r/min}$。转差率为

$$s=\frac{n_1-n}{n_1}=\frac{1500-1440}{1500}=0.04$$

下放重物时，转速$n'=-750\text{r/min}$，转差率为

$$s'=\frac{n_1-n'}{n_1}=\frac{1500-(-750)}{1500}=1.5$$

由于负载转矩不变，因此电磁转矩不变，于是有$\frac{R_2+R_s}{s'}=\frac{R_2}{s}$，即

$$R_s=\left(\frac{s'}{s}-1\right)R_2=\left(\frac{1.5}{0.04}-1\right)\times0.05=1.825\Omega$$

求附加电阻所需的电流容量，就是求下放重物时的转子电流。由于电磁转矩不变，因此提升和下放重物时转子电流相等。通过功率关系可求得该电流值。

电动机的负载转矩为

$$T_L=mgr=50\times9.8\times0.2=98\text{N}\cdot\text{m}$$

电动机提升重物时，输出功率为

$$P_2=T_L\Omega=T_L\frac{2\pi n}{60}=98\times\frac{2\pi\times1440}{60}=14778\text{W}$$

忽略机械摩擦转矩时，机械功率$P_m=3I_2^2\frac{1-s}{s}R_2=P_2=14778\text{W}$，则转子相电流为

$$I_2=\sqrt{\frac{sP_m}{3(1-s)R_2}}=\sqrt{\frac{0.04\times14778}{3\times(1-0.04)\times0.05}}=64.07\text{A}$$

即附加电阻的电流容量应为64.07A。

在重物下降时，转子铜耗p'_{Cu2}为

$$p'_{Cu2}=3I_2^2(R_2+R_s)=3\times64.07^2\times(0.05+1.825)=23090\text{W}$$

因电磁转矩不变，故电磁功率P_{em}不变，即

$$P_{em}=\frac{P_m}{1-s}=\frac{14778}{1-0.04}=15394\text{W}$$

转轴输出的机械功率为

$$P'_m=P_m\frac{n'}{n}=14778\times\frac{-750}{1440}=-7697\text{W}$$

负号说明此时机械功率实际上不是输出，而是输入，即重物所做的机械功率，则

$$P_{em}-P'_m=15394-(-7697)=23091\text{W}$$

与上面的p'_{Cu2}计算结果一致，即证明了$p'_{Cu2}=P_{em}+|P'_m|$。

本题也可通过公式推导来证明。

16-8 上题中，如果考虑机械摩擦转矩的影响（设其为一与转速大小无关、与转向相反的常数），则当重物上升时，电动机的转速为1434r/min。当重物下降时，在转子每相回路中仍串接同样大小的附加电阻R_s，求电动机的转速是多少？原来串接的附加电阻的电流容量够不够？

解：重物上升时的转差率为

$$s=\frac{n_1-n}{n_1}=\frac{1500-1434}{1500}=0.044$$

假设机械摩擦转矩是与转速大小和转向都无关的常数(始终与负载转矩方向相同),设重物下降时转速为 n',转差率为 s',则由$\frac{R_2+R_s}{s'}=\frac{R_2}{s}$可得

$$s'=\left(\frac{R_s}{R_2}+1\right)s=\left(\frac{1.825}{0.05}+1\right)\times 0.044=1.65$$

$$n'=(1-s')n_1=(1-1.65)\times 1500=-975\text{r/min}$$

可见,与不计机械摩擦转矩时相比,下降的转速大小增加了

$$975-750=225\text{r/min}$$

如果认为机械摩擦转矩为一与转速大小无关、与转向相反的常数,则重物下降时它和电磁转矩一样,也是制动转矩,因而使实际需要的电磁转矩减小,相应地,转速大小也降低。所以,实际的下降转速大小应为

$$750-225=525\text{r/min}$$

由于下放重物时的电磁转矩比不计机械摩擦转矩时的小,转子电流减小,所以原来串接的附加电阻的电流容量是足够的。

16-9 一台三相 4 极、星形联结的异步电动机,额定值为:$P_N=1.7\text{kW}$,$U_N=380\text{V}$,$I_N=3.9\text{A}$,$n_N=1445\text{r/min}$。今拖动一恒转矩负载 $T_L=11.38\text{N}\cdot\text{m}$ 连续运行,此时定子绕组平均温升已达到绝缘材料允许的温度上限。若电网电压下降为 300V,在上述负载下电动机的转速为 1400r/min,求此时电动机的铜耗为原来的多少倍?在此电网电压下该电动机能否长期运行下去(忽略励磁电流和机械损耗)?

解:额定运行时的电磁转矩 T_N 和转差率 s_N 分别为

$$T_N=T_{2N}=9550P_N/n_N=9550\times 1.7/1445=11.24\text{N}\cdot\text{m}$$

$$s_N=\frac{n_1-n_N}{n_1}=\frac{1500-1445}{1500}=0.03667$$

拖动恒转矩负载 $T_L=11.38\text{N}\cdot\text{m}$ 以转差率 s 运行时,电磁转矩 $T=T_L=11.38\text{N}\cdot\text{m}$。

在额定转差率 s_N 附近,把 T-s 曲线近似看做线性的,则有$\frac{T_N}{s_N}=\frac{T}{s}$,于是

$$s=s_N\frac{T}{T_N}=0.03667\times\frac{11.38}{11.24}=0.03713$$

当电压降低至 300V 时,转速为 $n'=1400\text{r/min}$,转差率为

$$s'=\frac{n_1-n'}{n_1}=\frac{1500-1400}{1500}=0.06667$$

由于负载转矩恒定,因此电磁转矩和电磁功率不变。电网电压下降前的电磁功率为

$$P_{em}=3I_2'^2\frac{R_2'}{s}=3I_1^2\frac{R_2'}{s}\quad\text{(忽略励磁电流)}$$

电网电压下降后,设定子相电流为 I'_1,则电磁功率为 $P'_{em}=3I_1'^2R_2'/s'$。于是,

$$3I_1'^2R_2'/s'=3I_1^2R_2'/s\quad\text{即}\quad I_1'^2/s'=I_1^2/s$$

电网电压下降后的铜耗与原来铜耗的比值等于两种情况下的定子电流平方之比,即

$$I_1'^2/I_1^2=s'/s=0.06667/0.03713=1.796$$

由于铜耗增加较多,因此电动机不能在此工况下长期工作。

第17章　三相异步电机的其他运行方式

17.1　知识结构

17.1.1　主要知识点

1. 三相异步发电机

原动机拖动转子(转子绕组短路)，使其转速 n 大于同步转速 n_1，即 $s<0$。

(1) 并联运行时，从电网吸收滞后性无功功率。

(2) 独立运行时，并联电容器提供无功功率，以建压和调压。

2. 三相感应调压器

三相感应调压器的构成与基本工作原理。

17.1.2　知识关联图

三相异步发电机和三相感应调压器

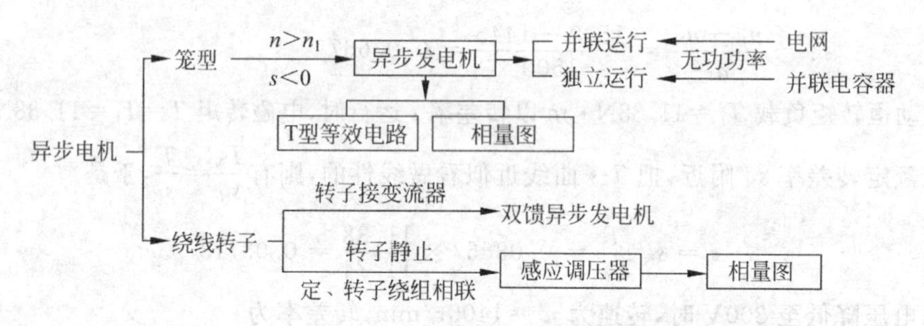

17.2　重点与难点

1. 三相异步发电机的相量图

由于 $s<0$，因此转子电压方程式可写为$\dot{E}_2=\dot{I}_2\left(-\frac{R_2}{|s|}+\mathrm{j}X_{\sigma2}\right)$，则有

$$\dot{I}_2=\frac{\dot{E}_2}{-\frac{R_2}{|s|}+\mathrm{j}X_{\sigma2}}=\frac{-\dot{E}_2}{\frac{R_2}{|s|}-\mathrm{j}X_{\sigma2}}=\frac{-\dot{E}_2\left(\frac{R_2}{|s|}+\mathrm{j}X_{\sigma2}\right)}{\frac{R_2^2}{|s|^2}+X_{\sigma2}^2}=-\frac{\dot{E}_2\frac{R_2}{|s|}}{\frac{R_2^2}{|s|^2}+X_{\sigma2}^2}-\frac{\mathrm{j}\dot{E}_2X_{\sigma2}}{\frac{R_2^2}{|s|^2}+X_{\sigma2}^2}$$

可见，$\dot{I}_2$ 由两部分构成：一是与$\dot{E}_2$ 反相的有功分量，二是滞后$\dot{E}_2\,90^\circ$的无功分量。因此，

在画相量图时，$\dot{I}_2$ 滞后 $\dot{E}_2$ 的角度 φ_2 应为 $90°<\varphi_2<180°$。由此可知，电磁功率 $P_{em}=m_2E_2I_2\cos\varphi_2<0$，或者 $P_{em}=m_2I_2^2\frac{R_2}{s}<0$。相应地，机械功率 $P_m<0$，定子电功率 $P_1=3U_1I_1\cos\varphi_1<0$。由于电压方程式和相量图都是用分析电动机时的惯例而得出的，因此 $P_{em}<0$ 表明电磁功率从转子传递到定子，即电机运行于发电机状态。

2. 三相感应调压器的调压原理

三相感应调压器实质上是转子静止的三相绕线转子异步电机，二者的结构和电磁耦合关系相似。但是，三相感应调压器的定、转子绕组在电路上联结在一起，这一点与自耦变压器相似；所不同的是，感应调压器不是靠改变绕组匝数来调压，而是通过改变定、转子绕组的相对位置来改变定、转子绕组电动势的相位差，从而改变定、转子电动势之和的大小，即改变输出电压。

17.3 练习题解答

17-1-1 画出表示三相异步发电机各种功率和损耗的分配、传递情况的功率流程图。

答：功率流程图如图 17-1 所示。

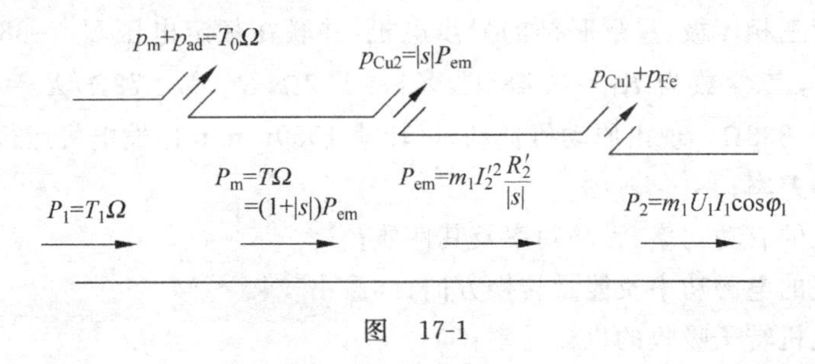

图 17-1

17-1-2 并网运行的异步发电机能否发出滞后的无功功率？为什么？

答：并网运行的异步发电机不能发出滞后的无功功率。因为异步电机建立气隙磁场所需的励磁电流需要由电网供给，即总要从电网吸收而不是发出滞后的无功功率。同步发电机由于采用直流电流励磁，因此可在过励时向电网发出滞后的无功功率。

17-2-1 感应调压器为什么能改变输出电压的大小？

答：三相感应调压器实质上是运行于堵转工况的三相绕线转子异步电机，其输出相电压约为定、转子绕组电动势的相量和。由于定、转子相电动势的相位差随定、转子相对位置变化而变化，因此，通过改变转子位置就可以调节输出电压的大小。

17.4 思考题解答

17-1 独立运行的三相异步发电机建压需要哪些条件？当负载增加时，为了维持发电机端电压和频率不变，应采取什么措施？

答：建压条件是：①有剩磁；②并联电容器的电容值足够大(以使电容器伏安特性曲

线与电机空载特性有确定的交点)。

当负载增加时,要维持发电机频率和端电压不变,需要相应地提高转子转速(即增大原动机的拖动转矩)和增大并联电容器的电容值。提高转速是为了增大有功功率,增大电容值是为了增加无功功率。只有当有功功率和无功功率都平衡时,频率和电压才能不变。

17-2 并联电容器独立运行的三相异步发电机,转速一定时的空载电压与什么有关?要提高或降低发电机的空载电压,应如何调节?

答:并联电容器独立运行的三相异步发电机,空载建压后的工作点是电容器伏安特性曲线与空载特性的交点,因此,空载电压取决于电容器电容值的大小和发电机空载特性。对于给定的发电机,在转速一定时,空载电压仅与电容大小有关。

调节电容的大小,就可改变电容器伏安特性曲线的斜率,从而改变其与空载特性交点的位置,即改变空载电压。电容值越大,电容器伏安特性曲线的斜率越小,空载电压就越高。此外,当电容值不变时,通过提高或降低发电机的转速,可使其空载特性向上或向下移动,使交点上移或下移,从而升高或降低空载电压。

17.5 习题解答

17-1 一台三相4极、星形联结的异步电机,并联在额定电压$U_N=380V$、频率$f_1=50Hz$的电网上,其参数为$R_1=0.488\Omega$,$X_{\sigma1}=1.2\Omega$,$R_m=3.72\Omega$,$X_m=39.5\Omega$,$R'_2=0.408\Omega$,$X'_{\sigma2}=1.333\Omega$。现由原动机拖动,以转速1550r/min作发电机运行。

(1) 计算转差率;

(2) 求电机的有功功率、无功功率及其性质;

(3) 求电机的电磁功率及能量转换方向;

(4) 计算电机转子吸收的机械功率;

(5) 设电机的机械损耗与附加损耗之和为0.14kW,求原动机输入给电机的机械功率。

解:(1) 转差率为

$$s=\frac{n_1-n}{n_1}=\frac{1500-1550}{1500}=-0.03333$$

(2) 为方便起见,采用简化等效电路计算。可得

$$\dot{I}'_0=\frac{\dot{U}_1}{(R_1+R_m)+j(X_{\sigma1}+X_m)}=\frac{220}{(0.488+3.72)+j(1.2+39.5)}=5.377\angle-84.1°A$$

$$\dot{I}'_2=\frac{-\dot{U}_1}{\left(R_1+\dfrac{R'_2}{s}\right)+j(X_{\sigma1}+X'_{\sigma2})}=\frac{-220}{\left(0.488+\dfrac{0.408}{-0.03333}\right)+j(1.2+1.333)}$$

$$=\frac{-220}{-11.75+j2.533}=18.3\angle12.2°A$$

$$\dot{I}_1=\dot{I}'_0-\dot{I}'_2=5.377\angle-84.1°-18.3\angle12.2°=19.63\angle-152°A$$

按电动机惯例,可得电机输入的有功功率为

$$3U_1 I_1 \cos\varphi_1 = 3 \times 220 \times 19.63 \times \cos 152^\circ = -11439\text{W}$$

即发电机实际上向电网输出有功功率 $P_2 = 11439\text{W}$。

按电动机惯例,可得电机吸收的无功功率为

$$3U_1 I_1 \sin\varphi_1 = 3 \times 220 \times 19.63 \times \sin 152^\circ = 6082\text{var}$$

即发电机发出无功功率 $Q_2 = -6082\text{var}$(发出超前无功)。

(3) 电磁功率为

$$P_{\text{em}} = 3I_2'^2 R_2'/s = 3 \times 18.3^2 \times 0.408/(-0.03333) = -12298\text{W}$$

即按照电动机惯例求得的电磁功率为负值,所以能量转换方向是从转子到定子,或者说转子输入的机械功率转换为电功率。

(4) 转子输出的机械功率为

$$3I_2'^2 R_2' \frac{1-s}{s} = 3 \times 18.3^2 \times 0.408 \times \frac{1+0.03333}{-0.03333} = -12708\text{W}$$

即转子吸收的机械功率为 $P_{\text{m}} = 12708\text{W}$。

(5) 原动机输入给电机的机械功率为

$$P_1 = P_{\text{m}} + (p_{\text{m}} + p_{\text{ad}}) = 12708 + 140 = 12848\text{W}$$

17-2 上题中的异步发电机并联电容器独立运行,要求电压 $U = 380\text{V}$、频率 $f_1 = 50\text{Hz}$。

(1) 计算空载运行时应并联电容器组(三角形联结)的每相电容值;

(2) 当电机所带负载的有功功率与上题中的相同,但负载的功率因数为 0.85(滞后)时,求并联的每相电容值。

解:(1) 空载时发电机所需的无功功率为

$$Q_0 = 3U_1 I_0 \sin\varphi_0 = 3 \times 220 \times 5.377 \times \sin 84.1^\circ = 3530\text{var}$$

设三角形联结电容器的每相电流为 I_C,发电机空载线电压为 U_0,则 $3U_0 I_C = Q_0$,于是

$$I_C = \frac{Q_0}{3U_0} = \frac{3530}{3 \times 380} = 3.097\text{A}$$

$$X_C = U_0 / I_C = 380/3.097 = 122.7\Omega$$

$$C = \frac{1}{\omega X_C} = \frac{1}{2\pi f X_C} = \frac{1}{2\pi \times 50 \times 122.7} = 25.94\mu\text{F}$$

(2) 当负载有功功率即发电机输出有功功率 $P_{\text{L}} = P_2 = 11439\text{W}$ 时,所需无功功率 $Q = 6082\text{var}$。已知负载的功率因数 $\cos\varphi_{\text{L}} = 0.85$(滞后),因此负载所需的无功功率为

$$Q_{\text{L}} = P_{\text{L}} \tan\varphi_{\text{L}} = P_{\text{L}} \tan(\arccos\varphi_{\text{L}}) = 11439 \times \tan 31.79^\circ = 7089\text{var}$$

因此,需要电容器发出的无功功率为

$$Q_C = Q_{\text{L}} + Q = 7089 + 6082 = 13171\text{var}$$

由此可求得所需的每相电容值 C_1,即

$$I_{C1} = \frac{Q_C}{3U_0} = \frac{13171}{3 \times 380} = 11.55\text{A}$$

$$X_{C1} = U_0 / I_{C1} = 380/11.55 = 32.9\Omega$$

$$C_1 = \frac{1}{2\pi f X_{C1}} = \frac{1}{2\pi \times 50 \times 32.9} = 96.75\mu\text{F}$$

17-3　将一台三相移相器的定、转子对应相的绕组串联起来，用作三相可调电抗器，并使其定、转子绕组产生的基波磁动势 $\boldsymbol{F}_1$、$\boldsymbol{F}_2$ 同向旋转。设定子相轴 $+A_1$ 在空间超前于转子相轴 $+A_2$ 的电角度为 β，定、转子每相有效匝数分别为 N_1k_{dp1}、N_2k_{dp2}，且 $N_1k_{dp1}=\sqrt{3}N_2k_{dp2}$，当绕组中有电流 I 时，求合成基波磁动势的幅值为多少？

解：定、转子三相绕组产生的合成基波磁动势 $\boldsymbol{F}_1$、$\boldsymbol{F}_2$ 的幅值分别为

$$F_2=\frac{3}{2}\times\frac{4}{\pi}\times\frac{\sqrt{2}}{2}\frac{N_2k_{dp2}}{p}I$$

$$F_1=\frac{3}{2}\times\frac{4}{\pi}\times\frac{\sqrt{2}}{2}\frac{N_1k_{dp1}}{p}I=\sqrt{3}F_2$$

由于定子相轴 $+A_1$ 在空间超前转子相轴 $+A_2$ 的电角度为 β，定、转子电流相同，因此在空间矢量图上，$\boldsymbol{F}_1$ 超前 $\boldsymbol{F}_2$ 的电角度为 β。根据矢量图，可得合成磁动势幅值为

$$F=\sqrt{F_1^2+F_2^2-2F_1F_2\cos(180°-\beta)}=\sqrt{3F_2^2+F_2^2+2\sqrt{3}F_2^2\cos\beta}$$

$$=F_2\sqrt{4+2\sqrt{3}\cos\beta}=\frac{3}{2}\times\frac{4}{\pi}\times\frac{\sqrt{2}}{2}\frac{N_2k_{dp2}}{p}I\sqrt{4+2\sqrt{3}\cos\beta}$$

17-4　一台三相单式感应调压器，转子绕组接到线电压为400V的电网，已知定子每相有效匝数为30，转子每相有效匝数为126，求这台感应调压器的调压范围。

解：已知转子相电压 $U_2=400/\sqrt{3}\text{V}$，不计漏阻抗，则转子相电动势 $E_2=U_2$，定子相电动势为 $E_1=\dfrac{N_1k_{dp1}}{N_2k_{dp2}}E_2=\dfrac{30}{126}E_2=\dfrac{30}{126}U_2$。因此可得：

输出相电压最大值为　$E_2+E_1=U_2+\dfrac{30}{126}U_2=\left(1+\dfrac{30}{126}\right)\times\dfrac{400}{\sqrt{3}}=285.9\text{V}$

输出相电压最小值为　$E_2-E_1=U_2-\dfrac{30}{126}U_2=\left(1-\dfrac{30}{126}\right)\times\dfrac{400}{\sqrt{3}}=176\text{V}$

输出线电压的最大值和最小值分别为 $285.9\times\sqrt{3}=495\text{V}$ 和 $176\times\sqrt{3}=305\text{V}$，即调压器的调压范围为305～495V。

第5篇 直流电机

第18章 直流电机的基本工作原理和结构

18.1 知识结构

18.1.1 主要知识点

1. 直流电机的基本工作原理

直流励磁电流建立气隙磁场。

(1) 发电机：原动机拖动转子旋转，电枢线圈切割气隙磁场产生交变电动势 $e=Blv$，通过换向器和电刷变为直流电。

(2) 电动机：正、负电刷间加直流电压，载流电枢导体在气隙磁场中受到电磁力 $f=Bli$ 作用，产生电磁转矩 T；通过电刷和换向器，电枢导体在N、S极下时电流交替改变方向，使 T 方向不变。

2. 直流电机的主要结构

(1) 定子：主极(主极铁心＋励磁绕组)，换向极，电刷装置，机座。

(2) 转子：电枢铁心(用涂绝缘漆的硅钢片叠压而成)，电枢绕组，换向器。

3. 直流电机的主要额定值

额定功率 P_N、额定电压 U_N、额定电流 I_N、额定转速 n_N、额定效率 η_N、额定励磁电流 I_{fN}。此外电机学中常用的还有额定电枢电流 I_{aN}、额定电磁转矩 T_N 等。

注意：①额定功率指输出功率，发电机 $P_N=U_NI_N$，电动机 $P_N=U_NI_N\eta_N$。②额定负载的含义：通常发电机中指 $I=I_N$，电动机中指输出转矩 $T_2=T_{2N}$(额定输出转矩)。

18.1.2 知识关联图

直流电机的主要结构和额定值

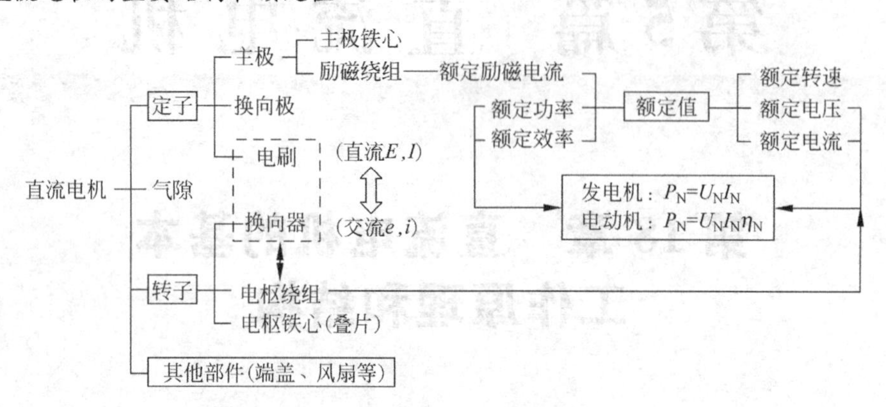

18.2 重点与难点

直流电机的基本工作原理

应重点理解掌握以下几点：①直流电机通常是旋转电枢式；②电枢绕组中流过的电流和产生的感应电动势都是交变的，电枢绕组通过和它一起旋转的换向器和静止的电刷的整流(发电机)和逆变(电动机)作用，才能与外部直流电路相联；③虽然电枢绕组是旋转的且电枢绕组中的电流是交变的，但N、S极下电枢导体电流的方向不变，因此电枢电流产生的磁场是静止的，电磁转矩方向不变；④增加电枢线圈数量，可使电刷两端的直流电动势和电磁转矩中的脉动减小。

18.3 练习题解答

18-1-1　图18-1中的直流发电机以某一转速逆时针旋转，若给它带上电阻负载，线圈$abcd$中就有电流流过。此时导体ab、cd上产生的电磁力的方向是怎样的？其方向会随着线圈的旋转而变化吗？

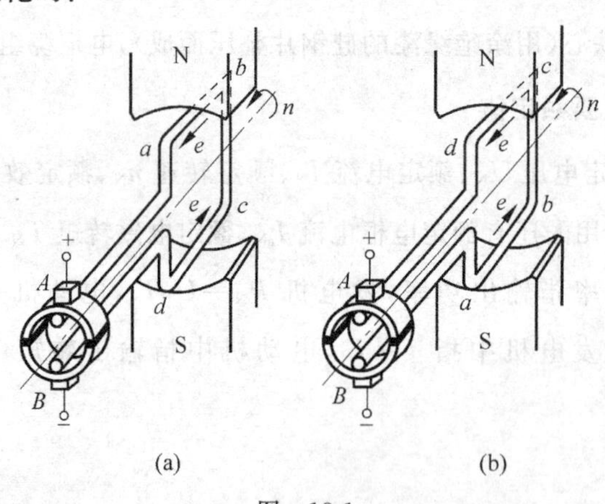

图　18-1

答：导体 ab、cd 上产生的电磁力均为顺时针方向，其方向不随线圈旋转而变化。

18-1-2　图 18-2 中的直流电动机逆时针旋转起来后，线圈边 ab、cd 切割气隙磁场而产生的感应电动势的方向是怎样的？线圈 $abcd$ 中感应电动势的方向会随着它的旋转而变化吗？

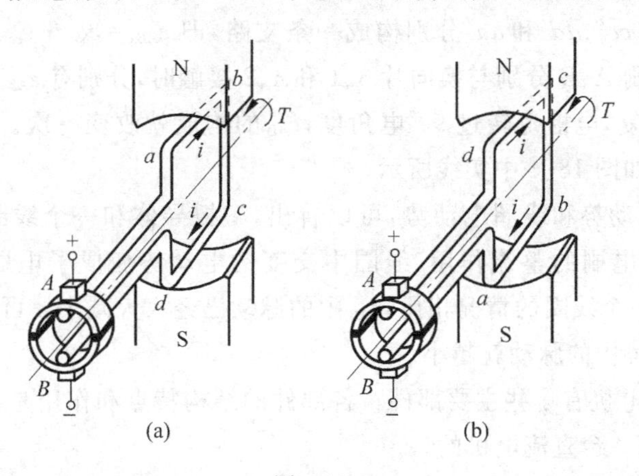

图　18-2

答：线圈边 ab、cd 的感应电动势方向与其电流方向相反，并随着其旋转而变化。

18-1-3　图 18-3 是一台直流发电机的示意图。电枢上布置 4 个单匝线圈 aa'、bb'、cc'、dd'（a 和 a' 是构成一个线圈的两根导体，其他同理），它们通过 4 个换向片联结起来。电枢以某一转速逆时针旋转，各导体中感应电动势的瞬时方向如图中所示。若磁极产生的气隙磁通密度沿圆周正弦分布，试比较一个线圈中感应电动势和电刷 A、B 间感应电动势随时间变化的波形，从中可得出什么结论？

答：当磁极产生的气隙磁通密度沿圆周正弦分布时，一个线圈感应电动势随时间变化的波形为正弦波。设各线圈电动势的参考方向均为从其首端（如 a）指向末端（如 a'），由于线圈 bb' 在空间上超前线圈 aa' 90°电角度（等效地按线圈静止、磁场顺时针旋转来看），因此线圈 bb' 的电动势 $e_{bb'}$ 滞后线圈 aa' 的电动势 $e_{aa'}$ 90°。同理，线圈 cc'、dd' 的电动势 $e_{cc'}$、$e_{dd'}$ 分别滞后 $e_{bb'}$ 90°和 180°，如图 18-4 中虚线所示（以电枢从图 18-3 所示位置转过 45°电角度时为 $t=0$ 时刻）。

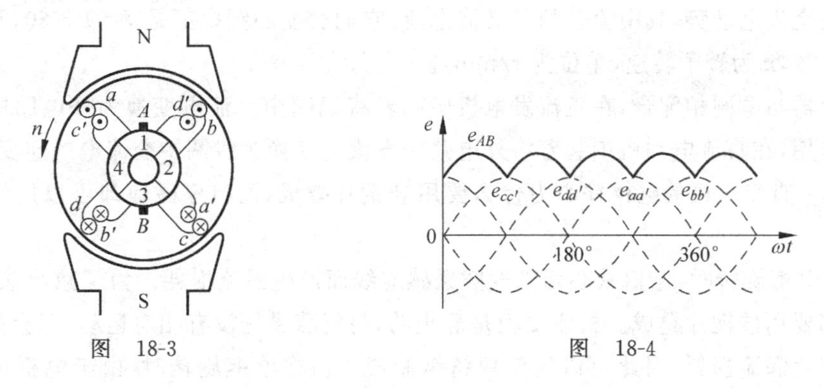

图　18-3　　　　图　18-4

电刷 A、B 间电动势 e_{AB} 是与它们相接触的两个换向片所联结的两个线圈的电动势之和。在图 18-3 所示时刻，线圈 aa' 和 bb' 通过换向片 1、2、3 构成电刷 A、B 间的一条支路，

线圈 cc' 和 dd' 通过换向片3、4、1构成其间的另一条支路。因此，电刷 A、B 间感应电动势 e_{AB} 是线圈 aa'、bb' 的电动势之和，即 $e_{AB}=e_{aa'}+e_{bb'}$（也是线圈 cc' 和 dd' 的电动势之和，即 $e_{AB}=-e_{cc'}-e_{dd'}$）。当电枢从图示位置转过一定角度，到了电刷 A、B 分别与换向片2、4接触时，线圈 bb' 和 cc'、dd' 和 aa' 分别构成一条支路，即 $e_{AB}=e_{bb'}+e_{cc'}=-e_{dd'}-e_{aa'}$。同理，当电枢转到电刷 A、B 分别与换向片3、1和4、2接触时，分别有 $e_{AB}=e_{cc'}+e_{dd'}$ 和 $e_{AB}=e_{dd'}+e_{aa'}$。如此反复，电枢每转过90°电角度，e_{AB} 的构成就改变一次。由此可画出 e_{AB} 随时间变化的波形，如图18-4中实线所示。

比较电刷间电动势和线圈电动势，可以看出，一根导体和一个线圈的电动势是交变的；经过换向器和电刷的整流作用，线圈中交变的电动势变成了电刷间的直流电动势 e_{AB}。与电枢只有一个线圈的情况相比，e_{AB} 中的脉动已经大大减小。可以推断：电枢线圈数越多，直流电动势中的脉动就越小。

18-2-1　直流电机有哪些主要部件？各部件的结构特点和作用是什么？试想一下这些部件是怎样构成一台直流电机的。

答：直流电机包括定子、转子两部分，定子和转子间是气隙。定子主要包括主极（由主极铁心和励磁绕组构成）、换向极、电刷装置和机座。转子也称电枢，主要包括电枢铁心、电枢绕组和换向器。各部件的结构特点和作用参见教材18.2节。

18-3-1　直流电机铭牌上的额定功率是指什么功率？对发电机和电动机有什么不同？

答：铭牌上的额定功率指的是输出功率。对发电机而言，是指从电枢出线端输出的电功率；对电动机，则是指转轴上输出的机械功率。

18.4　思考题解答

18-1　直流电机正、负极性电刷间的感应电动势与电枢导体中的感应电动势有什么不同？电枢导体中流过的是直流电流还是交流电流？换向器在直流电机中起什么作用？

答：直流电机正、负极性电刷间的感应电动势是直流电动势；而电枢导体中的感应电动势是交流电动势，其中流过的是交流电流，它们交变的频率都是 $f=pn/60$，其中 p 为电机极对数，n 为转子转速（单位为 r/min）。

换向器与电刷相配合，在直流发电机中起着将线圈中交流电变换为外电路中直流电的整流作用，在直流电动机中起着将外电路中直流电变换为线圈中交流电的逆变作用。

18-2　直流电机的电枢铁心为什么要用硅钢片叠成，而机座磁轭却可以用铸钢或钢板制成？

答：电枢旋转时，电枢铁心切割气隙磁感应线而产生涡流损耗。为了减小该损耗，电枢铁心都要用硅钢片叠成。机座磁轭是静止的，与气隙磁场没有相对运动，不会像电枢铁心那样产生涡流损耗，因此可以用整块铸钢制成。但在电枢旋转时，由于电枢齿槽的影响，主极极靴表面磁场会产生脉动，引起附加损耗。为了减小这部分损耗，主极有时采用薄钢板制成。

18.5 习题解答

18-1 一台直流电动机额定功率 $P_N=55\text{kW}$，额定电压 $U_N=110\text{V}$，额定转速 $n_N=1000\text{r/min}$，额定效率 $\eta_N=85\%$。求该电动机的额定电流 I_N 和额定输出转矩 T_{2N}。

解：额定输入功率为

$$P_{1N}=\frac{P_N}{\eta_N}=\frac{55}{0.85}=64.71\text{kW}$$

额定电流和额定输出转矩分别为

$$I_N=\frac{P_{1N}}{U_N}=\frac{64.71\times10^3}{110}=588.3\text{A}$$

$$T_{2N}=\frac{P_N}{\Omega_N}=\frac{60P_N}{2\pi n_N}=\frac{60\times55\times10^3}{2\pi\times1000}=525.2\text{N}\cdot\text{m}$$

18-2 一台直流发电机的铭牌数据如下：额定功率 $P_N=200\text{kW}$，额定电压 $U_N=230\text{V}$，额定转速 $n_N=1450\text{r/min}$，额定效率 $\eta_N=90\%$。求该发电机的额定电流 I_N 和额定输入功率 P_{1N}。

解：额定电流和额定输入功率分别为

$$I_N=\frac{P_N}{U_N}=\frac{200\times10^3}{230}=869.6\text{A}$$

$$P_{1N}=\frac{P_N}{\eta_N}=\frac{200}{0.9}=222.2\text{kW}$$

第 19 章　直流电机的运行原理

19.1　知识结构

19.1.1　主要知识点

1. 直流电机的电枢绕组

(1) 电枢绕组是双层绕组，线圈数 S=换向片数 K=虚槽数 Q_u。

(2) 基本特点：是通过换向器联结而成的闭合绕组；通过正、负电刷引入或引出电流并形成偶数条并联支路。

(3) 联结规律的描述：第一节距 $y_1(y_1\leqslant\tau_p)$，第二节距 y_2，合成节距 $y(y=y_1+y_2)$，换向器节距 $y_K(y_K=y)$，并联支路对数 a。

(4) 两种基本型式

单叠绕组：$y=y_K=1$，同一主极下的全部线圈串联成一条支路，$a=p$。

单波绕组：$y=y_K=(K\pm1)/p$=整数，N、S 极下的线圈分别串联成一条支路，$a=1$。

不同型式电枢绕组的主要差别在于其并联支路对数 a 不同。

(5) 电刷数等于极对数 $2p$。电刷放置原则是使正、负电刷间的电动势最大。电刷的实际位置应在主极中心线，此时被电刷短路的整距线圈的线圈边位于几何中性线。

2. 直流电机励磁方式和气隙磁场

(1) 励磁方式：他励；自励(包括并励、串励、复励)。

注意不同励磁方式下额定电流 I_N 与额定电枢电流 I_{aN} 的关系的不同。

(2) 空载($I_a=0$)时的气隙磁场

气隙磁场的建立：由直流励磁电流 I_f 产生的励磁磁动势 F_f 建立。

气隙磁场的空间分布：气隙磁通密度 B_δ 在主极下较大，在几何中性线处为零。

(3) 负载时的气隙磁场

电枢反应的产生：负载时，电枢电流 I_a 产生电枢磁动势 F_a，与 F_f 共同产生负载时的气隙磁场。F_a 对 F_f 建立的气隙磁场的影响称为电枢反应。

电枢反应的性质：①电刷位于几何中性线时，只有交轴电枢反应；否则，还有直轴电枢反应。②交轴电枢反应的作用：一是使气隙磁场分布发生畸变，几何中性线处 $B_\delta\neq0$；二是在磁路饱和时有一定的去磁作用(使主磁通 Φ 减小)。③直轴电枢反应的作用：增磁或去磁。

3. 直流电机的换向

换向是限制直流电机容量进一步增加的主要因素。按照换向的电磁理论，换向线圈中变压器电动势和运动电动势所产生的附加换向电流是引起换向火花的重要原因。

在几何中性线处安装换向极，是改善换向的最为有效的方法。换向极绕组应与电枢绕组串联，换向极磁场应与交轴电枢反应磁场方向相反。

4. 直流电机的基本关系

直流电机的基本关系如下表所示。

关系＼类别		发电机	电动机
电枢电动势		$E_a=C_e\Phi n\left(其中\ C_e=\frac{pz}{60a}\right)$	
电磁转矩		$T=C_T\Phi I_a\left(其中\ C_T=\frac{pz}{2\pi a}\right)$	
惯例		U, E_a, I_a, n, T_1, T	U, E_a, I_a, n, T, $T_L=T_2$
电流关系	他励	$I=I_a$	
	并励	$I=I_a-I_f$	$I=I_a+I_f$
电动势平衡方程式		$E_a=U+I_aR_a$	$U=E_a+I_aR_a$
转矩平衡方程式		$T_1=T+T_0$	$T=T_2+T_0$
功率平衡方程式		$P_1=P_{em}+p_0$ $P_{em}=P_2+p_{Cu}$（$+p_{Cuf}$，并励时）	$P_1=P_{em}+p_{Cu}$（$+p_{Cuf}$，并励时） $P_{em}=P_2+p_0$
		$p_0=p_m+p_{Fe}+p_{ad}$	
功率、转矩关系		$P_{em}=T\Omega=E_aI_a$，$p_0=T_0\Omega$，$p_{Cu}=I_a^2R_a$，$p_{Cuf}=U_f\ I_f=I_f^2R_f$	
		$P_1=T_1\Omega$，$P_2=UI$	$P_1=UI$，$P_2=T_2\Omega$

19.1.2 知识关联图

直流电机的运行原理

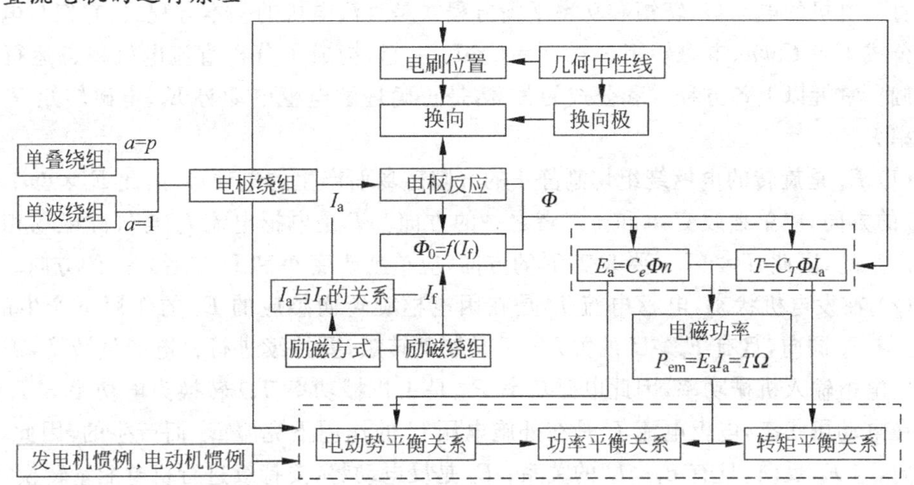

19.2 重点与难点

1. 电枢反应

电枢反应是直流电机中的难点问题。理解电枢反应需注意以下几点。

(1) 直流电机的主极在定子上,直流励磁电流产生的主极磁场在空间是静止的。电枢电流产生的电枢磁动势 F_a 的空间分布取决于电枢导体电流的分布,而后者与电刷位置有关。由于电刷是静止的,因此 F_a 产生的电枢磁场在空间也是静止的。电枢磁动势与励磁磁动势在空间保持相对静止是直流电机实现机电能量转换的必要条件。在交流旋转电机中也有类似的相对静止关系,差别在于交流电机定、转子基波磁动势通常是在以同步转速旋转中保持相对静止。

(2) 电枢磁动势的空间分布波形基本上是三角波,其轴线始终与电刷轴线重合。电枢反应的性质与电刷位置和电机运行状态有关。当电刷位于几何中性线时,电枢磁动势的轴线与主极磁场轴线正交,称为交轴电枢磁动势;电刷偏离几何中性线时,电枢磁动势可分解为直、交轴电枢磁动势 F_{ad}、F_{aq} 两个分量。交轴电枢反应总是使一半主极下增磁,另一半主极下去磁。在磁路饱和时具有一定的去磁作用,这种去磁作用与运行状态无关。直轴电枢反应对主极磁场具有增磁或去磁作用,由于发电机和电动机状态下电枢电流方向相反(转向相同时),因此两种状态下增、去磁情况正好相反。应掌握用横截面示意图来分析电枢反应性质的方法,该方法比较直观简便。应注意"电刷位于几何中性线"是与横截面示意图相对应的简称,此时电刷实际位置仍在主极中心线处。

(3) 只有交轴电枢磁动势才能与主极磁场相互作用而产生电磁转矩,因此交轴电枢反应是实现机电能量转换所必需的。这和同步电机中的情况相似(异步电机的气隙磁场与转子磁动势间也有类似的情况)。

(4) 交轴电枢反应使几何中性线处的气隙磁通密度不为零,对电枢线圈的换向产生不利影响。可在交轴(几何中性线)处安装换向极来抵消其影响。

2. 直流电机的基本关系

直流电机的电动势、转矩和功率平衡方程式是直流电机的基本方程式,它们与电枢电动势公式 $E_a=C_e\Phi n$、电磁转矩公式 $T=C_e\Phi I_a$ 一起,构成了分析直流电机稳态运行问题的基础。掌握以上各方程式和公式的关键,是正确理解电枢电动势 E_a、电磁转矩 T 和电磁功率 P_{em}。

(1) E_a 是旋转的电枢绕组切割静止的气隙磁场而产生的电动势,因此 $E_a \propto \Phi n$;要改变 E_a 的方向,应单独改变 Φ 和 n 二者之一的方向。T 是电枢电流 I_a 与气隙磁场相互作用而产生的,因此 $T \propto \Phi I_a$;要改变 T 的方向,应单独改变 Φ 和 I_a 二者之一的方向。

(2) 在发电机状态,电枢电流 I_a 是在因电枢旋转而感应的 E_a 的作用下产生的,因此,I_a 与 E_a 同向,且有 $E_a>U$ 的关系;T 是制动转矩,要持续进行机电能量转换,需要原动机向电枢输入机械功率,因此电磁功率 P_{em} 是由机械功率 $T\Omega$ 转换为电功率 E_aI_a 的功率。在电动机状态,电枢电流 I_a 是在外施电压 U 的作用下克服 E_a 而产生的,因此 I_a 与 U 同向,与 E_a 反向,且有 $E_a<U$ 的关系;E_a 是反电动势,要持续进行机电能量转换,需要

外部电源向电枢输入电功率,因此电磁功率 P_{em} 是由电功率 $E_a I_a$ 转换为机械功率 $T\Omega$ 的功率。

(3) 在机电能量转换过程中,电磁方面要满足 E_a 与 U 的平衡关系,同时机械方面应满足 T 与 T_1(发电机)或 T_2(电动机)的平衡关系。电磁功率 $P_{em}=T\Omega=E_a I_a$,把电磁量和机械量联系起来,表明了机械功率与电功率的转换关系。

19.3 练习题解答

19-1-1 试从物理概念说明下列各种数量间的相互关系:电枢槽数 Q、换向片数 K、线圈数 S、每槽每层圈边数 u、线圈匝数 N_K、电枢导体总数 z。

答:每个线圈与两个换向片相联,而每个换向片既联一个线圈的首端,又联另一个线圈的末端,因此 $K=S$。每个槽中含有 u 个虚槽,每个虚槽有上、下层两个线圈边,而每个线圈也有两个线圈边,因此,线圈数 $S=uQ$。若线圈匝数为 N_K,则一个线圈边中含有 N_K 根导体,一个线圈就有 $2N_K$ 根导体,所以电枢导体总数 $z=2N_K S$。

19-1-2 一台 4 极直流电机电枢槽数为 54(每槽每层圈边数 $u=1$),采用单叠绕组,每个线圈匝数为 2,则电枢绕组共有多少个线圈?有多少条并联支路?每条并联支路含有多少根导体?需要的电刷数量是多少?

答:线圈数 $S=54$,并联支路数 $2a=2p=4$;电枢导体总数 $z=2N_K S=2\times2\times54=216$,每条支路含有 $z/2a=216/4=54$ 根导体;需要电刷数量为 $2p=4$。

19-1-3 一台 6 极直流电机采用单叠绕组,当电枢绕组出线端流过的电流为 I_a 时,电枢绕组的每条并联支路、每根导体中流过的电流为多大?若采用单波绕组,情况又怎样?

答:并联支路数 $2a=2p=6$,每条并联支路和每根导体中的电流均为 $I_a/2a=I_a/6$。若采用的是单波绕组,则 $2a=2$,每条并联支路和每根导体中的电流均为 $I_a/2a=I_a/2$。位于不同极性的主极下的导体,其电流的方向相反,但电流大小相同。

19-1-4 直流电机电刷放置的原则是什么?试就单叠绕组和单波绕组说明其共同之处和差别。

答:直流电机电刷放置的基本原则是:(1)使正、负电刷间的电动势最大;(2)使被电刷短路的线圈的电动势最小,以利于其换向。一般在空载工况下(电枢电流为零,仅有励磁电流产生气隙磁场)确定电刷的位置。被电刷短路的整距线圈的两个线圈边应位于几何中性线处,这样就能使该线圈的电动势最小,正、负电刷间的电动势最大。可见,上述两个原则通常具有一致性。所以,无论单叠绕组还是单波绕组,当线圈端部对称时,电刷中心线都恰好与主极中心线对齐,即电刷位于主极中心线上。

此外,电刷的数量(电刷组数)应能使电枢绕组各条支路按照其电动势方向相同的关系并联起来。单叠绕组是将一个主极下的线圈联成一条支路,相邻两条支路的电动势方向相反,这样就形成 $2p$ 条并联支路,因此应该有 $2p$ 组电刷。单波绕组是将同一极性的主极下的所有线圈联成一条支路,只能形成两条支路,理论上只需两组电刷,但为了减小每组电刷的接触面积从而缩短换向器轴向长度,实际上也放置 $2p$ 组电刷。

19-2-1 不同励磁方式的直流电动机,其出线端电流 I、电枢电流 I_a 和励磁电流 I_f 之间分别有什么关系？额定电流 I_N 分别指的是哪个电流？对不同励磁方式的直流发电机，上述情况又是怎样的？

答： 电流关系如下表所示（复励时，I_f 指并励绕组的励磁电流）。额定电流 I_N 均指电流 I 的额定值。

励磁方式 / 种类	他励	并励	串励	复励
电动机	$I=I_a$，I_f 独立	$I=I_a+I_f$	$I=I_a=I_f$	$I=I_a+I_f$
发电机		$I_a=I+I_f$		$I_a=I+I_f$

19-2-2　直流电机空载运行时，什么是主磁通、漏磁通？若增加励磁电流，主磁通和漏磁通都成正比增加吗？

答： 空载运行时，励磁电流产生的经过气隙、与励磁绕组和电枢绕组都交链的磁通称为主磁通，其余不经过电枢的磁通称为主极漏磁通。主磁通在电枢绕组中产生电动势，并与电枢绕组磁动势相互作用而产生电磁转矩；主极漏磁通仅与励磁绕组自身交链，不产生电动势和转矩，仅增加主极铁心和定子磁轭的饱和程度。

主磁通经过的铁心磁路是非线性的，因此，增加励磁电流时，主磁通并不成正比增加，它与励磁电流的关系就是电机的磁化特性。主极漏磁通经过的漏磁路主要是空气，通常可将其看成线性的，因此主极漏磁通大小与励磁电流成正比。

19-2-3　直流电机的主磁路包括哪几部分？磁路不饱和时，励磁磁动势主要消耗在其中哪一部分上？

答： 直流电机的主磁路包括气隙、电枢齿、电枢磁轭、磁极和定子磁轭五部分。磁路不饱和时，励磁磁动势主要消耗气隙上。

19-2-4　什么是几何中性线？什么是电刷位于几何中性线？此时电刷的实际位置在何处？

答： 在相邻两个主极之间的中心线处，励磁磁动势产生的气隙磁通密度为零，称该中心线为几何中性线。在画示意图时，常省略换向片，把电刷直接画在几何中性线处，与被它短路的线圈边直接接触，将这种情况称为电刷位于几何中性线。这只是一种简化的表示方式，此时电刷的实际位置仍在主极中心线处。

19-2-5　直流电机电刷位于几何中性线，磁路不饱和与磁路饱和时，电枢反应分别是什么性质的？

答： 电刷位于几何中性线时，电枢反应是交轴电枢反应，使一半主极下磁动势增加，另一半主极下磁动势减小，因而一半主极下磁通增加，另一半主极下磁通减少。当磁路不饱和时，磁通的增、减量相等，因此一个主极下的主磁通保持不变，此时电枢反应既不增磁也不去磁。当磁路饱和时，一半主极下磁通的增加量小于另一半主极下磁通的减少量，从而使一个主极下的主磁通有所减小，此时电枢反应具有去磁作用。

19-3-1　什么是换向？换向不良对直流电机有什么影响？

答： 电枢绕组的线圈经过电刷从一条支路转入另一条支路时电流方向的改变称为换向。换向不好时，会在电刷与换向片间产生有害的火花。当火花超过一定限度时，会使电刷和换向器磨损加剧，可能损坏电刷和换向器表面，使电机不能正常运行。严重时，会使换向器表面产生环火，损坏电机。此外，电刷下的火花是一个电磁骚扰源，可能对无线电通信等产生干扰。换向问题是限制直流电机进一步发展的主要问题。

19-3-2 换向极的作用是什么？它安装在哪里？换向极绕组应如何联结？为什么？

答：换向极的作用是改善换向。换向极应安装在几何中性线处，极数与主极极数相等，其磁场方向与交轴电枢反应磁场的相反。换向极绕组应与电枢绕组串联，流过换向极绕组的电流就是电枢电流。这样，换向极磁场的强弱就能与电枢反应磁场同步变化，从而起到始终抵消交轴电枢反应磁场、改善换向的作用。

19-4-1 线圈短距(或长距)是否会削弱并联支路的感应电动势？在计算电枢电动势 E_a 时是否考虑了这个影响？

答：线圈短距(或长距)都会削弱并联支路的感应电动势。在计算电枢电动势 E_a 时没有考虑这个影响，因为直流电机中不允许线圈短距或长距较多，因此对 E_a 的影响通常不大，可以忽略。

19-4-2 直流电机负载运行时的电枢电动势与空载时的是否相同？公式 $E_a=C_e\Phi n$ 和 $T=C_T\Phi I_a$ 中的磁通 Φ 指的是什么磁通？

答：直流电机负载运行时，电枢电流产生电枢磁动势，它与励磁磁动势合成，共同产生气隙磁通。通常，该磁通与空载时仅由励磁磁动势产生的气隙磁通是不一样的，因此，它们感应的电枢电动势就不同。在空载和负载运行时，公式 $E_a=C_e\Phi n$ 和 $T=C_T\Phi I_a$ 中的磁通 Φ 都应分别是空载和负载时的气隙磁通。

19-4-3 要改变他励直流发电机电枢端电压的极性，可采取什么办法？要改变他励直流电动机电磁转矩的方向，可采取什么办法？

答：改变他励直流发电机电枢端电压的极性，可采取的办法一是改变励磁电流方向，二是改变转子转向。改变他励直流电动机电磁转矩的方向，可采取的办法一是改变励磁电流方向，二是改变电枢电流方向，即改变电枢端电压极性。

19-5-1 一台并联在电网上运行的直流发电机，如何能使它运行于电动机状态？

答：只要使原动机拖动转矩 $T_1=0$，发电机转速就降低，电枢电动势 E_a 随之减小。当 E_a 小于电枢端电压 U 时，电枢电流就与发电机时反向，电磁转矩变为拖动转矩，电机就运行于电动机状态。

19-5-2 并联在电网上运行的直流电机，端电压为 U，电枢电流为 I_a，电磁转矩为 T，转速为 n，按照发电机惯例，如何判断它运行在发电机状态还是电动机状态？若按照电动机惯例，又如何判断？

答：若按照发电机惯例，则当 $UI_a>0$，$Tn>0$ 时为发电机状态，当 $UI_a<0$，$Tn<0$ 时为电动机状态。若按照电动机惯例，则当 $UI_a>0$，$Tn>0$ 时为电动机状态，当 $UI_a<0$，$Tn<0$ 时为发电机状态。

19-5-3 在直流电机的电动势平衡方程式中，电枢回路总电阻 R_a 包括哪些部分？

答：电枢回路总电阻 R_a 包括电枢回路各串联绕组(电枢绕组、串励绕组、换向极绕组及补偿绕组)的电阻和正、负电刷的接触电阻。

19-5-4 直流电机的损耗包括哪几部分？它们分别是怎样产生的？

答：直流电机的损耗包括铁耗、铜耗、机械损耗和附加损耗。铁耗是由于旋转的电枢铁心切割气隙磁场而产生的磁滞与涡流损耗，存在于电枢铁心中。铜耗是电枢电流流过电枢回路总电阻而产生的损耗（自励电机的铜耗应包括励磁绕组电阻上的损耗）。机械损耗是电机风扇、电枢与空气的摩擦，电刷与换向器表面摩擦以及轴承摩擦等消耗的功率。附加损耗产生的原因很复杂，包括电枢反应使气隙磁场畸变而导致的铁耗增大，电枢齿槽造成磁场脉动而引起的极靴及电枢铁心的损耗增大等。

19-5-5 直流电机的电磁功率指的是什么？它与输入功率和输出功率有什么联系？如何说明直流电机中机械能和电能间的转换？

答：直流电机的电磁功率指电功率与机械功率相互转换的功率。以电功率的形式表示时，电磁功率 P_{em} 等于电枢电动势与电枢电流的乘积；以机械功率的形式表示时，电磁功率 P_{em} 等于电磁转矩与机械角速度的乘积，即 $P_{em}=E_aI_a=T\Omega$。电磁功率与输入功率 P_1、输出功率 P_2 间相差的是有关损耗，其相互关系即功率平衡关系。

对于直流发电机，E_a 与 I_a 方向相同，说明发出电功率；同时，T 与 Ω 方向相反，说明必须输入一个与 T 反向的拖动转矩，才能维持发电机以角速度 Ω 稳态运行，也就是需要输入机械功率。所以，直流发电机的电磁功率是将机械功率转换为电功率的功率。对于直流电动机，T 与 Ω 方向相同，说明输出机械功率；同时，E_a 与 I_a 方向相反，是反电动势，说明必须外施一个能克服 E_a 的端电压以维持 I_a 的输入，即需要输入电功率。所以，直流电动机的电磁功率是将电功率转换为机械功率的功率。

19.4 思考题解答

19-1 为什么直流电机的电枢绕组必须用闭合绕组？为什么直流电机的电枢绕组至少要有两条并联支路？

答：直流电机的电枢绕组需满足换向的要求，即经由换向器和电刷与外部电路相联。当电枢旋转时，正、负极性电刷间的线圈构成在不断地变化，各线圈要依次通过电刷作为引出端，同时还要与其他线圈串联起来以形成电流通路。因此，电枢绕组不能像开启式绕组那样有固定的引出端，而必须是闭合绕组。对于闭合绕组，为了使感应电动势不在绕组内部短路，从正、负极性电刷看进去，至少要有两条并联支路。

19-2 试简要说明单叠绕组与单波绕组的区别。

答：主要区别是联结规律和由此形成的并联支路对数 a 不同。单叠绕组按换向器节距 $y_K=1$，把一个极下的各线圈依次串联起来后，再串联相邻极下的各线圈，依次顺序进行下去，把所有线圈串联成一个闭合回路。由于一个极下的线圈构成一条支路，因此 $a=p$。单波绕组按换向器节距 $y_K=(K-1)/p$（K 为换向片数，p 为极对数），把 N 极下所有线圈依次串联起来后，再串联 S 极下的所有线圈，最后自成一个闭合回路。由于 N、S 极下的线圈各构成一条支路，因此 $a=1$。所以，当极对数相同时，单叠绕组的并联支路对数是单波绕组的 p 倍。

19-3 一台 6 极直流电机原为单波绕组，如改绕成单叠绕组，并保持线圈数、线圈匝数和导体总数不变，则该电机的额定功率是否改变？其他额定值是否改变？

答：在同样的极对数下，单叠绕组的并联支路对数 a 是单波绕组的 p 倍。因此，若支路电流保持不变，则单叠绕组的电枢电流 I_a（各支路电流之和）是单波绕组的 p 倍。

由于线圈数和导体总数不变，因此单波绕组每条支路的线圈数是单叠绕组的 p 倍。由于每个线圈感应电动势大小相同，因此单波绕组的电枢电动势 E_a（一条支路各线圈的电动势之和）是单叠绕组的 p 倍。

所以，按题目条件改绕成单叠绕组后，E_a 减至原来的 1/3，I_a 增为原来的 3 倍，因此电机的额定电磁功率不变，而额定电压和额定电流需作相应的改变。由于 I_a 和 a 同时变化了相同的倍数，因此额定电磁转矩不变，额定转速也不变。此外，电枢绕组铜耗不变，空载损耗不变，因此额定功率不变（不计电刷压降和励磁绕组的铜耗）。

19-4 一台采用单叠绕组的 4 极直流电机。

(1) 若只用相邻的两组电刷，电机是否能够工作？对电枢电动势和电机的容量各有何影响？如果仅去掉一组电刷，剩下三组电刷，电机是否还能运行？

(2) 若有一个线圈断线，则对电枢电动势和电枢电流有何影响？

(3) 若只用相对着的两组电刷，电机可以运行吗？

答：(1) 只用相邻的两组电刷时，电机能够工作。电枢电动势不变，但电机容量要减小。设原来每条支路的电流为 I，电阻为 R，则 4 条并联支路总电流为 $4I$。现在变成 2 条支路并联，其中一条支路的电阻为 R，另一条的为 $3R$，因此这两条并联支路的总电流为 $I+I/3=4I/3$，即现在电枢电流是原来的 1/3，因此电机容量减为原来的 1/3。

当仅去掉一组电刷，剩下三组电刷时，电机仍能运行。现在变成 2 条电阻都是 R 的支路并联，因此，电枢电动势不受影响，电枢电流和容量减为原来的 1/2。

(2) 只有一个线圈断线时，电枢电动势不受影响。线圈断线的那条支路的电流为零，因此现在变成 3 条支路并联，电枢电流减为原来的 3/4，即容量为原来的 3/4。

(3) 只用相对着的两组电刷时，这两组电刷间的电动势为零，故电机不能运行。

19-5 同上题，只是电机改用单波绕组，问电机的情况又将如何？

答：(1) 电机能工作。电枢电动势、电枢电流和电机容量都不受影响。

当仅去掉一组电刷时，由于仍是 2 条支路并联，因此电机仍能运行，电枢电动势、电枢电流和电机容量都不受影响。

(2) 只有一个线圈断线时，电枢电动势不受影响。由于只剩下一条支路，因此电枢电流和容量都减为原来的 1/2。

(3) 相对着的两组电刷间的电动势为零，因此电机不能运行。

19-6 直流电机有哪些励磁方式？不同励磁方式的区别是什么？

答：直流电机的励磁方式分为他励和自励两种，其中自励又分为并励、串励和复励三种。不同励磁方式的区别是励磁绕组与电枢绕组的联结关系不同。直流电机在不同的励磁方式下，运行特性会有明显的差别。

19-7 直流电机的电枢磁动势与励磁磁动势有何不同？

答：二者的不同主要体现在如何产生、与哪些量有关、空间分布和作用等方面。

励磁磁动势由主极中的励磁绕组通以励磁电流产生，其大小与励磁电流大小和励磁绕组匝数有关，它沿电枢圆周的空间分布波形是以主极中心线为轴线的矩形波。励磁磁动势的作用是建立气隙磁场，即产生空载时的主磁通。

电枢磁动势由均匀分布在电枢圆周上的电枢绕组产生，它沿电枢圆周的空间分布波形可看成三角波，其幅值与电枢电流大小和电枢导体总数成正比，其轴线位置（三角波正最大值位置）由电刷位置决定。若电刷位于几何中性线，则电枢磁动势轴线位于交轴。交轴电枢磁动势与励磁磁动势相互作用，产生电磁转矩，从而实现机电能量转换。

19-8 既然直流电机磁路中的磁通一般保持不变，为什么电枢铁心要用薄的硅钢片叠成，并且片间还要绝缘？

答：虽然直流电机的磁通保持不变，但电枢旋转时，电枢铁心像电枢绕组一样切割气隙磁感应线，在铁心中产生涡流和涡流损耗。电枢铁心要用薄的硅钢片叠成，且片间要绝缘，就是为了减小涡流损耗，以提高电机的效率。

19-9 为什么交轴电枢磁动势会产生去磁作用？直轴电枢磁动势会不会产生交磁作用？

答：交轴电枢磁动势的轴线位于交轴，其正、负值分界处正好位于主极中心线，因此对一半主极增磁，对另一半主极去磁。当磁路饱和时，去磁量大于增磁量，使主极下的主磁通略为减小。也就是说，交轴电枢磁动势不仅有交磁作用，使气隙磁通密度的过零点偏离几何中性线，而且在磁路饱和时有一定的去磁作用。直轴电枢磁动势的轴线位于直轴即主极中心线，只会对主极磁场起去磁或增磁作用，而不会产生交磁作用。

19-10 一台直流发电机，当电刷顺电枢转向移过一角度时，直轴电枢反应的性质是怎样的？反之，若电刷逆电枢转向移过一角度，直轴电枢反应的性质又是怎样的？交轴电枢反应的性质是否变化？若是一台直流电动机，以上情况又是怎样的？

答：(1) 直流发电机电刷顺电枢转向移过一角度时的情况如图19-1所示。其中电枢导体中感应电动势的方向可根据主极极性和电枢转向，由右手定则来确定。如图中所示，在N极下为⊙，在S极下为⊗。由于是发电机，因此导体电流方向与电动势方向相同。根据电流方向，用右手螺旋定则可以确定电枢磁动势 F_a 的方向，如图中所示（有向线段表示磁动势的轴线位置）。可见，此时除了交轴电枢磁动势 F_{aq} 外，还有直轴电枢磁动势 F_{ad}。F_{ad} 的方向与主极磁场方向相反，其性质是去磁的。

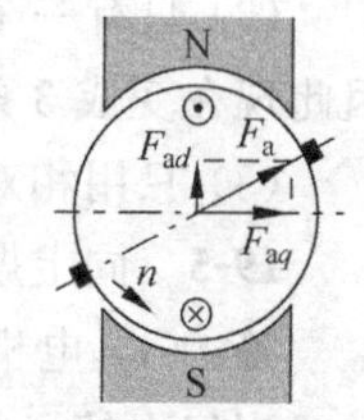

图 19-1

若电刷逆电枢转向移过一角度，则 F_{aq} 的性质不变，F_{ad} 的性质变为增磁的。

(2) 直流发电机的电磁转矩是制动性的，而直流电动机的电磁转矩是拖动性的，因此，当直流电动机的主极极性、电枢转向都与直流发电机的相同时，其电枢电流和电枢磁动势的方向应与发电机中的相反。所以，当电刷顺电枢转向移过一角度时，直轴电枢磁动势 F_{ad} 的性质是增磁的；反之则是去磁的，交轴电枢反应的性质不变。

19-11 在换向过程中，换向线圈中可能有哪些电动势？它们分别是由什么引起的？分别对换向有什么影响？

答：在换向过程中，换向线圈中可能有以下三种电动势：

(1) 切割交轴电枢反应磁动势在换向区产生的气隙磁场而产生的运动电动势 e_k，e_k 总是企图维持换向线圈中原来的电流方向不变，对换向过程起延迟作用。

(2) 与换向线圈交链的漏磁通变化而产生的变压器电动势 e_r,e_r 的方向总与换向前的电流同向,也对换向过程起延迟作用。

(3) 主极磁通变化而在换向线圈中产生的变压器电动势,它的实际方向与主极磁通变化率的正负有关,对换向过程的影响可能是延迟,也可能是加速。

19-12 安装了换向极的他励直流发电机并联在直流电网上运行。

(1) 如果仅改变原动机的转向,励磁绕组和换向极绕组均不改接,则换向情况有无变化?

(2) 如果使它运行于电动机状态,励磁绕组和换向极绕组均不改接,则换向情况有无变化?

答:换向极绕组磁动势是为了抵消交轴电枢反应磁动势的,它需要随电枢电流的改变而改变,因此换向极绕组是和电枢绕组串联的。只要换向极的极性正确,则直流电机不论运行于何种状态,不论电枢电流如何变化(不过大),换向情况都不会有变化。

19-13 换向极设计好的直流电机在额定运行时可得到直线换向。现电机过载,使换向极磁路十分饱和,换向情况将如何变化?

答:换向极磁路饱和使换向极气隙磁通密度不能随电枢电流的增大而成正比增加,在过载时,换向线圈切割换向极磁场产生的电动势就不能抵消换向线圈中的电动势,因此不能再得到直线换向,而成为延迟换向,使换向情况变坏。

19-14 直流电机一个线圈的感应电动势与电刷间的感应电动势有何不同?如何写它们的表达式?

答:一个线圈的感应电动势是交流电动势,其表达式为 $e=b_\delta lv$。电刷间的感应电动势是直流电动势,是电枢绕组一条并联支路的电动势,其表达式为 $E_a=C_e\Phi n$。

19-15 一台他励直流发电机,在额定转速下空载运行时,可测得电枢电动势 E_a 与励磁电流 I_f 的关系曲线,即空载特性 $E_a=f(I_f)$,其形状大致是怎样的?如果转速不是额定值,会对测得的空载特性有什么影响?当该发电机带某负载稳态运行时,励磁电流为 I_f,用电动势平衡方程式可求得此时的电枢电动势 E_a,它是否等于根据 I_f 从空载特性上查得的电枢电动势值(不考虑计算误差)?

答:由于电枢电动势 $E_a=C_e\Phi n$,因此,空载特性的形状与电机的磁化特性 $\Phi=f(I_f)$ 相似,都是有饱和的非线性曲线。当转速 n 不是额定值时,测得的 E_a 值与 n 成正比减小(因 Φ 不变)。发电机负载运行时,磁路通常是饱和的,交轴电枢反应具有一定的去磁作用,因此,在同样的励磁电流 I_f 下,负载时的主磁通 Φ 比空载时的小,所以,用电动势平衡方程式求得的 E_a 值,要小于根据 I_f 从相同转速下的空载特性查得的 E_a 值。

19-16 一台直流发电机运行在额定工况,若原动机转速下降为原来的 50%,而励磁电流 I_f 和电枢电流 I_a 不变,则下列说法中哪些是正确的?

A. 电枢电动势 E_a 减小 50%　　B. E_a 减小量大于 50%　　C. 电磁转矩 T 减小 50%

D. E_a 和 T 都不变　　E. 端电压 U 降低 50%

答:因 I_f 和 I_a 不变,故 Φ 不变。因 n 下降 50%,故 E_a 减小 50%。因 Φ 和 I_a 不变,故 T 不变。因 $U=E_a-I_aR_a$,故 U 降低略超过 50%。所以,只有说法 A 正确。

19-17 将一台额定功率为 30kW 的他励直流发电机改为电动机运行,其额定功率将大于、等于还是小于30kW？反之，将一台额定功率为30kW的他励直流电动机改为发电机运行，其额定功率的情况又怎样？

答：额定功率为30kW的他励直流发电机是指其额定输出电功率为30kW。改为电动机运行时，额定输入电功率也应为30kW(否则电流将超过额定值)，因此电动机的额定输出功率即额定功率将小于30kW。同理，将额定功率(机械功率)为30kW的他励直流电动机改为发电机运行时，其额定功率(电功率)将大于30kW。

19.5 习题解答

19-1 一台$p=3$的他励直流电机采用单叠绕组，电枢导体总数$z=398$。当每极磁通量$\Phi=0.021\text{Wb}$时，分别求转速$n=1500\text{r/min}$和$n=500\text{r/min}$时的电枢电动势。

解：采用单叠绕组时，$a=p=3$。$n=1500\text{r/min}$和$n=500\text{r/min}$时的电枢电动势分别为

$$E_a=\frac{pz}{60a}\Phi n=\frac{3\times398}{60\times3}\times0.021\times1500=209\text{V}$$

$$E_a=\frac{pz}{60a}\Phi n=\frac{3\times398}{60\times3}\times0.021\times500=69.7\text{V}$$

19-2 同上题，设气隙磁通保持不变，当电枢电流$I_a=10\text{A}$时，电枢所受电磁转矩为多大？如果将此绕组改为单波绕组，保持各并联支路电流不变，则此时的电磁转矩是多大？

解：电磁转矩为

$$T=\frac{pz}{2\pi a}\Phi I_a=\frac{3\times398}{2\pi\times3}\times0.021\times10=13.3\text{N}\cdot\text{m}$$

改为单波绕组后，并联支路对数$a'=1$。保持各并联支路电流不变时，单波绕组的支路电流等于原单叠绕组的支路电流$I_a/2a$。因此，单波绕组的电枢电流为

$$I'_a=2a'\frac{I_a}{2a}=2\times1\times\frac{10}{6}=3.333\text{A}$$

单波绕组的电磁转矩为

$$T'=\frac{pz}{2\pi a'}\Phi I'_a=\frac{3\times398}{2\pi\times1}\times0.021\times3.333=13.3\text{N}\cdot\text{m}$$

提示：本题可作为思考题19-3的具体算例。

19-3 一台4极他励直流发电机，额定功率$P_N=30\text{kW}$，额定电压$U_N=230\text{V}$，额定转速$n_N=1500\text{r/min}$。采用单叠绕组，电枢导体总数$z=572$，额定运行时每极磁通量$\Phi=0.017\text{Wb}$，求额定运行时的电枢电动势E_{aN}和电磁转矩T_N。

解：

$$E_{aN}=\frac{pz}{60a}\Phi n=\frac{2\times572}{60\times2}\times0.017\times1500=243.1\text{V}$$

$$I_{aN}=P_N/U_N=30\times10^3/230=130.4\text{A}$$

$$T_N=\frac{pz}{2\pi a}\Phi I_{aN}=\frac{2\times572}{2\pi\times2}\times0.017\times130.4=201.8\text{N}\cdot\text{m}$$

19-4 一台4极他励直流发电机，$P_N=17\text{kW}$，$U_N=230\text{V}$，$n_N=1500\text{r/min}$，采用单波绕组，$z=468$，额定运行时每极磁通量$\Phi=0.0103\text{Wb}$，求额定运行时的电枢电动势E_{aN}和

电磁转矩 T_N。

解：
$$I_{aN}=\frac{P_N}{U_N}=\frac{17\times10^3}{230}=73.91\text{A}$$
$$T_N=\frac{pz}{2\pi a}\Phi I_{aN}=\frac{2\times468}{2\pi\times1}\times0.0103\times73.91=113.4\text{N}\cdot\text{m}$$
$$E_{aN}=\frac{pz}{60a}\Phi n=\frac{2\times468}{60\times1}\times0.0103\times1500=241\text{V}$$

19-5 一台4极直流发电机，电枢槽数 $Q=42$，每槽每层圈边数 $u=3$，每个线圈有3匝。当每极磁通量 $\Phi=0.0175\text{Wb}$，转速 $n=1000\text{r/min}$ 时，电枢电动势 $E_a=220\text{V}$。问电枢绕组为何种型式？

解：每个线圈匝数 $N_K=3$，每个虚槽有两个线圈边，因此，电枢导体总数为
$$z=2N_KuQ=2\times3\times3\times42=756$$
并联支路对数为
$$a=\frac{pz\Phi n}{60E_a}=\frac{2\times756\times0.0175\times1000}{60\times220}=2$$
由于 $a=p$，因此电枢绕组是单叠绕组。

19-6 一台4极直流发电机，$P_N=10\text{kW}$，$U_N=230\text{V}$，$n_N=2850\text{r/min}$，$\eta_N=85.5\%$。采用单波绕组，电枢有31个槽，每槽中有12根导体。

(1) 求该发电机的额定电流和额定输入转矩；

(2) 求额定运行时电枢导体感应电动势的频率；

(3) 若额定运行时电枢回路总电阻压降为端电压的10%，则此时的每极磁通量为多大？

解：(1) 额定电流 $I_N=\frac{P_N}{U_N}=\frac{10\times10^3}{230}=43.48\text{A}$

额定输入功率 $P_{1N}=\frac{P_N}{\eta_N}=\frac{10}{0.855}=11.7\text{kW}$

额定输入转矩 $T_{1N}=9550\frac{P_{1N}}{n_N}=9550\times\frac{11.7}{2850}=39.21\text{N}\cdot\text{m}$

(2) $f=\frac{pn_N}{60}=2\times\frac{2850}{60}=95\text{Hz}$

(3) 因电枢回路总电阻压降 $I_{aN}R_a$ 为端电压 U_N 的10%，因此有
$$E_{aN}=U_N+I_{aN}R_a=U_N+0.1U_N=1.1U_N=1.1\times230=253\text{V}$$
电枢导体总数 $z=12\times31=372$，并联支路对数 $a=1$，因此，每极磁通量为
$$\Phi_N=\frac{E_{aN}}{C_en_N}=\frac{60aE_{aN}}{pzn_N}=\frac{60\times1\times253}{2\times372\times2850}=7.159\times10^{-3}\text{Wb}$$

19-7 一台4极直流电动机，$P_N=17\text{kW}$，$U_N=220\text{V}$，$n_N=1500\text{r/min}$，$\eta_N=83\%$，电枢有40个槽，每槽中有12根导体，采用单叠绕组。

(1) 求该电动机的额定电流和额定输出转矩；

(2) 求额定运行时电枢导体感应电动势的频率；

(3) 若额定运行时电枢回路总电阻压降为端电压的10%，则此时的每极磁通量为多大？

解：(1) 额定输入功率 $P_{1N}=\frac{P_N}{\eta_N}=\frac{17}{0.83}=20.48\text{kW}$

额定电流 $I_N=\frac{P_{1N}}{U_N}=20.48\times\frac{10^3}{220}=93.1\text{A}$

额定输出转矩 $T_{2N}=9550\frac{P_N}{n_N}=9550\times\frac{17}{1500}=108.2\text{N}\cdot\text{m}$

(2) $f=\frac{pn_N}{60}=2\times\frac{1500}{60}=50\text{Hz}$

(3) 因电枢回路总电阻压降 $I_{aN}R_a$ 为端电压 U_N 的10%，因此，

$$E_{aN}=U_N-I_{aN}R_a=U_N-0.1U_N=0.9U_N=0.9\times220=198\text{V}$$

电枢导体总数 $z=12\times40=480$，并联支路对数 $a=p=2$，因此，每极磁通量为

$$\Phi_N=\frac{E_{aN}}{C_e n_N}=\frac{60aE_{aN}}{pzn_N}=\frac{60\times2\times198}{2\times480\times1500}=0.0165\text{Wb}$$

19-8 一台他励直流发电机的额定数据为 $P_N=6\text{kW}$，$U_N=230\text{V}$，$n_N=1450\text{r/min}$，电枢回路总电阻 $R_a=0.61\Omega$，铁耗与机械损耗为 $p_{Fe}+p_m=295\text{W}$，附加损耗 $p_{ad}=60\text{W}$。求额定运行时的电磁功率、电磁转矩和效率。

解：发电机的额定电枢电流，即额定电流为

$$I_{aN}=I_N=P_N/U_N=6000/230=26.09\text{A}$$

额定运行时的电枢电动势为

$$E_{aN}=U_N+I_{aN}R_a=230+26.09\times0.61=245.9\text{V}$$

额定运行时的电磁功率和电磁转矩分别为

$$P_{emN}=E_{aN}I_{aN}=245.9\times26.09=6416\text{W}$$

$$T_N=\frac{P_{emN}}{\Omega_N}=\frac{P_{emN}}{2\pi n_N/60}=\frac{60\times6416}{2\pi\times1450}=42.25\text{N}\cdot\text{m}$$

额定输入功率和额定效率分别为

$$P_{1N}=P_{emN}+p_{Fe}+p_m+p_{ad}=6416+295+60=6771\text{W}$$

$$\eta_N=\frac{P_N}{P_{1N}}=\frac{6000}{6771}=88.61\%$$

19-9 一台并励直流发电机，额定功率 $P_N=10\text{kW}$，额定电压 $U_N=230\text{V}$，额定转速 $n_N=1450\text{r/min}$，电枢绕组电阻 $r_a=0.486\Omega$，励磁绕组电阻 $R_f=215\Omega$，一对电刷上电压降为2V，额定运行时的铁耗 $p_{Fe}=442\text{W}$，机械损耗 $p_m=104\text{W}$，不计附加损耗。求额定运行时的电磁功率、电磁转矩和效率。

解：发电机的额定电流、额定励磁电流和额定电枢电流分别为

$$I_N=P_N/U_N=10\times10^3/230=43.48\text{A}$$

$$I_{fN}=U_N/R_f=230/215=1.07\text{A}$$

$$I_{aN}=I_N+I_{fN}=43.48+1.07=44.55\text{A}$$

额定运行时的电枢电动势为

$$E_{aN}=U_N+I_{aN}r_a+2\Delta U_b=230+44.55\times0.486+2=253.7\text{V}$$

则

$$P_{emN}=E_{aN}I_{aN}=253.7\times44.55=11302\text{W}$$

$$T_N=\frac{P_{emN}}{\Omega_N}=\frac{P_{emN}}{2\pi n_N/60}=\frac{60\times11302}{2\pi\times1450}=74.43\text{N}\cdot\text{m}$$

$$P_{1N}=P_{emN}+p_{Fe}+p_m=11302+442+104=11848\text{W}$$

$$\eta_N=\frac{P_N}{P_{1N}}=\frac{10000}{11848}=84.4\%$$

19-10 一台他励直流发电机，额定值为 $P_N=20\text{kW}$，$U_N=220\text{V}$，$n_N=1500\text{r/min}$，电枢回路总电阻 $R_a=0.2\Omega$。该发电机由一台柴油机作原动机，励磁电流不变，忽略电枢反应。如果柴油机在发电机由满载到空载时转速上升 5%，求该发电机空载时的端电压 U_0。

解：

$$I_{aN}=I_N=P_N/U_N=20\times10^3/220=90.91\text{A}$$

$$E_{aN}=U_N+I_{aN}R_a=220+90.91\times0.2=238.2\text{V}$$

由于励磁电流不变，不计电枢反应，因此 Φ 不变，电动势与转速成正比。若空载时转速未变，则空载端电压等于 E_{aN}。因此，当转速上升 5% 时，就有

$$U_0=1.05E_{aN}=1.05\times238.2=250\text{V}$$

19-11 一台装有换向极的复励直流发电机，串励绕组与电枢绕组串联，并励绕组并联在电机出线端。额定值为 $P_N=6\text{kW}$，$U_N=230\text{V}$，$n_N=1450\text{r/min}$，电枢绕组电阻为 0.57Ω，串励绕组电阻为 0.076Ω，换向极绕组电阻为 0.255Ω，并励绕组电阻为 177Ω，一对电刷上电压降为 2V。额定运行时，铁耗 $p_{Fe}=234\text{W}$，机械损耗 $p_m=61\text{W}$，不计附加损耗。求该发电机额定运行时的电磁功率、电磁转矩和效率。

解：串励绕组和换向极绕组都与电枢绕组串联，因此电枢绕组回路的总电阻为

$$\sum r_a=0.57+0.076+0.255=0.901\Omega$$

额定电流、并励绕组电流和额定电枢电流分别为

$$I_N=P_N/U_N=6000/230=26.09\text{A}$$

$$I_{fN}=U_N/R_f=230/177=1.299\text{A}$$

$$I_{aN}=I_N+I_{fN}=26.09+1.299=27.39\text{A}$$

则

$$E_{aN}=U_N+I_{aN}\sum r_a+2\Delta U_b=230+27.39\times0.901+2=256.7\text{V}$$

$$P_{emN}=E_{aN}I_{aN}=256.7\times27.39=7031\text{W}$$

$$T_N=\frac{P_{emN}}{\Omega_N}=\frac{P_{emN}}{2\pi n_N/60}=\frac{60\times7031}{2\pi\times1450}=46.3\text{N}\cdot\text{m}$$

$$P_{1N}=P_{emN}+p_{Fe}+p_m=7031+234+61=7326\text{W}$$

$$\eta_N=\frac{P_N}{P_{1N}}=\frac{6000}{7326}=81.9\%$$

提示：以上 4 个题目（习题 19-8 至习题 19-11）中，都要计算额定电流 I_N。注意直流发电机的额定电流 I_N 是指电机出线端的电流，而不是指电枢电流，额定功率 P_N 是指电机出线端输出的电功率，因此，不论采用何种励磁方式，都有 $I_N=P_N/U_N$。额定电枢电流 I_{aN} 则需根据励磁方式来求得：他励和串励时，$I_{aN}=I_N$；并励和复励时，$I_{aN}=I_N+I_{fN}$（I_{fN}

为并励绕组的额定励磁电流)。

19-12 一台并励直流电动机,额定电压 $U_N=220V$,额定电枢电流 $I_{aN}=75A$,额定转速 $n_N=1000r/min$,电枢回路总电阻 $R_a=0.26\Omega$,励磁绕组电阻 $R_f=91\Omega$,额定运行时的铁耗 $p_{Fe}=600W$,机械损耗 $p_m=198W$,不计附加损耗。求该电动机额定运行时的输出转矩和效率。

解:额定运行时的电枢电动势为

$$E_{aN}=U_N-I_{aN}R_a=220-75\times0.26=200.5V$$

额定运行时的电磁功率和输出功率分别为

$$P_{emN}=E_{aN}I_{aN}=200.5\times75=15037.5W$$

$$P_N=P_{emN}-p_{Fe}-p_m=15037.5-600-198=14239.5W$$

额定输出转矩为

$$T_{2N}=\frac{P_N}{\Omega_N}=\frac{P_N}{2\pi n_N/60}=\frac{60\times14239.5}{2\pi\times1000}=136N\cdot m$$

额定励磁电流、额定电流分别为

$$I_{fN}=U_N/R_f=220/91=2.418A$$

$$I_N=I_{aN}+I_{fN}=75+2.418=77.42A$$

额定输入功率和额定效率分别为

$$P_{1N}=U_NI_N=220\times77.42=17032W$$

$$\eta_N=\frac{P_N}{P_{1N}}=\frac{14239.5}{17032}=83.6\%$$

19-13 一台并励直流电动机,额定电压 $U_N=110V$,电枢回路总电阻 $R_a=0.04\Omega$。已知该电动机在某负载下运行时,电枢电流 $I_a=40A$,转速 $n=1000r/min$。现在负载转矩增大到原来的4倍,忽略电枢反应和空载转矩,求电动机的电枢电流和转速。

解:忽略电枢反应时,主磁通 Φ 不变,电磁转矩 T 与电枢电流 I_a 成正比。不计空载转矩 T_0 时,T 等于负载转矩。因此,负载转矩增大到原来的4倍时,电枢电流变为

$$I'_a=4I_a=4\times40=160A$$

原来电枢电动势为

$$E_a=U_N-I_aR_a=110-40\times0.04=108.4V$$

负载转矩增大后,电枢电动势变为

$$E'_a=U_N-I'_aR_a=110-160\times0.04=103.6V$$

转速变为

$$n'=n\frac{E'_a}{E_a}=1000\times\frac{103.6}{108.4}=955.7r/min$$

提示:稳态运行时,电磁转矩 T 应与负载转矩 T_L 相平衡,不计空载转矩 T_0 时,$T=T_L$。又由 $T=C_T\Phi I_a$,因此,在磁通 Φ 一定时,稳态电枢电流 $I_a\propto T=T_L$,即稳态 I_a 的大小取决于负载。在分析计算中,需要利用这些关系,通过 T_L 与 T 以及 Φ 来求得稳态 I_a。

19-14 一台串励直流电动机,额定电压 $U_N=110V$,电枢回路总电阻 $R_a=0.1\Omega$(包括电刷接触电阻和串励绕组电阻)。该电动机在某负载下运行时,电枢电流 $I_a=40A$,转

速 $n=1000\text{r/min}$。现在负载转矩增加到原来的 4 倍，求电动机的电枢电流和转速（假设磁路不饱和并不计空载转矩）。

解：磁路线性时，$\Phi=kI_f=kI_a$（k 为常数），因此 $T=C_T\Phi I_a=C_TkI_a^2$。

已知负载转矩增大为原来的 4 倍，即 $T'=4T$，设此时电枢电流为 I'_a，则有

$$I'_a=I_a\sqrt{\frac{T'}{T}}=40\times\sqrt{\frac{4T}{T}}=80\text{A}$$

$$E_a=U_N-I_aR_a=110-40\times0.1=106\text{V}$$

$$E'_a=U_N-I'_aR_a=110-80\times0.1=102\text{V}$$

$$n'=n\frac{E'_a/\Phi'}{E_a/\Phi}=n\frac{E'_a}{E_a}\frac{I_a}{I'_a}=1000\times\frac{102}{106}\times\frac{40}{80}=481.1\text{r/min}$$

19-15 一台他励直流电动机，额定电压 $U_N=120\text{V}$，电枢回路总电阻 $R_a=0.7\Omega$。空载运行时，电枢电流为 1.1A，转速为 1000r/min。保持励磁电流不变，不计电枢反应，设空载损耗不变，求该电动机转速为 952r/min 时的输出功率和输出转矩。

解：励磁电流不变，不计电枢反应，则主磁通 Φ 不变。

空载运行时，转速 $n_0=1000\text{r/min}$，电枢电流 $I_{a0}=1.1\text{A}$，则

$$E_0=U_N-I_{a0}R_a=120-1.1\times0.7=119.23\text{V}$$

空载运行时，输出功率为零，则空载损耗为

$$p_0=E_0I_{a0}=119.23\times1.1=131.2\text{W}$$

或

$$p_0=P_{10}-p_{\text{Cu0}}=U_NI_{a0}-I_{a0}^2R_a=120\times1.1-1.1^2\times0.7=131.2\text{W}$$

负载运行时，$n=952\text{r/min}$，可通过电磁功率求出输出功率 P_2，则

$$E_a=C_e\Phi n=\frac{E_0}{n_0}n=\frac{119.23}{1000}\times952=113.5\text{V}$$

$$I_a=\frac{U_N-E_a}{R_a}=\frac{120-113.5}{0.7}=9.286\text{A}$$

$$P_{\text{em}}=E_aI_a=113.5\times9.286=1054\text{W}$$

$$P_2=P_{\text{em}}-p_0=1054-131.2=922.8\text{W}$$

$$T_2=\frac{P_2}{\Omega}=\frac{P_2}{2\pi n/60}=\frac{60\times922.8}{2\pi\times952}=9.256\text{N}\cdot\text{m}$$

19-16 一台 4 极并励直流电机，并联支路对数 $a=1$，电枢导体总数 $z=398$。该电机并联于电压 $U_N=220\text{V}$ 的电网上额定运行时，每极磁通量 $\Phi=0.0103\text{Wb}$，电枢回路总电阻 $R_a=0.17\Omega$，转速 $n_N=1500\text{r/min}$，励磁电流 $I_{fN}=1.83\text{A}$，铁耗 $p_{\text{Fe}}=276\text{W}$，机械损耗 $p_m=379\text{W}$，附加损耗 $p_{\text{ad}}=165\text{W}$。

(1) 该电机是发电机还是电动机？

(2) 求该电机的电磁转矩和效率。

解：(1) 通过比较 E_a 与 U 的大小来判断该电机的运行状态

$$E_{aN}=\frac{pz}{60a}\Phi n_N=\frac{2\times398}{60\times1}\times0.0103\times1500=205\text{V}$$

因为 $E_{aN}<U_N$，所以是电动机。

(2) 求电磁转矩 T_N

$$I_{aN}=\frac{U_N-E_{aN}}{R_a}=\frac{220-205}{0.17}=88.24\text{A}$$

$$T_N=\frac{pz}{2\pi a}\Phi I_{aN}=\frac{2\times 398}{2\pi\times 1}\times 0.0103\times 88.24=115.1\text{N}\cdot\text{m}$$

电磁功率 P_{em} 为

$$P_{em}=E_{aN}I_{aN}=205\times 88.24=18089\text{W}$$

或

$$P_{em}=T_N\Omega_N=T_N\frac{2\pi n_N}{60}=115.1\times\frac{2\pi\times 1500}{60}=18080\text{W}$$

输出功率 P_N、输入功率 P_{1N} 和效率 η_N 分别为

$$P_N=P_{em}-p_{Fe}-p_m-p_{ad}=18089-276-379-165=17269\text{W}$$

$$P_{1N}=U_NI_N=U_N(I_{aN}+I_{fN})=220\times(88.24+1.83)=19815\text{W}$$

$$\eta_N=\frac{P_N}{P_{1N}}=\frac{17269}{19815}=87.15\%$$

19-17 一台并励直流发电机，额定电压 $U_N=230\text{V}$，额定电枢电流 $I_{aN}=15.7\text{A}$，额定转速 $n_N=2000\text{r/min}$，电枢回路总电阻 $R_a=1\Omega$，励磁绕组电阻 $R_f=610\Omega$。设电刷位于几何中性线，磁路不饱和。今将它改为电动机，并联于220V电网运行。求它在电枢电流与发电机额定电枢电流相同时的转速。

解：电动机的电枢电动势为

$$E_{aM}=U-I_{aN}R_a=220-15.7\times 1=204.3\text{V}$$

作为发电机运行时，电枢电流不变，则电枢电动势为

$$E_{aN}=U_N+I_{aN}R_a=230+15.7\times 1=245.7\text{V}$$

磁路不饱和时，主磁通 $\Phi\propto I_f$。R_f 不变时，$I_f\propto U$。因此，$\Phi\propto U$。设电动机的转速为 n_M，利用 $E_a=C_e\Phi n$ 可得

$$n_M=n_N\frac{E_{aM}/\Phi_M}{E_{aN}/\Phi_N}=n_N\frac{E_{aM}}{E_{aN}}\frac{\Phi_N}{\Phi_M}=n_N\frac{E_{aM}}{E_{aN}}\frac{U_N}{U}=2000\times\frac{204.3}{245.7}\times\frac{230}{220}=1739\text{r/min}$$

19-18 一台并励直流发电机数据如下：$P_N=82\text{kW}$，$U_N=230\text{V}$，$n_N=970\text{r/min}$，电枢回路总电阻 $R_a=0.032\Omega$，励磁回路总电阻 $R_f=30\Omega$。今将此发电机作为电动机运行，所加端电压 $U=220\text{V}$，若使电枢电流仍与原来的数值相同。

(1) 求此时电动机的转速(设电刷位于几何中性线，磁路不饱和)；

(2) 当电动机空载运行时，空载转矩 T_0 是额定电磁转矩 T_N 的1.2%，求电动机的空载转速。

解：(1) 作为发电机运行时，额定电流、励磁电流和电枢电流分别为

$$I_N=P_N/U_N=82\times 10^3/230=356.5\text{A}$$

$$I_{fN}=U_N/R_f=230/30=7.667\text{A}$$

$$I_{aN}=I_N+I_{fN}=356.5+7.667=364.2\text{A}$$

发电机的电枢电动势为

$$E_{aN} = U_N + I_{aN}R_a = 230 + 364.2 \times 0.032 = 241.7V$$

作为电动机运行时，电枢电流不变，则电枢电动势为

$$E_a = U - I_{aN}R_a = 220 - 364.2 \times 0.032 = 208.3V$$

因磁路不饱和，R_f 不变，因此主磁通 Φ 与电枢端电压成正比，则电动机转速为

$$n = n_N \frac{E_a/\Phi}{E_{aN}/\Phi_N} = n_N \frac{E_a}{E_{aN}}\frac{U_N}{U} = 970 \times \frac{208.3}{241.7} \times \frac{230}{220} = 874r/min$$

(2) 电动机空载运行时，因 $T_0 = 0.012T_N$，Φ 不变，所以空载时的电枢电流为

$$I_{a0} = 0.012I_{aN} = 0.012 \times 364.2 = 4.37A$$

$$E_0 = U - I_{a0}R_a = 220 - 4.37 \times 0.032 = 219.9V$$

$$n_0 = n\frac{E_0}{E_a} = 874 \times \frac{219.9}{208.3} = 922.7r/min$$

提示：电枢电动势 E_a 与主磁通 Φ、转速 n 成正比，即 $E_a = C_e\Phi n$，该公式将转速 n 这个机械量和与之相关的电磁量(E_a，Φ)联系了起来，因此，通常将此式和电动势方程式相结合，来计算电机转速。第 20 章中还将多次用到这种方法。

第 20 章　直流电机的运行特性

20.1　知 识 结 构

20.1.1　主要知识点

1. 直流发电机的运行特性(保持转速 n 等于额定转速 n_N)

(1) 负载特性 $U=f(I_f)$ 与空载特性 $E_0=f(I_f)$(负载电流 $I=$ 常数时)。

(2) 电压调整特性 $U=f(I)$ 与电压调整率 ΔU：①U 随 I_a 增大而降低的原因；②他励/并励发电机电压调整特性的差别。

(3) 调整特性 $I_f=f(I)$($U=$ 常数时)。

(4) 并励发电机的建压条件：①主磁路有剩磁；②励磁绕组并联到电枢绕组两端的极性正确；③励磁回路总电阻小于电机运行转速下的建压临界电阻。

2. 直流电动机的运行特性

(1) 工作特性($U=U_N$, $I_f=I_{fN}$ 时)，包括：①转速调整特性 $n=f(I_a)$；②转矩特性 $T=f(I_a)$；③效率特性 $\eta=f(I_a)$。

由 $U=E_a+I_aR_a$ 和 $E_a=C_e\Phi n$，可得转速公式 $n=\dfrac{U-I_aR_a}{C_e\Phi}$。

(2) 机械特性(U 和 I_f 一定时)：

① 由转速公式和 $T=C_T\Phi I_a$，可得他励/并励电动机的机械特性表达式 $n=n'_0-\alpha T$。

② 固有机械特性的特点：他励/并励电动机的为硬特性，串励电动机的为软特性。

③ U、Φ、电枢回路电阻变化时的人为机械特性。

3. 他励直流电动机的调速

(1) 调速方法

① 由转速公式可知有三种方法，即电枢串接电阻，改变端电压，改变磁通。

② 三种调速方法的主要特点(机械特性的变化，调速范围，效率等)。

(2) 分析与计算

① U、Φ、电枢回路电阻变化时，有关物理量变化趋势的定性分析。

② 调速计算(实质上是对第 19 章中的基本关系式进行综合运用)。

4. 直流电动机的起动和制动

(1) 起动方法：全压起动、降压起动、电枢串接电阻起动。

(2) 制动方法：能耗制动、反接制动、回馈制动。

20.1.2　知识关联图

他励/并励直流发电机和电动机的主要运行特性

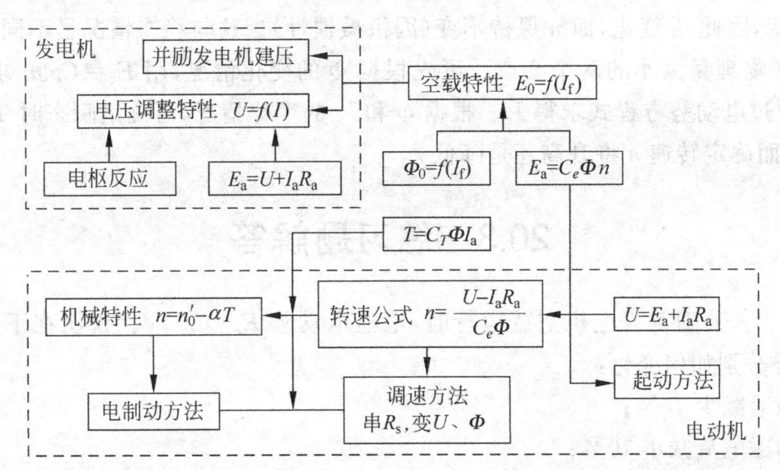

20.2　重点与难点

1. 并励直流发电机的电压调整特性

与他励直流发电机相比,并励直流发电机的电压调整特性的特点是:①相同条件下的电压调整率 ΔU 较大,这是因为并励发电机中除了电枢回路电阻压降和电枢反应的去磁作用引起电枢端电压 U 降低外,还因励磁电流 I_f 随 U 降低而减小,致使端电压进一步降低。②有"拐弯"现象,即当负载电阻 R_L 减小到某一临界值时,电枢电流 I_a 为最大;R_L 进一步减小时,I_a 反而减小;短路时,I_a 并不大,比相同条件下他励发电机的小很多。造成这一现象的原因是 I_f 随 U 的降低而减小,且在磁路饱和程度不同时 I_f 的变化对端电压的影响程度不同。

2. 他励直流电动机的机械特性与调速

(1) 关于机械特性

电磁转矩 T 和转速 n 是描述电动机运行特性的两个最重要的物理量,二者之间的关系就是机械特性。他励(或并励)直流电动机的固有机械特性 $n=f(T)$ 是略微向下倾斜的直线,即转矩 T 变化时转速 n 变化很小,是硬特性。改变电枢端电压 U、电枢回路串入电阻 R_s 或改变励磁电流 I_f,都可以改变机械特性,即得到人为机械特性。机械特性可用于分析电动机调速、起动、与负载的匹配以及运行稳定性等问题。

(2) 关于调速

调速的本质是改变电动机的机械特性,使之与负载机械特性的稳定交点发生变化,从而改变转速。因此,端电压、励磁电流、电枢回路电阻的变化或者负载变化对稳态电磁转矩和转速的影响,都可以通过机械特性来分析。

在对调速问题进行定性分析和定量计算时,应注意以下两点:

① 负载变化情况。稳态时,电磁转矩 T 与负载转矩 T_L 相等(通常忽略空载转矩

T_0)。可根据已知的 T_L 变化情况,由 $T=C_T\Phi I_a=T_L$ 确定稳态时的电枢电流 I_a(主磁通 Φ 的变化情况应已知);之后,通常先用电动势方程式求得 E_a,再用 $E_a=C_e\Phi n$ 求出 n。

② 瞬态与稳态的差别。调速时,在某一电路量(U、I_f 或 R_s)突然变化的瞬态,由于 I_a 或者 Φ 改变,因此 T 变化,而 n 保持不变(因机械惯性)。这与稳态情况是不同的,也是确定瞬态时各物理量大小的两个要点。可先根据 Φ 的变化情况,用 $E_a=C_e\Phi n$ 求出瞬态时的 E_a,再通过电动势方程式求得 I_a。根据 Φ 和 I_a 的变化情况,可确定瞬态时 T 是增大还是减小,从而确定转速 n 将升高还是降低。

20.3 练习题解答

20-1-1 一台直流发电机空载运行时,电枢电动势 $E_a=230V$。说明在下列情况下,电枢电动势分别如何变化:

(1) 磁通减少10%;

(2) 励磁电流减小10%;

(3) 磁通不变,转速升高20%;

(4) 磁通减少10%,同时转速升高20%。

答:(1) 因 $E_a=C_e\Phi n$,所以当 Φ 减小10%时,E_a 也减小10%,即 $E_a=207V$。

(2) 若磁路线性,即 $\Phi\propto I_f$,则 E_a 减小10%,即 $E_a=207V$;若磁路饱和,则 I_f 减小10%时,Φ 减小不到10%,因此,E_a 也减小不到10%,即 $E_a>207V$。

(3) Φ 不变时,$E_a\propto n$,所以 E_a 增大20%,即 $E_a=276V$。

(4) E_a 变为原来的 $0.9\times1.2=1.08$ 倍,即 $E_a=230\times1.08=248.4V$。

20-1-2 为什么他励直流发电机的电压调整特性是一条下垂的曲线,而调整特性是一条上翘的曲线?

答:在转速和励磁电流 I_f 一定时,端电压 U 随负载电流 I(即电枢电流 I_a)增大而降低的原因是:①电枢回路电阻压降随 I 增大而增大,使 U 降低;②电枢反应通常有去磁作用,使气隙磁通量减小,从而电枢电动势 E_a 减小,使 U 降低。为了保持端电压 U 恒定,应在 I 增大时相应地增加 I_f,因此调整特性 $I_f=f(I)$ 是一条上翘的曲线。

20-1-3 比较他励直流发电机和并励直流发电机电压调整率 ΔU 的大小,二者有什么不同?

答:他励直流发电机端电压随负载增加而降低的原因是电枢回路电阻压降和电枢反应的去磁作用。在并励直流发电机中,除了有这两个原因外,还由于端电压降低时励磁电流随之减小,使电枢电动势进一步减小,导致端电压进一步降低。因此,并励发电机的电压调整率 ΔU 比他励发电机的大。

20-1-4 比较他励直流发电机和并励直流发电机短路电流的情况。

答:他励直流发电机的励磁电流由其他直流电源供给,因此短路电流是他励发电机能输出的最大电流,它等于电枢电动势除以电枢回路总电阻,其值很大。并励发电机则不同,由于励磁绕组并联在电枢两端,当电枢端短路,即端电压为零时,励磁电流也为零,因此短路电流不大,仅等于剩磁电动势除以电枢回路总电阻。

20-1-5 并励直流发电机建压需要什么条件？其空载端电压由什么决定？

答：建压条件是：①主磁路有剩磁。若没有剩磁，需对励磁绕组通入直流电流，使主极磁化，断电后电机就有剩磁。②励磁绕组并联到电枢绕组两端的极性正确，即励磁磁动势与剩磁磁场方向相同。否则，应将励磁绕组接至电枢的两端对换一下。③励磁回路总电阻小于电机运行转速下的建压临界电阻。建压临界电阻值等于该转速下空载特性气隙线的斜率。空载端电压由空载特性与励磁回路伏安特性的交点决定。

20-2-1 一台并励直流电动机带负载运行于某 E_a、I_a、n 和 T 值下。若负载转矩增大，则电动机中将发生怎样的瞬态过程？到达新的稳态时，E_a、I_a、n 和 T 与其原值相比分别有什么变化？

答：负载转矩 T_L 增大时，发生的瞬态过程是：因电磁转矩 $T<T_L$，转速 n 下降；因主磁通 Φ 不变，由 $E_a=C_e\Phi n$ 可知，E_a 减小；而 $I_a=(U-E_a)/R_a$，端电压 U 不变，因此 I_a 增大；因 $T=C_T\Phi I_a$，故 T 增大。这一过程一直持续下去，当 T 增大到 $T=T_L$ 时，便到达新的稳态。此时，与原来相比，E_a 减小，I_a 增大，n 降低，T 增大。

20-2-2 他励直流电动机的机械特性曲线为什么是下垂的？若电枢反应的去磁作用很明显，则对机械特性有什么影响？

答：机械特性下垂是由电枢回路电阻压降引起的。假如电枢回路电阻为零，则机械特性就不下垂，是一条水平线。若电枢反应的去磁作用很明显，则当负载增加使电枢电流增大时，主磁通明显减小，因此机械特性将可能不是下垂的，而是上翘的。

20-2-3 并励和串励直流电动机的机械特性有何不同？为什么电车和电力机车中使用串励电动机？

答：并励直流电动机的机械特性在不计电枢反应时，是一条略为下垂的直线，即转速随负载转矩的增加而略有下降，是硬特性。而串励直流电动机的机械特性是一条软特性，即转速随负载转矩增大而迅速下降。

如果电车和电力机车中使用并励电动机，则当车辆重载或上坡时，电动机的电磁功率 $T\Omega$ 和输入功率都会超出其额定值较多，电动机过载较多。而当使用串励电动机时，在负载增大时电动机转速会自动降低，因此 $T\Omega$ 增加得很少，不会像并励电动机那样过载很多，电网供给电动机的电功率不会有较大的波动。此外，串励电动机的起动转矩大，有利于车辆的经常起动。所以，电车和电力机车中通常使用串励电动机。

20-3-1 他励直流电动机有哪些调速方法？各种方法分别有何特点？

答：他励直流电动机的调速方法有以下三种：

(1) 电枢串接电阻调速。该方法只能将转速从基速调低。增大串接电阻，机械特性斜率增大，即机械特性变软。该方法调速范围与负载转矩大小有关，功耗大，效率低；如果串入的可调电阻是分级的，则为有级调速。适合于拖动恒转矩负载。

(2) 改变端电压调速。该方法只能将转速从基速调低。降低端电压，机械特性向下移动，斜率不变，即硬度不变。该方法调速范围宽，效率高，可以实现无级调速。适合于拖动恒转矩负载。

(3) 改变磁通调速。该方法只能将转速从基速调高。减小励磁电流即减小主磁通，机械特性向上移动，且斜率变大。该方法只需调节励磁回路中的可调电阻，简便易行，功耗小,效率高,可以实现无级调速,调速范围较宽。适合于拖动恒功率负载。

20-3-2 一台他励直流电动机拖动恒转矩负载运行,额定转速 $n_N=1500\text{r/min}$,不计空载转矩 T_0,试在下表空格中填上有关数据。

U	Φ	$(R_a+R_s)/\Omega$	$n'_0/\text{r}\cdot\text{min}^{-1}$	$n/\text{r}\cdot\text{min}^{-1}$	I_a/A
U_N	Φ_N	0.5	1650	1500	58
U_N	Φ_N	2.5			
$0.6U_N$	Φ_N	0.5			
U_N	$0.8\Phi_N$	0.5			

答:答案见下表。

U	Φ	$(R_a+R_s)/\Omega$	$n'_0/\text{r}\cdot\text{min}^{-1}$	$n/\text{r}\cdot\text{min}^{-1}$	I_a/A
U_N	Φ_N	0.5	1650	1500	58
U_N	Φ_N	2.5	1650	900	58
$0.6U_N$	Φ_N	0.5	990	840	58
U_N	$0.8\Phi_N$	0.5	2062.5	1828.1	72.5

20-3-3 他励直流电动机拖动恒功率负载(即电动机输出功率不变)运行,若采用改变磁通调速,则电动机的电枢电流、电磁功率、输入功率、效率等将如何变化?

答:因输出功率 P_2 不变,不计空载损耗,则电磁功率 P_{em} 不变,即 $E_aI_a=(U-I_aR_a)I_a=$常数。因端电压 U 不变,故电枢电流 I_a 不变,输入功率 P_1 不变,效率不变。

20-4-1 一般的他励直流电动机为什么不能全压起动?应采用什么起动方法?

答:他励直流电动机在起动开始瞬间,转速为零,电枢电动势为零,电枢电流仅由很小的电枢回路电阻限制。如果采用全压起动,就会产生很大的电枢电流,其值会达到额定电流的十几倍甚至几十倍。这不仅使电动机换向很困难,而且容易造成电动机过热,还可能使电网电压发生瞬时跌落而影响其他用电设备的正常运行。所以,他励直流电动机一般不采用全压起动。比较好的起动方法是降压起动。起动中,可随着转速的升高而逐步升高端电压,既能把电枢电流限制在一定范围之内,又能获得较大的电磁转矩,且起动过程平滑,耗能少。

20-4-2 若他励直流电动机的电枢回路和励磁回路中都串联了变阻器,在起动时,应如何调节这两个变阻器的阻值?

答:在起动时,应将励磁回路中串联的变阻器的阻值调至最小,产生最大的主极磁通,以便产生较大的电磁转矩。应将电枢回路中串联的变阻器的阻值调至最大,以限制起动电流;起动结束时将电阻全部切除。如果要求起动时电磁转矩持续较大,则应串入分级的起动变阻器,随着转速的升高,逐级切除电阻。

20.4 思考题解答

20-1 直流电机的损耗中,哪些是可变损耗?哪些是不变损耗?

答:电枢回路铜耗与电枢电流 I_a 的平方成正比,随负载变化而变化,是可变损耗。空载损耗(主要是铁耗和机械损耗)基本上与 I_a 大小无关,是不变损耗。

20-2 把他励直流发电机的转速升高20%，则其空载端电压升高多少(励磁电流不变)？如果是并励直流发电机，电压升高比前者多还是少(励磁回路电阻不变)？

答：他励直流发电机在励磁电流不变时，空载端电压即电枢电动势与转速成正比，转速升高20%时，其空载端电压也升高20%。并励直流发电机中，空载端电压也随转速的升高而升高。当励磁回路电阻不变时，励磁电流随端电压升高而增大，因此使电枢电动势和空载端电压进一步升高。所以，并励发电机电压升高得比他励发电机的多。

20-3 一台直流发电机，在励磁电流和电枢电流不变的条件下，若转速降低，则其电枢电动势、电磁转矩、铜耗、铁耗、机械损耗、电磁功率、输出功率、输入功率分别如何变化？

答：在励磁电流和电枢电流 I_a 不变时，主磁通 Φ 不变。若转速 n 降低，则电枢电动势 $E_a=C_e\Phi n$ 随之成正比降低；电磁转矩 $T=C_T\Phi I_a$ 不变；铜耗 $p_{Cu}=I_a^2R_a$ 不变，铁耗 p_{Fe} 和机械损耗 p_m 都随 n 的降低而减小；电磁功率 $P_{em}=E_aI_a=T\Phi$ 减小；输出功率 $P_2=P_{em}-p_{Cu}$，因 P_{em}的减小而减小(或端电压 $U=E_a-I_aR_a$，随 E_a 的降低而降低，因此 $P_2=UI_a$ 降低)；输入功率 $P_1=P_{em}+p_{Fe}+p_m$，也减小。

20-4 如何改变并励、串励、复励直流电动机的转向？

答：电动机的转向取决于其电磁转矩的方向。由于电磁转矩 $T=C_T\Phi I_a$，因此，只要改变主磁通的方向即改变励磁电流 I_f 的方向，或者改变电枢电流 I_a 的方向，就能改变电动机的转向。注意：I_f 和 I_a 的方向不能都改变。对于复励电动机，在改变励磁电流方向时，应将并励和串励的同时改变。

20-5 他励直流电动机拖动恒转矩负载运行时，如果增加其励磁电流，说明 T、E_a、I_a 及 n 的变化趋势。

答：当励磁电流增加时，主磁通 Φ 增加，由于转速 n 不会立即变化，因此电枢电动势 E_a 增大，电枢电流 $I_a=(U-E_a)/R_a$ 就减小。由于 R_a 通常很小，因此 E_a 很小的改变就会引起 I_a 较大的变化，所以，此时 I_a 的减小量大于 Φ 的增加量，使电磁转矩 $T=C_T\Phi I_a$ 减小。由于负载转矩 T_L 不变，因此 $T<T_L$，使 n 降低。随着 n 降低，E_a 又开始减小，使 I_a 增大，T 增大，直到 $T=T_L$ 时，n 不再降低，达到新的稳态。与原来稳态时相比，由于 T 不变，而 Φ 增加，因此 I_a 减小，E_a 增大，n 降低。

20-6 并励直流电动机运行时，如果励磁回路突然断开，说明 Φ、E_a、I_a 及 n 的变化趋势。

答：励磁回路断开后，主极磁场只剩下剩磁。在断开瞬间，转速 n 不会立即变化，因此电枢电动势 E_a 变为与剩磁磁通 Φ_r 成正比的很小的值。由于电枢电流 $I_a=(U-E_a)/R_a$，R_a 很小，因此 I_a 会急剧增大到一个很大的值。由于主磁通 Φ 减至很小、I_a 增至很大，因此电磁转矩 $T=C_T\Phi I_a$ 的变化就有两种可能。

(1) 若 I_a 增大的比率高于主磁通 Φ 减小的比率(剩磁较大时)，则 T 迅速增大，当负载转矩 T_L 不变时，使转速 n 明显升高。随着 n 升高，E_a 升高，使 I_a 开始减小，T 减小，最终在较高的转速下 $T=T_L$，电动机达到新的稳态。此时，n 和 I_a 都远远超过其额定值，一方面出现"飞车"现象，易造成电机转子(特别是换向器)的损坏；另一方面，过大的电枢电流使电机发热严重，换向火花很大，有可能烧毁换向器和电枢绕组。这种情况是很危险的。

(2) I_a 增大受到 R_a 的限制，因此，若 I_a 增大的比率低于主磁通 Φ 减小的比率(剩磁很小时)，则 T 减小，T_L 不变时，使 n 降低。随着 n 降低，E_a 降低。此时 E_a 已经非常小了，因此，E_a 降低使 I_a 增大从而 T 增大的幅度很有限，即使减速到 $n=0$，仍有 $T<T_L$。最终电动机停转，但 I_a 仍然远远超过其额定值，可能烧毁电机，这种情况也是很危险的。所以，并励(或他励)直流电动机运行中绝不允许励磁回路开路，对此必须采取必要的保护措施。

从上述分析可见，这种因励磁回路开路而造成主磁通异常变化的情况，与正常的弱磁升速是有所不同的。类似情况的计算结果可参见习题 20-16 的解答。

20-7　一台并励直流电动机在正转时有一定转速，现欲改变其旋转方向，为此停车后改变其励磁电流方向或电枢电流方向均可。但重新起动后，发现它在同样情况下的转速与原来的不一样了，问这可能是什么原因造成的？

答：由转速公式 $n=(U-R_aI_a)/C_e\Phi$ 可知，在电压 U、电枢电流 I_a、电枢回路总电阻 R_a 等都不变的条件下，转速与原来不同，必然是由主磁通 Φ 变化而引起的。在励磁电流 I_f 不变的情况下，造成 Φ 变化的原因只能是电枢反应的变化。在 I_a 不变时，交轴电枢反应的作用在电机正、反转时是相同的，因此，引起 Φ 变化的只能是直轴电枢反应。直轴电枢反应是因电刷偏离了几何中性线(由于装配或运行中振动等原因)而产生的。如果电动机正转时电刷顺转向偏移了一个角度，则直轴电枢反应起增磁作用，使 Φ 增大(参见思考题 19-10 的解答)；而在反转时，就是电刷逆转向偏移，直轴电枢反应起去磁作用，使 Φ 减小，因此转速比正转时升高。

20-8　一台他励直流电动机拖动恒转矩负载运行时，改变端电压或电枢回路串入的附加电阻值，能否改变其稳态下的电枢电流大小？为什么？这时电动机的哪些量要发生变化？对于一台串励直流电动机，上述情况又如何？

答：对于他励直流电动机，当负载转矩不变时，若不计空载转矩，则稳态时电磁转矩 T 不变。由于主磁通 Φ 不变(不计电枢反应)，因此稳态时电枢电流 I_a 不变。

(1) 降低端电压 U 时，输入功率 $P_1=UI_a$ 减小，电枢电动势 E_a 减小，因此转速 n 降低，输出功率 $P_2=T_2\Omega$ 降低，铁耗 p_{Fe} 和机械损耗 p_m 也减小，而电枢回路铜耗 $p_{Cu}=I_a^2R_a$ 不变。

(2) 增加电枢回路附加电阻时，E_a、n、P_2、p_{Fe}、p_m 都减小，p_{Cu} 增大，P_1 不变。

对于串励直流电动机，设磁路为线性，即 $\Phi=K_fI_f=K_fI_a$(K_f 为常数)，则 $T=C_T\Phi I_a=C_TK_fI_a^2$，因此，$T$ 不变时 I_a 不变，从而 Φ 不变。结果与他励电动机的类似。

20-9　用于卷扬机中的一台他励直流电动机，当端电压为额定值、电枢回路串入电阻时，拖动重物匀速上升。若将端电压突然倒换极性，则电动机最后稳定运行于什么状态？重物提升还是下放？并说明中间经过了什么运行状态？

答：当端电压为额定值、电枢回路串入电阻，拖动重物匀速上升时，电机运行于电动机状态，即正向电动状态。若将端电压突然倒换极性，则电动机最后将稳定运行于反向回馈制动状态，使重物匀速下放。下面利用机械特性进行说明。

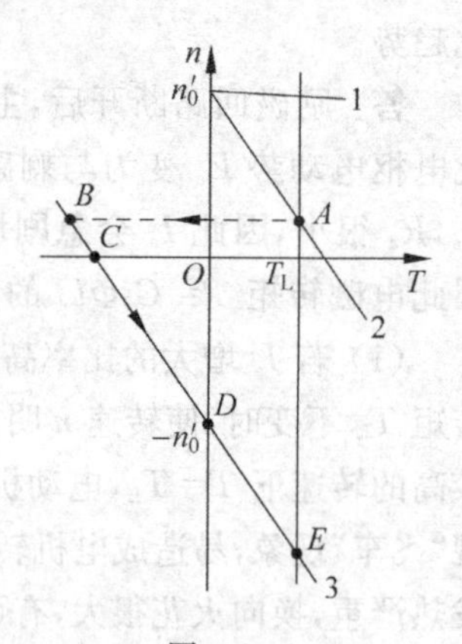

图　20-1

如图 20-1 所示，不计空载转矩，负载转矩大小为 T_L，曲

线 1 是电机的固有机械特性，即

$$n=\frac{U_N}{C_e\Phi_N}-\frac{R_a}{C_eC_T\Phi_N^2}T=n'_0-\alpha T$$

曲线 2 是端电压等于额定值、电枢串接电阻时的人为机械特性，即

$$n=\frac{U_N}{C_e\Phi_N}-\frac{R_a+R_s}{C_eC_T\Phi_N^2}T=n'_0-\alpha' T$$

曲线 3 是端电压极性改变、电枢串接电阻时的人为机械特性，即

$$n=\frac{-U_N}{C_e\Phi_N}-\frac{R_a+R_s}{C_eC_T\Phi_N^2}T=-n'_0-\alpha' T$$

端电压极性改变前，匀速提升重物时的工作点为 A；端电压极性改变后，稳态运行的工作点为 E。从 A 点到 E 点，中间经历的状态有：①从 B 点到 C 点，运行于反接制动状态；②从 C 点到 D 点，为反向升速过程，即运行于反向电动状态；③从 D 点到 E 点，在负载转矩作用下继续反向升速，运行于反向回馈制动状态。

20.5 习题解答

20-1 一台并励直流发电机，电枢回路总电阻 $R_a=0.46\Omega$，转速为 1450r/min 时的空载特性如下：

I_f/A	0.64	0.89	1.38	1.5	1.73	1.82	2.07	2.75
E_0/V	101.5	145.0	217.5	230.0	249.4	253.0	263.9	284.2

该发电机在额定转速 $n_N=1450$r/min，额定电压 $U_N=230$V，额定电枢电流 $I_{aN}=50$A 时，电枢反应的去磁效应相当于并励绕组励磁电流的 0.35A。求此时并励回路的电阻。

解：额定运行时的电枢电动势为

$$E_{aN}=U_N+I_{aN}R_a=230+50\times0.46=253\text{V}$$

从空载特性表中查得：空载时产生 $E_{aN}=253$V 所需的励磁电流为 $I_{f0}=1.82$A。已知电枢反应去磁效应相当于励磁电流的 0.35A，所以，额定负载时的实际励磁电流应为

$$I_{fN}=I_{f0}+0.35=1.82+0.35=2.17\text{A}$$

则并励回路的电阻为

$$R_f=U_N/I_{fN}=230/2.17=106\Omega$$

20-2 一台他励直流发电机，额定转速 $n_N=1000$r/min，额定电压 $U_N=230$V，额定电枢电流 $I_{aN}=10$A，额定励磁电流 $I_{fN}=3$A，电枢回路总电阻 $R_a=1\Omega$，励磁绕组电阻 $R_f=50\Omega$，转速为750r/min时的空载特性如下表：

I_f/A	0.4	1.0	1.6	2.0	2.5	2.6	3.0	3.6	4.4
E_0/V	33	78	120	150	176	180	194	206	225

若该发电机以额定转速运行时，求解下述问题：

(1) 求空载端电压($I_f=3$A 时)和满载时的电枢电动势；

(2) 若将此电机改为并励发电机，则额定运行时励磁回路应串入多大的电阻？

(3) 满载时电枢反应的去磁效应相当于多大的励磁电流？

解：(1) 空载端电压 $U_0=E_0$。从 $n'=750\text{r/min}$ 时的空载特性查得 $I_f=3\text{A}$ 时的空载电动势 $E'_0=194\text{V}$。由于电动势与转速成正比，因此额定转速 n_N 时的空载电动势，为

$$E_0 = E'_0 n_N/n' = 194 \times 1000/750 = 258.7\text{V}$$

即空载端电压 $U_0=E_0=258.7\text{V}$。

满载时的电枢电动势为

$$E_{aN} = U_N + I_{aN}R_a = 230 + 10 \times 1 = 240\text{V}$$

(2) 改为并励发电机后，额定运行时仍有 $I_{fN}=3\text{A}$，则励磁回路串入的电阻应为

$$R_{fs} = U_N/I_{fN} - R_f = 230/3 - 50 = 26.67\Omega$$

(3) 已求得 $n_N=1000\text{r/min}$ 时 $E_{aN}=240\text{V}$，换算到 $n'=750\text{r/min}$ 下的值为

$$E'_{aN} = E_{aN}n'/n_N = 240 \times 750/1000 = 180\text{V}$$

由 E'_{aN} 从空载特性表中可查得所需的励磁电流为 $I'_{f0}=2.6\text{A}$，则满载时电枢反应去磁效应的等效励磁电流值为 $I_{fN}-I'_{f0}=3-2.6=0.4\text{A}$。

20-3 如果把上题的他励直流发电机在额定负载电流时的端电压提高到 240V，用提高转速的方法，问转速应提高到多少？这种情况下的空载端电压是多大？

解：端电压提高到 $U'_N=240\text{V}$ 时，满载电枢电动势为

$$E'_{aN} = U'_N + I_{aN}R_a = 240 + 10 \times 1 = 250\text{V}$$

电动势与转速成正比，因此转速应提高到

$$n'_N = n_N E'_{aN}/E_{aN} = 1000 \times 250/240 = 1042\text{r/min}$$

这种情况下的空载端电压为

$$U'_0 = U_0 n'_N/n_N = 258.7 \times 1042/1000 = 269.6\text{V}$$

20-4 甲、乙两台完全相同的并励直流电机，转轴联在一起，电枢并联于 230V 的直流电网上(极性正确)，转轴上不带任何负载。已知电枢回路总电阻为 0.1Ω，在 1000r/min 时的空载特性如下：

I_f/A	1.3	1.4
E_0/V	186.7	195.9

现在两台电机的转速是 1200r/min，甲、乙台电机的励磁电流分别为 1.4A 和 1.3A。不计附加损耗。

(1) 这时哪台电机为发电机，哪台为电动机？

(2) 两台电机总的机械损耗和铁耗是多少？

(3) 只调节励磁电流能否改变两台电机的运行状态(设转速不变)？

(4) 在 1200r/min 时，两台电机是否可以都从电网吸收功率或都向电网发出功率？

解：(1) 由电机甲的励磁电流 1.4A，从空载特性表中查得 1000r/min 下的电动势为 195.9V，则转速为 1200r/min 时的电枢电动势为

$$E_{aA} = 195.9 \times 1200/1000 = 235.1\text{V}$$

同理,可得电机乙在转速为1200r/min时的电枢电动势为

$$E_{aB} = 186.7 \times 1200/1000 = 224\text{V}$$

由 $E_{aA} > U = 230\text{V}$ 及 $E_{aB} < U$ 可知,甲为发电机,乙为电动机。

(2) 两台电机总的机械损耗和铁耗等于电动机的电磁功率减去发电机的电磁功率。发电机(电机甲)的电枢电流和电磁功率分别为

$$I_{aA} = \frac{E_{aA} - U}{R_a} = \frac{235.1 - 230}{0.1} = 51\text{A}$$

$$P_{emA} = E_{aA} I_{aA} = 235.1 \times 51 = 11990\text{W}$$

电动机(电机乙)的电枢电流和电磁功率分别为

$$I_{aB} = \frac{U - E_{aB}}{R_a} = \frac{230 - 224}{0.1} = 60\text{A}$$

$$P_{emB} = E_{aB} I_{aB} = 224 \times 60 = 13440\text{W}$$

总的机械损耗和铁耗为

$$P_{emB} - P_{emA} = 13440 - 11990 = 1450\text{W}$$

(3) 转速不变时,可以通过调节励磁电流来改变两台电机的运行状态。应减小电机甲的励磁电流,同时增大电机乙的励磁电流。当两台电机的励磁电流相等时,它们都是电动机。之后,当甲的励磁电流小于乙的励磁电流时,甲为电动机,乙为发电机。

(4) 两台电机可以都从电网吸收功率(电动机),但不能都向电网发出功率。

20-5 一台他励直流电动机的额定数据为 $P_N = 75\text{kW}$, $U_N = 220\text{V}$, $I_N = 387\text{A}$, $n_N = 750\text{r/min}$,电枢回路总电阻 $R_a = 0.028\Omega$,忽略电枢反应。求固有机械特性的理想空载转速 n'_0 和斜率 α。

解: 通过理想空载时($I_a = 0$)和额定运行时的电枢电动势 E_{a0}、E_{aN} 来求 n'_0,有

$$E_{a0} = U_N - I_a R_a = U_N = 220\text{V}$$

$$E_{aN} = U_N - I_{aN} R_a = U_N - I_N R_a = 220 - 387 \times 0.028 = 209.2\text{V}$$

$$n'_0 = n_N E_{a0} / E_{aN} = 750 \times 220/209.2 = 788.7\text{r/min}$$

再求斜率 α,有

$$C_e \Phi = E_{aN} / n_N = 209.2/750 = 0.2789$$

$$C_T \Phi = \frac{60}{2\pi} C_e \Phi = \frac{60}{2\pi} \times 0.2789 = 2.663$$

$$\alpha = \frac{R_a}{C_e C_T \Phi^2} = \frac{0.028}{0.2789 \times 2.663} = 0.0377$$

或

$$T_N = C_T \Phi I_{aN} = 2.663 \times 387 = 1031\text{N} \cdot \text{m}$$

$$\alpha = \frac{n'_0 - n_N}{T_N} = \frac{788.7 - 750}{1031} = 0.03754$$

20-6 一台他励直流发电机的铭牌数据为 $P_N = 1.75\text{kW}$, $U_N = 110\text{V}$, $I_N = 20.1\text{A}$, $n_N = 1450\text{r/min}$。已知电枢回路总电阻 $R_a = 0.66\Omega$,不计电枢反应,试求:

(1) 固有机械特性的表达式和额定电磁转矩;

(2) 50%额定负载转矩下的转速(不计空载转矩)和转速为1500r/min时的电枢

电流。

解：(1) 由已知有

$$E_{aN}=U_N-I_{aN}R_a=U_N-I_NR_a=110-20.1\times0.66=96.73\text{V}$$

$$n'_0=n_NU_N/E_{aN}=1450\times110/96.73=1649\text{r/min}$$

$$T_N=\frac{P_{emN}}{\Omega_N}=\frac{60E_{aN}I_{aN}}{2\pi n_N}=\frac{60\times96.73\times20.1}{2\pi\times1450}=12.8\text{N}\cdot\text{m}$$

$$\alpha=\frac{n'_0-n_N}{T_N}=\frac{1649-1450}{12.8}=15.55$$

则固有机械特性的表达式为

$$n=1649-15.55T$$

(2) 不计空载转矩时，50%额定负载转矩下的转速可由两种方法求出。

方法一 $I_a=I_{aN}/2=20.1/2=10.05\text{A}$

$$E_a=U_N-I_aR_a=110-10.05\times0.66=103.4\text{V}$$

$$n=n_NE_a/E_{aN}=1450\times103.4/96.73=1550\text{r/min}$$

方法二 $n=(n'_0+n_N)/2=(1649+1450)/2=1550\text{r/min}$

转速 $n=1500\text{r/min}$ 时的电枢电动势和电枢电流分别为

$$E'_a=E_{aN}n/n_N=96.73\times1500/1450=100.1\text{V}$$

$$I'_a=\frac{U_N-E'_a}{R_a}=\frac{110-100.1}{0.66}=15\text{A}$$

20-7 一台并励直流电动机的额定值为 $U_N=220\text{V}$，$I_N=46.6\text{A}$，$n_N=1040\text{r/min}$，电枢回路总电阻 $R_a=0.637\Omega$，励磁回路电阻 $R_f=200\Omega$，额定转速下的空载特性如下：

I_f/A	0.4	0.6	0.8	1.0	1.1	1.2	1.3
E_0/V	83	120.5	158	182	191	198.6	204

若电源电压降低到 $U=160\text{V}$，而电磁转矩不变，求电动机的转速（不计电枢反应的影响）。

解：额定电压下的励磁电流为

$$I_{fN}=U_N/R_f=220/200=1.1\text{A}$$

电源电压降低到 $U=160\text{V}$ 时的励磁电流为

$$I_f=U/R_f=160/200=0.8\text{A}$$

由空载特性查得相应的空载电动势分别为 $E_{0N}=191\text{V}$ 和 $E_0=158\text{V}$，则额定电压和电压降低时的主磁通之比值为

$$\frac{\Phi_N}{\Phi}=\frac{E_{0N}}{E_0}=\frac{191}{158}$$

额定电枢电流为

$$I_{aN}=I_N-I_{fN}=46.6-1.1=45.5\text{A}$$

由于电磁转矩不变，即 $C_T\Phi_NI_{aN}=C_T\Phi I_a$，则电压降低后的电枢电流为

$$I_a=I_{aN}\frac{\Phi_N}{\Phi}=45.5\times\frac{191}{158}=55\text{A}$$

不计电枢反应影响，额定电压和电压降低时的电枢电动势分别为

$$E_{aN}=E_{0N}=191\text{V},\quad E_a=U-I_aR_a=160-55\times0.637=125\text{V}$$

则电压降低后电动机的转速为

$$n=n_N\frac{E_a}{E_{aN}}\frac{\Phi_N}{\Phi}=1040\times\frac{125}{191}\times\frac{191}{158}=822.8\text{r/min}$$

20-8 一台他励直流电动机，额定电压 $U_N=600\text{V}$，忽略所有损耗。

(1) 当端电压为额定值，负载转矩为额定值 $T_{2N}=420\text{N}\cdot\text{m}$ 不变时，转速为1600r/min，求该电动机的额定电枢电流；

(2) 保持端电压为额定值不变，采用弱磁调速使转速升高到4000r/min，求电动机此时能输出的最大转矩。

解：(1) 忽略所有损耗，则 $R_a=0$，$T_0=0$，于是

$$E_{aN}=U_N=600\text{V},\quad T_N=T_{2N}=420\text{N}\cdot\text{m}$$

$$I_{aN}=\frac{T_N\Omega_N}{E_{aN}}=\frac{2\pi T_Nn_N}{60E_{aN}}=\frac{2\pi\times420\times1600}{60\times600}=117.3\text{A}$$

(2) 保持 U_N 不变，通过弱磁使转速升高到 $n=4000\text{r/min}$。当电枢电流达到额定值，即 $I_a=I_{aN}$ 时，电动机输出转矩达到最大值 $T_{2\max}$。此时，$E_a=E_{aN}$，于是

$$\frac{T_{\max}}{T_N}=\frac{T_{2\max}}{T_{2N}}=\frac{\Phi I_a}{\Phi_NI_{aN}}=\frac{\Phi}{\Phi_N}=\frac{E_a/n}{E_{aN}/n_N}=\frac{n_N}{n}$$

$$T_{2\max}=T_{2N}\frac{n_N}{n}=420\times\frac{1600}{4000}=168\text{N}\cdot\text{m}$$

提示：该结果表明，在 I_a 不变的条件下，弱磁调速后电动机的电磁功率不变。或者反过来说，电动机带恒功率负载弱磁调速时，电动机稳态电枢电流不变。

20-9 一台并励直流电动机，额定值为 $P_N=5.5\text{kW}$，$U_N=110\text{V}$，$I_N=58\text{A}$，$n_N=1470\text{r/min}$，电枢回路总电阻 $R_a=0.17\Omega$，励磁回路电阻 $R_f=137\Omega$。电动机额定运行时，突然在电枢回路串入0.5Ω电阻，若不计电枢电路中的电感，计算此瞬时的电枢电动势、电枢电流和电磁转矩，并求稳态时的电枢电流和转速(设负载转矩和空载转矩不变)。

解：额定励磁电流和额定电枢电流分别为

$$I_{fN}=U_N/R_f=110/137=0.8029\text{A}$$
$$I_{aN}=I_N-I_{fN}=58-0.8029=57.2\text{A}$$

额定电枢电动势和额定电磁转矩分别为

$$E_{aN}=U_N-I_{aN}R_a=110-57.2\times0.17=100.3\text{V}$$

$$T_N=\frac{E_{aN}I_{aN}}{2\pi n_N/60}=\frac{100.3\times57.2}{2\pi\times1470/60}=37.27\text{N}\cdot\text{m}$$

(1) 在电枢回路串入 $R_s=0.5\Omega$ 电阻的瞬间，转速和磁通不会突变，因此该瞬时的电枢电动势 $E'_a=E_{aN}=100.3\text{V}$，此时的电枢电流和电磁转矩分别为

$$I'_a=\frac{U_N-E'_a}{R_a+R_s}=\frac{110-100.3}{0.17+0.5}=14.48\text{A}$$

$$T'=T_N\frac{I'_a}{I_{aN}}=37.27\times\frac{14.48}{57.2}=9.435\text{N}\cdot\text{m}$$

（2）稳态时，由于负载转矩和空载转矩不变，因此电磁转矩不变，而磁通未变，所以电枢电流不变，即 $I_a=I_{aN}=57.2\text{A}$，则电枢电动势和转速分别为

$$E_a=U_N-I_{aN}(R_a+R_s)=110-57.2\times(0.17+0.5)=71.68\text{V}$$

$$n=n_N\frac{E_a}{E_{aN}}=1470\times\frac{71.68}{100.3}=1051\text{r/min}$$

提示：上述分析计算说明了在恒转矩负载下电枢串接电阻使转速降低的主要物理过程。

20-10 上题中的直流电动机在额定运行时，如将电源电压突然降到100V，试重新求解（假定磁路线性，不考虑机电瞬态过程）。

解：（1）将端电压突然降到 $U=100\text{V}$ 的瞬间，转速不会突变，励磁电流随端电压的下降而减小。由于磁路线性，因此主磁通 Φ 成比例地减小，即

$$\frac{\Phi}{\Phi_N}=\frac{U}{U_N}=\frac{100}{110}$$

此时的电枢电动势、电枢电流和电磁转矩分别为

$$E'_a=E_{aN}\frac{\Phi}{\Phi_N}=E_{aN}\frac{U}{U_N}=100.3\times\frac{100}{110}=91.18\text{V}$$

$$I'_a=\frac{U-E'_a}{R_a}=\frac{100-91.18}{0.17}=51.88\text{A}$$

$$T'=T_N\frac{\Phi}{\Phi_N}\frac{I'_a}{I_{aN}}=37.27\times\frac{100}{110}\times\frac{51.88}{57.2}=30.73\text{N}\cdot\text{m}$$

（2）稳态时，由于负载转矩和空载转矩不变，因此电磁转矩不变，即 $C_T\Phi I_a=C_T\Phi_N I_{aN}$。由于磁通变小了，因此电枢电流增大为

$$I_a=I_{aN}\frac{\Phi_N}{\Phi}=57.2\times\frac{110}{100}=62.92\text{A}$$

则电枢电动势和转速分别为

$$E_a=U-I_aR_a=100-62.92\times0.17=89.3\text{V}$$

$$n=n_N\frac{E_a}{E_{aN}}\frac{\Phi_N}{\Phi}=1470\times\frac{89.3}{100.3}\times\frac{110}{100}=1440\text{r/min}$$

提示：（1）上述分析计算说明了在恒转矩负载下降低端电压使转速降低的主要物理过程。

（2）通常电刷都位于几何中性线，因此在磁路线性时，电枢反应没有去磁或增磁的作用，主磁通 Φ 仅由励磁电流 I_f 决定，不受电枢电流 I_a 变化的影响。这与忽略电枢反应的结果是一致的。

20-11 题20-9中的直流电动机在额定运行时，如调节励磁电流使每极磁通量突然减少15%，试重新求解。

解：（1）每极磁通量 Φ 突然减少15%，即 $\Phi=0.85\Phi_N$。在此瞬间，转速不会突变，因此电枢电动势也减小15%，即

$$E'_a=0.85E_{aN}=0.85\times100.3=85.26\text{V}$$

此时的电枢电流和电磁转矩分别为

$$I'_a = \frac{U_N - E'_a}{R_a} = \frac{110 - 85.26}{0.17} = 145.5\text{A}$$

$$T' = T_N \frac{\Phi}{\Phi_N} \frac{I'_a}{I_{aN}} = 37.27 \times 0.85 \times \frac{145.5}{57.2} = 80.58\text{N} \cdot \text{m}$$

(2) 稳态时,负载转矩和空载转矩不变,电磁转矩也不变。由于磁通变小,因此电枢电流增大为

$$I_a = I_{aN} \frac{\Phi_N}{\Phi} = 57.2 \times \frac{1}{0.85} = 67.29\text{A}$$

则电枢电动势和转速分别为

$$E_a = U_N - I_a R_a = 110 - 67.29 \times 0.17 = 98.56\text{V}$$

$$n = n_N \frac{E_a}{E_{aN}} \frac{\Phi_N}{\Phi} = 1470 \times \frac{98.56}{100.3} \times \frac{1}{0.85} = 1699\text{r/min}$$

提示:(1) 上述分析计算说明了弱磁升速的主要物理过程。可见,由于 R_a 很小,因此在瞬态过程中,主磁通 Φ 的小幅减少就会使电枢电流 I_a 大幅增加,因而电磁转矩 T 增加很多,使转速 n 升高。这正是减小磁通通常可使转速升高的原因。

(2) 在电动机带额定恒转矩负载时,主磁通减小后,电枢电流要超过额定值,因此电动机不宜在此工况下长期运行,或者说改变磁通调速方法不适合于恒转矩负载。

20-12 两台相同的串励直流电动机,电枢回路总电阻都是 0.3Ω,但由于制造方面的原因,气隙长度略有差异。当同样接到 550V 的电源上,且电枢电流都为 100A 时,一台电机的转速为 600r/min,另一台的转速为 550r/min。现将两台电机的转轴联在一起,再把它们的电枢回路串联起来(极性正确)接到 550V 直流电源上,求:

(1) 当电枢电流为 100A 时,它们的转速;

(2) 此时气隙较大的电机的端电压。

解:(1) 设两台电动机的转速为 n,则二者的电枢电动势分别为 $E_{a1} = C_e\Phi_1 n$,$E_{a2} = C_e\Phi_2 n$。它们的电枢回路串联接到 $U=550\text{V}$ 直流电源上时,有

$$U = E_{a1} + I_a R_a + E_{a2} + I_a R_a = C_e\Phi_1 n + C_e\Phi_2 n + 2I_a R_a$$

当两台电动机分别接到 $U=550\text{V}$ 直流电源上时,有

$$U = C_e\Phi_1 n_1 + I_a R_a, \quad U = C_e\Phi_2 n_2 + I_a R_a$$

将 $n_1=600\text{r/min}$,$n_2=550\text{r/min}$,$I_a=100\text{A}$,$R_a=0.3\Omega$ 代入,可得

$$C_e\Phi_1 = \frac{520}{600}, \quad C_e\Phi_2 = \frac{520}{550}$$

再代入第一个式中,可解得 $n=270.4\text{r/min}$。

(2) 两台电动机的 R_a 相同,当 U 和 I_a(即励磁电流)都相同时,电枢电动势也相同。因此,转速较高(600r/min)的电动机的主磁通小,气隙大。串联时其端电压为

$$U_1 = C_e\Phi_1 n + I_a R_a = \frac{520}{600} \times 270.4 + 100 \times 0.3 = 264.3\text{r/min}$$

20-13 一台并励直流电动机,额定电压 $U_N=220\text{V}$,电枢回路总电阻 $R_a=0.032\Omega$,励磁回路电阻 $R_f=27.5\Omega$。今将该电动机装在起重机上,当使重物上升时电动机的数据为 $U=U_N$,$I_a=350\text{A}$,$n=795\text{r/min}$。若保持电动机的端电压和励磁电流不变,以转速

$n'=100\text{r/min}$ 将重物下放时，电枢回路需串入多大电阻？

解：提升和下放重物时的电枢电动势分别为

$$E_a=U_N-I_aR_a=220-350\times0.032=208.8\text{V}$$

$$E'_a=E_a\frac{n'}{n}=208.8\times\frac{-100}{795}=-26.26\text{V}$$

在电枢回路串入电阻 R_s 时，因励磁不变，故稳态电枢电流 I_a 不变，则

$$U_N=E'_a+I_a(R_a+R_s)$$

$$R_s=\frac{U_N-E'_a}{I_a}-R_a=\frac{220-(-26.26)}{350}-0.032=0.6716\Omega$$

20-14 上题之电机，在励磁电流保持不变，电枢回路串接电阻的情况下，如果采用能耗制动方法，以100r/min的转速将此重物下放，求电枢回路应串入多大电阻？仍采用此法，并通过改变串联电阻的大小来改变下放速度，当达到可能的最低下放速度时，电机转速 $n_{\min}$ 是多少？

解：上题中已求出以 $n'=-100\text{r/min}$ 下放重物时的电枢电动势为 $E'_a=-26.26\text{V}$。能耗制动时，$U=0$，设电枢串接电阻为 R_s，则有

$$U=0=E'_a+I_a(R_a+R_s)$$

$$R_s=\frac{-E'_a}{I_a}-R_a=\frac{26.26}{350}-0.032=0.043\Omega$$

要达到最低下放速度，电枢回路应不串电阻，此时

$$E''_a=-I_aR_a=-350\times0.032=-11.2\text{V}$$

$$n_{\min}=n\frac{E''_a}{E_a}=795\times\frac{-11.2}{208.8}=-42.64\text{r/min}$$

20-15 一台他励直流电动机数据如下：$U_N=220\text{V}$，$I_{aN}=10\text{A}$，$n_N=1500\text{r/min}$，电枢回路总电阻 $R_a=1\Omega$。现电动机拖动一质量 $m=5.44\text{kg}$ 的重物上升，如图20-2所示。已知绞车车轮半径 $r=0.25\text{m}$，不计机械损耗、铁耗、附加损耗和电枢反应，保持励磁电流和端电压为额定值。

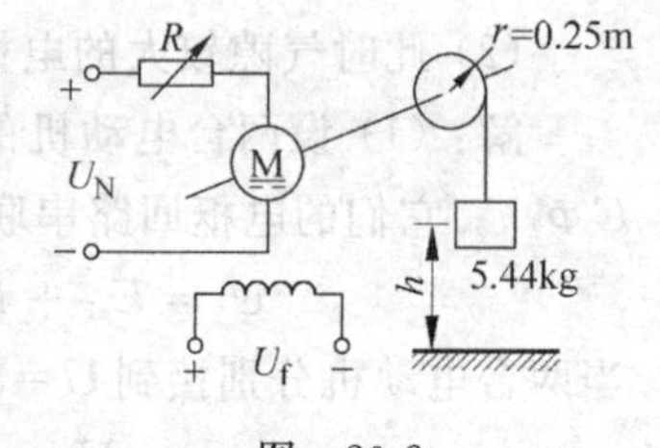

图 20-2

(1) 若电动机以 $n=150\text{r/min}$ 的转速将重物提升，则电枢回路应串入多大电阻？

(2) 当重物上升到距地面 h 高度时使重物停住，这时电枢回路应串入多大电阻？

(3) 如果希望把重物从 h 高度下放到地面，并保持下放重物的速度为3.14m/s，这时电枢回路应串入多大电阻？

(4) 当重物停在 h 高度时，如果把重物拿掉，则电动机的转速将为多少？

解：(1) 设电枢回路串入的电阻为 R_s，则有 $U_N=E_a+I_a(R_a+R_s)$。欲求 R_s，需先求出此时的 I_a 和 E_a。由于主磁通不变，因此可分别利用电枢电流与电磁转矩成正比、电枢电动势与转速成正比的关系来求得 I_a 和 E_a。

额定运行时，电枢电动势和电磁转矩分别为

$$E_{aN}=U_N-I_{aN}R_a=220-10\times1=210\text{V}$$

$$T_N = \frac{E_{aN} I_{aN}}{2\pi n_N/60} = \frac{210 \times 10}{2\pi \times 1500/60} = 13.37\text{N} \cdot \text{m}$$

拖动重物时，不计机械损耗、铁耗和附加损耗，则电磁转矩等于负载转矩，即

$$T = T_L = mgr = 5.44 \times 9.8 \times 0.25 = 13.33\text{N} \cdot \text{m}$$

电枢电流和电枢电动势分别为

$$I_a = I_{aN} \frac{T}{T_N} = 10 \times \frac{13.33}{13.37} = 9.97\text{A}$$

$$E_a = E_{aN} \frac{n}{n_N} = 210 \times \frac{150}{1500} = 21\text{V}$$

电枢回路应串联的电阻为

$$R_s = \frac{U_N - E_a}{I_a} - R_a = \frac{220 - 21}{9.97} - 1 = 18.96\Omega$$

(2) 转速 $n'=0$ 时，电枢电动势 $E'_a=0$。设电枢回路串入的电阻为 R'_s，则有

$$R'_s = \frac{U_N - E'_a}{I_a} - R_a = \frac{U_N}{I_a} - R_a = \frac{220}{9.97} - 1 = 21.07\Omega$$

(3) 下放重物的速度 $v=3.14\text{m/s}$ 时，电动机转速为

$$n'' = -\frac{60v}{2\pi r} = -\frac{60 \times 3.14}{2\pi \times 0.25} = -120\text{r/min}$$

此时，电枢电动势 E''_a 和应串入的电阻 R''_s 分别为

$$E''_a = E_{aN} \frac{n''}{n_N} = 210 \times \frac{-120}{1500} = -16.8\text{V}$$

$$R''_s = \frac{U_N - E''_a}{I_a} - R_a = \frac{220 - (-16.8)}{9.97} - 1 = 22.75\Omega$$

(4) 把重物拿掉时，$T=T_L=0$，因此 $I_a=0$，则 $E_{a0}=U_N=220\text{V}$，故电动机转速为

$$n_0 = n_N \frac{E_{a0}}{E_{aN}} = 1500 \times \frac{220}{210} = 1571\text{r/min}$$

20-16 上题中的电动机，电枢回路不串电阻，利用改变磁通的方法来达到调速目的。

(1) 当电动机加额定励磁电流时，重物上升的速度是多少？

(2) 当把电动机的主磁通减少到 $\Phi=0.8\Phi_N$、$\frac{1}{21}\Phi_N$、$\frac{1}{22}\Phi_N$ 和 $\frac{1}{23}\Phi_N$ 几种情况时，电动机的转速分别是多少？

(3) 如果使电动机的主磁通 $\Phi=-\Phi_N$，则其转速是多少？

解：(1) 电动机的电枢电动势和转速分别为

$$E_a = U_N - I_a R_a = 220 - 9.97 \times 1 = 210.03\text{V}$$

$$n = n_N \frac{E_a}{E_{aN}} = 1500 \times \frac{210.03}{210} = 1500\text{r/min}$$

重物上升的速度为

$$v = 2\pi r \frac{n}{60} = 2\pi \times 0.25 \times \frac{1500}{60} = 39.27\text{m/s}$$

(2) 改变主磁通时，因负载不变，故稳态电磁转矩不变。

$\Phi=0.8\Phi_N$ 时，

$$I'_a = I_a \frac{\Phi_N}{\Phi} = 9.97 \times \frac{1}{0.8} = 12.46\text{A}$$

$$E'_a = U_N - I'_a R_a = 220 - 12.46 \times 1 = 207.54\text{V}$$

$$n' = n_N \frac{E'_a}{E_{aN}} \frac{\Phi_N}{\Phi} = 1500 \times \frac{207.54}{210} \times \frac{1}{0.8} = 1853\text{r/min}$$

$\Phi = \frac{1}{21}\Phi_N$ 时，

$$I'_a = I_a \frac{\Phi_N}{\Phi} = 9.97 \times 21 = 209.37\text{A}$$

$$E'_a = U_N - I'_a R_a = 220 - 209.37 \times 1 = 10.63\text{V}$$

$$n' = n_N \frac{E'_a}{E_{aN}} \frac{\Phi_N}{\Phi} = 1500 \times \frac{10.63}{210} \times 21 = 1595\text{r/min}$$

$\Phi = \frac{1}{22}\Phi_N$ 时，

$$I'_a = I_a \frac{\Phi_N}{\Phi} = 9.97 \times 22 = 219.34\text{A}$$

$$E'_a = U_N - I'_a R_a = 220 - 219.34 \times 1 = 0.66\text{V}$$

$$n' = n_N \frac{E'_a}{E_{aN}} \frac{\Phi_N}{\Phi} = 1500 \times \frac{0.66}{210} \times 22 = 103.7\text{r/min}$$

$\Phi = \frac{1}{23}\Phi_N$ 时，

$$I'_a = I_a \frac{\Phi_N}{\Phi} = 9.97 \times 23 = 229.31\text{A}$$

$$E'_a = U_N - I'_a R_a = 220 - 229.31 \times 1 = -9.31\text{V}$$

$$n' = n_N \frac{E'_a}{E_{aN}} \frac{\Phi_N}{\Phi} = 1500 \times \frac{-9.31}{210} \times 23 = -1530\text{r/min}$$

(3) $\Phi = -\Phi_N$ 时，$I'_a = -I_a = -9.97\text{A}$，则电枢电动势和转速分别为

$$E'_a = U_N - I'_a R_a = 220 - (-9.97) \times 1 = 229.97\text{V}$$

$$n' = n_N \frac{E'_a}{E_{aN}} \frac{\Phi_N}{\Phi} = 1500 \times \frac{229.97}{210} \times (-1) = -1643\text{r/min}$$

20-17 题 20-15 中的电动机，电枢回路不串电阻，并保持主磁通为 Φ_N 不变，利用改变电源电压的方法来调速。

(1) 若电动机以 $n=150\text{r/min}$ 的转速将重物提升，则电动机的端电压是多少？

(2) 当重物上升到距地面 h 高度时使重物停住，这时电动机的端电压是多少？

(3) 当重物停在 h 高度时，把电枢两端脱离电源并短接起来，此时电机转速是多少？

(4) 在电动机以 1500r/min 的转速提升重物时，若突然把电枢电源反接，则电动机的转速是多少(不考虑机电瞬态过程)？

解：保持主磁通为 Φ_N 不变时，稳态电枢电流不变，即 $I_a = 9.97\text{A}$。

(1) $n=150\text{r/min}$ 时，

$$E_a = E_{aN} \frac{n}{n_N} = 210 \times \frac{150}{1500} = 21\text{V}$$

$$U = E_a + I_a R_a = 21 + 9.97 \times 1 = 30.97\text{V}$$

(2) 重物停住时，$n=0$，$E_a=0$，则

$$U = I_a R_a = 9.97 \times 1 = 9.97\text{V}$$

(3) $U=0$ 时，$E_a=-I_aR_a=-9.97\text{V}$，则

$$n = n_N \frac{E_a}{E_{aN}} = 1500 \times \frac{-9.97}{210} = -71.21\text{r/min}$$

(4) 电源反接后，电机先反接制动运行，然后反转，最后为反向回馈制动运行。于是有

$$E_a = -U_N - I_a R_a = -220 - 9.97 \times 1 = -229.97\text{V}$$

$$n = n_N \frac{E_a}{E_{aN}} = 1500 \times \frac{-229.97}{210} = -1643\text{r/min}$$

20-18 一台并励直流电动机，电源电压为额定值不变，空载转速 $n_0=1500\text{r/min}$，将重物吊起时，转速 $n=1450\text{r/min}$。在中途如果突然将并励绕组反向，设机电瞬态过程很快结束，则最后电机将以什么转速运转(忽略电枢反应和空载转矩)？

解：将并励绕组反向时，主磁通反向，即由原来的 Φ 变为 $-\Phi$。由于负载为位能性恒转矩负载，不计空载转矩时，稳态电磁转矩应不变，因此稳态电枢电流必然反向，即由原来的 I_a 变为 $-I_a$。设电枢回路总电阻为 R_a，则此时电枢电动势和转速分别为

$$E'_a = U_N - (-I_a)R_a = U_N + I_a R_a$$

$$n' = \frac{E'_a}{C_e(-\Phi)} = \frac{U_N + I_a R_a}{C_e(-\Phi)} = -\frac{U_N}{C_e\Phi} - \frac{I_a R_a}{C_e\Phi}$$

通过已知条件求出上式中等号右边两项后，即可得 n'。

空载时，$T=T_0=0$，因此 $I_a=0$，$E_{a0}=U_N$。又 $n_0=1500\text{r/min}$，因此可得

$$n_0 = \frac{E_{a0}}{C_e\Phi} = \frac{U_N}{C_e\Phi} = 1500$$

吊起重物时，$n=1450\text{r/min}$，$T=T_L$，电枢电流为 I_a，电枢电动势为 E_a，则有

$$U_N = E_a + I_a R_a = C_e\Phi n + I_a R_a$$

于是

$$\frac{I_a R_a}{C_e\Phi} = \frac{U_N}{C_e\Phi} - n = 1500 - 1450 = 50\text{r/min}$$

$$n' = -\frac{U_N}{C_e\Phi} - \frac{I_a R_a}{C_e\Phi} = -1500 - 50 = -1550\text{r/min}$$